W0253386

DAS KALKBRENNEN IM SCHACHTOFEN MIT MISCHFEUERUNG

VON

BERTHOLD BLOCK
OBERINGENIEUR / BERLIN-CHARLOTTENBURG

MIT 88 ABBILDUNGEN IM TEXT

SPRINGER-VERLAG BERLIN HEIDELBERG GMBH 1917

ISBN 978-3-662-33723-3 ISBN 978-3-662-34121-6 (eBook)
DOI 10.1007/978-3-662-34121-6

Ursprünglich erschienen bei Otto Spamer, Leipzig 1917

Softcover reprint of the hardcover 1st edition 1917

Vorwort.

Das Brennen des Kalksteines dient dazu, den kohlensauren Kalk in Ätzkalk zu verwandeln, weil dieser Eigenschaften besitzt, die ihn zu vielen menschlichen Zwecken erst recht verwendbar macht. Altbekannt ist die Verwendung des Ätzkalkes als Bindemittel beim Mauern. Mit der Zunahme der chemischen Industrie hat aber auch dort der Verbrauch von Ätzkalk außerordentlich zugenommen. Zuerst und am größten dürfte wohl die Verwendung des Ätzkalkes in der Zuckerindustrie gewesen sein. Hier wird der Kalk zum Scheiden, Niederschlagen der in den rohen Zuckersäften vorhandenen Verunreinigungen verwendet, und dann wird der im Überschuß angewendete Ätzkalk durch Sättigung (Saturation) mit der aus den Kalksteinen ausgetriebenen Kohlensäure zur Fällung gebracht, so daß sich dieser wiedergebildete kohlensaure Kalk leicht abfiltrieren läßt. Er dient dann zum Düngen. In der Rohzuckerfabrik hat man also einen Betrieb, bei dem sowohl der gewonnene Ätzkalk als auch die Kohlensäure nutzbare Verwendung finden. Zur Gewinnung des in der Melasse (der Endlauge in der Rohzuckerfabrikation) noch vorhandenen Zuckers arbeiten auch manche Zuckerraffinerien nach dem sog. Kalksaccharatverfahren. Man nutzt hier die Bildung des Kalkes mit Zucker zu Kalksaccharat aus.

Ein außerordentlich großes Anwendungsgebiet hat der Kalk auch durch die Einführung der *Solvay*schen Ammoniaksoda-Herstellung gewonnen. Die Kochsalzsole wird durch Einleiten von Ammoniak gesättigt. In den Carbonisationsapparaten wird die aus dem Kalkofen entweichende CO_2 zur Bildung von $NaHCO_3$ benutzt. Der gebrannte Kalk dient zur Destillation des Ammoniaks. Hier sind Kalk und Kochsalz (als Sole) die Grundstoffe, die die Wirtschaftlichkeit in außerordentlicher Weise beeinflussen. Nur wo beide billig, also vor allen Dingen ohne große Anfuhrkosten, zu erlangen sind, ist die Sodaherstellung erfolgreich. Während man bei der Zuckerherstellung die Fabrik dort hinstellt, wo die Rüben wachsen, und dann unter Umständen den Kalk weit anfährt (mecklenburgische Zuckerfabriken z. B. aus Schweden), so wird man die Ammoniaksodafabrik dort aufbauen müssen, wo sich in unmittelbarer Nähe Kalkstein und Sole in guter Form und reichlicher Menge befinden (Bernburg i. Anhalt). Deshalb wird man z. B. in Schweden und Norwegen kaum jemals mit Vorteil Ammoniaksoda erzeugen können, trotzdem Kalksteine vorhanden, weil dort nur wenige schwache Solequellen erbohrt wurden. In der Schweiz, wo beide Grundstoffe an gewissen Stellen (Schweizerhall) gut und reichlich vorhanden, ist man erst im Weltkriege zur Errichtung einer Ammoniaksodafabrik geschritten, um sich vom Ausland unabhängig zu machen. Vorher verhinderte die große wirtschaftliche Macht der *Solvay*-Fabriken die Errichtung. Daß man bei der Ammoniaksoda in viel höherem Maße an die Fundstelle der Kalksteine gebunden ist, gegenüber der Zuckerfabrikation, hängt damit zusammen, daß in bezug auf das zu bewegende Rübengewicht nur wenige Prozente Kalksteine (4 bis 6 Proz.) zu beschaffen sind; dagegen für 1 t calcinierte 98 proz. Soda sind erforderlich etwa 6 cbm gesättigte Sole, 1200 kg Kalksteine, 110 kg Koks, 700 kg Steinkohle und 5 kg Ammonsulfat.

Die Herstellung der Ätzkalilauge durch Fällung siedender Pottaschelösung mit Kalkmilch, die nach dem Absitzen eingedampft wird, ist jetzt vielfach durch elektrolytische Darstellung aus Chlorkaliumlösung ersetzt. Dies gilt auch von der Erzeugung der Natronlauge.

Dafür haben sich aber wieder andere, weite Gebiete der Verwendung des Kalkes in der chemischen Industrie aufgetan. So z. B. bei der Herstellung des Kalksalpeters, des Calciumcyanamids und Carbids. In Odda (Norwegen) wurden im Jahre 1914 etwa 125 000 PS für die Herstellung von Carbid und Cyanid benutzt. In den letzten Jahren wurden in dieser Fabrik jährlich 150 000 t Kalkstein verwendet, der von dem Kalksteinvorkommen bei Levanger geholt wird. Hieraus wurden 85 000 t gebrannter Kalk gewonnen und mittels 5000 t Koks und 45 000 t Anthrazitkohle in 98 000 t Carbid umgewandelt. (Chem.-Zeit. 1914, S. 1110.)

Ganz außerordentlich hat auch die Erzeugung des Norgesalpeters (Kalksalpeters) zugenommen. Sie betrug im Jahre 1905 nur etwa 125 t und im Jahre 1913 schon 75 000 t. Allerdings wird nur ein Teil als gebrannter Kalk hierfür verwendet, denn die Hauptmenge wird durch Überrieselung der Kalksteine mit Salpetersäure gewonnen und nur die endgültige Neutralisation mit gebranntem Kalk ausgeführt. Aber auch dann und bei sehr vielen anderen Industrien ist man gezwungen, sich den Ätzkalk selbst zu erzeugen, und es fehlt dann ein Buch, welches sich näher mit dem Wesen des Kalkbrennens befaßt. Dabei will ich aber nicht alle möglichen Kalkofenarten behandeln, sondern nur den Schachtofen und auch von diesem in der Hauptsache nur den mit unmittelbarer Mischung des Brennstoffes unter die Kalksteine. Ich tue dies deshalb, um nicht in uferlose Abhandlungen zu kommen, und vor allen Dingen deshalb, weil sich dieser Kalkofen in der chemischen Industrie am besten bewährt hat. Auch weil er die beste Verwendung von Koks gestattet. Der Weltkrieg hat gezeigt, wie außerordentlich wichtig es ist, alle uns zur Verfügung stehenden Rohstoffe bis aufs äußerste auszunutzen. Daß es falsch ist, die wertvollen Mitbestandteile der Kohle nutzlos zum Schornstein herauszujagen, als sie aufzufangen und der Volkswirtschaft zuzuführen. Bei der Steinkohle geschieht dies am besten in der Kokerei, die die sog. Nebenstoffe zu gewinnen gestattet und dann einen vorzüglichen Koks liefert. Dieser Koks sollte bei allen Feuerungen statt der Kohle, wenn es nur irgend möglich ist, verwendet werden. Beim Schachtkalkofen geschah dies schon im ausgedehnten Maße, doch werden noch viele mit Steinkohle befeuert. Auch hier soll mein Buch aufklärend wirken.

Bei der Abfassung dieses Buches fragte ich mich oft, ob es nützlich ist, nur für eine solche einzelne Vorrichtung der Technik ein solches Buch zu schreiben. Doch glaube ich, daß solche Einzeldarstellung am leichtesten vollen Einblick schafft und zu Ausblicken in andere Gebiete veranlaßt und so doch ein kleines Steinchen in das Gebäude des Fortschrittes eingefügt wird. Besonders der mitten in der technischen Tätigkeit Stehende hat nicht die Zeit, sich in Einzelfälle zu vertiefen und über alle Vorgänge Rechenschaft zu geben. Gern wird er deshalb zu einem Buch greifen, das ihm all die einzelnen Gedankenschlüsse abnimmt und zu bestimmten Ergebnissen führt, ihm aber auch möglichste Klarheit schafft.

Ich selbst fand bei der bisherigen Berechnung und Beurteilung der Kalköfen so viele Lücken, daß ich meine Mußestunden zur Vertiefung dieser Berechnungen verwendete. Die ersten Ergebnisse habe ich im Zentralblatt für die Zuckerindustrie veröffentlicht. Deren weiteren Ausbau und umfassenderes Eindringen stellt dieses Buch dar. Absichtlich habe ich nicht nur die jetzt bestehenden Ansichten, jetzt benutzten Einrichtungen in den Bereich meiner Arbeit gezogen, sondern habe immer zurück zu alten Ansichten, Vorschlägen, Formen und Erfahrungen gegriffen, um den Gang besser zu erläutern, um besseres Verständnis für den jetzigen Zustand zu schaffen, um vor allen Dingen Rückschritte zu verhindern. Gerade aus der Unkenntnis früherer Verhältnisse entstehen häufig vermeintliche neue Erfindungen und Verbesserungen, die sich schon als ungeeignet erwiesen haben. Nicht nur falsche Hoffnungen, sondern auch der Allgemeinheit schädliche Rückschläge und Verluste verursachend.

Manches ist noch nicht vollendet, aber ich hoffe trotzdem vielen damit nützlich zu werden.

Die Drucklegung hat sich durch den Krieg verzögert, nicht zum Schaden des Werkes. Noch manches habe ich in der Zwischenzeit eingefügt, noch manche neue Veröffentlichungen mit verarbeiten können.

Charlottenburg, im Februar 1916.

Berthold Block.

Inhalt.

Seite

Vorwort III

A. **Allgemeines** 1

1. Geschichtliches 1

Die erste Anwendung der Kalköfen (1). Verwendung des Kalkes durch die Ägypter und Salomo (1). Cato 184 v. Chr., Dioskorides 64 n. Chr. erwähnen zuerst Kalköfen (1). Die Kalkbrennerei in Rüdersdorf seit dem 13. Jahrhundert (2). *Stanhopes* Verbesserungen (2). Anwendung der Kalköfen in der Zuckerindustrie seit 1851 (2). *Lippmann* (2). *Payen* (2). *Stammer* (2). Der *Kindler*sche Ofen (2). *Walkhoff* (2). *Robert* in Selowitz, *Maumené* (3). *Perrets* zylindrischer Ofen mit Rost (3). Die Anwendung der schiefen Ebene zur Begichtung (3). *Pierre Montagnés* und *Solvays* Rost zur mechanischen Entleerung (3). Verwendung der Hochofengase durch *Aubertôt* (3). Die Anwendung der Gasfeuerung (3). *Lambadius* (3). *Siemens* (3). *Steinmann* (3). *Cruse* (4). *Riedels* Vorschläge zur Beimischung von Brennstoff in den Ofenschacht (4). Die Öfen mit Mischfeuerung (4). *Solvay* (4). Der belgische Kalkofen (4). Der *Dietz*sche Stufenofen (5). Der Kalkringofen von *Hoffmann* (5). Der Drehrohrofen (6). Wiederverwendung von Kalkrückständen (7). Kalkschlamm (7). Aufarbeitung des Kalkschlammes der Natronkaustifizierung (7).

2. Chemisches 7

Die chemische Zusammensetzung des kohlensauren Kalkes (7). Des aus ihm entstehenden Ätzkalkes und der Kohlensäure (7). Deren Molekulargewichte (7). Bildung von Kalkhydrat (8). Kreislauf zurück zum kohlensauren Kalk (8).

3. Die physikalischen Vorgänge beim Kalkbrennen 8

Ältere Ansichten über das Kalkbrennen (9). *Gay-Lussacs* Versuche (9). Die Ansichten *Heinrich Roses* und *Alexander Herzfelds* (10). Die neueren Ergebnisse der physikalischen Chemie (10). *Kremanns* nähere Erläuterungen, unter Benutzung der von *Le Chatelier* gefundenen Dampfspannungen der Kohlensäure über dem kohlensauren Kalk (11). Der Gleichgewichtszustand zwischen kohlensaurem Kalk, Kohlensäure und Ätzkalk (11). Die thermochemischen Vorgänge (11). Der Kohlensäuregehalt der Luft (12). *Potts* Dampfspannungsmessungen und Ansichten über den Brennvorgang (13). Ansichten über den Brennvorgang (14). *Bockes* Versuche über das Schmelzen von kohlensaurem Kalk (14).

4. Das Kalkbrennen im Kohlensäurestrom 14

*Herzfeld*sche Versuche über die Zersetzung im Kohlensäurestrom (14). Der Kohlensäurestrom ist von gleichem Einfluß wie jedes andere Gas (15). Die Wiederaufnahme der Kohlensäure durch den Ätzkalk (15). Der Trugschluß, daraus die Notwendigkeit des schnellen Abzuges der Kohlensäure zu folgern (15). Gründe, die im Kalkofen die Wiederaufnahme unmöglich machen (15). Günstige Eignung des Kokses als Brennstoff in dieser Beziehung (16). *Pontets* Verfahren zur Wiederaufnahme, zwecks Bildung hydraulischen Kalkes (17). *Wolters* Feststel-

Seite

lung, daß trockener Ätzkalk noch trockenes Kalkhydrat Kohlensäure nicht aufnehmen (17). Erklärung dafür durch die Unterkühlung und Verengerung der molekularen Zwischenräume (18).

5. Der Einfluß des Wassers, des Wasserdampfes und der Gase auf das Kalkbrennen 19

Grubenfeuchte, nasse Steine lassen sich leicht brennen (19). Gründe dafür, Zersprengen der Steine (19). Verdunstungserscheinungen (19). *Herzfelds* Brennversuche mit überhitztem Wasserdampf und Luft (20). Die irrige Ansicht *Roses*, daß die chemische Masse des Wassers die der Kohlensäure ersetzt (21). Wirkung und Umwandlung des unten einströmenden Wasserdampfes (22). *Grouvens* Versuche beweisen den größeren Wärmeaufwand bei Dampfanwendung (22). Durch Temperaturen unter der Verdampfungstemperatur tritt eine Wärmeersparnis nicht ein (23). Das Verfahren der *Norsk-hydro*, durch Abgase Kalk zu brennen (23). *Zieglers* Einrichtung, durch im Mantel angebaute Dampfkessel den Zug zu erhöhen (24). *Westphals* Umwandlung des Ätzkalkes im Ofen zu Kalkhydrat, um die freiwerdende Wärme dem Ofen zu erhalten (24). Der Einfluß der Luftfeuchtigkeit (25). *Solvays* Verfahren zum Kalkbrennen durch überhitzten Wasserdampf (26). *Westmanns* Anwendung von Kohlensäure und Wasserdampf (26). Die Wirkung des im Koks vorhandenen Wassers (26).

6. Der Einfluß von Kohle, Koks und Sägemehl auf den Brennvorgang 27

In geformten Ziegeln (27). Strontiancarbonat (27). *Herzfelds* Versuche beweisen Verdunstungsvorgänge (28).

B. Die Aufenthaltszeiten im Kalkofen 28

Die Unterscheidung der Vorwärme-, Brenn- und Kühlzone (28).

7. Vorwärmezeit im Kalkofen 29

Annahme eines Idealofens (29). Die Wärmemenge, die einem Körper zugeführt werden kann (29). Die Wärmeeintrittszahl (29). Die Annahme kugelförmiger Gestalt der Kalksteine (30). Der Temperaturunterschied für den Wärmeübergang (30). Die Temperatur der Abgase (30). Die Wärmeleitfähigkeit (31). Die zuzuführende Wärmemenge (31). Die eintretende Wärmemenge (31). Die Vorwärmezeit (32). Einfluß der Abkühlung (32), der Unreinigkeiten (32). *Schreibs* irrige Ansicht über den Einfluß der Größe der Vorwärmezone auf den Wärmeverbrauch (33). Die hohe Temperatur der Abgase (33).

8. Die Brenndauer der Kalksteine 34

Die eintretende Wärmemenge (34). Die zur Zersetzung nötige Wärmemenge (34). Die Brenndauer (34), deren Abnahme mit der Steinstärke (35). Einfluß der Steindicke (35), des Temperaturunterschiedes (35), der Brenntemperatur (35). Die Verdampfungstemperatur der Kohlensäure nach *Chatelier* und nach *Pott* (35). Kurve, den Einfluß der Steingröße auf die Brenndauer zeigend (36). Vergleich mit *Herzfelds* Versuchen (36). Wichtigkeit gleicher Steingrößen für gleichmäßiges Brennen (36). Der Fehler *Heinrichs* Patent zur Erzeugung besseren Zuges durch Verwendung ungleicher Steine (36). Einfluß der Verunreinigungen (37).

9. Die Zeit zum Abkühlen des gebrannten Kalkes 37

Die Größe der gebrannten Kalkkugel (38), deren Gewicht (38). Die vorhandene Wärme (38). Die ausströmende Wärmemenge (38). Wie weit sich der Kalk abkühlt (38). Die Abkühlungszeit (39). Die Wärmeleitfähigkeit (39). Wärmeübergangszahlen des Kalkes (39). Der Temperaturunterschied für den Wärmeübergang (39). Die Temperatur der vorgewärmten Luft (40).

10. Die Gesamtaufenthaltszeit des Kalkes im Kalkofen 41

Ergebnis aus der Vorwärme-, Brenn- und Kühlzeit (41). Bildliche Darstellung für 1030° und 1200° Brenntemperatur (41). Die notwendigen Gesamtzeiten bei verschiedenen Steingrößen und Brenntemperaturen (42). Annahme parallelen Laufes der Steine (42). Einfluß der wirklichen Steinform gegenüber der angenommenen Kugelform (43).

Seite

C. **Die Feuerung** 44
Die Misch- oder die Gasfeuerung? (44).

11. Die Wahl des Brennstoffes 44
Verluste bei der Mischfeuerung mit Steinkohle (45). Der Rumfordofen (45). Braunkohle (45). Kosten des im Kalkofen gebildeten Kokses (46). Die Verwendung eines besonderen Koksfeuers durch *Althoff* zwecks Rauchverbrennung (46). Verfahren, die das Zumischen von vergasenden Brennstoffen ermöglichen wollen (46). Der *Dietz*sche Etagenofen (46). Der Schaden für die Volkswirtschaft durch die Verluste der Nebenerzeugnisse (47).

12. Koks zum Kalkbrennen 48
Unterschiede in der Herstellung (48). Hüttenkoks (48). Gaskoks (48). Unterschiede in der Vorbereitung (48). Waschen (48). Einpressen (48). Vergasungstemperaturen (49). Teerhaltiger Koks (49). Koksklein (49). Leuchtgaserzeugung (49). Unvollkommen destillierter Koks (50). Spezifisches Gewicht (50). Wärmewert (51). Wassergehalt (51). Kokslagerung (52). Wasserstoff- und Sauerstoffgehalt (52). Schwefel (52). Gipsbildung (52). Verminderung der Ablöschfähigkeit (53). Heizgase von schwefelhaltigen Brennstoffen (53). Die Koksasche (53). Einfluß auf die Auskleidung (53). Entfernen der Koksasche (54). Die Druckfestigkeit des Kokses (54). Seine Härte (54). Sprödigkeit (55).

13. Die Größe der Koksstücke 55
Die maximale Größe der Koksstücke (55). Brenndauer verschieden großer Stücke (56). Einfluß der Oberfläche (57). Schnelligkeit der Verbrennung (57). Rückbildung der Kohlensäure zu Kohlenoxyd (57). Berechnung der Zeit zum Verbrennen einer Kokskugel (57). Der Abbrand im Kalkofen gegenüber anderen Feuerungen (58). Einfluß der Geschwindigkeit der strömenden Verbrennungs-Feuerungen (59). *Nusselt*s theoretische Erwägungen über den Verbrennungsvorgang (59). Kalköfen mit kleinem Durchmesser geben bessere Verbrennung (62). Verbrennungszeiten harter und weicher Koksarten (62). Innige Vermischung des Kokses unter die Kalksteine (63). Geringstzulässige Korngröße (63). Kleine Koksstücke verlegen die Brennzone mehr nach oben, große verlängern sie nach unten (64). Wahl der Kokskörnung (64). Anwendung verschieden großer Körnung (64). Handelsübliche Bezeichnung der Kokssorten in bezug auf die Korngröße (64).

14. Brennstoffverbrauch für das Kalkbrennen im Idealkalkofen . . 65
Annahme für den Idealofen (65). Wärmeverbrauch für die Verdampfung der Kohlensäure aus dem kohlensauren Kalk (66). Versuchszahlen von *Favre, Silbermann* und *Julius Thomsen* (66). Der Wärmeverbrauch, wenn alle an der Umsetzung beteiligten Stoffe mit 0° zutreten und sich auf 0° abkühlen (66). Notwendige Wärmemenge für die über der Verdampfungstemperatur liegende Temperatur (67). Damit verbundene Wärmeverluste (68). Menge der zu- und abgeführten Wärme (69). Brennstoffverbrauch für den Idealofen (70). Einfluß der Verdampfungstemperatur (71).

15. Einfluß der Brenntemperatur auf den Brennstoffverbrauch . . . 71
Notwendigkeit höherer Brenntemperaturen (71). Zunahme der Wärmeverluste durch die abziehenden Gase (72). Mehraufwand an Brennstoff mit der Temperaturzunahme (72). Der Temperaturunterschied zwischen den Steinen und den Gasen (72). Die Verdunstungserscheinungen (74). Einfluß auf die Brennstoffersparnis (75). Einfluß des Über- und Unterdruckes (76).

16. Der Einfluß der Luftfeuchtigkeit auf den Brennstoffverbrauch . 77
Ähnlichkeit des Einflusses der Luftfeuchtigkeit und des Wasserdampfes (77). Trocknung der Luft mit Ätzkalk (77). Durch Kalkhydratbildung freiwerdende Wärmemenge (77). Verminderung des Brennstoffverbrauches (77).

Seite

17. Abkühlungsverluste des Schachtkalkofens 78
Die Abkühlung in der Vorwärmezone (78). Die Verluste in der Brenn- und Kühlzone (78). Deren Berechnung (78). Die Wärmeübergangszahlen der Mantelteile (79). Die durch 1 qm Innenfläche verlorengehende Wärmemenge (79). Beispiel der Gesamtverluste (79). Berechnung der äußeren Manteltemperatur (81). Kalköfen mit gemauertem Mantel (81). Einfluß der Isolierschicht (81). Verminderung der Wärmeverluste (81). Der freistehende Ofen (82). Einseitige Abkühlung (83). Äußerer Wärmeschutz des Eisenmantels (83).

18. Wirklicher Brennstoffverbrauch 83
Nebenumstände, die den beim Idealofen berechneten Brennstoffverbrauch beeinflussen (83). Erhöhung durch weichen Koks (83). Überschuß der Verbrennungsluft (83). Zu kleine Öfen (83). Zu heißes Ziehen des Ätzkalkes (83). Schlechter Wärmeschutz (84). Abgebranntes Ofenfutter (84). Erfahrungsgemäßer Brennstoffaufwand (84).

19. Ausnutzung der Abgaswärme 84
Die hohe Temperatur der Abgase (84). *Legrands* Versuche über Abwärmeausnutzung durch Dampfkessel (84). Die Ausnutzung zum Vorwärmen und Verdampfen von Säften (84). *Stammers* Meinung darüber (84). Einschaltung von Lufterhitzern (84). Lücken, die noch eine bessere Wärmeausnutzung gestatten würden (85). Calcinieren des Bicarbonats nach *Honigmann* (85). Berechnung der zu erwartenden Ersparnis durch die Abgaswärme-Ausnutzung (85).

20. Höchsttemperatur im Kalkofen 86
Wie entsteht diese? (86). Gleichung für die Höchsttemperatur (86). Deren Berechnung durch ein Beispiel (86). Einfluß der vorhandenen Gase in den verschiedenen Stufen (87). Die sich ergebenden Temperaturen (88). Die Gasüberhitzung (89). Die Temperaturunterschiede zwischen den Gasen an der Wandung und in der Ofenmitte (89). Nachteil der Kokseinfüllung in Haufen (89). Versuche von *A. Herzfeld, Claasen, W. Herzfeld* und *Martini* über die Höchsttemperaturen (90). Die Art der Messung (90). Die Versuchszahlen (91). Wert der gleichmäßigen Koksverteilung (91). Die hohen Gastemperaturen bei der Generatorfeuerung (92). Der damit verbundene Nachteil (92).

D. Die feuerfeste Auskleidung 92

21. Die chemische Einwirkung auf die Auskleidung 93
Die Ursachen (93). Kalksteine (93). Ätzkalk (93). Koks (93). Luft (93). Kohlenoxyd (93). Der Mörtel (93). Größe der Stoffverluste (94).

22. Die mechanische Beanspruchung des Kalkofenfutters 94
Ursachen (94). Härteskala (94). Die Abreibung (94). Die Härte des Kokses (95). Magnesitsteine (95). Die Druckbelastung (95).

23. Der Einfluß der Temperatur 95
Höhe der Temperaturen (95). Örtliches Schmelzen (95). Wahl der Feuerfestigkeit (96). Feststellung des Schmelzpunktes feuerfester Steine (96). Segerkegel (96). Elektrische Pyrometer (96). Tabelle der Segerkegel (96). Das Erweichen (97). Kolloide (97). Versuche von *Heraeus* (98). Calciumoxyd als Auskleidung (99). Einfluß der Mischungen auf den Schmelzpunkt (99). Verhältnis zwischen Tonerde und Kieselsäure (99). Wachsen und Schwinden (100). Verdampfen der Auskleidung (100).

24. Die Höhe der Auskleidung in den verschiedenen Zonen 101
Verhältnis der Zonenhöhen (101). Temperatur in der Vorwärmezone (101). Deren Steinwahl (101). Die Abkühlungszone (101). Die Brennzone (102). Verteilung der Steinsorten (102).

25. Die Wärmeleitfähigkeit der feuerfesten Auskleidung 103
Deren Wirkung (103). Vorteile und Nachteile großer Leistungsfähigkeit (103). Unterschiede in der Wärmeleitzahl nach *Rinsum* (103). Einfluß auf die Wärmeverluste (103).

Seite

26. Die Schamottesteine 104
Wesen der Schamotte (104). Schwinden (104). Das Äußere der Steine (104). Verbrennen der Steine bei hohen Temperaturen (104). Untersuchungen *Richters* (105). Bestimmung des Schwindens (105). Einfluß des ungleichen Schwindens auf Fugenbildung (106). Bestimmung der Porosität vor und nach dem Schwinden (107). Vorteile dichter Steine (108). Erhöhung der mechanischen Festigkeit durch das Vorbrennen (108). Gasdichtigkeit (108). Bruchbelastung (109). Raumgewicht (109).

27. Quarzschiefer 109
Cummendorfer Quarzschiefer (109). Wesen (109). Zusammensetzung (109). Eigenschaften (109). Härte (109). Bearbeitung der Steine (110). Form, in der die Steine geliefert werden (110). Spezifisches Gewicht (110). Raumgewicht (110). Anschaffungskosten (110). Nachteil der Verwendung von Schamotten neben Quarzschiefern (111). Ursache seiner Feuerfestigkeit im Kalkofen (111). Angriff durch Alkalien (111). Koksasche (111). Schichtenbildung; Lagerung beim Einmauern (112). Mörtelart (112). Zersplittern beim Temperaturwechsel (112).

28. Ausklebemassen 113
Vorteil des aus einem Guß bestehenden Futters (113). Rißbildung (113). Schwierigkeiten der Herstellung (113). Vulkanzement (113). Schmelzpunkt (113). Vorschrift für die Anwendung (114). Saure Klebsande (114). Verwendung bei schadhaftem Schamottefutter (114).

29. Prüfung des Gebrauchswertes der feuerfesten Auskleidung . . . 115
Formeln und Regeln (115). Untersuchung des Chemischen Laboratoriums für Tonindustrie (115). Allgemeine Beschaffenheit (115). Feuerfestigkeit (115). Verhalten gegen Asche, Kalk (115). Die Analyse (116). Nachschwindung (116). Ausdehnung (116). Druckfestigkeit (116). Abnutzbarkeit (116). Die Lebensdauer (116). Wahl (116).

30. Aufmauern der feuerfesten Auskleidung 117
Mörtel (117). Fugen (117). Die Maurer (117). Steingröße (117). Futterstärke (117). Langsames Anheizen (117). Wahl des Mörtels (117). Steine für Ersatzarbeiten (118). Lehm (118). Austrocknen (118). Lagerung der Vorratssteine (118).

31. Der Kalkofenmantel 118
Äußerer Halt des Futters (118). Ummauerung (118). Eisenmantel (118). Wärmeschutzschicht (119). Nachteile der Asche (119). Kieselgur (119). Hintermauerung (120). Wirkung der Schutzschicht (120). Kühlung der Auskleidung (120). Vorwärmung der Verbrennungsluft durch die Ummantelung (121). Eiserne Mäntel ohne Futter (121). Mantel aus Beton (122). Schaulöcher (122). Äußerer Schutzanstrich (122).

E. Die Form und der Rauminhalt des Schachtkalkofens 123

32. Die Form des Schachtes 123
Der kreisförmige Querschnitt (123). Verschiedene im Betrieb gewesene Formen, mit Hinweis auf die Vor- und Nachteile sowie des Brennstoffverbrauches (123). Der Trichter- oder Tiegelkalkofen (123). Parabolischer Trichterofen (123). Zylindrischer Schachtofen (123). Zusammengesetzte Form (125). Umgekehrter Trichter (125). Schlanker, schwach erweiterter Ofen mit Rost (125). Schornsteinform (125). Konusofen mit anschließendem Zylinder (125). Doppelkegel (125). Belgischer Ofen (125). *Khern*scher Ofen (126). *Dietz*scher Etagenofen (126). Eiförmiger mit zylindrischem Aufsatz (127).

33. Versuche an einem Modell über die Schichtenbildung 128
Beschreibung des Ofenmodelles (128). Die verwendeten Steine (128). Versuche am Trichterofen (128). Voreilen des inneren Kernes (128). Ungleich-

Seite

mäßiger Durchtritt der Füllung (128). Nachteile (128). Ideale Bewegung (128). Der umgekehrte Trichter (129). Voreilen der Randschichten (129). Gründe (129). Brückenbilkung (130). Der Zylinder (130). Schlanker Oberkegel (130). Wagerechter Lauf der Schichten (130). Störungen an der Abzugsöffnung (130). Doppelkegel (130). Schichtenstörung an der Basis der Kegel (131). Ungleichmäßige Aufenthaltszeiten (131). Entstehung der Doppelkegelform, der Hochofenform (131). Einfluß der Mantellage (132). Die geneigte Mittelachse (132). Ansicht über den Einfluß der Reibung an der Ofenwand (132). Der Reibungswinkel zwischen Steinen und Ofenfutter (133). Der Böschungswinkel (133). Verhinderung des Drehens der Steine (133). Einfache Ofenform (133).

34. Einfluß der Form auf die Gasbewegung 133

Zylinder (134). Gleichmäßiger Gasstrom (134). Trichterform (134). Abströmen der Gase nach außen (134). Stehende Kegel (134). Zusammenpressen der Gase (134). Ungleiche Geschwindigkeit (134). Ungleiches Brennen (134).

35. Der Rauminhalt des Schachtofens 134

Der erforderliche Fassungsraum (134). Berechnung (134). Einfluß der Steingröße (135). Kubikmetergewicht, unabhängig von der Steingröße (135). Verschiedene Raumgewichte (135). Koksgewicht (136). Rauminhalt der Vorwärmezone (136), der Brennzone (136), der Kühlzone (136). Der Gesamtinhalt (136). Beispiel (137). Einfluß der Verunreinigungen (137). Erfahrungszahlen (137). Leistung bei natürlichem Ofenzug (138). Ofengröße in Sodafabriken (138), in Zuckerfabriken (138). *Schmidts* Zusammenstellung (139). Ein Beispiel (139).

36. Die Ofenhöhe 141

Vor- und Nachteile der schlanken gegenüber der gedrückten Form (141). Abhängigkeit des Innendruckes von der Ofenhöhe (141), der mechanischen Abnutzung (141), der Wärmeverluste (142). Schwierigkeit der Beschickung (142). Verschluß der Einwurföffnung (142). Böschungskegel der eingefüllten Gicht (143). Entmischung der Gicht (143). Störung im Lauf der Schichten (143). Einfluß der Ofenhöhe auf die Gasgeschwindigkeit (143). Günstige Wirkung großer Gasgeschwindigkeit (144). Zunahme der Widerstände gegen die Gasbewegung (144). Deren Größe (144). Verminderung des Brennstoffverbrauches mit der Ofenhöhe (145). Brennstofferspamis im Vergleich zum größeren Futterverbrauch (145).

F. **Die Kalkofengase** 145

Gewicht der Gase in den verschiedenen Zonen des Idealofens (146).

37. Der Kohlensäuregehalt der abziehenden Kalkofengase und dessen Zusammenhang mit dem Koksverbrauch 146

Die volumetrische Analyse (146). Umrechnung der Gasgewichte auf den Raum (146). Raum der Gase des Idealofens (146). Deren Kohlensäuregehalt bei verschiedenen Brennstoffmengen (147). Ihr Zusammenhang (147). Berechnung des Koksverbrauches aus der Einzel- und der Dauer-Gasanalyse (147). Verdünnung durch den Luftüberschuß bzw. Sauerstoffgehalt (147). Beispielrechnung (148). Einfluß anderer Gase (149). Forderung kohlensäurereicher Gase (149). Die Sodaerzeugung (149). Die Zuckerfabriken (150). Erzeugung 100proz. Gase (150). Verhältnis zwischen der aus den Kalksteinen und der aus dem Brennstoff stammenden Kohlensäure (150). Der Stickstoffgehalt (150). Einfluß des Wasserdampfes auf die Bestimmung der Kohlensäure bei der Gasanalyse (151). Die Anwesenheit anderer Gase (151). *Lidoffs* Versuche und Feststellung des spez. Gewichts der Kohlensäure (151).

38. Der Sauerstoffüberschuß in den Kalkofengasen 152

Unvollkommene Verbrennung (152). Notwendigkeit des Luftüberschusses (152). Sauerstoffüberschuß bei verschiedenen Feuerungsarten (152). Beim Dampfkessel (152). *Haiers* Versuche (152). Die Verbrennung des Kohlen-

Seite

oxydes (153). Zusammenhang zwischen Luftüberschuß und Sauerstoffgehalt (153). *Seger*s Versuche an einem Ringofen (153), *Stein*s an einem *Neumann*schen Kalkofen (153). Ausnutzungsverhältnisse der Verbrennungsluft (154). Verdünnender Einfluß der Kalksteinkohlensäure (155). Üblicher Sauerstoffüberschuß (155). Einlegekörper (155). Einfluß des Sauerstoffes auf den Brennstoffverbrauch (156). Kohlenoxyd neben freiem Sauerstoff (156). Nachträglich eingetretene Luft (156). Verschleierung der Gasanalyse (156). Leistungsverminderung durch Luftregelung (157). Einfluß auf die Verbrennung, den Koksverbrauch (158). Abwesenheit von Sauerstoff zur Schwefelgewinnung (158).

39. Das Kohlenoxyd in den Kalkofengasen 159

Verluste bei der Verbrennung zu Kohlenoxyd statt zu Kohlensäure (159). Nachteile des Kohlenoxydes bei der Verwendung der Gase (159). Bedingungen für eine vollkommene Verbrennung (159). Rückbildung der Kohlensäure zu Kohlenoxyd (159). Der Gleichgewichtszustand (160). Einfluß auf die Abkühlung der Abgase (161). Vorschlag, das Kohlenoxyd in einem Wassergasgenerator nutzbar zu machen (161). Falsche Probenahme (162). Unsicherheit der Kohlenoxydbestimmung mit Kupferchlorürlösung (162). Sauerstoffüberschuß (162). Besonderes Verfahren zwecks Umwandlung der Kalkofensäure in Kohlenoxyd (162).

40. Der Ofenzug 162

Luftzufuhr zwecks Unterhaltung der Verbrennung (162). Die Widerstände (162). Die Vermehrung der Raumbeanspruchung der Gase durch die verschiedenen Temperaturen (163). Zunahme mit dem Brennstoffaufwand (163). Die für die Gase zur Verfügung stehenden freien Räume (163). Unabhängigkeit von der Steingröße (164). Die Gasgeschwindigkeiten in den verschiedenen Zonen (164). Der für die Gasbewegung nötige Überdruck (164). Die Druckhöhe (164). Einfluß der Ofenhöhe (165), der Gasgeschwindigkeit (165), des Steindurchmessers (165). Mittel zur Überwindung der Widerstände (165). Der natürliche Ofenzug (165). Berechnung des Zuges (166). Notwendigkeit künstlichen Zuges (167). Schornsteinberechnung (168). Schornsteinhöhe und Saugwirkung (168). Die Mittel zur Erzeugung künstlichen Zuges (169). Gebläse (169). Ventilatoren (169). Amerikanischer Schachtofen mit künstlichem Zug (170). Zusammenhang zwischen der Leistungserhöhung und dem Ofenzug (172). Unterwind (172) Reserveschornstein (173). Gesamtaufenthaltszeit der Gase im Ofen (173).

41. Die Abgasleitung 173

Wahl der Gasgeschwindigkeit (173). Die Reibungswiderstände (173). Die Ablagerung von Flugasche (174). Gasvorkühlung (174). Nachteile wagerechter Leitungen (174). Reinigungsöffnungen (175). Lebensdauer (175).

42. Das Kühlen der Kalkofengase 175

Notwendigkeit der Vorbereitung der Gase für die Weiterbewegung und Verwendung (175). Die Temperatur der Abgase (175). Einfluß der äußeren Abkühlung (176). Die mit der Abkühlung verbundene Raumverminderung (176). Einfluß auf die Größe der Kohlensäurepumpe (177). Vorteil der Verwendung heißer Gase (177). Grenze der Abkühlung (178). Kühlung mit Wasser (178). Sättigung der Gase mit Wasserdampf (178). Die Teilspannung des Wasserdampfes (178). Vergrößerung des Gasraumes (178). Die Höchsttemperatur, mit der die Gase aus dem Wasserkühler austreten können (180). Einfachheit der Wasserkühlung (180). Geringstnotwendige Kühlwassermenge (180). Tauen nicht genügend gekühlter Gase in den Leitungen (180). Nachteile (181). Kohlensäureverluste durch das ablaufende Kühlwasser (181). Gegenstromkühler (182). Kataraktkühler (182). Vorteil trockener Kühlung (182).

43. Das Waschen und Reinigen der Kohlensäure 183

Entstehung des Staubes (183). Notwendigkeit der Reinigung (183). Einrichtung zur Staubbestimmung (183). Art der Kohlensäurewäsche (184). Wäscher mit Koksfüllung (184). Gemauerter Wäscher mit Voreinspritzung (185).

Seite

Eiserne Wäscher (185). Kolonnenwäscher (185). Die Voreinspritzung (186). Hölzerne Wäscher (187). Wahl der Koksfüllung (187). Gegenstromwäscher (188). Wäscher mit Düsen (188). Hinweis auf den Hochofenbetrieb (189). Staubmenge (190). Die Druckverluste (190). Zweckmäßige Wäscherform (190). *Kubierschkys* Gaswäscher (191). Geregelte Gaswege (191). Abführung des Waschwassers (192). Wäscher zur Entfernung von Gerüchen und beigemengter Gase (192). Trockene Gasreinigung (193). Filter mit Schlackenwolle (193). *Schotts* Gewinnung der Salze als Düngemittel (193).

44. Die Größe der Kohlensäurepumpe 193
Einflüsse, die das Gasvolumen vermehren (194). Vermehrung des Gasraumes durch den Sauerstoffüberschuß (194). Die Ausdehnung durch die Temperatur (194), durch den Unterdruck (194). Einfluß der Widerstände vor der Pumpe (195). Ansaugleistung der Pumpe (196). Regulierung der Gasmenge (196). Messen und Beobachten der Druckverluste (197).

45. Die Erhöhung des Gasdruckes für die Weiterförderung 198
Die Notwendigkeit der Druckerhöhung (198). Umsetzung der für die Verdichtung aufgewendeten Arbeit in Wärme (198). Der Kompressionsgrad (198). Erwärmung der Gase bei verschiedenen Kompressionsgraden (198). Adiabatische Kompression (198). Polytropische Kompression (199). Kühlung der Zylinder (199). Versuchszahlen (199) Zuführung trockener und heißer Gase (200). Nachteile feuchter Gase (201).

46. Die Kohlensäurepumpen 201
Wahl der Kohlensäurepumpen (201). Das *Körting*sche Dampfstrahlgebläse (201). Kolbenluftpumpen mit Ventilen, Klappen oder Schiebern (201). Die Rückschlagventile der Schieberluftpumpen (201). Der Druckausgleich (202). Diagramme einer Ventilluftpumpe (202). Turbogebläse (203). Sicherheitsventil (205).

G. Der Rohstoff und das Erzeugnis 205

47. Die Kalksteine 205
Wesen der Kalksteine (205). Kalkspat (205). Kristallinischer Kalkstein (205). Dolomit (205). Unterschiede (205). Zerteilbarkeit (208). Der Rüdersdorfer Kalksteinbruch (208). Kreide (209) Verbreitung (209). Größe der Kalksteine (209). Zerkleinern (209). Chemische Reinheit (210). Anforderungen an einen guten Kalkstein (210). Die chemische Untersuchung (210) Lösen in Salzsäure (210). Erdöle, Bitumen (211). Einfluß der Verunreinigungen auf den Brennstoffverbrauch (211).

48. Der gebrannte Kalk 212
Zweck des Brennens (212). Anforderungen (212). Benennung der verschiedenen Arten nach der Tonindustrie-Zeitung (212). Düngekalk (212). Bestimmung des freien Ätzkalkes (213), der Kohlensäure (213). Calorimeter (213). Ablöschen guten Kalkes (213). Totgebrannter Kalk (213). Äußeres Aussehen des Kalkes (213). Blaugebrannte Steine (213) Bestimmung des spezifischen Gewichtes (214). Das Raumgewicht (214). Form des gebrannten Kalkes (215). Hygroskopizität (215). Deren Ursache und Folgen (215). Die Lagerung gebrannten Kalkes (215). Nach *Heusinger von Waldegg* (215). Nach *Vicat* (215). Die Feuergefährlichkeit des gebrannten Kalkes (216).

H. Die Bedienung des Kalkofens 216

49. Die Beschickung 216
Die Notwendigkeit des Hebens der Steine und des Kokses auf die Gichtbühne und des Verschlusses der oberen Kalkofenöffnung (216).

50. Der Gichtverschluß 217
Die obere Ofenöffnung (216). Der Gichtverschluß (217). Einfluß auf die Verteilung und Schichtenbildung (217). Verschiedene Trichterformen nach *Wedding* (217). Der *Parry*sche Trichter (217). Der Verschlußkegel (217). Doppelte Gichtverschlüsse (218).

Seite

51. Das Heben der Kalksteine und des Kokses auf die Gichtbühne. . 219
Aufstellungsort des Kalkofens (219). Handwinden (219). Aufzüge (219). Triebwerksaufzüge (220). Dampfmaschinenaufzüge (221). Verwendung des Abdampfes (221). Hydraulische Aufzüge (221). Mit Wasserkasten (221). Elektrische Aufzüge (222). Behördliche Beaufsichtigung der Aufzüge (223). Becherwerke (224). Schrägaufzüge (224). *V. Wendlands* Vorschlag (224). Schrägaufzug für Hochofen (226). Kübelaufzug von *Eberhardt* (226).

52. Das Abziehen des gebrannten Kalkes 228
Unterer Böschungskegel (228). Abziehen des Kalkes (228). Störung der Schichtenbildung (229). Erschwerung des Luftzutrittes (229). Anwendung von Rosten (229). Trennen von der Asche (229). Drehrost von *Perret* (229). Der *Berkefeld*sche Rost (229). Verbesserungen (229). Rost von *Kawalewski* (230). Versuche am Modellofen (230). *Morgats* Änderung (230). Der Nutzen des dauernden Kalkabziehens (231). Die mechanische Entleerung nach *Montagné* (231). *Solvays* Drehrost (231). *Eberhardts* Drehrost (232). *Behrends* Kettenrost (234). Erzeugung gelöschten Kalkes im Ofen (234).

53. Der Kalkofenbetrieb 235
Die Inbetriebsetzung (235). Die erste Füllung (235). Das Anzünden (235). Schutz gegen das Einfallen der Steine aus großer Höhe (236). *Roberts* seitliche Luken (236). Weiterbetrieb des Ofens (236). Erhaltung der Lagerung zwischen Steinen und Koks (236). Das Wiegen der Gicht (236). Die Höhenlage der Glut (237). Die Beobachtung durch die Schaulöcher (237). Das Setzen der Füllung (237). Gleichmäßiges Begichten (237). Drosselung der Ofenleistung (238). Prüfung der Ofengase (238), nach *Seyffart* (238), *Frühling* und *Schulz* (238). nach *Langes* Taschenbuch (238). Beobachtung des Gasdruckes (238), der abgesaugten Gasmenge (238). Die Drosselscheibe (239). Einflüsse auf die Leistung der Kohlensäurepumpe (239). Ziehen gutgebrannten Kalkes (240). Gesundung Schwindsüchtiger (240).

Literaturverzeichnis 241

Sach- und Namenregister 241

A. Allgemeines.

1. Geschichtliches.

Wann der erste Kalkofen angewendet wurde, wie dieser aussah, wissen wir nicht. Man kann hier nur Vermutungen anstellen; ob sie das Richtige treffen, wissen wir auch nicht. Ein offenes Feuer wird man in grauer Vorzeit zufällig mit den fast überall vorkommenden Kalksteinen umsetzt haben. Sie wurden teilweise gebrannt. Ein Regen löschte die Steine, füllte die unteren Fugen mit Kalkbrei aus, nach einiger Zeit ein festes Gefüge, ein Mauerwerk bildend. Jahre-, jahrhundertelang folgende Wiederholungen weckten die Beobachtung dieses Vorganges, später die Erkenntnis, wann und wie diese eintraten. Man umbaute das Feuer immer mehr mit Kalksteinen, fand die Möglichkeit zum Aufbauen richtiger Herde, die Verwendung des Kalkes zu Umwehrungen, zu Schutzmauern und Häusern. Man grub Erdtrichter, füllte diese teilweise mit Kalksteinen aus, ließ in der Mitte einen Schacht, in den man das Brennholz einwarf, und kam so langsam zum Trichterofen nach Fig. 35a, S. 124.

Nach *Quietmeyer* wurde der Kalk anfangs noch in Verbindung mit Gips um 2600 v. Chr. von den Ägyptern benutzt, auch von *Salomon* bei Zisternenbauten in Jerusalem. Über die Art des Kalkbrennens ist aber nichts bekannt geworden. Zuerst erwähnt *Cato* 184 v. Chr. die Kalkbrennöfen, die zweifellos schon viel früher den Ägyptern und Assyriern bekannt waren. 64 n. Chr. beschreibt *Pedanios Dioskorides* in seiner Arzneimittellehre, übersetzt von *J. Berendes*, Stuttgart 1902, die Bereitung des Ätzkalkes wie folgt: Nimm Schalen der Meerschnecken, wirf sie unter das Feuer oder gib sie in einen glühenden Ofen und laß sie darin eine Nacht liegen; am folgenden Tage, wenn sie ganz weiß geworden sind, nimm sie heraus, andernfalls (brenne sie) wiederum, bis sie vollständig weiß sind. Dann tauche sie in kaltes Wasser und wirf sie in einen neuen Topf, decke ihn mit Lumpen gut zu und laß eine Nacht stehen. Frühmorgens, wenn er (der Kalk) ganz fertig ist, nimm ihn heraus und bewahre ihn auf. Er wird auch aus gebrannten Ufersteinchen und aus gewöhnlichem Marmor gemacht, und dieser wird den anderen vorgezogen. Jeder Kalk überhaupt hat brennende, beißende, ätzende und scharfmachende Kraft; einigen anderen Substanzen, wie Fett oder Öl, zugemischt, wirkt er die Verdauung anregend, erweichend, verteilend und vernarbend. Für wirksamer ist der zu halten, welcher frisch und trocken ist.

Bei dem nur in der Mitte des Trichters zugeführten Brennstoff wird man bald erkannt haben, daß der Kalk am äußeren Umfang nur sehr unvollkommen durchgebrannt war. Man mischte dort Holz unter und kam so bald zur schichtenweisen Einfüllung von Kalkstein und Holz. Auf eine Schicht Holz folgte eine Schicht Kalkstein. Solche Öfen arbeiteten nicht ununterbrochen, die Form und Einrichtung gestattete dies nicht. Mit der Zeit bildeten sich hierfür passende Formen aus; man versah den Ofen unten mit Abzugsöffnungen, die auch für die Luftzufuhr sorgten und bildete so den Schachtofen mit schichtenweiser Mischung der Steine und dem Brennstoff immer mehr aus. Nachdem Holz als Brennstoff teurer denn die Verwendung der Kohle erkannt wurde, kam auch diese hier bald in Anwendung.

Schon im 13. Jahrhundert wurde die Kalkbrennerei in Rüdersdorf betrieben, wo von dieser Zeit bis heute die verschiedensten Kalköfen erbaut und erprobt wurden, aber bis heute noch keine Dauerform gefunden ist. 1825 gab *Stanhope* eine verbesserte Art des Kalkbrennens an (Bull. d. sc. 4, S. 83), indem er einen Ofen mit Doppelwand und zwischenliegender Wärmeschutzschicht sowie schichtenweise Auffüllung der Kalksteine und des Brennstoffes vorsieht.

Über die Entwicklung des Kalkofens in der Zuckerindustrie berichtet *E. v. Lippmann* (Festschrift zum fünfzigjährigen Bestande des Vereins der Zucker-Ind. 1900, S. 118). Kalk wurde stets zum Klären der Zuckersäfte verwendet. In der ersten Hälfte des 19. Jahrhunderts, als noch verhältnismäßig wenig Kalk verbraucht wurde, kauften sich die Zuckerfabriken diesen oder brannten ihn in Feldbrandöfen, die gleichzeitig den in der Umgebung notwendigen Baukalk lieferten. Um 1850 war die Anwendung des Kalkofens in der Zuckerindustrie noch nicht üblich, denn z. B. *Payen* sagt (*Stötzel*, Rübenzucker-Fabrikation 1851, S. 28), man solle nicht zuviel Kalk zum Saft zusetzen, weil dieser die Abdampfung erschwert, und das gebildete Kalksaccharat kann nicht kristallisieren. Zuviel Kalk kann nicht von der Knochenkohle oder von der Kohlensäure der Luft (!) zersetzt werden. Aber die zur Scheidung des Rübensaftes von den Unreinigkeiten angewendete Kalkmenge wurde immer größer und mußte der überschüssige Kalk durch andere Hilfsmittel aus dem Saft ausgefällt werden. Als dies mit der Einführung der sog. Saturation durch Kohlensäure geschehen sollte, bereitete deren Beschaffung große Schwierigkeiten. *Baruel* schlug 1811 die Benutzung der Kesselheizgase vor, während später *Michaelis* und *Kopisch* (Z. d. V. d. d. Z. 1852) noch die aus Marmor durch Salz- oder Schwefelsäure entwickelte Kohlensäure wegen ihrer größeren Reinheit vorzogen. Andere erzeugten sie durch Verbrennung von Holzkohle, Koks u. dgl., und gelang es *Kindler* erst gegen 1852, einen brauchbaren Verbrennungsofen zu bauen, der Gase mit 15 bis 16% Kohlensäure lieferte. Noch 1874 beschreibt *Stammer* (Zuckerfabrikation) den *Kindler*schen Ofen zur Verbrennung von Kohle, um die Kohlensäure zu erhalten, der hinter dem Feuerschacht noch zwei Schächte hatte, die mit Kalkstein gefüllt waren. Diese Kalksteine sollten aber nur zur Reinigung der Gase dienen. *Walkhoff* ging einen Schritt weiter und baute die zwei Schächte so aus, daß die Kalksteine gebrannt wurden, dadurch den Übergang und die Einführung der Kalköfen in den deutschen Zuckerfabriken bewirkend, mit der Verwendung der beim Brennen des Kalkes freiwerdenden Kohlensäure zum Ausfällen des Kalkes im Safte. Es ist merkwürdig, daß man erst sehr spät an die heute selbstverständlich erscheinende Wiederverwendung der Kalkstein-Kohlensäure dachte, und nimmt deren erste Anwendung *Maumené* (Z. d. V. d. d. Z. 1856, S. 196) für sich in Anspruch. Ob mit Recht, scheint aber nach *Lippmann* (Festschrift S. 119) fraglich. Jedenfalls hatte *Robert* in Seelowitz schon 1854 einen Schachtkalkofen im Betriebe.

1866 baute *A. Perret* in Roye-Somme (S. 124) einen Kalkofen mit zylindrischem Schacht und unterem drehbaren Abzugsrost. 1876 empfiehlt *V. Wendland* eine schiefe Ebene zum Begichten der Kalköfen. 1881 nimmt *Pierre Montagné* das D. R. P. 16 759 auf den ersten mechanischen Rollenrost zur Entleerung des Schachtofens und 1887 *Solvay* das D. R. P. 43 901 über einen Drehrost zur selbsttätigen Entleerung des Kalkofens.

Im Anfang des 19. Jahrhunderts erkannte man, daß durch die Verbrennung der Gase höhere Temperaturen erzielt werden könnten und ein staubfreier Heizraum möglich wäre, wie dies z. B. beim Glasschmelzen außerordentlich nützlich ist. Zuerst spricht *Aubertôt* 1812 diesen Gedanken aus, beim Kalkbrennen an Stelle der festen Brennstoffe deren Gase zu verwenden, nachdem er 1809 auf einer Eisenhütte des Cherdepartements (Journ. des mines Bd. 35, 1814, S. 375) Versuche angestellt hatte. Er wollte die Gichtflammen der Hochöfen zum Kalkbrennen verwenden, indem er den Kalkbrennofen oben auf der Hochofengicht aufstellte. Diese Verwendung der Hochofenabgase wurde aber bald wieder verlassen. Erst 1830 kommt *August Lampadius* auf den Vorschlag der Gasverwendung zum Kalkbrennen zurück. Dann trat *Siemens* mit seinen Gasöfen auf den Plan, die anfangs nur in den *Siemens*schen Glashütten Anwendung finden sollten. Man glaubte in ihnen ein Allheilmittel entdeckt zu haben und es kam auch bald die Anregung *Siemens* (1862) auf die Verwendung an Kalköfen. Man hatte die Verluste erkannt, die mit der Destillation des Brennstoffes in der Vorwärmezone verbunden sind, daß deshalb minderwertige Brennstoffe, wie z. B. Braunkohle, bei der Zumischung wenig wirkungsvoll sind und der gebrannte Kalk stark durch Asche verunreinigt war. Koks war in seiner Anwendung noch beschränkt, wenig bekannt. Hier konnte die *Siemens*sche Gasfeuerung helfend eingreifen. Zuerst führte er mit *Ferd. Steinmann* solche Öfen ein. Im Jahre 1862 auf dem Dreikönigsschacht bei Tharand, 1864/65 in der Zuckerfabrik Gröbzig bei Cöthen. (Siehe Kompendium für Gasfeuerung von *Ferd. Steinmann*, Freiberg 1868, S. 68, und Dingl. Journ. 1871, S. 44 und 200.) Er versah den Schachtofen an seinem Umfang mit ein oder mehreren Generatoren, wo der Brennstoff teilweise verbrennt, sich selbst vergast, und das kohlenoxydhaltige Generatorgas führte er der Brennzone des Kalkofens zu. Von unten, durch die Kühlzone, wurde die für das Generatorgas noch notwendige Luft zugeführt. Hiermit hängt ein Nachteil zusammen, der es verhindert, daß der Generatorofen wirtschaftlicher arbeitet als der Schachtofen mit Mischbetrieb. Ein Teil der Verbrennungsluft wird dem Generator selbst zugeführt, ohne sich am niedergehenden Kalk vorzuwärmen und dessen ganze Wärme dem Ofen zu erhalten. Der Brennstoff kann deshalb im Generatorofen nicht so günstig wirken als ein im Innern des Ofens befindlicher und für die Zumischung geeigneter Brennstoff.

F. Steinmann erwähnte als Vorzüge (Polyt. Zentralbl. 1870, S. 426) gegenüber denen mit Beimischung:

1. Möglichkeit der Anwendung eines jeden Brennstoffes mit Ausnahme stark backender Steinkohle;
2. vollständige Rauchverzehrung;
3. Ersparnis an Brennstoff;
4. Reinheit des Produktes;
5. Leichtigkeit der Verringerung der Produktion.

Es wurde CO_2 mit 19 Proz. erzielt.

E. Cruse berichtet in der Z. d. V. f. Rübenz. 1868, S. 164, über solche Kalköfen mit *Siemens*scher Generatorfeuerung, die für 1 Zentner gebrannten Kalk 50 Pfund Aussig-Templitzer Braunkohle verbrauchten. (Hätte der Kalkstein 90 Proz. $CaCO_3$, dann wären dies 25 kg Braunkohle für 100 kg Kalksteine.) Diese Gase hatten 18 bis 26 Proz. CO_2; im Mittel aus 36 Untersuchungen 19,25 Proz. Für heutige Verhältnisse keine guten Zahlen.

Der Generatorofen muß durch sachverständige Leute bedient werden, er verlangt liebevolle, verständige Aufsicht. Die Generatoren, die Gaskanäle, der ganze Ofenbau sind recht empfindlich und erfordern häufige, kostspielige Ersatzarbeiten. In der Zwischenzeit arbeitet der Ofen unvollkommen. Die aus den Generatoren in den Ofenschacht tretende heiße Gasflamme hat das Bestreben, senkrecht in die Höhe zu steigen, sie bleibt mehr am Ofenumfang und dringt schwer zur Mitte. Ungleichmäßiger Brand ist die Folge. Deshalb darf man nicht über gewisse Schichtbreiten, etwa 2 m, hinausgehen. Für größere Öfen wurden deshalb von *Steinmann* ovale Schächte vorgeschlagen. Der Bau wird dann noch teurer und unzuverlässiger. Schon in den achtziger Jahren des vorigen Jahrhunderts machte sich deshalb das Bestreben nach Verbesserung bemerkbar. Wünsche nach dem alten Schichtofen wurden laut. 1881 hielt es *Riedel* (Halle) nicht für empfehlenswert, nur ausschließlich die getrennte Gasfeuerung von unten anzuwenden, sondern auch oben Koks zuzugeben, um beider Wirkungen zu vervollständigen, um gleichmäßiger zu brennen. (Z. d. V. d. d. Z. 31, 1881, S. 605.) Damit gleitet man wieder zurück zum Ofen mit Mischfeuerung, wie er sich jetzt behauptet und der zurzeit als die beste Vorrichtung zum Kalkbrennen zu betrachten ist. Besondere Geltung verschaffte er sich dadurch, daß ihn *Ernst Solvay* um 1885 in seinen Sodafabriken anwendete. Der Schachtofen ohne besondere Feuerungen wurde durch *Solvay* von neuem bekannt und nahm mit den *Solvay*schen Sodafabriken seinen Siegeslauf und fand auch in der chemischen und Zuckerindustrie seine Einführung unter dem Namen „belgischer Kalkofen". „Belgischer" deshalb, weil *Solvay* ihn zuerst in Belgien anwendete und er sich von dort weiter verbreitete. Später werde ich noch zeigen, wie sich diese Form immer mehr entwickelte.

1883 baute *Karl Dietzsch* in Saarbrücken einen ununterbrochen arbeitenden Stufenkalkofen, der eine deutliche Dreiteilung (Vorwärmung — Brennraum — Abkühlung) zeigte und den unmittelbaren Einwurf des Brennstoffes in den Brennraum gestattet. Neben diesen Schachtöfen entwickelte sich der Ringofen, der für geformte Gegenstände, wie Mauersteine und andere keramische Erzeugnisse, zuerst von *Fr. E. Hoffmann* 1857 mit Erfolg Anwendung fand und im Jahre 1864 zum Kalkbrennen. Besonders, wo es sich um Kalkmörtel handelt, verwendete man die Ringöfen gleichzeitig zum Kalkbrennen, weil man ohne weiteres zusammen mit den Mauersteinen auch den Kalk brennen kann. Aber dort, wo der Ringofen nur zum Kalkbrennen allein gebaut wird, erscheint er mir nicht am Platze. Seine ganze Einrichtung ist dafür bestimmt, solche Dinge zu brennen, die während dieser Zeit still auf ihrer Unterlage ruhen müssen, um ihre Form zu erhalten. Die vorsichtig in den Brennraum eingesetzt werden. Kalksteine erfordern diese sorgfältige Handhabung nicht, wozu also für sie die schwere Arbeit im Ringofen anwenden, die Leute zu zwingen, in heiße, oft nicht genügend gekühlte Kammern hineinzugehen und den stäubenden Ätzkalk herauszuschaffen unter Anwendung schwerer Handarbeit? Wie beim Mauern einer Bruchsteinmauer müssen die Einsetzer einen Stein auf den andern kunstgerecht schichten, können nicht wahllos zugreifen, müssen immer darauf bedacht sein, daß für die Gase hinreichender Durchtritt gesichert ist, um guten Zug und gleichmäßiges Brennen zu sichern. Dies Aufschichten erfordert großstückige Steine.

In seiner Wirkung ist der Ringofen nichts anderes als ein Schachtofen, nur daß beim Ringofen das Feuer im Kreise fortschreitet und die Steine stillliegen, während dies beim Schachtofen umgekehrt der Fall ist, wie dies Fig. 1 zeigt. Der ringförmige, meistens längliche, nur selten einen Kreis bildende Brennraum besitzt am äußeren Umfang gleichmäßig verteilte Öffnungen zum Einfahren der Steine und zum Ausfahren des Kalkes, während am inneren Umfang entsprechende Öffnungen für den Abzug der Rauchgase nach dem Schornstein vorgesehen sind. Durch einen Schieber wird einerseits der Anfang der Vorwärmezone, andererseits das Ende der Kühlzone bestimmt. Durch Öffnungen in der Gewölbedecke wird Brennstoff in die Brennzone eingeworfen. Diese Gewölbedecke ist in der Abbildung fortgedacht, um einen besseren Einblick in den Brennraum zu gestatten. Dies möge als Wesentliches über den Ringofen genügen, der in Wirklichkeit noch die verschiedenartigst geformten Gasführungen besitzt. Durch das Fortschreiten des Feuers werden immer neue Teile der Mauerung erwärmt, womit Abkühlungs- und Brennstoffverluste verbunden sind. Man kann deshalb eine Ersparnis an Brennstoff nicht erwarten, und man rechnet auch mit einem Mindestverbrauch von 12 kg guter westfälischer Steinkohle für 100 kg guten Muschelkalk. Wohl kann man im Ringofen minderwertige Brennstoffe anwenden; diese haben aber meistens viel Schwefel, der zur Gipsbildung Veranlassung gibt. Deshalb und durch die stärkere Beeinflussung der Brennoberfläche durch die Flugasche, die teerigen Kondensationsprodukte, löscht sich Ringofenkalk immer schlechter als solcher aus Schachtöfen. Dies kann man nicht etwa durch Verwendung von

Koks vermeiden, denn er eignet sich wegen der kurzen Flamme nicht für den Ringofen, und nach den Erfahrungen des großen Krieges sollte zum Kalkbrennen nur noch Koks dienen. Die Ersatz- und Instandhaltungsarbeiten sind am Ringofen teurer als am ungleich einfacheren Schachtofen.

Wenn der Ringofen trotz dieser Nachteile weitgehende Anwendung fand, so liegt dies auch an gewissen Vorteilen. Er besitzt eine große Regulierfähigkeit, an jeder beliebigen Stelle kann man nachhelfen, fast beliebig langsam oder schnell brennen, ja den Ofen ganz zum Stillstand bringen, um ihn ohne große Schwierigkeit wieder in Betrieb zu setzen. Für solche, die mit einer stark schwankenden Kalkabnahme zu kämpfen haben, ist dies von großer wirtschaftlicher Bedeutung.

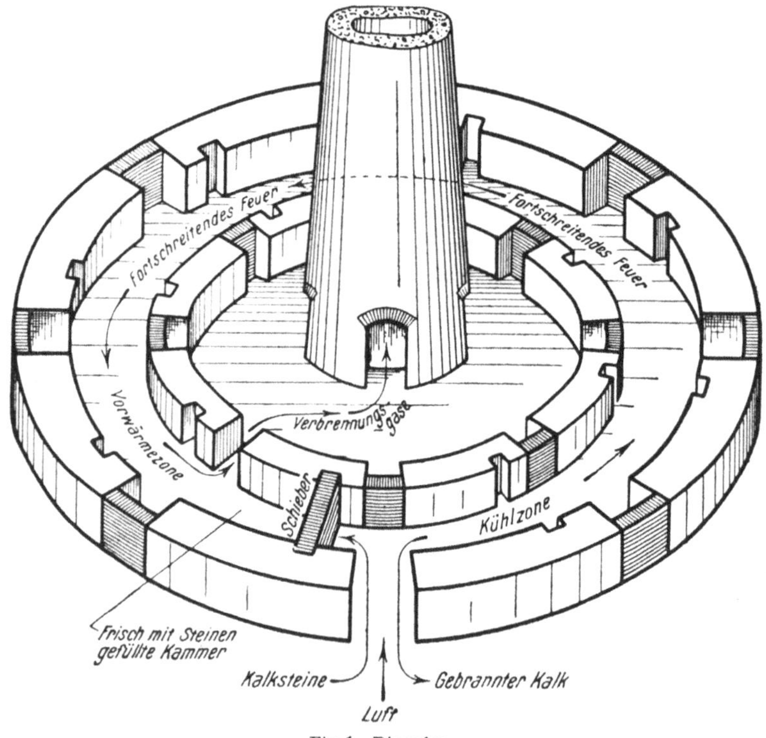

Fig. 1. Ringofen.

In chemischen und Zuckerfabriken arbeitet man gleichmäßiger, die genannten Vorteile sind nicht ausschlaggebend gegenüber den genannten Nachteilen, wie großer Handarbeit, die nie einen automatischen Betrieb gestattet, deshalb werden sich dort nie Ringöfen einführen. Auch soll gerade dies Buch dort Aufklärung schaffen, wo man die Eigenschaften des spröden Schachtofens noch nicht voll erkannt. Dort soll die Erkenntnis seine Anwendung erleichtern.

An dieser Stelle sei auch noch des **Drehrohrofens** gedacht, der in die Zementindustrie durch *William Siemens* 1888 (engl. Patent 11 969) eingeführt wurde und auch zum Kalkbrennen, z. B. auf dem *Thyssen*schen Rittergut in Rüdersdorf (Tonind. 1914, S. 589). Eingehende Berechnungen gibt *Jochum* 1911 in seinem Werk „Der Drehrohrofen als modernster Brennapparat". Sie verlangen eine gleichmäßige feine Körnung der Kalksteine; er ist deshalb nur dort am Platze, wo viel Grus oder Bruch vorhanden mit einer Feinheit unter 50 mm, was im Schachtofen wegen der Zugerschwerung nicht mehr gut gebrannt werden kann. Anlage-, Unterhaltungs- und Betriebskosten sowie Raumbeanspruchung sind viel größer als beim Schachtofen. Trotzdem sind die Drehrohröfen vielleicht berufen, den Kalkschlamm zu brennen, der als Rückstand bei der Spaltung des Kalkstickstoffes zwecks Gewinnung von Ammoniak verbleibt. Es sind dies große, an sich wertlose Schlammengen, die durch ihre Raumbeanspruchung der Ammoniakfabrik mit der Zeit große Schwierigkeiten bereiten werden. In Zuckerfabriken könnte man diese Öfen zum Wiederbrennen des aus den Filterpressen entnommenen Schlammes und so wieder zur Zurückführung des Kalkes in den Betrieb verwenden, z. B. nach dem französischen Patent 460 438 vom 4. Oktober 1912. Dabei würden aber dann die wertvollen organischen und andere Düngstoffe verlorengehen und höchstwahrscheinlich einige Salze immer wieder zurück in den Betrieb geführt. Diese Verschlechterung der Säfte und der Verlust an wertvollen Stoffen läßt deshalb die Wiederverwendung des Filterpreßschlammes in Zuckerfabriken nicht als nützlich erscheinen. *R. K. Meade* (Metall and Chem. Eng. 1915, Bd. 13, S. 289) berichtet über die Aufarbeitung des Kalkschlammes aus der Natronkaustifizierung, wobei bis 1 Proz. Soda noch gewonnen werden könnte. Solcher Schlamm hat nach dem Abnutschen noch 45 ÷ 30 Proz. Wasser, und es sind 30 kg Kohle für 100 kg Kalk nötig. Er gibt als Kosten für das Brennen einschl. Verzinsung und Abschreibung 0,80 ÷ 1,20 Mk. an, für Wiederherstellungsarbeiten 0,06 Mk., Kraft 15 KW-St. für 100 kg Kalk. Billiger als aus Kalksteinen wird dieser aus Abfällen gebrannte Kalk nicht werden, denn seine Behandlung ist schwieriger und erfordert teure Einrichtungen; wenn aber der Abfall fortgeschafft werden muß, dann spielen die Brennkosten häufig eine geringere Rolle.

2. Chemisches.

Reinster Kalkstein ist kohlensaurer Kalk nach der chemischen Formel $CaCO_3$, dessen Molekulargewicht 100,12 beträgt. Wird dieser kohlensaure Kalk auf genügend hohe Temperaturen erhitzt, so entweicht Kohlensäure CO_2 und Ätzkalk = Calciumoxyd bleibt zurück.

$$CaCO_3 = CaO + CO_2$$

Kohlensaurer Kalk = Ätzkalk + Kohlensäure

Molekulargewicht: 100,12 = 56,07 + 44,05 .

Aus 100,12 Gewichtstl. kohlensaurem Kalk entstehen demnach 56,07 Tl. Ätzkalk und 44,05 Kohlensäure, unter Berücksichtigung der Internationalen Atomgewichtstafel von 1916. In meinen weiteren Rechnungen werde ich aber mit abgerundeten Zahlen rechnen, wobei aus 100 kg kohlensaurem Kalk 56 kg Ätzkalk und 44 kg Kohlensäure freiwerden. Die Rechnung mit diesen Zahlen ist angenehmer, und der Fehler von nur 0,12 Proz. ist belanglos gegenüber den anderen Rechnungswerten, die nicht als absolute, unveränderliche Zahlengrößen gelten können. Fügt man zum Ätzkalk Wasser, so entsteht Kalkhydrat $Ca(OH)_2$, das noch mit überschüssigem Wasser und dem hier chemisch wirkungslosen Sand vermischt (der Sand wirkt nur physikalisch), den Kalkmörtel gibt, der durch Aufnahme von Kohlensäure aus der Luft und Verdampfung des Wassers durch Austrocknung wieder in kohlensauren Kalk zurückverwandelt wird. Diesen Kreislauf, wie er sich auch in vielen chemischen Handlungen ergibt, z. B. beim Reinigen des Zuckersaftes, zeigt die nachstehende Darstellung noch klarer.

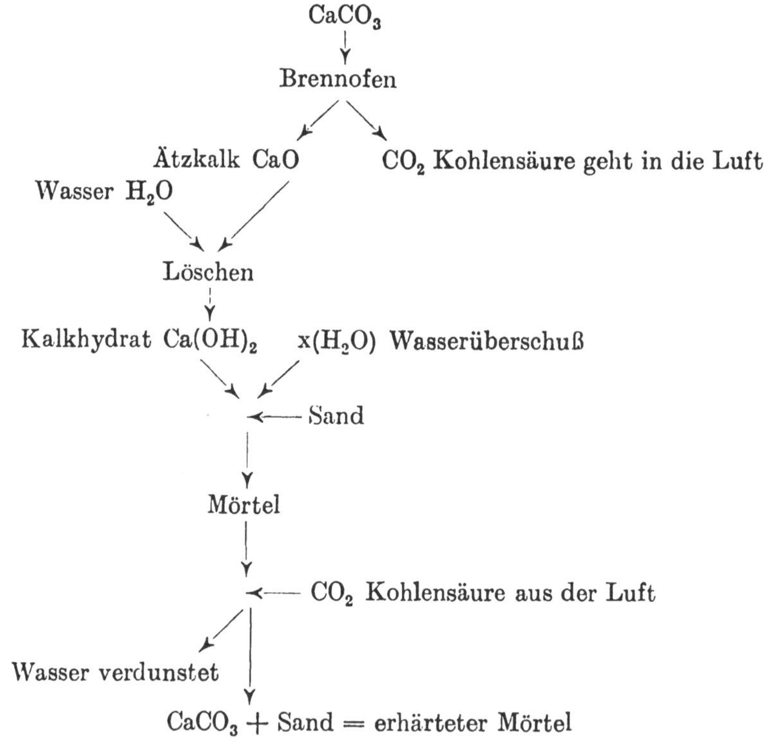

Dies möge vorläufig genügen, auf weiteres wird noch in den verschiedenen Abschnitten eingegangen werden müssen.

3. Die physikalischen Vorgänge beim Kalkbrennen.

Man nennt das Glühen der Kalksteine, um die Kohlensäure auszutreiben und Ätzkalk zu erhalten, „Kalkbrennen". Diesen Vorgang als Brennen zu bezeichnen, ist sprachlich nicht einwandfrei. Sowenig man vom Eisenbrennen,

Knochenkohlebrennen spricht, sondern vom Eisenglühen, Knochenkohleglühen, sollte man hier vom Kalkglühen sprechen. Unter Brennen versteht man eigentlich die Umwandlung eines Körpers durch Sauerstoffaufnahme unter Entwicklung von Wärme, während hier kein Sauerstoff aufgenommen und Wärme verbraucht wird. Aber in der ganzen keramischen Industrie wird das Glühen der unverbrennbaren Mauersteine, der Schamottesteine, Töpfe, Kacheln, Kalksteine, des Gipses u. dgl. mit Brennen bezeichnet, so daß ich nicht umhin kann, auch diesen Ausdruck weiter zu verwenden.

So einfach das Kalkbrennen ist, so wenig ist man sich bisher klar darüber gewesen, worauf das verschiedenartige Verhalten des Kalkes beim Brennen zurückzuführen ist. Es herrschen noch die widersprechendsten Ansichten, die durch die jetzigen Anschauungen der physikalischen Chemie erst richtiggestellt werden. Man hat die verschiedensten Erfahrungen bunt durcheinander gewirbelt, weil man sich über die Einflüsse nicht klar war, und es kamen ganz merkwürdige Ansichten zutage. So sagt *Paul Dubois* in der „Kalkbrennerzeitung“: „Tritt beim Glühen der Kalksteine keine Luft hinzu und erfolgt das Glühen in geschlossenem Raum, so schmelzen die Kalksteine und erstarren beim Erkalten zu einer krystallischen Masse, die aber, ohne sich im Aussehen zu verändern, kohlensaurer Kalk ist.“ Dies ist richtig, wenn das Glühen in einer Druckbombe erfolgt, so daß die freiwerdende Kohlensäure nicht entweichen kann. Daraus aber weiter zu folgern: „Es empfiehlt sich daher, beim Glühen der Kalksteine stets Luft eintreten zu lassen; dies ist Hauptbedingung“, ist falsch; denn der in der Bombe geglühte kohlensaure Kalk erstarrt nicht wieder zu kohlensaurem Kalk, weil keine Luft hinzutreten kann, sondern weil die beim Glühen freiwerdende Kohlensäure nicht entweichen kann. Läßt man die CO_2 ständig abblasen, so kann man auch in der Bombe ohne Luftzutritt Kalk brennen. Auch wurden früher häufig geschlossene Retorten ohne Luftzutritt, wie sie jetzt noch in den Gasanstalten üblich sind, zum Kalkbrennen verwendet. So beschreibt *Harrison Blair-Farnworths* (Dingl. Polyt. Journ. 1860, S. 130) einen Ofen aus Retorten von feuerfestem Ton, 2800 mm lang, 390 mm Durchmesser, beiderseits offen, mit gußeisernen Gasretorten-Mundstücken. Man verwendete diese deshalb, weil man reine Kohlensäure in Zuckerfabriken für notwendig hielt; doch war deren Bereitung zu kostspielig und für die Zuckersaftreinigung unnötig.

Gay-Lussac (Ann. de Chimie et de Physique Bd. 63, S. 220; siehe Festschrift zur Eröffnungsfeier des Instituts für Zuckerindustrie am 8. Mai 1904 in Berlin, S. 461) brachte Stücke von Marmor in eine Porzellanröhre und erhitzte diese in einem Ofen so stark, daß der Marmor anfing, sich zu zersetzen. Er minderte darauf die Hitze bis zur dunkeln Rotglut, wodurch die Kohlensäureentwicklung aufhörte, die aber sogleich wieder anfing, als Wasserdampf durch die Röhre geleitet wurde. Unterbrach man das Zuleiten des Dampfes, so hörte auch sogleich die Kohlensäureentwicklung auf, die aber wieder anfing, wenn man von neuem Wasserdampf zuleitete. *Gay-Lussac* ist der Meinung, daß der Wasserdampf hierbei nur mechanisch wirke. „Wenn die kohlensaure Kalkerde“, sagt er, „durch die Hitze bis zu dem Punkte gebracht worden ist, wo sie sich zu zersetzen anfängt, so bildet sich um sie eine Atmosphäre von Kohlensäure, welche die freie Entwicklung verhindert. Wenn sich also Kohlensäure noch ferner entwickeln soll, so muß diese den Druck der Atmosphäre überwinden. Man muß dann also entweder eine noch höhere Temperatur anwenden oder die Atmosphäre von Kohlensäure entfernen, entweder durch den luftleeren Raum oder durch Wasserdampf oder durch eine andere Gasart, z. B. atmosphärische Luft."

In der Tat suchte *Gay-Lussac* diese Ansicht dadurch zu beweisen, daß er atmosphärische Luft auf ähnliche Weise wie früher Wasserdampf über kohlensaure Kalkerde bei einer Temperatur leitete, die etwas niedriger als die war, durch welche jene sich zu zersetzen anfangen mußte. Es fand dadurch eine Kohlensäureentwicklung statt, die aber sogleich aufhörte, als man mit dem Zuleiten der Luft nachließ. Er erklärt also den Einfluß des Wasserdampfes und der Luft als einen rein mechanischen, was *Heinrich Rose* nicht als richtig anerkennt. Er sagt (Festschrift S. 464): „Durch diese Versuche wird es klar, daß der Wasserdampf bei der Entwicklung von Kohlensäure aus starken Basen nicht mechanisch wirkte, sondern daß das Wasser die Kohlensäure aus den Verbindungen austreibt, um sich mit den Basen derselben zu verbinden. Ich will zwar zugeben, daß die mechanische Wirkung des Wasserdampfes unter gewissen Umständen die Zersetzung etwas befördern und die Austreibung ein wenig begünstigen könne, aber es geht aus den beschriebenen Versuchen hervor, daß diese mechanische Wirkung des Wasserdampfes nur eine sehr untergeordnete sein kann."

Dr. *Alexander Herzfeld* pflichtet dieser Ansicht bei (Festschrift S. 468), „wonach bei höherer Temperatur die chemische Masse des Wassers die Stelle der Kohlensäure zu ersetzen vermag", und (S. 471) „der günstige Einfluß des Wassers bezüglich der Bildung von Oxyden aus den Carbonaten ist demnach nicht auf das Calciumcarbonat beschränkt, sondern ein allgemeiner, darauf beruhender, daß die Masse des Wassers bei ungefähr 800° die Kohlensäure aus allen ihren Verbindungen auszutreiben vermag."

Die neuen Ergebnisse der physikalischen Chemie geben den Anschauungen *Gay-Lussac*s vollständig recht, und diese haben ganz einfache Beziehungen feststellen lassen, die beim Kalkbrennen eintreten. Prof. Dr. *Robert Kremann*-Graz sagt in seinem Buche „Anwendung physikalisch-chemischer Theorien" S. 107: „Die Erscheinungen beim Erhitzen des $CaCO_3$ sind ganz analog wie die Verdampfung des Wassers. Erhitzt man im luftleeren Raum $CaCO_3$ z. B. bei 547°, so bildet sich nur so viel CO_2 und CaO, bis die Konzentration von CO_2 oder der Druck von CO_2 27 mm Hg ist. Pumpen wir nun diese Menge CO_2 aus, dann kann wieder neues $CaCO_2$ zerfallen, aber nur so viel, daß wieder der Kohlensäuredruck 27 mm Hg beträgt. Derselbe Druck stellt sich immer wieder ein, solange noch so viel $CaCO_3$ vorhanden ist, als zur Lieferung von 27 mm Hg eben nötig ist. Umgekehrt würde beim Zusammenbringen von einer genügenden Menge CaO mit CO_2 bei 547° so viel von der CO_2 absorbiert werden, bis deren Druck 27 mm beträgt. Wie für jede Temperatur zu Wasser ein ganz bestimmter Druck gehört und umgekehrt, so gehört auch bei $CaCO_3$ zu jedem Druck eine ganz bestimmte Temperatur."

Kremann benutzt die von *H. le Chatelier* gefundenen Dampfspannungen der Kohlensäure über kohlensauren Kalk bei den verschiedenen Temperaturen und trägt diese Zahlen zeichnerisch in einem Liniensystem auf, so daß die bekannten Dampfdruckkurven entstehen, die denen des Wasserdampfes ähnlich sind. Er sagt dann (S. 109): „Das Brennen des Kalkes müßte also nicht unter 812° erfolgen, da erst bei dieser Temperatur der Druck des Kohlendioxyds den äußeren Atmosphärendruck erreicht und das Entweichen des Gases genügend rasch vonstatten ginge; nur kostete diese hohe Temperatur zu viel (?). Man kann auch bei niederer Temperatur zweckmäßig brennen, indem wir einen indifferenten Gasstrom, etwa Luft, über das Brenngut leiten. Der indifferente Gasstrom wirkt gewissermaßen wie ein Vakuum, und es wird sich über dem Brenngut der der betreffenden Temperatur entsprechende CO_2-Druck einstellen als Partialdruck in dem gesamten Gas, bei einer Temperatur von 625°, also ein Teildruck von 56 mm Hg an Kohlensäure. Wird nun diese, dem Druck entsprechende CO_2-Menge fortgeführt, so wird das Gleichgewicht gestört, eine neue Menge $CaCO_3$ gibt CO_2 ab unter Bildung von CaO, welcher Vorgang sich so lange wiederholt, bis die gesamte Menge $CaCO_3$ umgesetzt ist." Es stellt dies eine nähere Erklärung der oben angeführten *Gay-Lussac*schen Ansicht dar. Es besteht Gleichgewicht bei der Calciumcarbonatzersetzung

$$CaCO_3 \leftrightarrows CaO + CO_2,$$

indem sie sich als ein umkehrbarer Vorgang darstellt. Da umkehrbare Vorgänge aber niemals vollständig verlaufen, so führt die Calciumcarbonatzersetzung oder -rückbildung zu einem Gleichgewichtszustand zwischen allen drei hierbei auftretenden Stoffen. Dabei hängt dieser Gleichgewichtszustand vom Druck und der Temperatur ab. Vom Druck deshalb, weil sich die Volumen bei den Reaktionen ändern. Von der Temperatur deshalb, weil bei der Zersetzung Wärme verbraucht und bei der Rückbildung Wärme frei wird; denn bekanntlich gilt allgemein der Satz: Durch Erhöhung der Temperatur wird das Gleichgewicht in der Richtung verschoben, wo Wärme verbraucht wird. Für die Wärmetönung gilt die thermochemische Gleichung:

$$CaCO_3 + 425{,}2 \text{ WE} = CaO + CO_2,$$

d. h. zur Zersetzung eines Kilogrammmoleküls $CaCO_3$ sind 425,2 Wärmeeinheiten zuzuführen (nach *Thomson*), so daß also mit zunehmender Temperatur nach obigem die CaO-Bildung zunehmen muß. Da $CaCO_3$ ein Molekulargewicht von etwa 100 besitzt, so sind für 1 kg $CaCO_3$

$$\frac{425{,}2}{100} \cdot 100 = 425{,}2 \text{ WE}$$

notwendig, also zufällig dieselbe wie für 1 kg Molekül.

Mit diesem Einfluß der Temperaturzunahme steht in scheinbarem Widerspruch, daß bei niedriger Temperatur der kohlensaure Kalk als außerordentlich beständig erscheint, denn eigentlich müßte sich doch nach der Gleichgewichtsformel:

$$CaCO_3 \leftrightarrows CaO + CO_2$$

auch bei gewöhnlicher Außentemperatur im Kalkstein neben dem kohlensauren Kalk auch Calciumoxyd und Kohlensäure befinden, wenn auch in äußerst geringen Mengen, und wenn man die CO_2 immer entfernt, müßte man bei gewöhnlicher Außentemperatur Kalksteine in Calciumoxyd umwandeln, also brennen können. Da die allgemeine Beobachtung dies nicht bestätigt, so müssen Ursachen vorhanden sein, die diesen Vorgang verdecken. Nach der Dampfdruckkurve beträgt die Dampfspannung der gesättigten Kohlensäure über Kalkstein bei 547° nur 27 mm Hg, d. h., daß aus dem Kalkstein bei dieser Temperatur nur so lange CO_2 entweichen kann, bis die umgebende Luft mit CO_2 gesättigt, also in ihr einen Teildruck von 27 mm Hg verursacht. Bei einem Barometerstand von 760 mm entspricht dies

$$\frac{27}{760} \cdot 100 = 3{,}5 \text{ Raumproz. Kohlensäure.}$$

Nimmt man die Abnahme des Dampfdruckes der Kohlensäure gleichmäßig an, so würde man bei einer Temperatur von 20° auf einen kaum meßbaren kleinen Dampfdruck kommen, der sich nahe bei Null bewegt. Die Luft würde sich durch Abdampfung von CO_2 aus dem Kalkstein mit den entsprechenden Volumprozenten Kohlensäure sättigen. Da die atmosphärische Luft im Mittel etwa 0,03 Vol.-Proz. CO_2 enthält, so erscheint mir dies die Menge, mit der die Luft gesättigt ist über dem Kalkstein, der in riesigen Gebirgen über die ganze Erde verbreitet ist, bei den mittleren Außentemperaturen. Die Pflanzen nehmen aus der Luft CO_2 auf, der Kohlensäuregehalt würde vermindert, wenn nicht immer wieder neue Kohlensäure aus den Kalksteinen verdampfen würde. Natürlich wird dieser Verbrauch der Pflanzen von CO_2 auch durch andere Quellen ersetzt, wie z. B. durch die Feuerungen, aber diese scheinen gering im Verhältnis zu dem reichen Pflanzenwuchs. Dies gibt auch eine Erklärung für den riesigen Pflanzenwuchs früherer Erdperioden. Als die Erdtemperatur noch höher war, wurde, entsprechend dieser damit verbundenen Dampfspannung der Kohlensäure, aus den Kalksteinlagern mehr Kohlensäure verdampft, die atmosphärische Luft war reicher an Kohlensäure. Dadurch und natürlich auch durch die schon an und für sich auf den Pflanzenwuchs beschleunigend wirkende höhere Temperatur stärkerer Sonnenbestrahlung zeigte sich damals ein üppiger Pflanzenwuchs. Versuche in Gewächshäusern haben auch gezeigt, daß durch Zuführung von Kohlensäure der Wuchs der Pflanzen beträchtlich zunahm, daß also die Pflanzen sich noch nicht ganz für das jetzige Klima umgewandelt haben und noch einen Aufbau, eine alte Erinnerung, Einrichtung besitzen, die ihnen den größeren Kohlensäurereichtum auszunutzen gestattet.

Prof. *Alexander Herzfeld* hat eingehende Brennversuche mit dem Kalk angestellt und diese lehrreichen Ergebnisse in der genannten Festschrift zusammenhängend veröffentlicht.

Ich will nun versuchen, ob sich diese *Herzfeld*schen Versuche mit der Verdampfungstheorie erklären lassen.

Zu den ersten Versuchen wurde ein Muffelofen mit Gasfeuerung verwendet (Festschrift S. 453). Erbsengroße Stücke von Marmor verloren im Platintiegel bei 900° nur wenig an Gewicht, entsprechend der Bildung von 0,15 CaO. Bei 1040° gingen in der ersten Viertelstunde 28,69 Proz., in einer halben Stunde 39,42 Proz. Kohlensäure fort.

Nach der Dampfdruckbestimmung *H. le Chateliers* müßte der Marmor bei einem Barometerstand von 760 mm schon bei 812° Kohlensäure verlieren. Den Unterschied erklärt *le Chatelier* mit der Langsamkeit, mit welcher sich bei den Trennungserscheinungen (Dissoziation) das Spannungsgleichgewicht einstellt. Es wäre möglich, durch schnelles Erhitzen die normale Zersetzungstemperatur zu überschreiten. Dies ist nur bedingt richtig dann, wenn die Wärmezufuhr größer ist als der Verbrauch, worauf ich noch eingehe. Vielmehr scheinen hier Meßfehler vorzuliegen, die mit der Art der Versuchsanstellung zusammenhängen dürften. So stellte *Paul Pott* in seiner Studie über die Dissoziation von Calcium-, Strontium- und Bariumcarbonat (Inauguraldissertation, Freiburg i. Br. 1905) bedeutend höher liegende Verdampfungstemperaturen fest. Ich habe dessen Werte in Fig. 2 ebenfalls dargestellt. Nach *Pott* beginnt die Zersetzung bei atmosphärischem Druck erst bei ungefähr 900°. Sind diese erreicht, müßte nach der Verdampfungstheorie schnellstens alle CO verdampfen, wenn ich nur die für die Verdampfung notwendige Wärme zuführe; dabei stellte aber z. B. *Herzfeld* (Festschrift S. 453) fest, daß bei 900° nur wenig Kohlensäure verlorengehe.

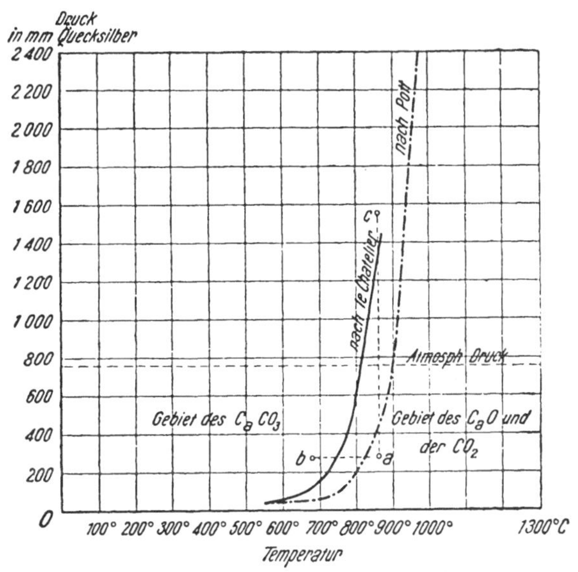

Fig. 2. Dampfdrucklinien für Kohlensäure.

Woran liegt das?

Pott (S. 73) hält es für wahrscheinlich, daß der von *Brunner* (Zeitschr. f. physik. Chem. 1904, Bd. 47, S. 56) bewiesene Zusammenhang zwischen Reaktionsgeschwindigkeit und Diffusionsgeschwindigkeit in die, die feste Phase umgebende Schicht auch hier besteht. Er errechnet danach Werte, die nur scheinbar diese Ansicht unterstützen. *Pott* stellt nach seiner Berechnung eine Reaktionsbeschleunigung um das Fünffache fest, für eine Temperaturzunahme von 100°, während aus den *Herzfeld*schen Versuchen, die mit den Ergebnissen der Praxis gut übereinstimmen, sich eine dreißigfache Beschleunigung ergibt. *Pott* meint, daß die Reaktionsgeschwindigkeit (Verdampfungsgeschwindigkeit) außerordentlich von der Herstellung des Carbonats abhängt, ohne daß er die Gründe nennt. Meiner Meinung nach erklären sich die Unterschiede aus der Art der Wärmezufuhr und der Wärmeaufnahmefähigkeit. Je nach der Herstellungsart des Carbonats, je nach dem Ursprung des Kalksteins ist sein Wärmeleitungsvermögen verschieden und somit seine Wärmeaufnahmefähigkeit. Kalkstein hat das Wärmeleitungsvermögen von $\lambda = 1{,}7$—$2{,}08$, dagegen ist z. B. bei Kreidepulver (welches ähnlich dem gefüllten Carbonat sein dürfte) $\lambda = 0{,}09$. Je geringer die Wärmeleitungsfähigkeit ist, um so langsamer wird die Wärme aufgenommen, um so weniger steht für die Verdampfung zur Verfügung, je weniger CO_2 wird also frei.

Ich werde an Hand der einfachen Wärmeberechnung nachweisen, daß man die *Pott*schen weitgehenden Erklärungen nicht benötigt, sondern mit der gewöhnlichen, bei der Wasserverdampfung üblichen Berechnung auskommt, auch für die Kohlensäureverdampfung aus dem kohlensauren Kalk, für das Kalkbrennen. Dann werden die verschiedenen Einflüsse klar erkennbar, das Kalkbrennen ist der Berechnung mit einem Schlage zugänglich, und man ist nicht mehr wie bisher allein von praktischen Erfahrungen abhängig. Man steht nicht Änderungen und Zwischenfällen ratlos gegenüber, man weiß, welchen Einfluß andere Arbeitsweisen, größere oder kleinere Kalksteine, höhere oder niedere Brenntemperatur u. dgl. ausüben.

Hier seien auch die Versuche von *H. E. Boeke* (Sprechsaal „Archiv" Bd. 1, S. 36, 1912) erwähnt, der kohlensauren Kalk zum Schmelzen brachte. Nach vorstehender Erkenntnis müßte dies als möglich erscheinen, wenn man nur das Entweichen der Kohlensäure durch entsprechenden Gegendruck verhindert. Es gelang ihm dies bei einem Druck von 110 Atm., und der kohlensaure Kalk schmolz dann bei 1289°, indem er in den flüssigen Zustand überging. Würde man den Druck ablassen, dann würde die Kohlensäure verdampfen, der Kalk würde fest, und zurück bliebe der sehr schwer schmelzbare Ätzkalk, wie ich dies schon eingangs erwähnte.

4. Das Kalkbrennen im Kohlensäurestrom.

Im Abschnitt 3 habe ich einige allgemeine, beim Kalkbrennen eintretende Vorgänge klargelegt, während ich jetzt auf den Sonderfall — des Kalkbrennens im Kohlensäurestrom — eingehen will. Es scheint mir dies nützlich, weil beim Brennen im Ofen der Ätzkalk in gewissen Zonen mit der Kohlensäure in Berührung ist und diese Verhältnisse noch einiger Klärung bedürfen.

Herzfeld sagt (Festschrift zur Eröffnungsfeier des Inst. f. Zuckerindustrie S. 454): „Es zeigt sich, daß bei 800° einerseits kohlensaurer Kalk im Kohlensäurestrom unter Atmosphärendruck durchaus nicht zersetzt wird, und daß anderseits Ätzkalk bei derselben Temperatur vollständig in kohlensauren Kalk zurückverwandelt wurde. Auch gelöschter Kalk wurde bei den Versuchen verwendet, er wurde dabei unter Annahme einer bedeutend festeren Struktur in Carbonat verwandelt. Zu den Versuchen hatten wir das Kalkhydrat zuvor mit der hydraulischen Presse zu festen Stücken gepreßt."

„Für die folgenden Versuche benutzten wir eine Porzellanretorte, welche in dem eingangs erwähnten Muffelofen erhitzt wurde. Außer der Substanz (Marmorstücke) brachten wir die *Prinsep*schen Pyrometer für 850, 900 und 950° in die Retorte. Als Verschluß des weit aus dem Muffelofen ragenden Halses diente ein doppelt durchbohrter Gummistopfen, durch dessen eine Öffnung ein enges Porzellanrohr zum Einleiten der Kohlensäure in den Innenraum der Retorte geführt war, während durch die zweite Öffnung das Rohr für die abziehenden Gase gelegt wurde. Dasselbe endete in ein mit Kalkwasser gefülltes Gefäß.

Bei 900° C wurde in diesem Apparat der Marmor im Kohlensäurestrome nicht zersetzt, bei 1030° C erwies er sich als völlig gebrannt, nachdem eine Stunde Kohlensäure durch den Apparat gegangen war."

Dies war nach den neuen Anschauungen zu erwarten. Die Kohlensäure ist wie die atmosphärische Luft in diesem Falle ein indifferentes Gas. Kohlensaurer Kalk wird deshalb seine Kohlensäure bei atmosphärischem Luftdruck bei derselben Temperatur verlieren, ob dieser Druck durch reine atmosphärische Luft oder Kohlensäure erzeugt wird. Sowie die Dampfspannung der CO_2 im kohlensauren Kalk größer ist als die der auf ihm lagernden CO_2, wird Kohlensäure verdampfen und die umgebende CO_2 zurückdrängen.

Befindet sich andererseits Ätzkalk in einer Kohlensäureatmosphäre, und wird er unter die dem Druck entsprechende Temperatur abgekühlt, so wird auf diesem sich CO_2 verdichten (kondensieren) und den Ätzkalk in kohlensauren Kalk zurückverwandeln. (Genau wie Wasserdampf von atmosphärischer Spannung unter seine Verdampfungstemperatur von 100° abgekühlt werden muß, um vollständig zu verflüssigen und in Wasser zurückverwandelt zu werden.) Steht die Kohlensäureatmosphäre unter einem Druck von 760 mm Hg, so muß man den Ätzkalk unter 900 bis 812° abkühlen und aller CaO wird in $CaCO_3$ zurückverwandelt.

Daraus „die Wichtigkeit eines schnellen Abzuges der Kohlensäure aus dem Kalkofen zu folgern", um zu vermeiden, daß der abkühlende Ätzkalk alsbald in Carbonat zurückverwandelt wird, trifft nicht das Richtige. Als ich vor Jahren zum erstenmal einen Kalkofen in Betrieb setzen sollte, wurde ich durch diese Vorschrift in einen Abgrund der widersprechendsten Gefühle geschleudert. Hier sollte ich möglichst schnell die Kohlensäure abziehen, um die Wiedervereinigung dieser mit dem gebrannten Kalk zu vermeiden, dort möglichst langsames Abziehen, um nicht zu schnell den Koks zu verbrennen und um dünne Saturationsgase zu vermeiden. — Was war hier zu tun? — Nichts, um ersterer Vorschrift zu entsprechen. Niemand wird beim Betriebe eines belgischen oder Generatorofens nur deshalb für beschleunigte Kohlensäureabsaugung sorgen, weil er sonst eine Rückbildung des Ätzkalkes zu erwarten hätte. Man wird ohne jede Rücksicht auf diese Rückbildungsmöglichkeit den Gasabzug so einstellen, daß die Gase mit dem gewünschten, möglichst hohen Kohlensäuregehalt abziehen und dabei für die Brennstoffe genügend Zug erzeugt wird. Eine Verdichtung der Kohlensäure auf dem Ätzkalk ist im Kalkofen unter gewöhnlichen Verhältnissen überhaupt nicht möglich, was die nachstehende Betrachtung zeigen soll. In der untenstehenden Fig. 3 habe ich die Temperaturen eingetragen, die ungefähr im belgischen Kalkofen herrschen. Wir werden noch später sehen, daß an jeder Stelle im Ofen zwei verschiedene Temperaturen vorherrschen; die der Steine und die der Gase. Ungefähr in der Mitte des Ofens herrscht eine Gastemperatur von 1000—1200°, die reichlich genügt, um die Kalksteine durchzubrennen. Diese Temperatur wird durch den beigemischten Koks erzeugt. Die Heizgase bewegen sich nach oben und geben ihre Wärme an die kälteren Kalksteine ab, wobei die Temperatur der Füllung in entsprechender Höhe bis auf 700° gestiegen ist. Da die Entzündungstemperatur des Kokses bei 700° liegt, so wird er sich an dieser Stelle entzünden und die Verbrennung beginnt. Etwas weiter unten, zwischen 850 und 900°, wird die Austreibung der CO_2 aus dem Kalkstein beginnen. Die ausgetriebene Kohlensäure und die Verbrennungsgase geben beim Aufsteigen also ihre Wärme an die sich nach unten bewegende Ofenfüllung ab, dadurch diese vorwärmend, so daß die Gase den Ofen mit niedriger Temperatur verlassen. In der Mitte des Ofens wird die größte Menge des Kokses verbrannt sein, wodurch die Temperatur von 1200° erzeugt wird, und die sich weiter nach unten bewegende Füllung kühlt sich durch die aufsteigende Verbrennungsluft ab, diese vorwärmend. Bei einem guten Ofen mit zweckmäßiger Kokszugabe ist der letzte Koksrest schon bei ungefähr 900° verbrannt, und es ist nur noch gebrannter Kalk vorhanden. Verbrennungsgase mit Kohlensäure sind nicht mehr vorhanden, der Ätzkalk kann also von den Verbrennungsgasen keine CO_2 aufnehmen. Auch von der aus ihm austretenden CO_2 kann er keine aufnehmen, denn so lange noch CO_2 ausgetrieben wird (verdampft), kann er selbstverständlich keine aufnehmen (kondensieren). Die Wiederaufnahme der CO_2 kann doch erst bei solchen Temperaturen erfolgen, bei denen eine Verdampfung der CO_2 nicht mehr erfolgt. Die eigentliche Verdampfung der CO_2 beginnt bzw. hört auf nach den Dampfspan-

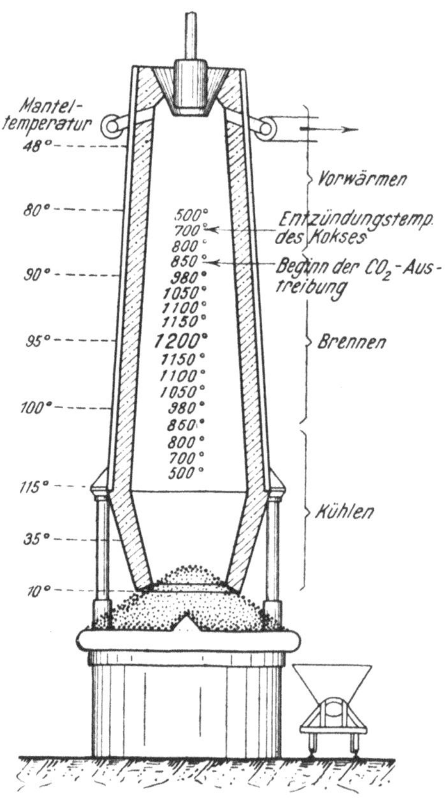

Fig. 3.
Innen- und Manteltemperaturen eines Kalkofens.

nungskurven Fig. 2 (S. 13) bei 900 bis 812°. Aber die frische aus der Atmosphäre stammende Verbrennungsluft, die an dem heißen Ätzkalk vorbeistreicht, ist mit Kohlensäure nicht gesättigt. Sie wirkt also als indifferentes Gas und will sich mit CO_2 sättigen, indem sie noch vorhandene CO_2 aus dem Kalkstein aufnimmt. So erfolgt die Austreibung der CO_2 auch noch bei 600° und weniger, solange noch ein nennenswerter Dampfspannungsunterschied der CO_2 vorhanden ist. Also bei Temperaturen, die weit unter dem Entzündungspunkt des Kokses liegen. Bis sich der Kalk soweit abgekühlt hat, muß aller Koks längst verbrannt sein. Wäre es nicht der Fall, so würde dieser Koks nicht mehr verbrennen können und unverbrannt sich noch im Ätzkalk vorfinden. Der Koks kann nicht mehr verbrennen, denn er ist wieder auf seine Entzündungstemperatur abgekühlt, die bei frischem Koks bei ca. 700° liegt (reiner fester Kohlenstoff entzündet sich bei 800°) und bei längere Zeit glühend erhaltenem Koks noch höher steigt, weil die leichter brennenden Stoffe immer mehr entweichen und die unverbrennbare Asche überwiegt. Man sieht daraus, daß eine CO_2-Aufnahme nicht gegeben ist, und auch wie diese Eigenschaften den Koks für die Zumischung zum Kalk im Kalkofen besonders geeignet machen. Steinkohle, Braunkohle, überhaupt kein anderes Brennmaterial hat diese gut mit dem Arbeitsgang des sog. belgischen Kalkofens übereinstimmenden Eigenschaften. Auf diese Vorgänge komme ich noch eingehend zurück.

Victor Jean Pontet-Marseille (D. R. P. 197 490 Kl. 80c) will die Wiederaufnahme der CO_2 im Ofen benutzen, indem er erst den Kalk längere Zeit einer Brenntemperatur von 1000° aussetzt, um ihn zunächst von Kohlensäure vollständig zu befreien und dann bei einer Temperatur von unter 800° C durch die Abgase wieder teilweise mit Kohlensäure sättigt zwecks Erzeugung hydraulischer Zemente. Er läßt deshalb die Verbrennungsluft oben eintreten und zieht unten die Gase ab. Er will dadurch die teilweise Rücknahme der CO_2 erzielen, aber er wird den Ätzkalk nicht kühlen und die bei der Wiederaufnahme der CO_2 freiwerdende Wärme ableiten können. Auch wird er mit schlechter Wärmeausnutzung arbeiten. Wenn diese Idee an und für sich für die chemische Industrie nicht von Bedeutung ist, so wollte ich sie bei dieser Gelegenheit doch mit anführen, um zu zeigen, wie Erfindungen in die Welt gehen, die schon aus rein physikalischen Gründen nicht wirtschaftlich verwirklicht werden können.

Eingangs habe ich schon auf die bekannte Erscheinung hingewiesen, daß Ätzkalk in der Kohlensäureatmosphäre in kohlensauren Kalk zurückverwandelt wird. Dem widersprechen scheinbar die Feststellungen *Wolters*-Braunschweig (Dingl. Pol. Journ. 1870, Bd. 196, S. 346): „Trockner Kalk (CaO) noch trocknes Kalkhydrat nehmen trockene CO_2 nicht auf. Beim Durchleiten von CO_2 eine Stunde lang, erfolgte wohl eine Gewichtszunahme, die aber 1 Proz. nicht überstieg, also äußerst gering war.“ Wenn vollständige Ähnlichkeit mit der Verflüssigung des Wasserdampfes bestände, dann müßte doch bei niedrigeren Temperaturen die Rückbildung des kohlensauren Kalkes mit großer Geschwindigkeit erfolgen. Aber in dieser Beziehung herrscht keine vollständige Ähnlichkeit, denn man kann Wasserdampf nicht unter seinem

Verflüssigungspunkt in Gegenwart von Wasser abkühlen, wohl aber Kohlensäure in Gegenwart von Ätzkalk. Es ist dies damit zu erklären, daß die Moleküle durch die Unterkühlung in ihrer Bewegungsenergie so träge werden, daß auch die Verbindung zu kohlensaurem Kalk nur träge erfolgt. Sie erfolgt, aber nur langsam. Hier herrscht Ähnlichkeit mit der Bildung von Stickoxyd nach der Gleichung:

$$N_2 + O_2 \rightleftarrows 2\,NO,$$

welche man zur Erzeugung von Luftstickstoff benutzt. Man leitet bekanntlich atmosphärische Luft mit ihrem Stickstoff- und Sauerstoffgehalt durch einen elektrischen Lichtbogen, wodurch bei dieser hohen Temperatur Stickoxyd entsteht; sowie aber dies Stickoxyd aus der hohen Temperatur des elektrischen Flammenbogens in kältere Zonen eintritt, findet wieder eine Trennung statt. Man muß deshalb das gebildete Stickoxyd sehr schnell abkühlen, um die Rückbildung zu verringern, um es sozusagen einzufrieren. *Nernst* hat gefunden, daß zum Zersetzen von Stickoxyd bei Atmosphärendruck auf die Hälfte bei

627°	notwendig	sind	123 Stunden
827°	„	„	10 „
1027°	„	„	44 Minuten
1627°	„	„	1 Sekunde
2027°	„	„	0,005 Sekunde.

Und es erklärt sich aus diesen Zeiten, daß das Stickoxyd bei Lufttemperatur so außerordentlich beständig ist, denn hierbei würden an 20 Jahre notwendig sein zur Zersetzung auf die Hälfte.

Auch die Moleküle des Ätzkalkes verringern ihre Bewegungsenergie mit abnehmender Temperatur, man kann sagen, sie erstarren und die Wiedervereinigung des eingefrorenen Ätzkalkes mit der Kohlensäure erfolgt nur äußerst langsam. Und dann auch nur an der Oberfläche, denn nicht nur die gefesselte Energie kann nur unvollkommen wirken, sondern auch die geänderte Form hindert das CO_2-Molekül an der Erlangung seiner alten Lage. Der Weg dazu ist versperrt. Im heißen Kalkstein, beim Brennen, war die Bewegung der einzelnen Moleküle außerordentlich lebhaft, ihr Zusammenhalt gelockert und die flüchtige Kohlensäure konnte entweichen, das immerhin noch festere CaO-Molekül zurücklassend. Dessen Zusammenhang ist aber immerhin gelockert, das verbleibende Skelett ist klapprig, sodaß die molekulare Anziehungskraft und die Abkühlung eine Annäherung der CaO-Moleküle und damit auch eine Verengung der freien, von den CO_2-Molekülen vorher verlassenen Räumen bewirkt. Erfahrungsgemäß schwindet der Kalk beim Brennen um 10 bis 20 Proz. Die Lagerstellen, die Einschlupfkanäle für die Kohlensäure sind um 10 bis 20 Proz. zu klein geworden. Das CO_2-Molekül bleibt außen an der Oberfläche des Ätzkalkstückes hängen, und kann nicht in das Innere eindringen; kann nicht den Ätzkalk in kohlensauren Kalk zurückverwandeln. Erst wenn Wasser hinzutritt, durch die Capillarität die Hohlräume erweitert und lockert, dann wird mit dem Verschwinden des Wassers die Kohlensäure wieder eintreten.

Wäre mit dem Kalkbrennen nicht diese körperliche Formänderung verknüpft, die die sofortige Vereinigung der CaO- und CO_2-Moleküle verhindert, dann würde die Dampfdrucklinie nach Fig. 2 die beiden Phasen scharf trennen. Links würde nur kohlensaurer Kalk, rechts nur Ätzkalk bzw. Kohlensäure bestehen können, wenn beide im äquivalenten Verhältnis vorhanden. Störe ich z. B. das Gleichgewicht durch Temperaturerniedrigung, durch Verschiebung von *a* nach *b*, dann verschwinden CaO und CO_2 und nur $CaCO_3$ ist beständig. Oder störe ich das Gleichgewicht durch Druckerhöhung von *a* nach *c*, dann würden auch CaO und CO_2 unbeständig und in den auf diesem Gebiet beständigen $CaCO_3$ verwandelt.

5. Der Einfluß des Wassers, des Wasserdampfes und der Gase auf das Kalkbrennen.

Es ist eine alte Erfahrung, daß grubenfeuchte, nasse Kalksteine sich leichter brennen lassen. Man nimmt dabei meistens an, daß der Wasserdampf bei seiner Bildung im Kalkstein nicht schnell genug entweichen kann und so mechanisch die Stücke zersprengt, so daß sie leichter durchgebrannt werden können. 1 kg Wasser nimmt bei seiner Umwandlung in Dampf von atmosphärischer Spannung einen Raum von 1670 l ein. Bei einer Temperatur von 1000°, die der Kalkstein in der Brennzone besitzt, wird sich der aus ihm entweichende Dampf auch auf diese Temperatur erhitzen. Sein Volumen nimmt ungefähr gleichlaufend mit der absoluten Temperatur zu, also auf:

$$1670 \cdot \frac{1000 + 273}{100 + 273} = 1670 \; \frac{1273}{37} = 5678 \text{ l}.$$

Es ist wohl klar, daß diese 5678fache Vergrößerung des ursprünglichen Wasserraumes ein Zersprengen bzw. Abreißen der schon außen gebrannten Steinschichten verursachen kann, wenn man berücksichtigt, daß Kalksteine nennenswerte Wassermengen enthalten können. Man findet bei frischem Bruchkalk nie unter 3 Proz. Wassergehalt, der bei Wiesenkalk bis auf 36 Proz. steigt. An und für sich ist dieses Zerbersten, Zerbröckeln eine unerwünschte Erscheinung. Die Zwischenräume im Kalkofen werden verengt und verstopft, der Zug erschwert. Im belgischen Ofen, mit reichlicher Vorwärmezone, wird der Kalkstein nur langsam erwärmt, langsam wird das Wasser verdampft, ohne zerstörende Wirkung ausüben zu können.

Aber man hat auch festgestellt, daß die Kohlensäure in Gegenwart von Wasserdampf leichter ausgetrieben wird, so daß auch der sich aus den feuchten Steinen entwickelnde Wasserdampf noch in anderer Weise das Brennen erleichtern muß. Daß dabei mit einer chemischen Wirkung des Wassers nicht zu rechnen ist, sondern nur mit einer physikalischen, habe ich schon Seite 10 ausgeführt.

Ich will an dieser Stelle noch näher auf die Vorgänge der CO_2-Austreibung bei niedriger Temperatur eingehen. Dabei erst an ähnliche Vorgänge bei der Wasserverdampfung und -verdunstung erinnern. Solange Wasser bei atmosphärischem Luftdruck eine Temperatur unter 100° besitzt, findet keine freie Verdampfung statt, wohl aber bei 100°, bei welcher die Spannung des Wasserdampfes gleich der auf dem Wasser lagernden Atmosphäre ist, also der Wasserdampf die Atmosphäre zurückdrängen kann und verdampft. Doch auch bei Temperaturen unter 100° findet eine geringe Wasserverdampfung statt, durch sog. Verdunstung. Diese beruht darauf, daß Wasser auch bei niedrigeren Temperaturen eine gewisse Dampfspannung zeigt und deshalb so lange Dampf in die auf dem Wasser lagernde Luft entweicht, bis die Dampfspannung in der Luft gleich der betreffenden Wasserdampfspannung ist; bis die Luft mit Wasserdampf gesättigt ist. Bei z. B. 40° besitzt der Wasserdampf eine Spannung von 55 mm, und da jedes Gas in das andere eindringt, entsprechend seiner Spannung und denselben Raum einnimmt, als ob das andere Gas gar nicht vorhanden ist, so enthält jedes Kubikmeter Luft je 1 cbm Wasserdampf unter einer Spannung von 55 mm Quecksilbersäule. Führe ich aber diese Luft fort, so entferne ich auch diesen Wasserdampf, und zwar in diesem Falle, da 1 cbm Wasserdampf von 55 mm Spannung 0,0508 kg wiegt, mit jedem Kubikmeter Luft je 0,0508 kg Wasserdampf. In die neu zutretende Luft verdampft wieder Wasser, bis die Spannung 55 mm erreicht, und bei dauerndem Luftwechsel wird allmählich alles Wasser verdampfen bzw. verdunsten.

Wird das Calciumcarbonat erhitzt auf z. B. 547° C bei atmosphärischem Luftdruck, so wird unbedingt so lange CO_2 in die umgebende stillstehende Luft entweichen, bis die auf dem Calciumcarbonat lagernde Luft sich mit CO_2 gesättigt hat, das heißt, bis sie eine Spannung von 27 mm besitzt.

Auf Seite 12 hatte ich schon berechnet, daß hierbei die Luft 3,5 Raumprozente Kohlensäure enthält. Führt man diese Luft fort und frische zu, so wird sich diese wieder mit CO_2 sättigen. Man wird also durch fortwährende Lufterneuerung das Carbonat vollständig zu Calciumoxyd umwandeln können, aber dies wird nach innen immer langsamer vor sich gehen, denn es wird ein Ausgleich zwischen der mit CO_2 gesättigten inneren Luft und der äußeren ungesättigten Luft nur langsam durch Diffusion erfolgen.

Prof. *Herzfeld* (Festschrift S. 467) hat nun Versuche angestellt und bei diesen gefunden, daß vollständiges Brennen des Kalkes schon bei etwa 200° niedrigerer Temperatur gelingt, wenn überhitzter Wasserdampf über das Carbonat streicht, statt atmosphärischer Luft.

Tabelle I,
betreffend vergleichende Brennversuche von kohlensaurem Kalk im überhitzten Wasserdampf- und Luftstrom.

Art des Erhitzens	Temperatur	Es waren gebrannt Kalk in 45 Min.
mit Wasserdampf	500	keiner
„ „	650	7 Proz.
„ „	680	23 „
„ Luft	680	keiner
„ Wasserdampf	790	100 Proz.
„ Luft	790	30 „

Wenn die Verdampfungstheorie richtig wäre, dann müßte eigentlich kein Unterschied vorhanden sein, ob das Brennen im Dampfstrom oder Luftstrom erfolgt. Dieses und jedes andere Gas, mit Ausnahme der Kohlensäure, da diese sich natürlich nicht selbst mit Kohlensäure sättigen kann, müßten die gleichen Ergebnisse liefern, wenn nicht andere Ursachen zur Geltung kommen.

Auffallend und mit der Verdampfungstheorie übereinstimmend ist, daß nach den *Herzfeld*schen Versuchen im Luftraume bei 790° schon 30 Proz. gebrannter Kalk erhalten wurde in 45 Minuten, während doch im stillstehenden Luftstrom erst bei 812° resp. 895° eine so weitgehende Zersetzung erfolgen kann. Daß der überhitzte Wasserdampf von größerer Wirkung ist, liegt nun wohl an der Art der Versuchsanstellung. Einerseits war jedenfalls nicht soviel Luft in der Zeiteinheit durchgeleitet wie Wasserdampf, andererseits war ein anderer Einfluß des Wasserdampfes möglich. Bei den Versuchen wurde die Brenntemperatur in dem Tiegel entweder durch den überströmenden überhitzten Wasserdampf oder die heiße Luft erzielt. Der Wasserdampf mußte sich zu Anfang an dem kalten Kalkstück verflüssigen, so lange, bis es auf 100° erhitzt war. Die Wärme tritt aber nur langsam in das Innere des die Wärme schlecht leitenden Kalkstückes. Außen ist das Stück bedeutend heißer als innen. Das sich im Innern verflüssigte Wasser wird wieder verdampft, und dieser entweichende Dampf sättigt sich mit CO_2, dadurch das Brennen beschleunigend. Auch wirkt dieses Wasser wie das Wasser grubenfeuchter Steine; die sich entwickelnden Wasserdämpfe reißen den Stein auseinander, blättern die oberen schon gebrannten Schichten ab und gestatten so dem darüber hinströmenden Wasserdampf, sich besser mit Kohlensäure zu sättigen.

Nach dieser Erklärung ist es auch kein Wunder, daß der im Wasserdampf bei 800° während $^3/_4$ Stunde gebrannte Kalk (Festschrift, S. 468) sich schlechter beim Ablöschen verhält, als der normal bei 1030° während einer Stunde gebrannte Kalk. Der erstere konnte in der Zeit unmöglich gleichmäßig durchgebrannt sein, und daraus schließen zu wollen, daß der Wasserdampf das Totbrennen begünstigt, beruht auf einer Verkennung der Verhältnisse.

Man braucht also nicht mit *Rose* (Festschrift, S. 468) anzunehmen, daß bei höherer Temperatur die chemische Masse des Wassers die Stelle der Kohlensäure zu ersetzen vermag, sondern man kann ganz von chemischen Einflüssen absehen. Dieselben Verhältnisse treten ein, wenn man unten in den Kalkofen Wasserdampf einleitet, was häufig geschieht; denn oben wird sich der Wasserdampf teilweise aus den abziehenden Gasen an den kalten Kalksteinen niederschlagen (verflüssigen), (wie im Winter die Fenster sich mit Wasserdampf beschlagen, wie sich im Fuchs der Dampfkessel eingebaute, mit zu kaltem Wasser gespeiste Vorwärmer mit Wasser aus den Heizgasen beschlagen, so daß der Ruß und die Flugasche kleben bleiben und in kurzer Zeit die Wirkung des Vorwärmers aufheben), in die Steine eindringen und dann in der Brennzone durch den oben geschilderten Einfluß das Brennen begünstigen.

Bei Generatoröfen stellt man in die Aschengruben Wasserbehälter auf, damit das Wasser durch die vom Rost ausstrahlende Wärme und durch die einfallende heiße Asche verdampfe und in den Ofen durch den Zug gesogen wird. Dabei hat der arme Wasserdampf allerdings auf dem Wege durch den Kalkofen noch einige Umwandlungen zu erleben, bis er sich oben wieder als Wasserdampf auf den kalten Kalksteinen niederschlagen kann. In der Brennzone findet sich der Wasserdampf mit Kohlenoxyd zusammen, und beide beeinflussen sich nach der Gleichung:

$$CO + H_2O = CO_2\,H_2.$$

Auch durch die Berührung des Wasserdampfes mit dem glühenden Koks wird dieser bekanntlich gespalten nach der Gleichung:

$$C + 2\,H_2O = CO_2 + 2\,H_2 - 188\,\text{WE}.$$

Man verwendete diese Erscheinung vielfach vor Jahren für die Erzeugung des sog. Wassergases, das für Leucht-, Heiz- und Kraftzwecke Verwendung finden sollte, aber ohne großen Erfolg. Jetzt im Weltkriege hat man allerdings hierfür eine größere Anwendung gefunden, indem man das Wassergas mit dem Leuchtgas der Gasanstalten vermischt. Die Leuchtkraft dieses Mischgases in offener Flamme ist wohl heruntergesetzt, aber ohne Nachteil, nachdem man allgemein nicht mehr leuchtende Flammen (Schnittbrenner), sondern Glühstrümpfe verwendet. Dadurch, daß die Gasanstalten dieses Wassergas mit selbsterzeugtem Koks herstellen, haben sie eine gute Verwendung für diesen Koks, so daß man allgemein wirtschaftliche Nachteile nicht zu erwarten braucht, wenn man, aus den später noch zu besprechenden Gründen, von der Verwendung des Gaskokses zum Kalkbrennen absieht.

Der Wasserdampf wird also je nach der Temperaturhöhe teilweise gespalten, indem Wasserstoff frei wird. Die durch die Bildung der CO_2 aus CO frei werdende Wärme wird zur Abspaltung des Wasserstoffes verbraucht, doch wird diese Wärme durch die Verbrennung des Wasserstoffes mit Sauerstoff wieder frei, so daß hinter der Brennzone der Wasserdampf wieder vorhanden ist. Da aber bekanntlich keine Umänderung restlos verläuft, so ist mit diesem umkehrbaren Vorgang auch ein Verlust an Energie, also Wärme, durch die Durchführung des Wasserdampfes entstanden. Diese Spaltung des Wasserdampfes und der Kohlensäure in der Brennzone hat bei den im Kalkofen herrschenden Temperaturen keine große Bedeutung, weil diese erst bei Temperaturen über 1500° sich stärker bemerkbar macht. (Siehe Dr. *Ferd. Fischer*, Kraftgas 1911, S. 65.)

Auch die für die Erzeugung des Wasserdampfes aufgewendete Wärme vermehrt den gesamten Wärmeaufwand im Kalkofen. Dies geht auch aus den Berichten *Dr. H. Grouvens* (Dingl. Polyt. Journ. 1884, S. 68) hervor. Er hat in der chemischen Fabrik Bürgerhof bei Lauenburg einen Ofen nach dem D. R. P. 26 248 vom 4. 12. 1883 aufgestellt mit sieben Eisenretorten. Lichte Weite derselben 250 mm. Der Dampf tritt unten in die mit Kalksteinen von 20 bis 40 mm Durchmesser nur halb angefüllten Retorten. Für 1 t Füllung läßt man minutlich 1 kg Dampf durchstreichen, der sich im unteren, durch einen Einsatz freigehaltenen leeren Raum der Retorte überhitzt, bevor er mit dem Kalk in Berührung kommt. Zum vollständigen Austreiben der CO_2 waren 4 Stunden notwendig, wie dies beim gewöhnlichen Kalkbrennen, bei 20 bis 40 mm starken Steinen nach meiner Berechnung (S. 36) auch der Fall ist. Für 100 kg Rüdesheimer Muschelkalk mußten in Burgdorf 12 kg Koks und 24 kg Dampf aufgewendet werden. Also außer dem nicht besonders niedrigen Aufwande an Koks noch 24 kg Dampf. Dies ist an und für sich zu erwarten. Es liegen eben hier die Verhältnisse wie beim Verdampfen oder Verdunsten. Beim Verdunsten wird der Wärmeaufwand, der für das Verdampfen allein aufzuwenden ist, immer vermehrt um den Betrag, der für die Erwärmung des Trägers (z. B. atmosphärischer Luft) notwendig ist. Es geht daraus zweifellos hervor, daß durch Wasserdampf beim Kalkbrennen keine Ersparnisse zu erzielen sind, denn sonst könnte man beim weiteren Ausbau der Wärmeausnutzung an den Verdampf- und Wärmestellen schließlich daran denken, auch Brüden oder andere Abdämpfe zum Kalkbrennen zu nehmen. Ebensowenig wie in dieser Beziehung eine Wärmeersparnis durch Dampf beim Kalkbrennen zu erzielen ist, ebensowenig ist von der Verwendung eines indifferenten Gases zu erwarten, welches ja dieselbe Wirkung ausübt und die Austreibung der CO_2 ebenfalls bei niedrigerer als der eigentlichen Verdampfungstemperatur (Siedepunkt) ermöglicht. Ich möchte darauf nochmals besonders hinweisen, denn durch den Ausspruch *Kremanns* (S. 11), „daß die hohe Brenntemperatur zuviel kostet; man kann mit niedriger Temperatur brennen", wird mancher verleitet, dies anzustreben (wie z. B. *Kettler*, Deutsche Zuckerindustrie 1913, S. 397). Weder beim Verdunsten von Wasser, z. B. durch Vermittlung von Luft, wird der Wärmeaufwand für die Wasserentfernung gegenüber der Verdampfung vermindert, trotz der niedrigeren Verdunstungstemperatur, noch beim Kalkbrennen wird eine Wärmeersparnis erzielt bei niedriger Temperatur unter Vermittlung von Gasen.

Wohl kann man aber dort, wo Wärme niedriger Temperatur kostenlos, z. B. in Abgasen, zur Verfügung steht, daran denken, diese zum Verdunsten der Kohlensäure, zum Brennen der Kalksteine bei Temperaturen unter 856° nutzbar zu machen. Dies beabsichtigt z. B. die *Norsk Hydro-Elektrik-Kvaelstofaktieselskab*, Kristiania, nach dem D. R. P. 284 042 vom 26. 9. 1913, dadurch gekennzeichnet, daß der zur Absorption nitroser Gase (zwecks Gewinnung von Kalkstickstoff) dienende Kalk durch Brennen von kohlensaurem Kalk in Stücken oder Brikettform mittels heißer Gase bei etwa 700 bis 750° hergestellt wird. Das Brennen geschieht mittelst der überschüssigen Hitze der zur Absorption bestimmten Gase. Wenn die nitrosen Gase, die von den elektrischen Öfen kommen, eine Temperatur von etwa 800° haben, so ist die in denselben enthaltene Wärme genügend, um die zur Absorption nötige Menge Kalk zu brennen. Es werden Calciumcarbonatstücke oder Briketts in eine geeignete Vorrichtung eingefüllt, die entweder von den heißen nitrosen Gasen umspült oder von heißer Luft durchstrichen wird, die mittels der nitrosen Gase erhitzt worden ist. Wenn die heißen nitrosen Gase die Apparatur umspülen, muß ein geeigneter Gasstrom durch die Vorrichtung geleitet werden. Vermeidet man dann Temperaturen über 700 bis 750°, dann soll der erzeugte

Ätzkalk (die Reaktionsmasse) sehr reaktionsfähig sein und die nitrosen Gase bei einer Absorptionstemperatur von 300 bis 400° sehr viel rascher und vollständiger aufnehmen als im gewöhnlichen Kalkofen gebrannter Kalk. Wenn dies der Fall ist, so hat man hier nicht nur den Vorteil der Wärmeersparnis, sondern auch den einer wesentlichen Verbesserung der Erzeugung des zu gewinnenden Stoffes, des Kalkstickstoffes. Dieses Patent ist um 1911 durch empirische Versuche entstanden, als man sich noch nicht über die Vorgänge beim Kalkbrennen klar war, als das Brennen bei niedriger Temperatur als undurchführbar galt. Man hat aber gefunden, daß bei richtiger Gasgeschwindigkeit, also bei genügendem Gaswechsel, das Kalkbrennen auch bei niedriger Temperatur möglich ist, wie dies unsere Erwägungen auch beweisen.

Zwecks Verstärkung des Zuges oder Verdünnung der Oberluft behufs weiterer Austreibung der CO_2 aus dem Kalkstein will *Ernst Ziegler* (D. R. P. 9123) Wasserdampf in Dampferzeugern bilden, welche in die Seitenwandungen von Kalk- und Zementöfen eingebaut sind. *Ziegler* entnimmt dabei die Wärme den Seitenwandungen, kühlt die Ofenfüllung ab und stört das Brennen; das ist also schon aus diesem Grunde nicht zu empfehlen.

Ingenieur *Ch. Westphal*, Berlin-Wilmersdorf, wollte das Einblasen von Dampf einerseits für das schnellere Brennen, andererseits zur Ersparnis von Wärme verwenden, indem er den Ätzkalk schon im Ofen in Kalkhydrat verwandelt (Sitzungsberichte des Vereins zur Beförderung des Gewerbefleißes 1902, S. 82). Er weist darauf hin, daß für 1 kg $CaCO_3$ zur Umwandlung in CaO 373 (eigentlich 425,2) WE aufzuwenden sind, daß aber beim Kalklöschen durch die Umwandlung in $Ca(OH)_2$ 164,4 WE wieder frei werden, welches beinahe der Hälfte der Wärmemenge von 373 WE entspricht, die zum Garbrennen des Kalkes theoretisch aufzuwenden ist. Wer hat nicht schon beim Anblick dieser mächtigen Wasserdämpfe, die nutzlos beim Kalklöschen entweichen, an deren Nutzbarmachung gedacht? — Diese Löschungswärme (Hydratisationswärme) wollte *Westphal* wieder dem Brennvorgang zuführen, indem er unten Dampf einblasen ließ.

Durch Wasserdampf, nicht allein durch flüssiges Wasser, kann man den Ätzkalk löschen, weil er außerordentlich hygroskopisch ist und bekanntlich auch durch die Luftfeuchtigkeit, also den Wasserdampf der Luft, sich ablöscht (S. 215). Zur Vornahme von Versuchen baute er 1898 auf dem Kalksteinwerk *W. Zeger*, Stralau, einen Versuchsofen, unter Verwendung einer Gasretorte von 38×52 cm Querschnitt und 3 m Höhe. Er stellte sie senkrecht auf, entfernte den Boden und umgab sie mit einem Mauerwerk, das die Heizgase spiralförmig herumführte.

Die Ergebnisse waren folgende: 1. In 60 Stunden 0,45 cbm garen Kalk bei 15 hl Koksverbrauch, 900° Ofentemperatur, ohne Wasserdampf, ohne Gebläse.

2. In 60 Stunden 0,9 cbm garen Kalk bei 15 hl Koksverbrauch, 900° Ofentemperatur mit Wasserdampf.

3. In 60 Stunden 1,8 cbm garen Kalk bei 16 hl Koksverbrauch, 11 000 bis 1200° Ofentemperatur, ohne Wasserdampf, mit Gebläse. (Diese Zahlen habe ich zum Vergleich umgerechnet.)

Man sieht aus diesen Versuchen, daß die Zuführung von Wasserdampf das Kalkbrennen beschleunigt, aber auch die starke Zuführung von Luft. Doch sind die Versuche 2 und 3 nicht ohne weiteres vergleichbar, weil bei 2 mit 900°, dagegen bei 3 mit 1100 bis 1200° gebrannt wurde, was ohne weiteres schon eine starke Beschleunigung des Brennens verursacht. Die Zahlen über den Brennstoffverbrauch dürften wohl auch nicht ohne weiteres maßgebend sein, so daß man daraus nicht einen Rückgewinn der Löschungswärme berechnen kann.

Er kann die beim Kalklöschen frei werdende Wärme nur unter Vermittlung der einströmenden Verbrennungsluft dem Brennvorgang selbst zuführen. Wie ich später noch nachweisen werde, kann man tatsächlich durch die vom niedersinkenden gebrannten Kalk abgegebene Wärme die einströmende Verbrennungsluft nicht genügend vorwärmen. Auf nur 400 bis 450° (S. 40) werden die im Idealofen notwendigen 90 kg Verbrennungsluft (S. 146) vorgewärmt, während sie, bis die Verbrennung erfolgt, auf mindestens 1000° erwärmt werden muß. Dazu sind noch notwendig:

$$90 \cdot (1000 - 425) \cdot 0{,}28 = 14\,500 \text{ WE.} \qquad (1)$$

Bei der Verbindung von Ätzkalk und Wasser werden 15,54 WE frei für jedes Grammolekül:

$$CaO + H_2O = Ca(OH)_2 + 15{,}54 \text{ WE} \qquad (2)$$

Molekulargewichte $56 + 18 = 74$.

Somit werden bei der Bindung von 56 g CaO 15,54 WE frei. Und weil für 56 g CaO 100 g $CaCO_3$ notwendig sind, so werden in bezug auf 100 kg kohlensauren Kalk $100 \cdot \frac{15{,}7 \cdot 1000}{100} = 15\,540$ WE durch das Ablöschen wieder frei. Also etwas mehr, als zur Vorwärmung der Luft noch notwendig.

Man könnte also auf diesem, von *Westphal* vorgeschlagenen Wege wohl noch eine beträchtliche Wärmemenge im Kalkofen zurückbehalten. Doch hat er an seinem Versuchsofen große Schwierigkeiten durch das stäubende Kalkhydrat gehabt. Den Arbeitern bluteten bald die Nasen, und viel Kalkstaub wurde mit in die Gasabzüge übergerissen. Wertvoll ist die unmittelbare Gewinnung von Kalkhydrat im Kalkofen, besonders für Kalkbrennereien selbst. Die Zuckerfabriken, die mit Trockenscheidung arbeiten, gewinnen diese Löschungswärme in einfacher Weise durch die Erwärmung des Saftes zurück. Die *Westphal*schen Bestrebungen haben aus diesem Grunde für die Zuckerfabriken wenig Wert, solange man der Trockenscheidung den Vorzug gibt gegenüber der Naßscheidung. Sollte aber die Naßscheidung wieder den Vorrang gewinnen, dann müßte man wohl prüfen, ob durch Verwendung von Brüdendämpfen der Gesamtwärmeverbrauch erniedrigt werden kann.

Die Feuchtigkeit der Verbrennungsluft, die in der Kühlzone über den Ätzkalk strömt, wird von diesem aufgenommen. Entsprechend dieser Wasserdampfmenge wird Kalk gelöscht, die frei werdende Wärme an die Luft selbst abgegeben und so der Brennzone wieder zugeführt. Die Luftfeuchtigkeit verursacht somit eine Verminderung des Brennstoffverbrauches; ob diese so groß ist, daß man merklich bei schwülem, feuchtem Wetter mit weniger Brennstoff auskommt als bei trockener Luft, werden wir noch später sehen.

Solvay wollte noch höherprozentige Kalkofengase als gewöhnlich erzielen, indem er den Kalk mit überhitztem Wasserdampf brannte. Dann müßte der Dampf über 1000 und mehr Grad überhitzt sein, um die CO_2 an dem Kalkstein zur Verdampfung zu bringen und dabei noch genügend Verdampfungswärme abgebend, ohne zu kondensieren. Die mit dem immer noch überhitzten Wasserdampf entweichenden Gase müßten dann abgekühlt werden, wobei die große Verdampfungswärme des Wasserdampfes vernichtet wird. Dieser große Wärmeverbrauch läßt eine derartige Verwendung des überhitzten Wasserdampfes für das Kalkbrennen als unwirtschaftlich erscheinen. Ganz abgesehen davon, daß es sehr schwer ist, Dampfüberhitzer für 1200 und mehr Grad dauernd betriebssicher zu unterhalten, gilt doch beim Dampfkraftbetrieb 350 bis 400° als günstige Grenze. Darüber hinaus ist der Überhitzer ständig rotglühend und z. B. aus Eisen nur wenig lebensfähig. Diese Schwierigkeiten will *G. M. Westmann*, New York (D. R. P. 130 258) dadurch umgehen, daß er die Erhitzung in mit feuerfesten Steinen ausgesetzten Winderhitzern, wie sie beim Hochofenbetrieb üblich sind, bewirken will, ohne dabei aber die wirtschaftlichen Nachteile zu verringern. Er nimmt auch einen Teil der aus dem Kalkofen entweichenden Gase zurück, kühlt diese durch Einspritzung von Wasser auf die für das Gebläse unschädliche Temperatur ab, dadurch gleichzeitig Wasserdampf erzeugend. Dieses Wasserdampf-Kohlensäuregemisch wird in den Winderhitzern auf etwa 1000° erwärmt. Es sind zwei Winderhitzer vorgesehen, indem einer durch Gas o. dgl. überhitzt wird, während der andere seine Wärme an das durchgeblasene Gasgemisch abgibt. Im Kalkofenschacht gibt es seine Wärme an die Kalksteine ab und erwartet er durch die Rückführung eines Teiles der Kohlensäure, durch ihre größere spez. Wärme, als sie der Wasserdampf allein besitzt, eine bessere Wirkung. Durch diese mittelbare Erhitzung des Kalksteines wird man diesen brennen können, doch sind große Gasmengen zu bewegen. Aus dem den Ofen verlassenden Gemisch wird der Wasserdampf durch Abkühlung verflüssigt und reines Kohlensäuregas bleibt übrig.

Dem Kalkofen wird auch noch durch den Koks Wasser zugeführt, und dessen Tätigkeit ist auch zu prüfen. Der Koks wird in der Vorwärmezone ebenfalls durch die Abgase vorgewärmt bis auf 700° seiner Entzündungstemperatur. Beim Überschreiten von 100° wird sein Wasser zu verdampfen beginnen, ohne dabei auf das Kalkbrennen selbst einen Einfluß auszuüben. Das im Koks vorhandene Wasser verbraucht für die nutzlose Verdampfung Wärme und setzt dadurch die Temperatur der Abgase herunter. Ein Mehraufwand an Brennstoff tritt dadurch nicht ein, aber der Temperaturunterschied zwischen den Gasen und der frischen Gicht wird kleiner; deshalb muß die Vorwärmezone, also der ganze Ofen, größer werden. Auf die sonstigen Nachteile des Wassers im Koks komme ich noch zurück.

6. Der Einfluß von Kohle, Koks und Sägemehl auf den Brennvorgang.

In geformte Ziegel werden häufig Kohle, Koks, Sägemehl und andere brennbare Stoffe eingemischt, um das Durchbrennen zu erleichtern. Wenn diese Arbeitsweise auch für Kalksteine nicht Verwendung findet, so doch z. B. beim Brennen des Strontiancarbonats in Zuckerraffinerien. Auch kann es an dieser oder jener Stelle Anwendung finden, wenn es sich darum handelt, Kalkschlamm zu brennen. Dieser auf das Brennen günstige Einfluß der organischen Zusätze, wie er in der Praxis häufig beobachtet wurde, läßt sich aus der Verdampfungstheorie ohne weiteres erwarten. Beim Steinebrennen bilden sich aus diesen Zusätzen Gase, die beim Entweichen sich mit Kohlensäure sättigen und so aus dem Stein Kohlensäure fortführen. Gleichzeitig wird der Stein locker, porös, wodurch eine leichtere Diffusion der Kohlensäure von innen nach außen ermöglicht wird.

Herzfeld (Festschrift S. 471) brachte bei seinem Versuche die Stoffe in einen gut bedeckten Porzellantiegel, so daß die Luft nicht hinzutreten konnte. Einmal wurde kohlensaurer Kalk mit Kokspulver, das andere Mal mit Sägemehl in verschiedenen Prozenten innigst gemischt, gepreßt und in dem Porzellantiegel gebrannt. Die von *Herzfeld* festgestellten Ergebnisse sind folgende.

Tabelle II,
betr. das Brennen von kohlensaurem Kalk mit Zuschlägen von Koke.

Nummer des Versuchs	Angewandt		Temperatur der Muffel beim Brennen	Dauer des Brennens	Gebrannt % Kalk (CaO)
	% kohlensauren Kalk	% Zuschlag			
1	100	—	920	1 Stunde	8,73
2	95	5	920	1 „	7,59
3	90	10	920	1 „	12,95
4	85	15	920	1 „	9,01
5	80	20	920	1 „	13,46
6	100	—	1010	1 „	93,42
7	95	5	1010	1 „	96,95
8	90	10	1010	1 „	94,80
9	85	15	1010	1 „	94,55
10	80	20	1010	1 „	92,45

Nach Beendigung des Brennens wurde festgestellt, daß der zugesetzte Koks zum Teil noch unverändert war. Ein Einfluß auf das Brennen konnte deshalb auch nicht erwartet werden, weil sich auch keine Gase gebildet hatten. Ganz abgesehen davon, daß eine Zersetzung des Kokses nur durch Luftzutritt eintreten konnte und die sich dann bildende CO_2 nicht die Verdampfung der CO_2 im Kalk begünstigt.

Die Zuschläge von Sägespänen ergaben folgende Zahlen.

Tabelle III,
betr. das Brennen von kohlensaurem Kalk mit Zuschlägen von Holz in Form von Sägespänen.

Nummer des Versuchs	Angewandt		Temperatur der Muffel beim Brennen	Dauer des Brennens	Gebrannt % Kalk (CaO)
	% kohlensauren Kalk	% Zuschlag			
1	100	—	920	1 Stunde	9,31
2	95	5	920	1 „	13,21
3	90	10	920	1 „	17,12
4	85	15	920	1 „	21,89
5	80	20	920	1 „	23,63
6	100	—	970	1 „	89,74
7	95	5	970	1 „	91,32
8	90	10	970	1 „	95,19
9	85	15	970	1 „	95,36
10	80	20	970	1 „	95,50

Man sieht, daß durch den Zusatz der Späne, die nach Beendigung der Brennversuche verascht waren, das Brennen beschleunigt wird. Dies beruht eben darauf, daß durch das Erhitzen der Späne, des Holzes, aus diesem Gase destillieren, die sich mit CO_2 sättigen und das Kalkbrennen beschleunigen.

B. Die Aufenthaltszeiten im Kalkofen.

Nachdem nun einige Klarheit über die allgemeinen Vorgänge beim Kalkbrennen geschaffen ist, will ich auf Einzelheiten des Kalkofens selbst eingehen. Zuerst auf die Einflüsse, die die Aufenthaltszeiten bestimmen.

Oben auf der Gichtbühne werden die Kalksteine mit der Temperatur, die der äußeren Lufttemperatur entspricht, in den Schacht eingefüllt und bewegen sich durch das Abziehen des gebrannten Kalkes allmählich nach unten. Gelangen in eine Zone, in der solche Temperatur herrscht, daß die Kohlensäure aus dem Kalkstein verdampft, und sollen sich hier so lange aufhalten, bis alle Kohlensäure verdampft ist. Beim weiteren Sinken soll der gesamte heiße Kalk seine Wärme abgeben, nutzbar machen, an die unten eintretende Verbrennungsluft. Durch diese verbrennt der mit den Steinen eingefüllte Brennstoff, und die Verbrennungsgase und die frei werdende Kohlensäure sollen noch bestmöglich ihre Abgaswärme nutzbar machen durch die Vorwärmung der oben eingefüllten Kalksteine.

Am Schachtofen lassen sich deshalb leicht drei Zonen feststellen:

1. Die Vorwärmezone, in der die Kalksteine durch die entweichenden Gase bis auf die Verdampfungstemperatur vorgewärmt werden.

2. Die Brennzone, in der der Brennstoff verbrennt, die Kalksteinkohlensäure verdampft und der Kalkstein gebrannt wird.

3. Die Kühlzone, in der der gebrannte Kalk seine Wärme an die Verbrennungsluft abgibt und gekühlt wird.

Bei der weiteren Berechnung werde ich diese Unterteilung beibehalten. Ich wies schon anfangs darauf hin, daß die verschiedenen Vorgänge im Kalkofen mit den üblichen Verdampfungs- und Wärmeberechnungen erklärt werden können, was ich nun weiter beweisen will. Um die Kohlensäure aus dem Kalkstein zu verdampfen, muß ich den Kalkstein erst auf die Temperatur erwärmen, bei der die Verdampfung erfolgt, ich muß den Stein vorwärmen. Hat er so seinen Siedepunkt erreicht, dann wird bei weiterer Wärmezufuhr diese Wärme für die Verdampfung der Kohlensäure verbraucht, das eigentliche Kalkbrennen beginnt. Ich muß deshalb für die Vorwärmung und Verdampfung Wärme zuführen, genau so, wie dies z. B. bei der Vorwärmung und Verdampfung von Säften und Laugen der Fall ist.

7. Vorwärmezeit im Kalkofen.

Um die Zeit zu berechnen, die zum Vorwärmen der frischen Gicht (Koks und Kalkstein) notwendig ist, will ich von einem Idealofen ausgehen, um einerseits die idealen Höchstwerte zu finden, und um andererseits die verschiedenen Einflüsse in der Wirklichkeit besser beurteilen zu können. Ich nehme vorläufig an, daß nach außen keine Wärmeverluste stattfinden und dieser ideale Ofen mit reinem kohlensauren Kalk $CaCO_3$ beschickt wird.

Die Wärmemenge, die ich einem Körper zuführen kann, hängt bekanntlich von seiner Oberfläche, dem Temperaturgefälle und der Wärmeübergangszahl K ab. Diese Wärmeübergangszahl K, die angibt, wieviel Wärmeeinheiten in einer Stunde durch 1 qm des betreffenden Körpers bei einem Temperaturgefälle von 1° übergehen, hängt ab von einer Eintrittszahl α_5, der Schichtstärke δ und der schon erwähnten Wärmeleitungszahl λ_5. Dabei gilt die bekannte Gleichung: $K_k = \dfrac{1}{\dfrac{1}{\alpha_5} + \dfrac{\delta_5}{\lambda_5}}$; worin δ_5 die Schichtstärke in Metern bedeutet.

Die Wärmeeintrittszahl zwischen Gasen und Kalkstein ist anzunehmen mit $\alpha_5 = 8$, ferner, daß die Gesamtstärke der Steine zwischen 200 mm = 0,2 m und 10 mm = 0,010 m schwankt. In die Gleichung für K_k muß die halbe Steinstärke als Schichtdicke δ_5 eingesetzt werden, und es ergibt sich für 200 mm dicke Kalksteine:

$$K_k = \frac{1}{\frac{1}{8} + \frac{0,1}{2}} = \frac{1}{0,125 + 0,05} = \sim 5,6, \tag{3}$$

für 10 mm dicke Steinchen:

$$K_k = \frac{1}{\frac{1}{8} + \frac{0,005}{2}} = \frac{1}{0,125 + 0,0025} = \sim 8.$$

Zur Vereinfachung der Rechnung sei angenommen, daß die Kalksteine kugelförmige Gestalt besitzen, was zulässig ist, denn je mehr die Gestalt eckig wird, um so größer wird die Oberfläche bei gleichem Gewicht. Bekanntlich hat von allen Körpern die Kugel die kleinste Oberfläche. Die errechneten Zeiten werden also um so größer gegenüber den wirklichen, je zerklüfteter der Stein ist bei sonst gleichem Gewicht.

Ich will nun die Vorwärmezeit t_v bei verschiedenen Brenntemperaturen berechnen; zu diesem Zwecke muß ich den Temperaturunterschied U_v zwischen den Kalksteinen und den abziehenden Gasen feststellen. Dazu ist die Kenntnis der Temperatur notwendig, mit der die Gase den Ofen verlassen. Um diese berechnen zu können, müssen verschiedene Zahlen schon jetzt benutzt werden, deren Begründung sich erst aus den späteren Abhandlungen ergibt. Es wäre vielleicht richtiger gewesen, erst deren Berechnung anzuführen und dann erst die der Vorwärmezeit folgen zu lassen. Weil dann aber die einzelnen Zonen nicht so nacheinander berechnet würden, wie sie im Ofen vorhanden sind und eine störende Reihenfolge sich ergeben würde, so halte ich es doch für nützlicher, die späteren Ergebniszahlen schon jetzt vorweg zu benutzen. Wir werden sehen, daß beim Brennen aus 1 kg Kohlenstoff 12,5 kg Verbrennungsgase entstehen (S. 68), und da im idealen Ofen 7,834 kg C für 100 kg Kalksteine notwendig sind, so entweichen aus dem Kalkofen 12,5 · 7,834 = 97,9 kg Verbrennungsgase. Wie ich im Abschnitt C an Hand der Fig. 14 berechnen werde, enthalten die entweichenden Gase noch 20 779 WE bei einer Brenntemperatur von 856°.

Gleichzeitig mit den vorberechneten 97,9 kg Verbrennungsgasen ziehen noch 44 kg Kalksteinkohlensäure ab. Wie schon früher gesagt, werden sich beide Gase mischen, und die 97,9 + 44 = 141,9 kg Kalkofengase werden mit einer Mischtemperatur entweichen. Jedes Kilogramm entführt $\frac{20\,779}{141,9} = 147$ WE, und da die spez. Wärme etwa 0,28 ist, so entweichen sie aus dem idealen Ofen mit:

$$\frac{147}{0,28} = 525°.$$

Lasse ich nun den geringen Einfluß der mit der Temperatur steigenden spez. Wärme außer Betracht, so steigt die für den Idealofen berechnete Abgastemperatur von 525 um so viel Grad, wie die Brenntemperatur über der Verdampfungstemperatur von 856° liegt. Bei 1030° verlassen demnach die Gase den Kalkofen mit 525 + (1030 — 856) = 525 + 174 = 699°. Der Temperaturunterschied zwischen den heruntersinkenden Kalksteinen und den abziehenden Gasen ist, wenn die Temperatur der eintretenden Kalksteine mit 0° angenommen wird, anfangs

$$Ua = 699 - 0 = 699°$$

und am Ende $Ue = 1030 - 856° = 174°$.

Daraus ergibt sich der mittlere Temperaturunterschied:

$$U_v = \frac{699 + 174}{2} = 436^\circ.$$

Die Wärmeleitfähigkeit der Kalksteine ist $\lambda = 2{,}0$ WE für eine Stunde und 1° Temperaturunterschied, für Koks $\lambda = 5{,}0$; die des Kokses übersteigt also die des Kalksteines bedeutend, er wird die für seine Vorwärmung notwendige Wärme viel schneller aufnehmen als der Kalkstein. Er wird schneller auf die Verdampfungstemperatur gebracht. Zur Berechnung der Wärmezeit bzw. des Ofenraumes, der für die Vorwärmung notwendig ist, genügt also die Berechnung für die Steine allein.

Da die spez. Wärme des Kalksteines 0,21 ist und die Verdampfungstemperatur 856°, so sind jeder Kalksteinkugel zuzuführen:

$$W_3 = G \cdot 0{,}21 \cdot 856 \text{ WE}, \tag{4}$$

um sie auf 856° vorzuwärmen. Das Gewicht der Kugel in kg ist $G = J \cdot j$. Es bedeutet J = Inhalt der Kalksteinkugel in Liter, und wenn der Kugelhalbmesser in Meter eingesetzt wird, ist:

$$J = \frac{4}{3}\pi \cdot r^3 \cdot 1000 \text{ l}. \tag{5}$$

$j = 2{,}65$ ist das spez. Gewicht des Kalksteines.

Diese Werte, in die Formel (2) eingesetzt, gibt die zuzuführende Wärme:

$$W_3 = \frac{4}{3}\pi \cdot r^3 \cdot 1000 \cdot 2{,}65 \cdot 0{,}21 \cdot 856 = 1\,993\,860\, r^3 \text{ WE} \tag{6}$$

in der Vorwärmezone. Nehme ich wieder wie früher an, daß die Steine in Kugelform in den Ofen eingefüllt werden, dann ist die Wärmemenge, die in die Kalksteinkugel eintritt:

$$W_1 = O \cdot K \cdot U_v \cdot z_v, \tag{7}$$

worin O die Oberfläche der Kugel in Quadratmeter,
U_v das Temperaturgefälle,
z_v die Vorwärmezeit in Stunden
bedeuten.

Die Kugeloberfläche in Quadratmetern ist:

$$O = 4\pi \cdot r^2, \tag{8}$$

wenn der Kugelhalbmesser r in Metern eingesetzt wird. Dieser Halbmesser, der anfangs kalten Kalksteinkugeln, wird mit zunehmender Temperatur durch die Wärmeausdehnung vergrößert. Doch beträgt die Wärmeausdehnung der Kalksteine für 1 m und 1000° nur etwa 0,025 m oder 2,5 Proz. Dieser geringe Einfluß kann außer acht gelassen werden in Anbetracht der anderen, auch nicht auf wenige Prozente genauen Zahlen.

Die Kalksteinkugel ist auf 856° vorgewärmt, wenn

$$W_1 = W_3,$$

also $$O \cdot K_k \cdot U_v \cdot z_v = 1\,993\,860\, r^3$$

und daraus die Vorwärmezeit:

$$z_v = \frac{1\,993\,860 \cdot r^3}{O \cdot K_k \cdot U_v} = \frac{1\,993\,860 \cdot r^3}{4 \cdot \pi \cdot r^2 \cdot K_k \cdot U_v} = \frac{160\,000 \cdot r}{K_k \cdot U_v}. \qquad (9)$$

Für Kalksteine von 200 mm Durchmesser = 0,1 m Kugelhalbmesser, bei einer Brenntemperatur von 1030°, berechnet sich die Vorwärmezeit zu:

$$z_v = \frac{160\,000 \cdot r}{K_k \cdot U_v} = \frac{160\,000 \cdot 0{,}1}{5{,}6 \cdot 436} = 7 \text{ Stunden.}$$

Diese verschiedenen Vorwärmezeiten habe ich für die Brenntemperaturen von 1030 und 1200° in die Fig. 4 eingezeichnet. Beeinflußt werden diese errechneten Idealwerte durch die Abkühlungsverluste in der Vorwärmezone und durch die Unreinigkeiten der Kalksteine. Die Abkühlungsverluste setzen die Temperaturen der abziehenden Gase herunter, dadurch vermindert sich der Temperaturunterschied U_v, und dementsprechend vergrößert sich die notwendige Vorwärmezeit. Diese Wärmeverluste kann man nach den späteren Angaben leicht berechnen (S. 78), aber es wäre sehr umständlich, eine allgemein gültige Formel anzugeben, denn man kommt sicherer und übersichtlicher zum Ziel, wenn man diese Wärmeverluste von Fall zu Fall für den betreffenden Kalkofen berechnet. Ich nehme den dort genannten Sonderfall an, daß 100 kg Kalksteine eine wärmeabgebende innere Kalkofen-Mantelfläche von 0,118 qm besitzen. Bei einer Brenntemperatur von 1030° würden die Gase mit 700° abziehen, so daß der mittlere Temperaturunterschied ca. 850° betragen wird. Da 1 qm nach dieser Berechnung 0,98 WE (qm-St.) 1° verliert, so gehen für je 100 kg Kalksteine in der Vorwärmezone

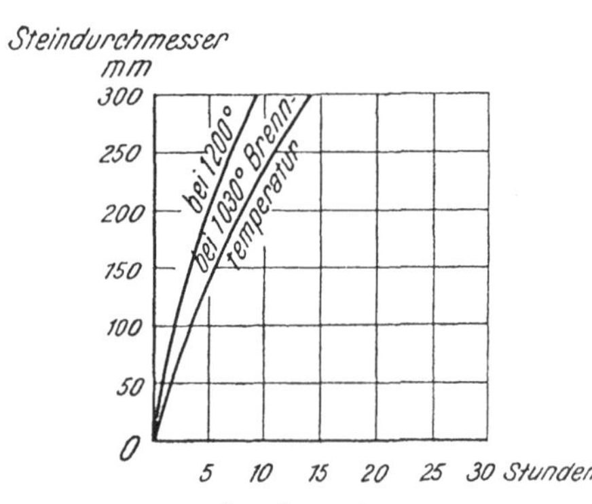

Fig. 4. Abhängigkeit der Vorwärmezeit vom Steindurchmesser.

$$850 \cdot 0{,}98 \cdot 0{,}118 = \infty\, 100 \text{ WE}$$

in der Stunde verloren. Bei einer Vorwärmezeit von z. B. 15 Stunden, also $100 \cdot 15 = 1500$ WE.

Diese 1500 WE sind aber wenig von Bedeutung gegenüber den eingangs in den Gasen noch berechneten 20 779 WE, denn durch den Verlust dieser 1500 WE wird sich die Abgastemperatur nur um $\frac{1500}{20\,779} \cdot 100 = 7$ Proz. erniedrigen oder die Vorwärmezeit entsprechend erhöhen.

Bei den in den Steinen vorhandenen Unreinigkeiten kann man annehmen, daß sie ungefähr die gleichen Wärmeübergangszahlen besitzen, also auch die gleiche Zeit zur Vorwärmung benötigen wie der kohlensaure Kalk selbst. Man kann deshalb ohne weiteres annehmen, daß die in der Fig. 4 dargestellten Vorwärmezeiten entsprechend den im Kalkstein vorhandenen Unreinigkeiten vergrößert werden müssen. Hat der Kalkstein nur 90 Proz. kohlensauren Kalk, dann muß man 10 Proz. Beimengungen mit anwärmen, also die Vorwärmezone entsprechend vergrößern.

Die in der Fig. 4 dargestellten und für den Idealofen berechneten notwendigen Vorwärmezeiten sind also als die kleinstzulässigen anzusehen und den Verhältnissen entsprechend zu erhöhen. Es ist besser, die Vorwärmezone größer zu wählen, weil damit ein Nachteil nicht verbunden ist. Wählt man sie aber zu klein, dann ziehen die Gase noch heißer ab, sie können ihre Wärme nicht genügend abgeben. Die Steine treten in die Brennzone mit einer unter der Verdampfungstemperatur liegenden Temperatur ein und müssen deshalb hier durch unmittelbares Verbrennen von Brennstoff erhitzt werden. Ein größerer Brennstoffaufwand wird deshalb durch die zu kleine Vorwärmezone verursacht, was auch ohne weiteres selbstverständlich ist.

Daraus folgert *H. Schreib* (Fabrikation der Soda 1905, S. 19), „daß die Größe der Ausnutzung namentlich durch die Höhe des Ofens bedingt ist. Denn je mächtiger die Kalksteinschicht ist, welche die Heizgase durchdringen müssen, je mehr Wärme geben sie ab.“ Dies ist an und für sich ein Trugschluß in bezug auf die Wärmeausnutzung. Wenn z. B. die Vorwärmezone genügt, um die Kalksteine bis zur Brenntemperatur vorzuwärmen, also es ermöglicht, daß die Gicht die größtmögliche Wärmemenge für die vollkommene Vorwärmung aufnimmt, dann wird selbstverständlich auch eine doppelt so große Vorwärmezone keine weitere Wärmeaufnahme an die Gicht ermöglichen. Die doppelt so große Vorwärmezone kann dann nicht im geringsten die Wärmeausnutzung begünstigen oder verbessern. Während eine zu hohe Temperatur der Abgase auf eine ungenügende Abkühlung durch Vorwärmung der Steine hinweist, dürfte man aber nicht das Gegenteil als vollkommen ansehen. Man darf nicht vergessen, daß der Ofen um so weniger in ordnungsgemäßem Betrieb befindlich, um so weniger ideal arbeitet, je weiter die Abgastemperatur unter 500° liegt. Veranlassung können seine zu großen Abkühlungsverluste geben, der feuchte Kalkstein und Koks, großer Luftüberschuß, undichter Gichtverschluß.

Manche Steine vertragen auch keine zu schnelle Vorwärmung, eine zu kleine Vorwärmezone, weil sie explosionsartig zerspringen durch die plötzliche Verdampfung des eingeschlossenen Wassers. Muß man solche Steine brennen, dann ist für eine große, reichlich bemessene Vorwärmezone zu sorgen, in der die Steine länger lagern und vortrocknen.

Aus der vorstehenden Berechnung ist ersichtlich, daß die Temperatur der abziehenden Gase recht hoch ist. Man wird, wenn man die unvermeidlichen Gründe nicht kennt, versuchen, diesen Übelstand durch Tiefhalten des Feuers zu vermeiden. Dadurch kann man wohl erreichen, daß die Gase etwas kälter abziehen, hat davon aber keinen Vorteil, weil dies ja nur durch größere Abkühlung nach außen erreicht wird. Man hat wohl seinem Gefühl Befriedigung verschafft, ohne jeden sichtbaren Nutzen. Man wird auch zum Tiefhalten der Glut um so eher veranlaßt werden, weil die Wärme, die dadurch mit den viel heißer abgezogenen gebrannten Steinen unten verlorengeht, nicht so bedeutend und unangenehm in Erscheinung tritt. Denn wird dadurch der Ätzkalk zu heiß gezogen, so läßt man ihn einfach einige Stunden länger vor dem Ofen liegen, bis er sich genügend abgekühlt hat.

In den Abzugsrohren, wo die Temperatur der Gase meistens gemessen wird, kann man natürlich die berechnete hohe Temperatur nicht vollständig feststellen, weil schon durch die Kohlensäureleitung und durch den Gichtverschluß die Gase bedeutend abgekühlt werden. Man kann auch nicht die Temperatur der abziehenden Gase durch das Auge an den oberen Schauhöhen feststellen. Die heißen, abziehenden Gase sind nicht glühend, üben also keinen optischen Einfluß auf das Auge aus. Die Gase sind auch bei hohen Temperaturen unsichtbar im Gegensatz zu festen Körpern, die bei Temperaturen über 500° ins Glühen kommen, so daß uns durch das Auge die Höhe der Temperatur bemerkbar wird.

8. Die Brenndauer der Kalksteine.

Die Brennzeit will ich jetzt unter den gleichen Annahmen berechnen, wie dies bei der Vorwärmezeit geschah. Die Wärmemenge, die in die Kalksteinkugel eintritt, ist dann

$$W_1 = O \cdot K_k \cdot U \cdot z, \tag{10}$$

worin O die Oberfläche in Quadratmeter,
U das Temperaturgefälle,
z die Brennzeit in Stunden bedeutet.

Die zur Zersetzung des Kalksteines, also zur Verdampfung der Kohlensäure, notwendige Wärmemenge beträgt, wie schon vorher erwähnt, 425,2 WE für 1 kg Kalkstein. Es sind also einer Kalksteinkugel vom Inhalt J

$$W_2 = J \cdot j \cdot 425{,}2 \text{ WE} \tag{11}$$

für die Zersetzung zuzuführen. Auch hier gilt das im Abschnitt 7 für O, J und j Gesagte.

Damit der Kalkstein vollständig gebrannt wird, muß die zugeführte Wärmemenge gleich der zum Brennen notwendigen Wärmemenge sein, also

$$W_1 = W_2$$

oder

$$O \cdot K_k \cdot U \cdot z = J \cdot j \cdot 425{,}2\,,$$

die Werte für O und J eingesetzt, gibt:

$$4\,\pi \cdot r^2 \cdot K_k \cdot U \cdot z = \frac{4}{3}\,\pi \cdot r^3 \cdot 1000 \cdot j \cdot 425{,}2\,.$$

Demnach die Brenndauer:

$$z = \frac{1000}{3} \cdot 425{,}2 \cdot \frac{r \cdot j}{K_k \cdot U} = 141\,730 \cdot \frac{r \cdot j}{K_k \cdot U}\,. \tag{12}$$

Diese Formel zeigt, daß die Brenndauer mit r, also der Steinstärke abnimmt, was die Erfahrung bestätigt; denn je kleiner die Steine, um so schneller erfolgt das Brennen. Die Kleinheit der Steine hat natürlich eine Grenze, um nicht das Brennen durch andere Umstände zu verzögern, wie z. B. durch Erschwerung des Zuges. Weiterhin ist die Brenndauer z abhängig vom spez. Gewicht der Kalksteine. Je größer das spez. Gewicht, je dichter und härter der Kalkstein ist, um so länger ist die Brennzeit, um so schwerer ist der Stein zu brennen.

Umgekehrt nimmt die Brenndauer mit dem Temperaturunterschied U ab. Dieser Temperaturunterschied, das Wärmegefälle zwischen dem wärmegebenden und dem wärmeaufnehmenden Stoffe, ist noch zu bestimmen. Die Temperatur des die Wärme abgebenden Körpers ist ohne Zweifel die Gastemperatur, die z. B. durch die Beobachtung von außen feststellbare Brenntemperatur.

Diese Brenntemperatur ist natürlich in der ganzen Brennzone nicht vollständig gleich, stellt in Wirklichkeit nicht eine gerade Linie dar, die mit der Verdampftemperatur parallel läuft. Sondern die Brenntemperatur, die Gastemperatur, wird erst von der Temperatur, die die Luft durch ihre Erwärmung in der Kühlzone angenommen, auf die Verdampftemperatur und dann weiter auf eine wesentlich über dieser liegenden Temperatur durch die Verbrennung des Kokses gebracht. Dann wird diese Gastemperatur nach der Vorwärmezone wieder sinken. (Hierauf komme ich noch später; siehe Fig. 17.) In unserer Rechnung können wir nur die aus diesen Temperaturen sich ergebende mittlere Temperatur benutzen, die wir kurz als die Brenntemperatur bezeichnen.

Die Temperatur des die Wärme aufnehmenden Körpers ist die des Kalksteines. Der Kalkstein wird durch Wärmezufuhr so lange seine Temperatur erhöhen, bis die Kohlensäure verdampft. Dann wird die weiter zugeführte Wärme für die Verdampfung (Zersetzung) verbraucht, ohne daß eine Erhöhung der Temperatur eintritt; wie man z. B. Wasser an der atmosphärischen Luft durch Wärmezufuhr bis auf 100° erhitzen kann, dann aber eine weitere Erhitzung nicht mehr möglich ist, weil die noch zugeführte Wärme für die Wasserverdampfung verbraucht wird. Der kohlensaure Kalk würde also selbst nur eine Temperatur von ca. 856° annehmen können. *Chatelier* gibt den Beginn der Verdampfung bei 760 mm Hg bei 812°, dagegen *Pott* zu 900°, ich glaube gut zu tun, von beiden das Mittel mit 856° zu wählen. Erst nach der Verdampfung der CO_2, oder wenn die Wärmezuführung zu stürmisch erfolgt, wird das zurückbleibende Calciumoxyd sich weiter bis auf die Brenntemperatur erhitzen. Bei einer Brenntemperatur von 1030° beträgt demnach das Temperaturgefälle $U = 1030 - 856 = 174°$ C.

Für gewöhnlichen Kalkstein mit $\lambda = 2{,}0$, $j = 2{,}65$ berechnet sich die Brenndauer

1. für Kalksteine von 200 mm = 0,2 m Durchmesser zu:

$$z = \frac{1000}{3} \cdot 425{,}2 \cdot \frac{0{,}1 \cdot 2{,}65}{5{,}6 \cdot 174} = 141\,730 \cdot \frac{0{,}1 \cdot 2{,}65}{5{,}6 \cdot 174} = 38 \text{ Stunden;}$$

2. für Kalkstückchen von 10 mm Durchmesser zu:

$$z = 141\,730 \cdot \frac{0{,}0050 \cdot 2{,}65}{8 \cdot 174} = \sim 1{,}3 \text{ Stunden.}$$

Die nebenstehende Kurve zeigt recht deutlich den Einfluß der Größe der Kalksteinstücke auf die Brenndauer (Fig. 5).

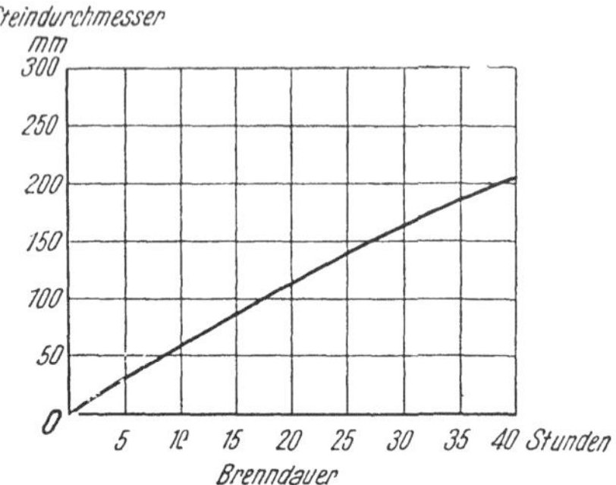

Fig. 5. Abhängigkeit der Brenndauer vom Steindurchmesser.

Die unter 2 errechnete Brenndauer stimmt recht gut mit *Herzfelds* Versuchen (Festschrift S. 492) überein. Er stellte fest, daß in einer Stunde alle CO_2 ausgetrieben wird, jedenfalls aus Stückchen, die ungefähr 10 mm Durchmesser hatten, doch ist darüber nichts in den Versuchen angegeben. Für erbsengroße Stücke ergibt sich nach Fig. 5 eine Brenndauer von ca. $^1/_2$ Stunde, entsprechend den von *Herzfeld* erwähnten Versuchen (Festschrift S. 453).

Die für größere Kalksteine errechneten Werte stimmen gut mit den Erfahrungen überein; wenn für Verteilung des Brennmaterials gesorgt ist. Man kann sich demnach mit meiner Rechnung stets Klarheit über die voraussichtliche Brenndauer machen, was bisher nicht möglich war. Sie soll aber nur relative Vergleichswerte geben; absolut genaue Werte kann die Rechnung nicht zeitigen. Denn nicht nur die Oberflächengestaltung der Steine ist vielen Schwankungen ausgesetzt, sondern auch die Wärmeeintrittszahl α und die Wärmeleitzahl λ. α ist nicht zuverlässig zu bestimmen, weil diese Wärmeeintrittszahl nicht nur abhängig ist von dem Wärmeübergang zwischen Gasen und Kalksteinen, sondern auch verschiedenartig beeinflußt wird durch Wärmestrahlung vom glühenden Koks, durch dessen teilweise Berührung und der Änderung der Oberflächenbeschaffenheit mit dem Fortschritt des Brennens. Ebenso ändert sich die innere Struktur und somit die Wärmeleitzahl λ. Versuche liegen hierfür nicht vor und werden auch kaum zu einem endgültigen Ergebnis führen können, wegen der verwickelten Verhältnisse. Immer werden sich aber die Verhältnisse gleichartig verschieben, so daß es an und für sich von geringerer Bedeutung ist, mit welchen Zahlen für α und λ man rechnet.

Die in Fig. 5 bildlich dargestellte Zeit stellt natürlich nur die Brenndauer selbst dar, während die Steine Temperaturen über 900°, mit im Mittel 1030° C, ausgesetzt sind. Darunter ist nicht etwa die ganze Aufenthaltszeit des Kalkes im Ofen zu verstehen. Diese wird um die Vorwärme- und Kühlzeit verlängert; doch hiervon später.

Aus der Fig. 5 ersieht man auch die Wichtigkeit gleicher Steingrößen für ein gleichmäßiges Brennen. Wenn z. B. *Heinrich* mit seinem D. R. P. 227 487 auch besseren Zug erreicht, so wird doch das von ihm erwartete gleichmäßige Brennen der kleinen Schotterstücke und groben Steine nicht eintreten. Er füllt nach dem Kalkziehen erst durch eine mittlere Öffnung grobstückige Steine ein und dann durch äußere Öffnungen feinstückige. Es entsteht dann in der Mitte eine Säule grobstückigen Kalkes, während ringsum Schotter lagert, so daß die Gase innen leichteren Durchgang finden. Es soll dadurch ein gleichmäßigeres Durchglühen erwirkt werden, was aber nicht zu erreichen ist. Steine von 100 mm Durchmesser sind in 17 Stunden durchgebrannt, während solche von 200 mm Durchmesser erst in 38 Stunden. Die letzteren werden nicht gar herauskommen, wenn man sich beim Ziehen nach den kleineren Steinen richtet. Dies verleitet, bei nicht richtiger Erkenntnis, dazu, mehr Koks zuzugeben, was als eine direkte Verschwendung zu betrachten ist. Kleine Steine, z. B. von 40 mm Durchmesser, werden schon in 7 Stunden durchgebrannt. Sie müssen aber mit den Steinen von 200 mm Durchmesser der Brenntemperatur während 38 Stunden ausgesetzt werden, und da sie durch verdampfende Kohlensäure nicht mehr gekühlt werden, so erhitzen sie sich auf die Brenntemperatur, ja bis auf die Temperatur des sie gerade berührenden Kokses, die bis 1600° betragen kann. Dann kann ein Sintern und Schmelzen des überhitzten Kalkstückchens eintreten; es ist totgebrannt.

Natürlich ist es im Betriebe unmöglich, allen Steinen gleiche Größen zu geben, aber an Hand obiger Erkenntnis sollte man möglichste Gleichmäßigkeit anstreben. An der Hand der an einem vorhandenen Ofen zur Verfügung stehenden Brenndauer kann man die zweckmäßige Größe der Kalksteine bestimmen, damit sie gargebrannt gezogen werden.

Die Verunreinigungen der Steine, die nicht aus Carbonaten bestehen (z. B. Magnesiumcarbonat), treten heiß in die Brennzone ein, ohne weitere Wärme zu verbrauchen. Um ihren verhältnismäßigen Betrag wird dann auch die Brennzeit verkürzt. Reiner Kiesel, also ohne jeden Kalkgehalt, in den Kalkofen eingefüllt, würde gar keine Brennzeit erfordern. Besitzen die Kalksteine z. B. 15 Proz. Verunreinigungen, so würde auch die vorberechnete Brennzeit um 15 Proz. für die betreffende Kalksteingröße bei sonst gleichen Verhältnissen zu vermindern sein. Die Kalksteine würden also schneller gebrannt, die Leistungsfähigkeit des Ofens nimmt zu. Wohlverstanden in bezug auf die betreffende Sorte Kalksteine, aber nicht in bezug auf die Menge gewonnenen reinen Ätzkalkes. Sollte diese auf eine bestimmte Höhe gehalten werden, was in chemischen Fabriken fast immer der Fall ist, dann müssen den Verunreinigungen entsprechend mehr Kalksteine gebrannt werden, mit entsprechendem Zeitaufwand, der vorgenannten Gewinn wieder ausgleicht. Hierauf komme ich noch bei der Berechnung des Rauminhaltes zurück.

9. Die Zeit zum Abkühlen des gebrannten Kalkes.

Es wäre jetzt noch die Zeit zu berechnen, die zum Abkühlen des niedersinkenden gebrannten Kalkes notwendig ist. Dabei soll angenommen werden, daß die Steine an und für sich beim Brennen nicht wesentlich zerstört werden. Sie werden wohl durch den Verlust der 44 Proz. CO_2 porös, doch unzerbröckelt erhalten, wobei sich nur das Volumen um 10 bis 20 Proz., im Mittel 15 Proz. vermindert. Man muß also von der Anzahl der eingefüllten Kalksteinstücke ausgehen, und es ist nur deren Oberflächenverminderung, entsprechend der Volumenabnahme, zu berücksichtigen.

Das Volumen der gebrannten Kalkkugel vom Halbmesser r_1 ist:

$$J_1 = \frac{4}{3}\pi \cdot r_1^3 \cdot 1000 = 0{,}85 \cdot \frac{4}{3}\pi \cdot r^3\, 1000\,\text{l}\,, \tag{13}$$

demnach ist:

$$r_1 = \sqrt[3]{\frac{4}{3}\pi \cdot r^3 \cdot 1000 \frac{3 \cdot 0{,}85}{4 \cdot \pi \cdot 1000}} = \sqrt[3]{0{,}85\, r^3} = 0{,}95\, r. \tag{14}$$

Das Gewicht der Kugel aus gebranntem Kalk ist gleich dem Gewicht der ursprünglichen kohlensauren Kalkkugel, vermindert um die ausgetriebenen 44 Gewichtsproz. CO_2:

$$G = \frac{(100 - 44)}{100} \cdot J \cdot j = 0{,}56 \cdot \frac{4}{3} \cdot \pi \cdot r^3 \cdot 1000 \cdot 2{,}65\,, \tag{15}$$

und die in ihnen vorhandene Wärme ist:

$$W_4 = 0{,}56 \cdot J \cdot j \cdot 0{,}21 \cdot 856 = 0{,}56\, \frac{4}{3}\pi \cdot r^3 \cdot 1000 \cdot 2{,}65 \cdot 0{,}21 \cdot 856. \tag{16}$$

Die ausströmende Wärmemenge ist:

$$W_5 = O_1 \cdot K \cdot U_k \cdot z_{k\ (\text{kühlen})}\,. \tag{17}$$

Dabei würde W_5 gleich W_4 werden, wenn sich die gebrannten Steine bis auf 0° abgekühlt hätten, auf die Temperatur der eintretenden Verbrennungsluft. Dazu wäre aber auch wieder eine unendlich lange Abkühlungszeit erforderlich, die nicht zur Verfügung steht. Man wird sich deshalb mit einer weniger vollkommenen Abkühlung zufrieden geben müssen, z. B. mit einer Abkühlung bis auf A°. Um Brennmaterial zu ersparen, wird man aber verlangen, daß die Steine den Ofen möglichst gekühlt verlassen; denn die in ihnen noch enthaltene Wärme geht verloren. Diese Wärmemenge berechnet sich (bezogen auf 100 kg Kalksteine) wie folgt: Den Ofen verlassen 56 kg CaO mit einer Temperatur A und einer spez. Wärme von 0,21; sie enthalten also $56 \cdot 0{,}21 \cdot A$ WE. Wie wir noch sehen werden, gibt bei einer Brenntemperatur von 1030° 1 kg C 8080 — 4152 = 3928 WE nutzbar ab. Es sind zur Deckung obiger Verluste:

$$\frac{56 \cdot 0{,}21\, A}{3928} = 0{,}003 \cdot A \text{ kg Kohlenstoff}$$

notwendig. Verlassen z. B. die Steine den Ofen mit $A = 100°$, so sind zur Deckung dieses Verlustes $0{,}003 \cdot 100 = 0{,}3$ kg C notwendig. Groß sind also die Verluste nicht, und es ist nicht von großer Bedeutung, ob die Steine den Ofen etwas wärmer oder kälter verlassen. Immerhin dürften wohl 100° als wünschenswert erscheinen. Läßt man die gebrannten Steine auch noch bis zum nächsten Ziehen vor dem Ofen liegen, so wird daran vorbeistreichende Frischluft sich vorwärmen und so doch noch den größten Teil der in den Steinen zurückgebliebenen Wärme dem Ofen zuführen. Dabei bedeutet A nicht etwa die Außentemperatur der gebrannten Steine, sondern die mittlere; denn beim Kalkziehen werden die Steine außen viel kälter sein als innen, infolge des langsamen Wärmeaustausches zwischen den heißen Steinen und der kalten Luft.

Die von den Steinen abzugebende Wärmemenge ist also nicht W_4, sondern die kleinere Menge:

$$W_6 = 0{,}56 \cdot \frac{4}{3} \pi \cdot r^3 \cdot 1000 \cdot 2{,}65 \cdot 0{,}21 \cdot (856 - A). \tag{18}$$

Es besteht nun auch hier wieder Gleichgewicht, wenn:

$$\begin{aligned} W_6 &= W_5 \\ 0{,}56 \cdot \frac{4}{3} \pi \cdot r^3 \cdot 1000 \cdot 2{,}65 \cdot 0{,}21\,(856 - A) &= O_1 \cdot K_A \cdot U_k \cdot z_k \\ &= 4 \cdot \pi \cdot r_1^2 \cdot K_A \cdot U_k \cdot z_k \\ &= 4 \cdot \pi \cdot 0{,}95^2 \cdot r^2 \cdot K_A \cdot U_k \cdot z_k \end{aligned}$$

und daraus die Abkühlungszeit:

$$z_k = 0{,}56 \cdot \frac{4 \cdot \pi \cdot r^3 \cdot 1000 \cdot 2{,}65 \cdot 0{,}21\,(856 - A)}{3 \cdot 4 \cdot \pi \cdot 0{,}95^2 \cdot r^2 \cdot K_A \cdot U_k} = 113 \frac{r\,(856 - A)}{K_A \cdot U_k}. \tag{19}$$

Da, wie schon gesagt, durch die entweichende Kohlensäure der rückbleibende Kalkstein porös wird, so vermindert sich natürlich auch seine Wärmeleitfähigkeit. Während diese bei Kalkstein $\lambda = 1{,}7$ bis $2{,}08$ ist, ist sie bei gebranntem Kalk nur noch $\lambda_4 = 0{,}43$ bis $0{,}63$, also im Mittel $\lambda_4 = 0{,}53$. Demnach berechnet sich die Wärmeübergangszahl für gebrannten Kalk zu:

$$K_A = \frac{1}{\frac{1}{\alpha} + \frac{\delta}{\lambda_4}} = \frac{1}{\frac{1}{8} + \frac{r}{0{,}53}}. \tag{20}$$

In der Fig. 6 habe ich die Werte von K_A für die verschiedenen Steindurchmesser eingetragen und auch K_k für Kalksteine nach der früheren Rechnung (S. 29). Man muß nun den Temperaturunterschied U_k berechnen in gleicher Weise, wie dies bei der Vorwärmung der Fall war.

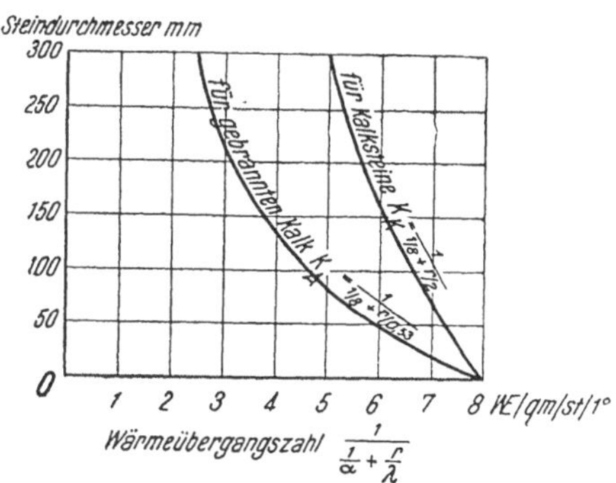

Fig. 6. Abhängigkeit der Wärmeübergangszahl vom Steindurchmesser.

Am Anfang der Kühlzone ist der Temperaturunterschied zwischen den heißen gebrannten Steinen und der vorgewärmten Luft maßgebend. Die Steine werden sich etwas über die eigentliche Verdampfungstemperatur von 856° erwärmen, aber durch das

Nachbrennen sich auf diese Temperatur wieder vorkühlen, wie wir dies noch später sehen werden und in der Fig. 17 dargestellt ist. Die Temperatur i der vorgewärmten Luft berechnet sich für den Idealofen wie folgt, wenn in diesem 7,83 kg Kohlenstoff (S. 70) verbrannt und nach Seite 146 dann $7{,}83 \cdot 11{,}5 = 90$ kg Verbrennungsluft zuzuführen sind. Bei mittlerer spez. Wärme von 0,25 sind für die Erwärmung um einen Grad $90 \cdot 0{,}25 = 22{,}5$ WE nötig. Nach Formel (26) können die 56 kg Ätzkalk 10067 WE an die Luft abgeben, sie also auf $\frac{10\,067}{22{,}5} = 447^\circ$ anwärmen. Dies wird in Wirklichkeit geringer, weil sich der Kalk nicht ganz auf 0° abkühlt, Wärme verloren geht und auch ein Luftüberschuß herrscht. Ich will deshalb die Lufttemperatur einsetzen $i = 400^\circ$. Am Anfang ist der Temperaturunterschied also $\vartheta_a = 856 - 400 = 456^\circ$.

Am Ende der Kühlzone hat sich der Kalk auf eine Temperatur A abgekühlt, die ich zu 100° annehme (S. 38), während die Verbrennungsluft mit der Außentemperatur a eintritt. Dort ist der Temperaturunterschied $\vartheta_e = A - a = 100 - 0 = 100^\circ$. Daraus der mittlere Temperaturunterschied:

$$U_k = \frac{\vartheta_a + \vartheta_e}{2} = \frac{456 + 100}{2} = 278^\circ.$$

Ich berechne hier und in anderen Fällen die mittlere Temperatur einfach als arithmetisches Mittel zwischen den beiden Endtemperaturen. Mathematisch genau müßte dies eigentlich unter Berücksichtigung der von *Grashof* in seiner Theoretischen Maschinenlehre I, aufgestellten Formel geschehen, nach der der mittlere Temperaturunterschied zweier sich im Gegenstrom aneinander vorbei bewegender Körper wäre

$$U_k = \frac{\vartheta_a - \vartheta_e}{\ln \frac{\vartheta_a}{\vartheta_e}}. \tag{21}$$

Diese Formel ist aber in der Handhabung nicht einfach, und verlangt für ihre leichte Anwendung Zahlenreihen, wie sie z. B. *Hausbrand* (Verdampfen, Kondensieren und Kühlen) gibt. Außerdem setzt diese Formel voraus, daß beide Temperaturen in gleichmäßigen, ungestörten, ungeknickten Kurven verlaufen, wenn die Ergebnisse richtig sein sollen. Dies ist aber fast nie in der Wirklichkeit und auch hier in unserem Beispiel, wie dies die Fig. 6 zeigt, nicht der Fall. Diese mathematisch genauere Formel bietet aber trotz ihrer umständlicheren Handhabung keine Sicherheit, daß der mit ihr errechnete mittlere Temperaturunterschied genauer mit der Wirklichkeit übereinstimmt, als er sich aus der von mir angewendeten, einfacheren Formel ergibt.

Für Kalksteine von 200 mm Durchmesser berechnet sich somit die Abkühlungszeit nach Formel (19) zu:

$$z_k = 113 \frac{r\,(856 - A)}{K_A \cdot U_k} = 113 \frac{0{,}1\,(856 - 100)}{3{,}1 \cdot 278} = 10 \text{ Stunden}.$$

10. Die Gesamtaufenthaltszeit des Kalkes im Kalkofen.

Nachdem nun auch die notwendige Kühlzeit berechnet ist, ergibt sich die Gesamtaufenthaltszeit für die Kalksteine im Ofen aus dem Zusammenzählen der Zeiten für die Vorwärmung z_v, für das Brennen z und für die Abkühlung z_k. Die Brenndauer hatte ich schon Seite 4 berechnet und für die Brenntemperatur $B = 1030°$ in der Fig. 5 bildlich dargestellt. In der Fig. 7 habe ich nun diese Werte für die Brenntemperatur von 1030° zusam-

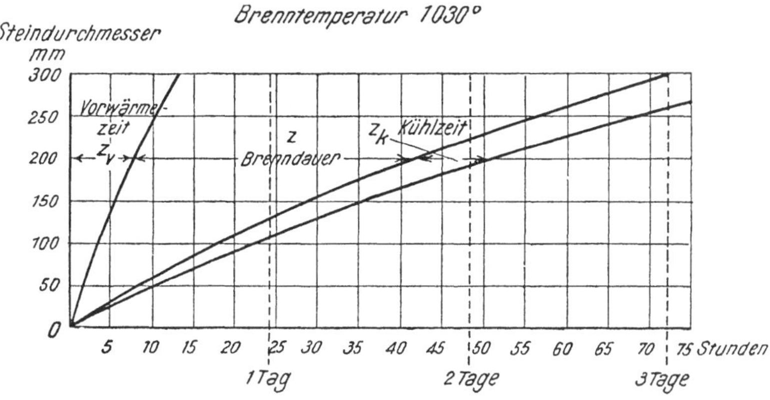

Fig. 7.
Abhängigkeit der Gesamtaufenthaltszeit vom Steindurchmesser bei einer Brenntemperatur von 1030°.

mengezeichnet, und man sieht daraus klar den Einfluß des Steindurchmessers. Während danach die notwendige Gesamtaufenthaltszeit im Kalkofen für Kalksteine von 200 mm Durchmesser ungefähr 52 Stunden beträgt, beträgt sie bei Steinen von 100 mm Durchmesser nur noch etwa 23 Stunden. Durch Verringerung des Steindurchmessers kann man also die Leistung eines Ofens bedeutend erhöhen (wobei aber die Zugverhältnisse schwieriger werden; doch davon später).

Um noch besser den Einfluß der Brenntemperatur vor Augen zu führen, habe ich in der Fig. 8 die notwendige Aufenthaltszeit $= z_v + z + z_k$ für die Brenntemperatur von 1200° eingezeichnet. Mit der Brenntemperatur steigt also die Leistungsfähigkeit ebenfalls bedeutend; denn während die Zeit für Steine von 150 mm bei 1030° 36 Stunden beträgt, macht sie bei 1200° nur noch 23 Stunden aus. Aber gleichzeitig nimmt der Brennstoffverbrauch ebenfalls bedeutend zu. Und, worauf ich auch noch später zurückkomme, ist dabei die Brennzeit z für die Steine unter Umständen viel kürzer als die Zeit, die große Koksstücke zur vollständigen Verbrennung benötigen. Würde man also bei einer Brenntemperatur von 1200° die gut gebrannten Steine nach der notwendigen Zeit abziehen, so würde man auch bei falscher Wahl der Koksgröße unverbrannten Koks abziehen, was natürlich nachteilig ist. Die größeren, noch unverbrannten Koksstücke kann man wohl auslesen lassen und wieder verbrennen (dies kostet jedoch Handarbeit), aber die kleineren

Stückchen verbleiben im gebrannten Kalk und können an verschiedenen Stellen zu Verstopfungen Veranlassung geben; z. B. in den Saftventilen, den Pumpen und Filterpressen.

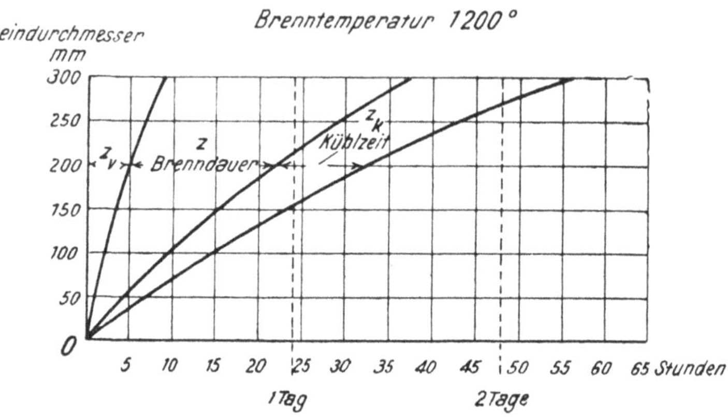

Fig. 8.
Abhängigkeit der Gesamtaufenthaltszeit vom Steindurchmesser bei einer Brenntemperatur von 1200°.

Noch deutlicher wird der Zusammenhang zwischen der Größe der Kalksteine, der Brenntemperatur und den dabei erforderlichen Aufenthaltszeiten im Ofen durch die Fig. 9. Diese zeigt für die Gesamtzeiten von 30, 40, 50, 60 und 70 Stunden bei den verschiedenen Steindurchmessern die notwendige Brenntemperatur. Dabei ist unter der Brenntemperatur diejenige der Heizgase zu verstehen, die sie in der Brennzone besitzen.

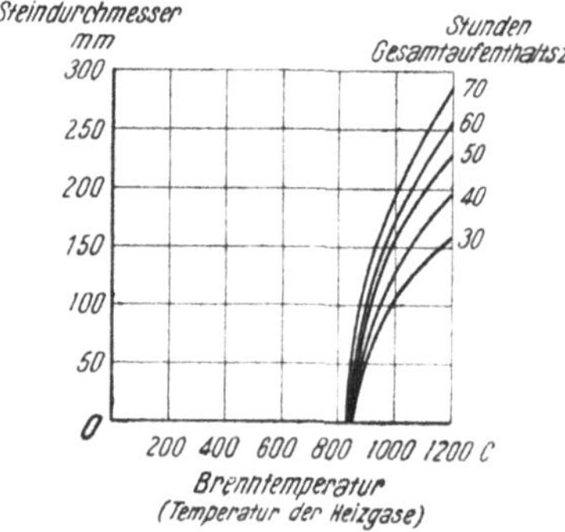

Fig. 9. Abhängigkeit der Gesamtaufenthaltszeit vom Steindurchmesser bei den verschiedenen Brenntemperaturen.

Bei dieser berechneten notwendigen Aufenthaltszeit ist angenommen, daß sich alle Steine im Ofen parallel und mit gleicher Geschwindigkeit abwärts bewegen, und die Gase parallel mit, überall im wagerechten Querschnitt gleicher Geschwindigkeit aufwärts. In Wirklichkeit ist dies nicht der Fall. Die Steine bewegen sich nach unten nicht mit gleichmäßiger Geschwindigkeit, sondern bald außen, bald innen schneller. Diese Einflüsse werde ich noch im Abschnitt 33 eingehend besprechen. Es ist danach zu streben, daß diese oben berechnete Aufenthaltsdauer im Ofen auch durchschnittlich von den Steinen eingehalten wird, sonst muß der Ofen größer sein, als sich nach der Fig. 9 ergeben würde. Um diese Vergrößerung berechnen zu können, muß man wissen, mit welchen Geschwindigkeiten sich die verschiedenen Schichten im Ofen bewegen, und ich will hierauf auch später eingehen.

Die in den Fig. 7 und 8 dargestellten Werte stellen also die geringstnotwendigen Aufenthaltszeiten im Kalkofen dar, die in Wirklichkeit verlängert werden müssen durch die Abkühlungsverluste in der Vorwärmezone, durch die Unreinigkeiten der Kalksteine und den nicht parallelen Lauf der sinkenden Steine. Mit einer geringeren Zeit auskommen zu wollen, ist unwirtschaftlich, denn man wird dann den Brennstoffverbrauch unnütz erhöhen und den Kalk unvollständig durchgebrannt abziehen. Durch die Verunreinigungen in den Kalksteinen wird die Vorwärme- und Abkühlungszeit prozentual vergrößert und außerdem noch prozentual der Gesamtinhalt des Kalkofens.

Bei der Berechnung sowohl der Vorwärmezeit als auch der Brenndauer und Kühlzeit habe ich angenommen, daß die Kalksteinstücke Kugelform besitzen, was natürlich in Wirklichkeit nicht der Fall ist. Die Kugel besitzt bei gleichem Inhalt die kleinste Oberfläche von allen Körpergestalten, die überhaupt denkbar sind. Sie besitzt die kleinste Oberfläche, die der Wärme die geringste Fläche zum Eintritt bietet. Alle anderen Formen müssen also mehr Wärme unter sonst gleichen Verhältnissen aufnehmen, schneller gebrannt werden.

Besitzen die Steine Würfelform, dann wäre die Entfernung von der Oberfläche bis zu dem am weitesten von ihr entfernten Mittelpunkt, dem am spätesten durchgebrannten Kern, gleich dem Halbmesser der eingeschriebenen Kugel r. Die Zeit zum Durchbrennen eines Würfels von der Kantenlänge a würde also genau so lange dauern wie die zum Durchbrennen der Kugel mit dem Durchmesser a. Die in den Fig. 7 bis 8 dargestellte Brennzeit würde sich also sowohl auf die Kalksteinkugel als auch auf den Kalksteinwürfel beziehen. Allerdings hat die Kugel vom Durchmesser a ein kleineres Gewicht als der Würfel von der Seitenlänge a, so daß in der gleichen Gesamtaufenthaltszeit ein größeres Kalkgewicht gebrannt würde, wenn man Würfel verwendet statt Kugeln. Man hat hiervon aber nur einen Nutzen, wenn in den gleichen Ofenraum ein größeres Gewicht an Kalksteinwürfeln als wie an Kalksteinkugeln eingefüllt werden könnte. Dies ist aber nicht der Fall. Wie ich noch auf Seite 135 zeige, ist das Raumgewicht immer gleich, ob ich große oder kleine Kugeln einfülle, und es ist auch fast ohne jeden Einfluß, ob ich Würfel, Pyramiden oder Kalksteinkugeln in den Ofen einfülle. Die einzubringende Menge wird sich wenig ändern, und die Rechnung, der ich Kugeln zugrunde legte, wird durch die Steinform wenig verändert.

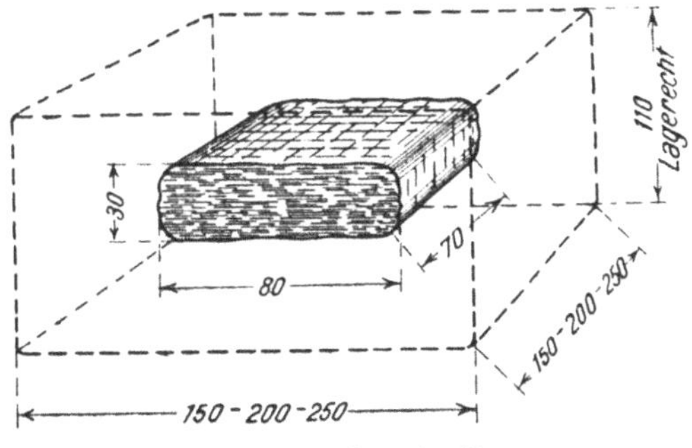

Fig. 10. Ungebrannter Kern.

Für den Wärmedurchgang, durch den die Aufenthaltszeit beeinflußt wird, ist die kleinste senkrechte Entfernung von der äußeren Oberfläche bis zum Steinkern maßgebend auf das vollkommene Durchbrennen. So beobachtete ich bei einem Kalkofenbetriebe die Verwendung lagerechter Kalksteine mit deutlicher Schichtenbildung. Sie hatten eine sehr gleichmäßige

Plattenstärke von 80 bis 110 mm nach Fig. 10. An den dickeren Platten konnte man deutlich nach dem Zerschlagen einen inneren ungebrannten Kern erkennen, dessen Abgrenzung parallel mit der äußeren Steinoberfläche verlief. Der senkrechte Abstand von der äußeren Oberfläche zum nicht durchgebrannten Kern war überall fast gleich, den senkrechten Eintritt der Wärme, den senkrechten Fortschritt des Brennens nach dem Innern zu beweisend. Die Platten werden also von der dünnsten Seite aus am schnellsten durchgebrannt, ihre Plattendicke ist für das Brennen maßgebend, nicht die Plattenlänge oder -breite, wenn diese größer als deren Dicke ist. Steine mit Schichtenbildung wird man deshalb nicht in kleine Stücke zerschlagen müssen, die sich möglichst der Kugelform nähern, sondern Zerschlagen in große, aber plattenartige Stücke von entsprechender Dicke genügt. Einer Dicke, die dem vorberechneten Kegeldurchmesser entspricht. Dabei muß man bei den Plattensteinen sich vor einer zu weitgehenden Zersplitterung hüten, weil diese durch ihre flache, schuppenartige Übereinanderlagerung den Zug sehr erschweren.

C. Die Feuerung.

Im vorhergehenden Abschnitt haben wir gesehen, daß für das Brennen in einer gewissen Zeit eine bestimmte Temperatur der Heizgase notwendig ist. Auch müssen diese die notwendige Wärme in der Brennzone an den Kalkstein abgeben können. Diese Höhe der Temperatur und die Wärmemenge muß durch das Verbrennen des Brennstoffes erzeugt werden. Diese Verbrennung kann inner- oder außerhalb des Ofenschachtes erfolgen. Im letzteren Falle in Vorfeuerungen, wie beim Rüdersdorfer-Ofen nach Fig. 35c, oder der Brennstoff wird in besonderen Generatoren vergast und dann das Gas durch Schlitzkanäle dem Ofenschacht in der Brennzone zugeführt. Bei der Mischung des Brennstoffes unter die Kalksteine lagert dieser auf diesem gleichsam wie auf einem Rost. Die Zwischenräume sind die Rostspalten, durch die die Verbrennungsluft zufließt. Hier will ich nur diese Mischung des Brennstoffes unter den Kalkstein betrachten und seine dort erfolgende Verbrennung ohne Rücksicht auf andere Feuerungsarten, aus den schon früher genannten Gründen, und auf die Vorgänge eingehen, auf die Eigenschaften, die ein guter Brennstoff für den Kalkofen besitzen soll. Dann, nachdem hierüber Klarheit geschaffen, werde ich den Brennstoffverbrauch berechnen, der vom Wärmeaufwand für das Brennen, das Verdampfen der Kohlensäure selbst abhängig ist, von der Brenntemperatur, den Abkühlungsverlusten und sonstigen Einflüssen.

11. Die Wahl des Brennstoffes.

Im Abschnitt „Das Kalkbrennen im Kohlensäurestrom“, S. 14, habe ich schon darauf hingewiesen, wie sich die Eigenschaften des Kokses an die Anforderungen des guten Brennens, an die Ofentemperaturen und gegen die

Wiederaufnahme von Kohlensäure in den gebrannten Kalk anpassen. Hier will ich noch weiter auf die Wahl des Brennstoffes eingehen, auf die anderen Anforderungen, die an ihn gestellt werden, um zu sehen, ob auch in jenen Beziehungen der Koks als zweckmäßigstes Brenngut für den Schachtkalkofen zu betrachten ist.

Beim unmittelbaren Zusatz von Steinkohle werden im oberen Teile des Ofens die flüchtigen Stoffe aus der Kohle ausgetrieben. Bei der trockenen Destillation, wie sie in den Gasretorten und im Kalkofen vor sich geht, entweichen bei über 100° Wasserdämpfe, Leuchtgase und leichte Teeröle, bei 215 bis 230° Mittelöle, bei 200 bis 300° schwere Teeröle, Kreosotöle, naphthalinhaltige, bei 300 bis 400° schwere Anthracenöle. Der Wärmeaufwand dazu ist bedeutend; in den Gasanstalten gebraucht man ca. $^1/_5$ des gewonnenen Kokses zur Destillation. $^1/_5$ der Wärme würde also in der Vorwärmungszone nutzlos verlorengehen. Ein weiterer Verlust entsteht dadurch, daß die Steinkohle teilweise in der Vorwärmezone verbrennt, während die nutzbare Verbrennung erst in der Brennzone erfolgen sollte, weil die Entzündungstemperatur der Steinkohle bei 325° C liegt, und das Austreiben der CO_2 aus dem Kalkstein erst bei bedeutend höherer Temperatur erfolgt.

Erst nachdem in den Gasretorten alle flüchtigen Bestandteile ausgetrieben sind, die aufgefangen werden, um nutzbare Verwendung zu finden, was im Kalkofen nicht möglich ist, verbleibt der Koks, der solche physikalischen Eigenschaften erhalten hat, daß er sich ganz besonders für den unmittelbaren Zusatz im Kalkofen eignet.

Im Rumfordofen, dem ältesten, nach unten schwach konisch sich erweiternden Schachtofen, geschah früher das Brennen durch unmittelbare Beimischung von Steinkohle. Sie haben sich auch in oberschlesischen Kalkbrennereien, wo doch die Steinkohlen billig zur Verfügung stehen, nicht halten können, weil eben zuviel von der Steinkohle nutzlos verlorengeht. Dazu kommt, daß sich backende Kohle überhaupt nicht für den Zusatz eignet, weil sie bei der Destillation aufquillt, deshalb das Niedergehen der Gicht im Ofen erschwert und zum Hängenbleiben Veranlassung gibt. Den Gasen wird dabei auch der Durchgang erschwert.

Braunkohle wird man aus obigen Gründen sowie wegen ihres geringen Wärmewertes und außerordentlich hohen Aschengehaltes überhaupt nicht für den Kalkofenzusatz verwenden. *W. Kemmerich* (Tonindustrie-Ztg. 1914, S. 15) machte am Ringofen die Beobachtung, daß bei jedem Kalk, der mit Braunkohle gebrannt ist, falls er gelöscht oder eingesumpft wird, in der Löschpfanne obenauf schwimmend sich ein grauer oder brauner Schleier findet. Dieser ist, je nachdem der Kalk rauh, porös oder glatt war, stärker oder schwächer. Hierdurch leidet die Farbe des Kalkes, was seinen Verkauf ungünstig beeinflußt.

Häufig hat man früher zwecks Brennmaterialersparnis solche Beimengungen empfohlen, und immer wieder tauchen dann und wann derartige Vorschläge auf.

Dies kann man verstehen, wenn man die Kohlenpreise mit denen für

Koks vergleicht. Im Jahre 1912 war der Durchschnittspreis an der Düsseldorfer und Essener Börse für Steinkohle 1,20 Mk. für 100 kg und für Hochofenkoks 1,65 Mk. Also besteht eine große Spannung. Es verbleiben erfahrungsgemäß von den ursprünglichen 100 kg Steinkohle nur noch 60 bis 65 kg Koks, und von diesem werden, wie gesagt, ca. 20 Proz. für die Vergasung der Steinkohle verbraucht. Für das Kalkbrennen stehen dann von den ursprünglich eingeworfenen 100 kg Steinkohlen nur noch durchschnittlich $62{,}5 \cdot 0{,}8 = 50$ kg Koks nutzbar zur Verfügung. Demnach muß man den Kalkofen mit der doppelten Steinkohlenmenge füttern, als er Koks verzehren würde. Dieser im Kalkofen selbstgebildete Koks kostet dann $1{,}20 \cdot 2 = 2{,}40$ Mk. für 100 kg, während bester Hochofenkoks nur 1,65 Mk. kostet. Dies dürfte klar das Verkehrte der unmittelbaren Anwendung der vergasbaren Brennstoffe im Kalkofen beweisen, ganz abgesehen von den erwähnten Nachteilen und der Verunreinigung der Kohlensäuregase durch Destillationsstoffe.

So sieht *Althoff* (D. R. P. Nr. 135 677) einen besonderen kleinen Ofen vor, in welchem ein kleines Koksfeuer brennt. Unter dieses führt er die vom Kalkofen abziehenden Gase, die die von der zugemischten Kohle abdestillierenden Stoffe enthalten. Die Leuchtgase, Teere und Rauchgase verbrennen hierbei unter Erzeugung von Kohlensäure. Es wird dadurch wohl die Kohlensäuremenge für die Fällung im Safte vermehrt, denn durch die Verbrennung der abdestillierten Gase ist sie hierfür brauchbar gemacht, aber der ganze Wärmewert der in den brennbaren Gasen und in dem für den besonderen Ofen zugesetzten Koks ist verloren. Dieser nur kurze Zeit in der Zuckerfabrik Ottmachau in Betrieb gewesene Ofen hat sich deshalb auch nicht bewährt. Versuche, die die Verluste, die mit dem zu frühen Austreiben der Gase aus den Brennstoffen verbunden sind, vermeiden wollen, indem oben in der Füllung z. B. besondere Hohlräume vorgesehen werden, durch die Frischluft zwecks Verbrennung dieser Gase zugeführt wird (D. R. P. Nr. 133 619, Kl. 80c), haben sich wegen des umständlichen Betriebes nicht eingeführt und bewährt, denn dann dürfte die Verwendung besonderer Generatorfeuerungen doch zuverlässiger sein.

Auf anderem Wege soll durch das D. R. P. 50 711 vom 14. Mai 1889 das Zumischen von vergasenden Brennstoffen ermöglicht werden. Es wird hier auf den Ofen über der Brennzone ein engerer Schacht aufgesetzt, so daß an der Brennzone durch den Böschungswinkel der Kalksteine ein freier Ringraum gebildet wird. In diesen Ringraum, also erst in die eigentliche Brennzone, soll dann der Brennstoff zugegeben werden. Den gleichen Zweck will *Rusager* durch das D. R. P. 102 076 vom 30. März 1898 erzielen, indem er besondere überdeckte Kanäle einbaut, durch die dann Brennstoff in die Brennzone geführt wird. Dieser Ofen besitzt aber eine schwer herstellbare Form, fordert mehr Kosten beim Bau und der Unterhaltung, so daß man sich kaum zur Wahl solcher Form entschließen wird, obschon man auch beim belgischen Ofen oft den Wunsch hat, durch Brennstoffzufuhr in die Brennzone den Gang gelegentlich verbessern oder beeinflussen zu können. Es sind dies alles Nachläufer des *Dietz*schen Etagenofens nach Fig. 35k, D. R. P. 23 919, welcher aus zwei übereinanderstehenden Abteilungen bestand, welche die Zuführung der Kohle zwischen beiden gestattete, doch wurde meistens Koks verwendet. Schon *Khern* (D. Z. 1888, S. 501) weist auf die hohen Baukosten dieses Ofens hin.

Durch erschwerten Betrieb, teure, viel Unterhaltungskosten beanspruchende Ofenformen könnte man die Verwendung der an und für sich wirkungsvolleren und billigeren Steinkohle ermöglichen. Was aber hier an Brennstoffkosten erspart wird, wird dort für die höheren Arbeitslöhne und Erhaltungskosten verbraucht, und die Betriebssicherheit ist stark vermindert gegenüber dem einfachen, übersichtlichen Schachtofen. Hier, durch eine Betriebsstörung, die die ganze davon abhängige Zuckerfabrik, Sodafabrik o. dgl. zum Stillstand bringt und es unmöglich macht, die abzuliefernde Kalkmenge fertigzustellen, wird häufig mehr Verlust erzeugt, als durch die Verwendung von Steinkohle statt Koks erspart werden könnte.

Auch erscheint hier das Bestreben der Verwendung von Steinkohle volksunwirtschaftlich. Im Kalkofen gehen die wertvollen Nebenprodukte, wie Teer, Benzol und Ammoniak, verloren; in der Kokerei werden diese Stoffe gewonnen, veredelt und der Volkswirtschaft nutzbar gemacht.

Im Jahre 1911 besaß Deutschland (Stahl u. Eisen 1913, S. 215) 19 903 Koksöfen mit der sog. Nebenproduktgewinnung, davon waren 17 946 im Betriebe und erzeugten 851 202 t Teer (Wert 17 409 000 Mk.), 90 030 t Benzol (Wert 12 042 000 Mk.), 344 881 t Ammoniakverbindungen (Wert 80 447 000 Mk.) und 122 554 355 cbm Leuchtgas (Wert 2 290 000 Mk.). Die Nebenprodukte besaßen somit im Jahre 1911 einen Wert von 112 188 000 Mk.; jetzt dürfte er noch viel höher sein. In England werden diese Nebenprodukte bisher nur in geringem Maße gewonnen; dort hält man noch an der Erzeugung des Kokses in den alten Bienenkorbofen zum großen Teil fest und verschwendet so kostbares Gut, zu unserem Vorteil im gegenwärtigen Kriege.

Nach *F. Greineder* (Chem. Industrie 1914, S. 470) beträgt der Gesamtwert aller Erzeugnisse der deutschen Gaswerke nicht weniger als 344 Proz. des Wertes der verwandten Kohle, wovon nur etwa 60 Proz. dieser 344 Proz. auf den des erzeugten Kokses kommen.

Die Kriegsjahre 1914/15 haben unsere Augen hier ganz besonders geöffnet. Jeder sollte es als eine Schädigung seines Volkes und nicht zuletzt als eigene Schädigung betrachten, wenn zum Kalkbrennen andere Stoffe als Koks Anwendung finden. Deshalb auch fort mit den Ringöfen, den Generatorgasöfen, die mit Braun- oder Steinkohle beheizt werden! Diese Öfen hatten den Vorteil leichterer Regulierung, während beim Schachtofen die verschiedenen Vorgänge nicht klar erkannt und die Einflüsse nicht richtig abgeschätzt werden konnten. Deshalb soll hier dies Buch über die inneren Zusammenhänge Aufklärung schaffen, um den Betrieb der Schachtöfen zuverlässiger zu gestalten und um ihre weitere Verbreitung und Anwendung zu ermöglichen.

Es ist eine Verschwendung des Volksvermögens, wenn man zum Kalkbrennen einen Brennstoff verwendet, der Teile enthält, die beim Kalkbrennen nutzlos oder mit geringem Vorteil entweichen, statt nur den Reststoff, den Koks, zu verwenden, der auch anderweitig keine bessere wirtschaftliche Verwendung finden kann als zum Heizen, z. B. zum Kalkbrennen, wozu er sich noch seinem ganzen Wesen nach mit besonderem Vorzug eignet. Auch dann ist dies eine Verschwendung, wenn man frachtgünstig, billig Steinkohle mit Nutzen verbrennen könnte. Für den Betreffenden würde sich daraus vielleicht ein geringer Gewinn ergeben. Die Gesamtheit, das Volk muß dies aber als eine Verschwendung des Nationalvermögens betrachten. Früher oder später wird hier noch unser Gewissen erwachen und solchen Verschwendungen von Naturschätzen, die der Gesamtheit, nicht dem einzelnen eigentlich zur Nutzung gehören, Einhalt bieten.

Im Kriegsjahre 1914/15 durfte und konnte man z. B. Aluminium nur dort verwenden, wo es unbedingt notwendig, wo es nachweisbar durch keinen anderen Stoff für den betreffenden Verwendungszweck ersetzt werden konnte. Hier ist Koks nachweisbar gut zum Kalkbrennen geeignet, so daß jede Verwendung eines anderen Brennstoffes nicht erfolgen sollte. Dies sei nicht verhindert durch ein Gesetz, was der freien Entwicklung nur hinderlich, sondern durch das Gewissen jedes Kalkbrenners.

12. Koks zum Kalkbrennen.

Nachdem gezeigt wurde, daß zum Brennen der Kalksteine im Schachtofen mit Vorteil nur Koks verwendet werden kann, will ich noch etwas näher auf den Koks selbst eingehen, auf seine Eigenschaften und auf die Art, die sich am besten für den Ofenbetrieb eignet.

Nach der Herstellungsweise unterscheidet man den Hüttenkoks (auch Zechenkoks, Schmelzkoks genannt) und den Gaskoks, wie er in Gasanstalten gewonnen wird. Den Hüttenkoks unterscheidet man nach seinem Ursprungsort als westfälischen, Ruhr-, Saar- oder schlesischen Koks. Er ist das beabsichtigte Haupterzeugnis, deshalb werden die dazu verwendeten Steinkohlen ganz besonders ausgewählt und behandelt. Die Steinkohle wird erst zerkleinert und gewaschen, wodurch die wasserlöslichen Stoffe aus der Steinkohle ausgelöst, durch die Setzmaschine die spezifisch schweren Steinstücke, Berge genannt, und teilweise Schwefelkies abgeschieden werden, also ein Koks mit weniger Asche entsteht. Deshalb macht sich schon sofort gewaschener Koks durch seine gleichmäßigere Form und das Fehlen von eingeschlossenen Bergstücken kenntlich. Der Schwefelgehalt wird durch das Waschen auf $^1/_3$ bis $^1/_4$ erniedrigt. Gibt ungewaschene Steinkohle z. B. Koks mit 10 Proz. Asche, so gibt diese gewaschen, solchen mit nur 7 Proz. Asche.

Dann wird sie nicht locker in die Koksöfen eingefüllt, sondern mittels besonderer Füllvorrichtungen fest in die Retorten eingepreßt und gestampft. Der entstehende Koks erhält dadurch das für Hochofenkoks gewünschte feste Gefüge. Die Güte beeinflußend sind auch die Temperaturen, die bei seiner Erzeugung im Koksofen eingehalten werden. Die Temperaturen, die in einem Sement-Solvay-Ofen in der Mitte des Kokskörpers gemessen wurden (*Fischer*, S. 191), sind:

11	Stunden	nach	der	Füllung	Temperatur	200°
13	„	„	„	„	„	530°
15	„	„	„	„	„	700°
17	„	„	„	„	„	900°
18	„	„	„	„	„	920°

Danach ist der Hüttenkoks schon bei seiner Erzeugung Temperaturen von 920° ausgesetzt, die über der Brenntemperatur des Kalkes liegen, so daß ein schädliches, nutzloses Entweichen flüchtiger Stoffe aus diesem Koks bei seiner Verwendung im Kalkofen unmöglich ist. Daß erst bei der langen Verkokungsdauer im Koksofen alle flüchtigen Teile entweichen und nicht schon bei der kurzen Dauer des Aufenthalts in der Gasretorte, zeigt auch die Zusammensetzung der Kokereigase, die z. B. *Short* feststellte (Journ. of Gaslight 59, 97):

Nach	1	6	11	16	21	26 Stunden
Ungesättigte Kohlenwasserstoffe	5,6	5,0	3,4	1,4	0,2	0,0

Allerdings findet man auch häufig im Hüttenkoks dunkle Stellen, die schon durch den äußeren Augenschein sich als unvollständig verkokt und teerreich zeigen. Dieser Teer wird natürlich in der Vorwärmezone des Kalkofens verdampft, ohne zur Verbrennung zu kommen, mit ihm geht deshalb nutzlos Brennstoff verloren. Man sollte deshalb auf die Lieferung teerfreien Kokses dringen. Nach *Thau* (Glückauf 1907, S. 277) spricht für einen hohen Gehalt an flüchtigen Stoffen:

1. klangloser Fall auf einen harten Gegenstand;
2. schwarzes, glanzloses Aussehen;
3. kleine braunschwarze Flecken im Bruchstück, von unverkokter Kohle herrührend;
4. dicke Stücke, die keine Stielform haben und leicht zerfallen;
5. tiefschwarzes Innere der Poren und Teerglanz der Ränder.

Auch bildet sich oben eine schaumige Koksschicht, die weicher und bröckliger ist. Durch diese entsteht wesentlich das sog. Koksklein, doch sollte dies am Empfangsorte 4 bis 6 Proz. nicht überschreiten. Es hat nicht den Wert wie der stückige Koks, es erschwert den Zug, und ein großer Teil wird durch die abziehenden Gase fortgerissen.

Der Gaskoks ist das Nebenerzeugnis bei der Leuchtgasgewinnung, weshalb man hier bisher bei der Auswahl der Kohle keine Rücksicht auf die Art des verbleibenden Kokses nimmt, sondern nur darauf, daß eine hohe Gasausbeute erzielt wird. Aber die Gasanstalten werden wohl früher oder später auch dazu schreiten müssen, der Herstellung des Kokses eine größere Sorgfalt und Aufmerksamkeit entgegenzubringen, um aus diesem bisher nebensächlich behandelten Erzeugnis ein gutes Haupterzeugnis zu machen. Sie werden diesen Brennstoff verbessern müssen, um ihn müheloser und besser verkaufen zu können, um die Wirtschaftlichkeit der Gaswerke zu erhöhen. Bei der Leuchtgaserzeugung wird die ungewaschene Kohle nur locker und lose eingefüllt, so daß hierdurch und durch den an und für sich größeren

Gasreichtum der verwendeten Kohle der Gaskoks viel lockerer wird. Er ist poröser und zerklüfteter, die Verbrennungsluft kann leichter hinzutreten und findet größere Oberflächen, er verbrennt deshalb viel schneller und leichter als Hüttenkoks. Weil er lockerer ist, also ein geringeres Volumengewicht besitzt, so enthält natürlich ein Gaskoksstück von z. B. 50 mm Durchmesser weniger Brennstoff als ein solches von Hüttenkoks. Deshalb und durch das erwähnte schnellere Verbrennen, infolge der größeren Porosität, verbrennt das Gaskoksstück bedeutend schneller als Hüttenkoks. Dies könnte man unter sonst gleichen Verhältnissen ausgleichen durch die Wahl größeier Koksstücke bei Verwendung von Gaskoks.

Beim starken Feuern neigt Gaskoks zur starken Schlackenbildung. Dies liegt zum Teil an der nicht vollkommen beendeten Destillation. Sowie die abdestillierenden Gase, das sind die Leuchtgase, nicht mehr hochwertig genug aus den Gasretorten entweichen, hört man mit der Destillation auf, trotzdem es nützlich wäre, diese weiter zu treiben, wenn es sich nur darum handelte, besten Koks zu erhalten. Durch die frühzeitige Abbrechung der Destillation verbleiben viele Bestandteile zurück, die mit der Asche und dem Kalkstein flüssige Schlacken bilden können, die das Ofenfutter angreifen und ein Festsitzen der Füllung veranlassen können. Weil aber der Übelstand ganz besonders bei lebhaftem Feuern, also bei hohen Brenntemperaturen, in die Erscheinung tritt, so muß man bei überlasteten, also zu kleinen Kalköfen mit der Anwendung von Gaskoks vorsichtig sein. In diesem Falle arbeitet man sicherer mit Hüttenkoks, wenn er auch etwas teurer ist. Der Hüttenkoks ist länger destilliert, enthält deshalb weniger flüchtige Stoffe, die doch in der Vorwärmezone des Kalkofens zum größten Teil nutzlos entweichen würden. In seinem Taschenbuch für Feuerungstechniker führt *Fischer* (S. 199) Temperaturen an, wie sie in einer Vertikalretorte einer Leuchtgasanstalt in deren Kern festgestellt wurden:

gemessen	1/4	Stunde	nach	dem	Eintragen	90°	Celsius
„	1/2	„	„	„	„	105°	„
„	1	„	„	„	„	145°	„
„	2	„	„	„	„	200°	„
„	3	„	„	„	„	280°	„
„	4	„	„	„	„	370°	„
„	5	„	„	„	„	440°	„
„	6	„	„	„	„	470°	„
„	7	„	„	„	„	500°	„
„	8	„	„	„	„	580°	„
„	9	„	„	„	„	620°	„

Da aber der Koks sich erst bei 700° entzündet und das Verdampfen der Kohlensäure aus den Kalksteinen erst bei 856° beginnt, so werden noch viele flüchtige Stoffe nutzlos entweichen, aus dem Koks destillieren, bevor die 856° erreicht sind.

Das spez. Gewicht des Koksces, das des Stoffes selbst, beträgt je nach dem Aschengehalt 1,2 bis 1,8. Es wiegt 1 cbm Gaskoks 300 bis 350 kg, Hüttenkoks 350 bis 450 kg und Gießereikoks 430 bis 450 kg.

Auf diese Unterschiede in der Herstellung zwischen Gas- und Hüttenkoks mußte ich hinweisen, weil man dann besser die Verschiedenheit beider Koksarten erkennt, die sich bei ihrer Verwendung ergeben, nämlich in bezug auf ihren Heizwert, ihre Verbrennungszeit, ihr Verschlacken, ihre Brenntemperatur u. dgl.

Nur selten werden diese Unterschiede beachtet, denn so schreibt z. B. *Lunge* (Sodaindustrie, Bd. 3 1909, S. 57): „Die Qualität des Kokses ist nicht gleichgültig. Selbstverständlich ist er um so besser, je schwefel- und aschenfreier er ist. Aber der für metallurgische Zwecke (Hochöfen, Kupolöfen usw.) allein brauchbare Ofenkoks ist für den vorliegenden Zweck entschieden weniger (!) geeignet als der ebenso reine (?), aber poröse und viel billigere Gaskoks."

Die Bestimmung des Heizwertes im Calorimeter hat für die Beurteilung seiner Güte im Kalkofen nur dann Wert, wenn der Koks entsprechend vorbehandelt wird. Alle Stoffe, die aus dem Koks in der Vorwärmezone abdestillieren, verdampfen oder verbrennen, gehen für das Kalkbrennen nutzlos verloren. Ein ungarer Koks mit viel flüchtigen Bestandteilen, aber größerem Heizwert, ist doch für den Kalkofen weniger vorteilhaft als ein harter, garer Koks. Hierauf ist bisher bei der Koksbeurteilung nach dem Heizwert keine Rücksicht genommen. Man sollte den Koks vor der Heizwertbestimmung im Calorimeter den Einflüssen aussetzen, denen er in der Vorwärmezone ausgesetzt ist, unter Bestimmung des schädlichen Gewichtsverlustes. Koksstücke von der Größe, wie sie in den Ofen eingefüllt werden sollen, müßten also im freien Luftstrome mindestens während fünf Stunden erwärmt und bei einer Temperatur von 900° geglüht werden. Er darf dabei auch nicht aufblähen und knetig werden, sonst backt er im Ofen. Erst die Berücksichtigung des Gewichtsverlustes und die Heizwertbestimmung an so vorbereitetem Koks gibt einen Maßstab für seine Güte im Kalkofen.

Der Wassergehalt des Kokses ist sehr schwankend, weil der Koks ein sehr poröser Stoff ist, ein unelastischer Schwamm, dessen wirklich vom Brennstoff eingenommener Raum kaum die Hälfte vom insgesamt eingenommenen Raum beträgt.

15 bis 5 Proz. hygroskopisches Wasser nimmt der Koks je nach seiner Art auf; mit diesem muß man also unbedingt rechnen. Aber bei seiner Lagerung im Freien saugt er infolge seiner großen Porosität noch viel Wasser vom Regen und Schnee auf. *Dewey* (Zeitschr. d. V. d. Ing. 1884, S. 95) fand, daß die Poren des Kokses 42,96 bis 61,12 Vol.-Proz. betrugen, daß in 100 g Koks die Poren einen Raum von 47,50 bis 86,41 cc einnehmen. Dieser unelastische Schwamm nimmt 20 und mehr Prozent Wasser auf. Gaskoks wird häufig mit 18 bis 20 Proz. Wasser angeliefert, weil er beim Ablöschen gründlich mit Wasser getauft wird. *O. Johannsen* (Stahl und Eisen 1909, S. 998) tauchte glühend aus dem Koksofen kommenden Koks so lange unter Wasser, bis er vollständig gelöscht und kalt war. Dieser Saarkoks wurde dann in Fässern mit durchlöchertem Boden 24 Stunden lang aufbewahrt und zeigte dann einen Wassergehalt von 28 bis 35 Proz. Wenn man solchen Koks nach

seinem feuchten Gewicht kauft, so ist dies ein großer Reinfall. Man sollte nie Koks kaufen ohne Berücksichtigung seiner Feuchtigkeit.

Versuche, die vom Bayrischen Dampfkessel-Revisions-Verein ausgeführt wurden, zeigen so recht die starke Verminderung des Heizwertes durch das vorhandene Wasser. Das ist auch ohne weiteres klar, denn wenn ich z. B. danach 100 kg oberschlesischen Hüttenkoks mit 12,69 Proz. Wasser in den Kalkofen einfülle, so sind darin nur 87,31 kg fester Koks. Über 12 kg Wasser werden als unnützer Ballast eingefüllt. Täuschen über die wahre Brennstoffzugabe und kühlen die Abgase in der Vorwärmezone unnütz ab.

Lagert man Koks im Freien, so zersprengt, zersplittert und zerkleinert das in seinen Poren befindliche Wasser den Koks beim Frost, sein Wassergehalt schwankt fortwährend, und eine gleichmäßige Brennstoffzugabe zum Kalkofen ist unmöglich. Man kann ihn warm lagern, da dies in keiner Weise schädlich, weil in gutem Koks fast alle flüchtigen Stoffe fehlen, im Gegensatz zur kalten, gegebenenfalls nassen Lagerung der Kohle. Im allgemeinen sollte der Wassergehalt des Kokses nicht mehr als 4 Proz. betragen, und Koks mit mehr als 6 Proz. sollte man beim Einkauf zurückweisen oder entsprechend niedriger bewerten. Die Koksstücke besitzen eine sehr verschiedene Dichte, Porosität und dementsprechende Wasseraufnahmefähigkeit, deshalb muß man bei der Probenahme hierauf sehr sorgfältig achten.

Das Wasser des Kokses wird im Kalkofen verdampfen, wenn er auf 100° erwärmt ist. Es wird hierfür Wärme verbraucht. Diese wird aber den an und für sich noch mit hoher Temperatur entweichenden Heizgasen entnommen. Solange diese Wärme nicht ausgenutzt wird, ist ein Mehraufwand an Brennstoff mit dieser Verdampfung des hygroskopischen Kokswassers nicht unmittelbar verbunden. Wohl aber sinkt dadurch natürlich die Temperatur der abziehenden Gase und somit der nutzbare Temperaturunterschied zwischen den Gasen und der frischen Gicht. Die Wärme wird deshalb langsamer aufgenommen, die Steine werden nicht genügend vorgewärmt. Ein größerer Verbrauch an Koks ist die Folge.

Der Schwefelgehalt bringt als Heizwert im Kalkofen keinen Nutzen. Wohl verbrennt der S des Kokses beim Vorhandensein von freiem Sauerstoff zu SO_3 und SO_2, aber diese Wärme wird wieder verbraucht, zum großen Teil durch die Bindung der SO_3 im Kalk. Man hat meistens angenommen, daß die SO_3 mit den Kalkofengasen entweicht; dies scheint aber nach den Erfahrungen, die man beim Entschwefeln des Kokses durch Zusatz von Kalkstein beim Hochofenbetrieb machte, und nach den Versuchen von *F. Wüst* und *P. Wolff* in Aachen (Stahl und Eisen 1905, S. 589 u. 695) nicht der Fall zu sein.

In nennenswerter Weise vergast nach diesen Versuchen der Schwefel erst bei den Brenntemperaturen des Kalksteines, gleichzeitig dann, wenn auch die Kohlensäure aus den Steinen im Kalkofen entweicht. Beide stellten durch einen weiteren Versuch fest, daß vom Kalkstein der größte Teil des verflüchtigten Schwefels aus den Gasen wieder aufgenommen wird und zwar, je mehr Kohlensäure aus dem Kalkstein verdampft, je höherer Temperatur der Kalkstein ausgesetzt ist. Deshalb setzt man im Hochofen Kalk zu, um den Schwefel zu binden und ihm den Eintritt in das Eisen zu verwehren.

Nach den Versuchen von Prof. Dr. *Herzfeld* (Festschrift 1904, S. 487) erschwert dieser Schwefelgehalt durch die Gipsbildung viel nachteiliger die Ablöschfähigkeit des Kalkes, als man nach der theoretisch berechneten Gipsbildung dies erwarten könnte. Man muß demnach nicht nur bemüht bleiben, möglichst S-freien Kalkstein zu verwenden, sondern auch möglichst S-freien Koks. Nun enthält aber Gaskoks immer mehr S als Hüttenkoks, so daß sich auch in dieser Beziehung die Verwendung von Hüttenkoks für den Kalkofen empfiehlt.

Die Heizgase der Kalköfen mit Generatorfeuerung kommen unmittelbar mit dem gebrannten Kalk in Berührung, so daß bei diesen durch Verwendung schwefelhaltiger Brennstoffe eine sehr starke Aufnahme des S durch den Kalk erfolgen wird. Besonders bei Generatoröfen wird man deshalb auf möglichst schwefelfreien Brennstoff sehen müssen, so daß die Auswahl von Brennmaterial auch hier sehr begrenzt wird. Besitzen doch Braun- und Steinkohle bis 9 Proz. Schwefel. Man müßte deshalb hier auch Koks vorziehen und dann ist es natürlich einfacher und sicherer ohne Generator, mit unmittelbarem Kokseinwurf zu arbeiten.

Die Koksasche entsteht aus allen nicht flüchtigen, unverbrennbaren Stoffen der Ursprungskohle.

Unreiner Koks kann wesentlich zur Zerstörung der Auskleidung beitragen, indem sich aus seiner Asche leichtflüssige Schlacken bilden. Über die Schmelzpunkte von Kohlenaschen äußerte sich Prof. Dr. *E. Constam* (Schweizerische Bauzeitung Bd. 62, Nr. 14, S. 132). Je niedriger die Asche einer Kohle oder eines Kokses schmilzt, um so eher findet ein Schlacken im Feuer statt.

Mit einem elektrischen Widerstandsofen und unter Benutzung eines optischen Pyrometers von *Holborn* und *Kurlbaum* hat er die Aschenschmelzpunkte von etwa 200 verschiedenen Kohlen- und Kokssorten festgestellt und zieht aus seinen Beobachtungen folgende Schlüsse:

1. Die Menge der Asche hat keinen Einfluß auf den Schmelzpunkt.
2. Der Aschenschmelzpunkt ist ein Charakteristikum für die Mineralsubstanz eines bestimmten Kohlenvorkommens (Flöz).
3. Der Aschenschmelzpunkt wird durch die Verkokung im allgemeinen nicht verändert, d. h. Kohle und der daraus hergestellte Koks schmelzen bei derselben Temperatur.

Die Aschenschmelzpunkte bewegen sich nach den bisherigen Beobachtungen innerhalb weiter Grenzen: 1150 bis 1700° C. Aschen, welche

unter	1200° C	schmelzen,	werden	als	leichtflüssig,
zwischen	1200—1350° C	„	„	„	flüssig,
„	1350—1500° C	„	„	„	strengflüssig,
„	1500—1650° C	„	„	„	sehr strengflüssig,
über	1650° C	„	„	„	feuerfest bezeichnet.

Hoher Gehalt an Schwefelkies erniedrigt den Schmelzpunkt der Asche und begünstigt deshalb die Schlackenbildung. Kohlenschiefer schmelzen zwar erst bei höheren Temperaturen, wirken aber trotzdem schädlich in der Feuerung, weil sie einen unschmelzbaren Kern bilden, um welchen die verflüssigte Schlacke sich ansammelt. Je höher dagegen der Gehalt der Asche an Tonerde (Schmelzp. 1900°) ist, um so strengflüssiger wird sie.

Die Koksasche kann man zum größten Teil ohne Schwierigkeiten von dem gebrannten Kalk trennen, nach dem Ziehen der Steine, indem man ihn mittelst starkzinkiger Gabeln in die Transportgefäße ladet. Die herabrieselnde Koksasche sammelt sich aber vorher unten in dem stützenden Bergkegel von Ätzkalk an, füllt die Zwischenräume aus und verhindert den Luftzutritt gerade dort, wo infolge der merkwürdigen, bisher üblichen Schachtform der Ofen am engsten ist. Die Luftzuführung wird ungenügend, es erfolgt unvollkommene Verbrennung und Kohlenoxydgas verbleibt in den Ofengasen. Es bleibt ein breiter, hoher, undurchlässiger Kegel stets zurück, der nie und unter keinen Umständen während des Betriebes entfernt werden kann. Sehr nützlich wirken hier die Kalkofenroste, indem die Koksasche frei durchrieseln und vor dem Abziehen der Steine beiseite geschaufelt und so in leichter Weise vom Kalk getrennt werden kann. Gute Koksasche soll nicht durch Verschlacken hängenbleiben, sondern als mehr oder weniger feines Pulver durchfallen. Verschlackt die Koksasche, dann soll man prüfen, ob man durch Wahl eines Kokses mit weniger Eisen diesem Übelstand abhelfen kann. Man vermeidet dann die Einführung der Koksasche und ihrer teilweise unangenehmen Beimengungen in den Saft, den Laugen, wo diese teilweise gelöst und bis zum Enderzeugnis mitgeschleppt werden. Ob ein Koks überhaupt zum Verschlacken neigt, kann man leicht festellen zurch Verbrennen der betreffenden Kokssorte in einer gewöhnlichen Kesselfeuerung.

Die Druckfestigkeit des Kokses ist für den Kalkofenbetrieb von nur geringer Bedeutung, weil auch bei höchsten Kalköfen der Druck, den die Gicht auf den Koks ausübt, nie dessen Druckfestigkeit erreicht, die 12,66 bis 22,43 kg auf den Quadratzentimeter beträgt (Z. d. V. d. I. 1884, S. 598). Der Koks könnte also eine Beschickungssäule von 80 bis 140 m Höhe tragen, ohne zerdrückt zu werden. Solch hohe Kalköfen gibt es nicht, und wird es wohl nie geben, abgesehen davon, daß dieser Druck der Füllung nie voll auf den Koks einwirkt, weil er durch die Reibungswiderstände am Kalkofenfutter außerordentlich vermindert wird.

Viel wichtiger ist die Härte des Kokses. Sie schwankt nach der mineralogischen Härteskala zwischen 3,2 bis 3,6, und steht demnach zwischen Kalkstein und Flußspat. Der Koks ist von zwei Stücken der bessere, der sich beim Aneinanderreiben am wenigsten abnutzt. Dieser wird mehr der drehenden Bewegung, der er im Kalkofen besonders bei schlechten Ofenformen ausgesetzt ist, widerstehen, er wird weniger zerrieben, es bildet sich weniger Koksstaub, der zum großen Teil, wie das Koksklein, durch die strömenden Gase aus dem Ofen gesogen wird und so verlorengeht.

Zu weicher Koks wird nicht nur zu stark beim Niedergang zerrieben, sondern er wird auch von der heißen Kohlensäure mehr angegriffen, indem sie auf den Kohlenstoff reduzierend wirkt. *Simmersbach* (Stahl u. Eisen 1913,

S. 513) stellte fest, daß diesen Angriffen der heißen Kohlensäure harter Koks viel besser widersteht. Je weicher der Koks, um so stärker der Angriff. Die CO_2 wird bei der Berührung des heißen C reduziert zu CO, woraus sich ein bedeutender Gewichtsverlust ergibt. Ist nun kein freier O vorhanden, so findet man dieses durch nachträgliche Reduktion entstandene CO in den Kalkofengasen wieder. Ist aber O vorhanden, in genügender Menge, so verbrennt das CO zu CO_2, da sich der Sauerstoff bei Temperaturen über 300° in bemerkbarer Weise mit CO verbindet und solche Temperatur oben in den Kalkofengasen immer vorhanden ist. Man sollte möglichst harten, widerstandsfähigen Koks wählen, denn aller Kohlenstoff, der vom Koks entweicht, unterhalb der Brenntemperatur von 856°, ehe also der Koks in die Brennzone gelangt, geht für das Kalkbrennen verloren. Ob dabei in der Vorwärmezone dieser als CO entweichende Kohlenstoff doch noch verbrennt, ist hier belanglos. Nur daß dann durch das nachträgliche Verbrennen wenigstens das Kohlenoxyd zu Kohlensäure verbrannt wird, hat den Vorteil, daß dadurch die bei der Verwendung der Abgase zur Sättigung (Saturation) mit den kohlenoxydhaltigen Gasen verbundenen Übelstände vermieden werden.

Aber der Koks darf auch nicht zu spröde sein, sonst ist die Gefahr vorhanden, daß solch spröder, glasharter Koks durch die Wucht der frisch eingeworfenen Kalksteine zerschellt und in kleine Stücke zersplittert. Die verhältnismäßig schweren Kalksteine fallen von 1 bis 2 m Höhe auf die schon im Ofen befindlichen Koksstücke. Ein mittelgroßes Koksstück soll infolge eines Falles aus $1^1/_4$ bis $1^1/_2$ m Höhe auf eine harte Fläche nicht springen, sondern höchstens reißen. Bricht er in kleine Stücke, so deutet dies auf zu große Härte, die dem Feuer auch zu großen Widerstand entgegensetzt. Springt der Koks nicht in kleine Stücke und ist sein Aufschlagen dumpf oder kaum hörbar, so hat man einen ungaren oder bei zu niedriger Ofentemperatur gebackenen Koks vor sich. Er gibt nicht genügend Hitze, wird im Ofen teigig und gibt schlechte Gase. Heller metallischer Klang zeigt guten Koks an.

13. Die Größe der Koksstücke.

Vorher habe ich den Einfluß der Kalksteingröße auf die Brenndauer besprochen und will ich deshalb an dieser Stelle der Größe der Koksstücke einige Zeilen widmen.

Die maximale Koksgröße ergibt sich aus der einfachen Erwägung, daß der Koks mindestens in derselben Zeit verbrannt sein muß, wie der mit ihm eingefüllte Kalkstein zum Brennen benötigt.

Koks verbrennt langsamer als Steinkohle, und während diese, einmal entzündet, an der Luft in kleinen Stücken weiter fortbrennt, weil die freiwerdenden Gase leichter entzündbar sind, erlöscht der Koks an der freien Luft schnell. Ein kleiner Versuch zeigt, wie erstaunlich schwer es ist, Koks zu verbrennen und wie sorgfältig man auf die Einhaltung günstiger Bedingungen achten muß, damit der Koks nicht unverbrannt den Kalkofen verläßt. Z. B. konnte ich ein Koksstückchen von 35 mm Durchmesser, das 25 g wog, 1 Stunde lang auf einem Bunsenbrenner erhitzen, und dabei nur zum schwachen Glühen bringen. Dabei war das Tondreieck, auf dem der Koks lag, hell weißglühend. Infolge der größeren Wärmeleitfähigkeit wird im Koksstück die Wärme schneller verteilt, die große poröse Oberfläche sorgt für schnelle Übertragung an die Luft und der dunkle Körper strahlt mit großer Energie Wärme in den freien Raum hinaus. Deshalb war das Koksstückchen 1 Minute nach dem Abstellen des Bunsenbrenners wieder vollständig schwarz. Daß natürlich nach dieser Stunde Glühens kein Abbrand feststellbar war, also das Koksstück noch 25 g wog, zeigt, wie schwer der Koks verbrennt; denn trotz des Bunsenbrenners war er nicht auf seine Entzündungstemperatur zu bringen, bei der er durch Umwandlung so viel Wärme frei gibt, als durch Strahlung und Leitung verlorengeht. Man muß deshalb den Koks in engumschlossenen Räumen zur Verbrennung bringen, damit die Wärmeausstrahlung nutzbar bleibt, zurückgeworfen wird und so den Koks auf die Entzündungstemperatur erhitzt. Man muß deshalb, ganz abgesehen von der Ersparnis, die Abkühlung des Ofens nach außen möglichst vermindern, um besonders den Koks, der sich am Ofenmantel befindet, vor Unterkühlung zu schützen. Dünnes, abgebranntes Ofenfutter und schlechte Isolationsschicht können somit die Ursachen des Ziehens von teilweise unverbranntem Koks sein.

Man muß den Koks auch entsprechend zerkleinert anwenden. Je kleiner die Stücke, um so größer ist die Gesamtoberfläche bei gleichem Koksgewicht, um so mehr Angriffspunkte bieten sich dem Sauerstoff, um so schneller und besser erfolgt die Verbrennung.

Um die Brenndauer des Kokses berechnen zu können, leisten die Versuche *Schmidts* (Dingl. Pol. Journ. 1866, Bd. 181, S. 1) gute Dienste. Er verwendete Kokskugeln, die er in einem kleinen Schachtofen von 130 mm im Quadrat verbrannte und gebe ich nachstehend einen Auszug aus seinen Versuchsergebnissen.

Tabelle IV.

Versuche Schmidts über die Brenndauer des Kokses bei verschiedenen Korndurchmessern und Luftmengen.

a	b	c	d	e	f	g	h	i	k	l	m	n	o
							Die Verbrennungsgase enthalten						
Versuchnummer	Korndurchmesser	Schichthöhe	Inhalt des vom Koks eingenommenen Raumes 0,0169 · Schichthöhe	Oberfläche aller Kokskugeln $O = 4{,}44 \cdot \frac{J}{d}$	Stündliche verbrannte Koksmenge	1 qm Koksoberfläche verbrennt stündlich $q = \frac{Q}{O}$	Stickstoff	Kohlensäure	Sauerstoff	Kohlenoxyd	Wasserdampf	Für 1 kg Koks stündlich wurden zur Verbrennung zugeführt cbm Luft	1 qm Koksoberfläche verbrennt stündlich mit 1 cbm Verbrennungsluft $= \frac{q}{L}$
	d mm	l mm	J cbm	O qm	Q kg	q kg	N	CO_2	O	CO	H_2O	L cbm	R kg
1	35	62	0,00105	0,133	0,6	4,51	77,54	7,77	12,79	—	1,9	20,3	0,22
2	35	124	0,002096	0,27	1,0	3,70	77,93	6,645	7,38	—	1,4	11,97	0,3
3	35	186	0,00314	0,398	1,2	3,00	79,04	10,48	—	—	—	7,7	0,4
4	20	62	0,00105	0,233	0,6	2,60	77,269	5,641	9,208	—	2,241	13,9	0,2
5	20	124	0,002096	0,465	0,8	1,72	76,196	9,078	0,620	0,716	0,735	6,6	0,26
6	20	186	0,00314	0,697	0,8	1,14	69,876	3,299	0,439	11,593	—	4,8	0,24

In der Originaltabelle *Schmidts* finden sich einige Fehler. So berechnet er die Oberfläche aller Kokskugeln mit n^2 statt n_2, woraus sich wesentliche Fehler an alle von ihm anschließenden Berechnungen ergeben. Auch die Gasanalysen erscheinen nicht einwandfrei. Während beim Versuch 1 zur Verbrennung von 1 kg Koks 20,3 kg Luft aufgewendet wurden, gegen 11,97 kg beim zweiten, ist doch beim ersten der CO_2-Gehalt größer als beim zweiten. Mit der Verwendung geringerer Luftmengen steigt doch aber in Wirklichkeit der CO_2-Gehalt der Verbrennungsgase. Ich glaube aber trotzdem, die Versuche *Schmidts* verwenden zu können, da keine anderen mir bekannt sind.

Ich habe dazu die Oberfläche sämtlicher Kokskugeln ausgerechnet und eingetragen, sowie deren Oberfläche, die sie als Kugeln betrachtet besitzen. Daraus die Koksmenge, die stündlich in 1 qm Koksoberfläche verbrennt. Die wirkliche Gesamtoberfläche ist natürlich bedeutend größer als die berechnete geometrische, weil der Koks ein sehr poröser Körper ist. Aber da diese im bestimmten Verhältnis zueinander stehen, so wird davon unser Rechnungsergebnis nicht beeinflußt. Man sieht daraus, daß, um stündlich 4,51 kg Koks auf 1 qm Koksoberfläche zu verbrennen, schon 12,79 Proz. Sauerstoffüberschuß notwendig ist. Da man im Kalkofen erfahrungsgemäß mit einem Sauerstoffüberschuß von 2,0 bis 3,0 Proz. auskommt, so beweist dies, daß man dort viel langsamer, ruhiger verbrennt.

Man sieht auch aus den Versuchen von *Schmidt*, daß man nicht zu langsam verbrennen darf, weil dann die Rückbildung der CO_2 zu CO an den glühenden Koksstücken schneller erfolgt, als diese abgeleitet wird und dann verbrennen kann. Deshalb findet man bei einer Verbrennung von 1,14 kg Koks durch 1 qm Koksoberfläche schon einen CO-Gehalt von 11,593 Vol.-Proz. Bei dieser geringen Geschwindigkeit ist fast die ganze CO_2 wieder in CO zurückverwandelt, denn man findet nur noch 3,29 Proz. CO_2 in den Verbrennungsgasen. *Schmidt* erzielte diese langsamere Verbrennung durch die Zuführung geringerer Luftmengen. Er mußte unter die zur vollständigen Verbrennung notwendige Menge gehen, die sich bei einem C-Gehalt des verwandten Kokses von 86,5 Proz. zu $11{,}5 \cdot \frac{86{,}5}{100} = 0{,}95$ kg Luft für 1 kg Koks berechnet. Die Bildung von CO war die Folge. Es scheint nach diesen Versuchen für den betreffenden Koks der Abbrand von etwa 2,0 kg auf 1 qm Oberfläche am günstigsten zu sein.

Damit man nun sicher ist, daß in der zur Verfügung stehenden Brennzeit z aller Koks verbrennt, muß man diesem also eine entsprechende Verbrennungsoberfläche geben. Da diese, wie schon gesagt, abhängig vom Durchmesser der Koksstücke ist, so heißt dies, daß für jeden Ofen eine besondere Korngröße des Kokses zu wählen ist. Beim Verbrennen vermindert sich der Durchmesser der Koksstücke entsprechend dem Abbrand. Besitzt der Koks ein spez. Gewicht von 0,4 bis 0,5, im Mittel 0,45, so entsprechen 1 kg Koks $\frac{1}{0{,}45} = 2{,}22$ l. Nehme ich z. B. an, daß 1 qm Koksoberfläche 1 kg stündlich durch Abbrand verliert, so entspricht dies einem Raumverlust der Kokskugel von 2,22 l. Eine Kokskugel mit 1 qm äußerer Oberfläche würde demnach eine Kugelhülle von 2,22 l verlieren oder 1 qdm verliert 0,0222 l/St. In jeder weiteren Stunde, entsprechend der sich vermindernden Kugeloberfläche wird sich der Abbrand vermindern bis die Kokskugel ganz verbrannt ist.

Die Oberfläche der Kokskugel am Anfang der ersten Stunde ist $D^2\pi$ und nach der ersten $d^2\pi$ und man kann ohne große Fehler annehmen, daß während der einstündigen Brenndauer die Abbrandoberfläche ist:

$$\frac{D^2\pi + d^2\pi}{2} = \frac{\pi}{2}(D^2 + d^2)\,. \tag{23}$$

Wenn in der Stunde 1 qm Kokskugel 1 kg oder 2,22 l, so verliert die betreffende Kokskugel:

$$2{,}22\ \mathrm{l} \cdot \frac{\pi}{2}(D^2 + d^2)\,.$$

Dies ist aber gleich dem Inhalt der Hohlkugel:

$$Y = \frac{1}{6}\pi(D^3 - d^3), \tag{24}$$

also:

$$2{,}22 \cdot \frac{\pi}{2}(D^2 + d^2) = \frac{1}{6}\pi(D^3 - d^3)\,.$$

Hiernach kann man den von Stunde zu Stunde abnehmenden Koksdurchmesser berechnen. Die Ergebnisse habe ich in der Fig. 11 dargestellt, und zwar sowohl für den stündlichen Abbrand von 1 kg auf 1 qm Koksoberfläche als auch 2 und 4 kg. Man sieht auch, daß die Zeit zum Verbrennen der Koksstücke unmittelbar vom Durchmesser derselben abhängig ist. Eine Kokskugel von 100 mm benötigt bei einem stündlichen Abbrand von 2 kg etwa 15,8 Stunden zur vollständigen Verbrennung, während sie bei einem Durchmesser von 50 mm schon in 7,9 Stunden verbrennt. Um nun die Zahlen benützen zu können, müssen wir uns darüber klar werden, mit welchem stündlichen Abbrand man im Kalkofen rechnen muß.

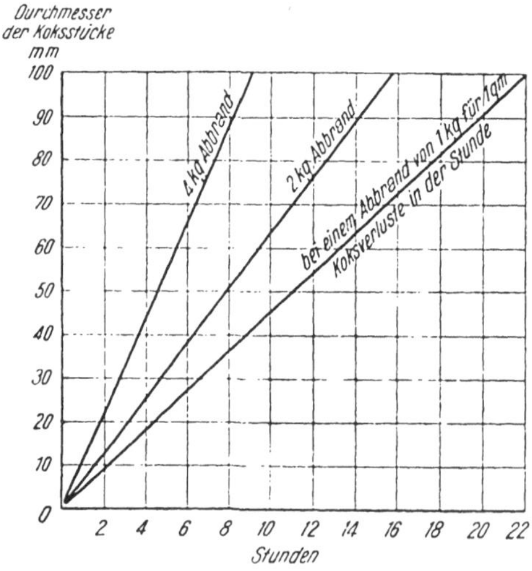

Fig. 11. Abnahme des Koksdurchmessers durch den Abbrand.

In einem Kalkofen mit einem mittleren Durchmesser von 2 m, also mit einem Querschnitt von 3,14 qm kann man ungefähr 24 000 kg Steine täglich brennen. Das sind stündlich $\frac{24\,000}{24} = 1000$ kg, die bei 10 Proz. Kokszusatz eine Verbrennung von 100 kg Koks stündlich erfordern. Betrachte ich den Ofenquerschnitt als die Rostfläche bei gewöhnlichen Feuerungen, so bedeutet dies eine Verbrennung von $\frac{100}{3,14} = 32$ kg für 1 qm Querschnitt oder Rostfläche. Dagegen verbrennt man auf je 1 qm Rostfläche bei gewöhnlichen Koksfeuerungen und

geringer Beanspruchung	40 kg	stündlich
mäßiger „	50 kg	„
wenig angestrengter Beanspruchung	60 kg	„
sehr „ „	75 kg	„

Dabei ist das Feuer bei der geringeren Beanspruchung von 40 kg stündlich nur äußerst schwierig im Gange zu erhalten, das Feuer bedarf so sorgfältiger Aufsicht, wie man sie im Betriebe nie auf die Dauer voraussetzen kann. Wenn man nun trotzdem im Kalkofen bei noch geringerer Belastung gut arbeitet, so liegt dies an der viel höheren Schicht, die Verbrennung wird in mehrere Stufen zerlegt, und weil die Luft vorgewärmt zum Koks gelangt. Die Verbrennungsluft braucht nicht unmittelbar an dem brennenden Koks auf die Verbrennungstemperatur erhitzt zu werden, wodurch der zuerst berührte stark abgekühlt wird. Dies kann man an einem gewöhnlichen Rost leicht beobachten. Vorn auf dem Rost, dort wo die frische Luft zuströmt, bleiben die Koksstücke schwarz oder nur schwach glühend. Diese treffen voll mit der kalten Luft zusammen, geben also mehr Wärme ab, als sie entwickeln können. Erst die weiter hinten liegenden, teilweise verdeckten Koksstücke, die mit vorgewärmter Luft in Berührung kommen, glühen und verbrennen lebhaft.

Die schnelle und gute Verbrennung des Kokses hängt auch von der Geschwindigkeit ab, mit der die Verbrennungsluft an ihm vorbeistreicht. Ist die Gasgeschwindigkeit träge, so verhindert die den Koks umlagernde Kohlensäure den Zutritt von frischem Luftsauerstoff und eine weitere Verbrennung. Aber nicht nur dies, sondern auch die zu lange Zeit mit dem glühenden Koks in Berührung bleibende CO_2 wird sogar rückverwandelt in CO, wie ich dies schon mehrfach erwähnte. Dies läßt sich durch genügende Gasgeschwindigkeit, starken Gasstrom vermeiden, weil dann die Kohlensäure sofort nach ihrer Entstehung vom brennenden Koks entfernt, fortgerissen wird.

Wilhelm Nusselt (Z. d. V. d. Ing. 1916, S. 102) zeigt durch Rechnungen und theoretische Überlegungen, daß die Verbrennung und Vergasung von Kohle auf dem Rost wesentlich physikalische Fragen sind. Die sichtbare und molekulare Strömung (Diffusion) leiten diese Vorgänge, und die Verbrennung der Kohle ist wie der Vorgang bei der Wärmeübertragung an Heizflächen zu erklären, und führt er die rechnungsmäßige Lösung vor. Wie ich dies beim Kalkbrennen nachgewiesen habe, kommen also auch bei der Verbrennung fester Stoffe ganz ähnliche Erscheinungen in Frage.

Nusselt denkt sich die Kohlen als nebeneinanderstehende Platten (Heizflächen), zwischen denen die Verbrennungsluft und die Verbrennungsgase aufsteigen. Infolge der hohen Verwandtschaft des Sauerstoffes zur Kohle wird, wenn eine gewisse Mindesttemperatur überschritten, an der Kohleoberfläche aller dort vorhandener Sauerstoff verbrannt, so daß die Sauerstoffdichte 0, die der Kohlensäure 21% sein wird. Die weitere Verbrennung an der Kohlefläche hängt dann von der Menge Sauerstoff ab, die an die Oberfläche der Kohle gelangt. Sobald ein Sauerstoffmolekül auf die Kohlenwand trifft, wird es sofort zu Kohlensäure verbrannt; deshalb ist die Sauerstoffkonzentration dauernd Null. Das Vordringen von Sauerstoff aus dem sauerstoffreichen Kern des Gasstromes nach der Wand erfolgt nun nach den Gesetzen der Diffusion. Es diffundiert Sauerstoff aus dem Innern des Gases nach der Wand und Kohlensäure von der Wand nach dem Innern. Die Menge der an der Kohlenoberfläche in der Zeiteinheit verbrannten Kohle ist demnach lediglich abhängig von der Diffusionsgeschwindigkeit, also von einer rein physikalischen Größe. Die nach der Wand diffundierte Sauerstoffmenge kann nach den Grundgesetzen der Diffusion berechnet werden. Ohne diese Rechnung hier weiter anzuführen, kommt *Nusselt* zu folgendem Ergebnis, wenn

k_0 = die Diffusionszahl beim Drucke p_0 und T_0,
p_0 = der Gesamtdruck in atm. absol.,
T = absolute Temperatur an der Kohlenoberfläche,
$\frac{dO_3}{ds}$ = das Gefälle der Konzentration des Sauerstoffes an ihr,
O_3^m = der Raumteil des Sauerstoffes in dem Gase,

daß die in der Stunde und 1 qm Kohlenoberfläche verbrennende Kohlenmenge ist

$$q = 0{,}01416 \cdot \frac{k_0 \cdot p_0 \cdot T}{T_0^2} \cdot \frac{dO_3}{ds} \text{ kg.} \tag{24a}$$

Danach ist die stündlich verbrannte Kohle nur abhängig von der Temperatur und dem Sauerstoffgefälle. Sie ist beiden verhältnisgleich. Das Sauerstoffgefälle ist in erster Linie von der mechanischen Strömung, insbesondere von der Wirbelung abhängig und nicht ohne weiteres bestimmbar. Es sind hier Vergleiche mit dem Vorgang der Übertragung der Wärme von einer festen Wand an ein an ihr entlang strömendes Gas möglich. Er folgt den gleichen Grundgesetzen wie die Diffusion der Gase. Man kann deshalb die Lösung dieses Diffusionsproblems aus der Lösung einer Aufgabe aus der Wärmeübertragung ableiten.

Es ist bekanntlich jene Wärmemenge Q_1, die in der Zeiteinheit z durch die Oberfläche F bei dem Temperaturunterschied U strömt

$$Q_1 = \alpha \cdot F \cdot z \cdot U \tag{24b}$$

Eine dieser Wärmeübergangszahl α entsprechende Größe führt *Nusselt* für die Diffusion und Verbrennung ein, die er die Verbrennungsgaszahl nennt und mit β_1 bezeichnet sei. Sie gibt an, wieviel Raumeinheiten Sauerstoff in der Zeiteinheit für die Flächeneinheit zur Verbrennung gebracht werden, wenn die mittlere Sauerstoffkonzentration im Querschnitt 1 ist. Dann wird das in z Stunden auf der Fläche F entstehende Kohlensäurevolumen

$$V_2 = \beta_1 \cdot F \cdot z \cdot O_3. \tag{24c}$$

Er nennt diese Gleichung die dynamidische Verbrennungsgleichung. Sie sagt aus, daß die durch die Verbrennung entstehende Kohlensäuremenge verhältnisgleich der Zeit, der Kohlenoberfläche, der mittleren Sauerstoffkonzentration O_3^m und der Verbrennungszahl β_1 ist.

Um für β_1 Grundlagen zu gewinnen, geht er auf den von ihm bei der Wärmeübertragung schon durch Versuche genau geklärten Fall ein, bei dem ein Gas durch ein Rohr strömt, hier das Rohr vom inneren Durchmesser d und der Länge L aus fester Kohle gebildet gedacht. Danach berechnet *Nusselt*

$$\beta_1 = 12{,}27 \frac{T^{0,428}\, w^{0,786}\, k_0^{0,214}}{d^{0,16}\, L^{0,054}\, p_2^{0,214}}.$$

Darin ist

w die mittlere Gasgeschwindigkeit m/sek,
L und d in m,
k_0 die Diffusionszahl bei 0° und 1 Atm in qm/st,
p_2 der Gasdruck in kg/qm.

Durch Einsetzen dieser Werte in vorstehende Gleichung ergibt sich für ein Rohr oder eine Gruppe von Kohlenrohren die in z Stunden auf F qm Kohlenoberfläche verbrannte Kohle in Kilogramm

$$q = \frac{p_2^{141,6}}{T\,10_{000}} \cdot \beta_1 \cdot F \cdot z \cdot O_2$$

$$= 0{,}1736 \frac{k_0^{0,214}\, p_2^{0,786}\, w^{0,789} \cdot F \cdot z \cdot O_2}{T^{0,472}\, d^{0,16}\, L^{0,054}}. \qquad (24\,\mathrm{d})$$

Bei sonst gleichen Verhältnissen nimmt also das verbrannte Kohlengewicht mit der Luftgeschwindigkeit zu und ist verhältnisgleich der Sauerstoffdichte. *Nusselt* sagt nun weiter: „Obige Zahl β_1 gilt bloß für röhrenförmige Körper. Nach der Kenntnis des Wärmeübergangs gelten für andersgestaltete Körper ähnliche Gesetze. Leider sind sie hierfür nicht genau durch Versuche sichergestellt. Insbesondere ist für einen geschichteten Körper, den die Kohle über dem Rost darstellt, nichts ermittelt. Wenn somit auch der Menge nach die Ergebnisse obiger Gleichung, angewendet auf die Verbrennung der Kohle über dem Rost, nicht genau stimmen werden, so geben sie doch sicher inhaltlich ein annähernd richtiges Bild der Verbrennung, und nur darauf kommt es mir hier zunächst an.“

Hat die Frischluft die normale Zusammensetzung von 0,21 Raumteilen Sauerstoff und 0,79 Raumteilen Stickstoff, dann ist die anfängliche Sauerstoffdichte (also bei ihrem Eintritt in die Brennzone) 0,21. Er berechnet weiter die Abnahme der Sauerstoffdichte und kommt zu dem Ergebnis, daß sich der Sauerstoffgehalt nach einer Exponentialfunktion dem Wert Null nähert, allerdings erst für unendliche Schütthöhe. In der untersten Zone verbrennt demnach am meisten Kohle; je weiter man nach oben geht, desto weniger lebhaft ist die Verbrennung auf die Längeneinheit.

Da nach *Nusselt* die Verbrennungszahl β_1 mit der Gasgeschwindigkeit wächst, die Verbrennung durch lebhafteren Zug stärker wird, wie dies erfahrungsgemäß auch allgemein bekannt ist, so muß man auf eine genügend große Gasgeschwindigkeit bedacht sein. Je schmaler ein Kalkofen, je höher muß er bei gleichem Inhalt oder gleicher Leistung sein, um so kleiner wird der freie Querschnitt des Ofens. Öfen von kleinem Durchmesser und größerer Höhe dürften also in bezug auf die gute, vollkommene Verbrennung ein besseres Ergebnis zeitigen als solche von großem Durchmesser.

Steht in dem Ofen eine Gesamtaufenthaltszeit von 24 Stunden zur Verfügung, wobei die Kalksteine einen Durchmesser von 110 mm haben dürfen nach Fig. 7, so ist die Brenndauer z selbst zu 14 Stunden zu schätzen. Nach der Fig. 11 müßten die Koksstücke möglichst nicht über 60 mm haben, um sicher verbrannt zu werden. Wird mit dem Ätzkalk unverbrannter Koks gezogen, so soll man prüfen, ob die verwendete Korngröße nicht zu groß. Begichtung während 3 oder 4 Tage mit kleinerem Kokskorn schafft hier bald Aufklärung. Unter Umständen kommt man hier gut zum Ziel, wenn man gleichzeitig grob- und feinkörnigen Koks zur Begichtung verwendet. Die kleinere Körnung wird früher verbrennen, die gröbere langsamer, später, so daß auf der ganzen Länge der Verbrennungszone Koks verbrennt und für die Verbrennung zur Verfügung steht.

Man muß natürlich in jedem Falle feststellen, welche maximale Korngröße am nützlichsten ist, da dies nicht allein von der Art des Kokses, sondern auch von der Art des Kalkofenbetriebes, ob der Ofen mehr oder weniger angestrengt ist, abhängig ist. Sind doch die der Fig. 11 zugrunde gelegten Zahlen nach den erwähnten *Schmidt*schen Versuchen bestimmt, aber die Koksarten haben sehr verschiedene Abbrennzeiten. So stellte *Oskar Simmersbach* (Stahl u. Eisen 1913, S. 517) folgende Brennzeiten fest an „hartem" Koks von Connelsville und „weichem" von Poccahontas (Bienenkorbofenkoks):

		Gewicht kg	Verbrennungszeit	Asche in Proz.	
1	hart	75	17 Std. — Min.	12	mittel
	weich	75	8 „ 15 „	10	
2	hart	50	11 „ 15 „	11	mittel
	weich	50	6 „ — „	9	
3	hart	50	13 „ 45 „	11,75	großstückig
	weich	50	6 „ — „	10	
4	hart	50	11 „ 15 „	10	mittel
	weich	50	4 „ 40 „	8	
6	hart	50	10 „ 40 „	11,5	klein
	weich	50	4 „ 25 „	9,0	

Man sieht große Unterschiede. Deshalb muß man schon von Fall zu Fall das richtige Verhältnis am Ofen selbst feststellen. Aber relativ gibt die Fig. 11 doch nützliche Winke, um die mit der Änderung der Kokskorngröße zusammenhängenden Einflüsse berechnen zu können.

Damit der Kalkstein schnell die Wärme aufnehmen kann, ist es ohne Zweifel notwendig, daß seine ganze zur Verfügung stehende Oberfläche voll von der Brenntemperatur getroffen wird. Die ganze Oberfläche müßte also möglichst an allen Stellen mit dem Brennmaterial, dem Koks, in innige Berührung kommen, der Koks müßte sehr fein zerteilt sein, weil der Koks kurzflammig ist. Er wirkt deshalb nicht auf große Entfernung während seiner Verbrennung, sondern am besten durch unmittelbare Berührung. Während seiner Verbrennung bildet sich keine lange, leuchtende Flamme, sondern der Koks glüht nur an seiner Oberfläche. Die doch sichtbaren bläulichen Flämmchen rühren von der Verbrennung des bei der Rückbildung der CO_2 an dem glühenden C entstandenen Kohlenoxyds her. Im Gegensatz hierzu verbrennen Stoffe, welche flüchtige Stoffe enthalten, wie z. B. Steinkohle, mit langer leuchtender Flamme.

Auch die gleichmäßige, schnelle Verbrennung erfordert gut verteilten Koks. Aber wie bei der Kalksteingröße, darf man mit der Korngröße des Kokses nicht zu weit heruntergehen, um den Zug nicht zu sehr zu verhindern. Wie weit man hier gehen kann, ist am im Betrieb befindlichen Kalkofen bald festzustellen. Jedenfalls dürfen die Koksstückchen nicht kleiner sein als die Lücken zwischen den Kalksteinen, weil sie sonst bis nach unten durchrieseln können, ohne Zeit zur Verbrennung gefunden zu haben. Nehme ich wieder die Kalksteine als kugelförmig an, dann ergibt sich für die verschiedenen Steindurchmesser D der kleinste Koksdurchmesser d, nach einer einfachen mathematischen Rechnung, die ich hier nicht anzuführen brauche. Die Ergebnisse habe ich in der Fig. 12 dargestellt.

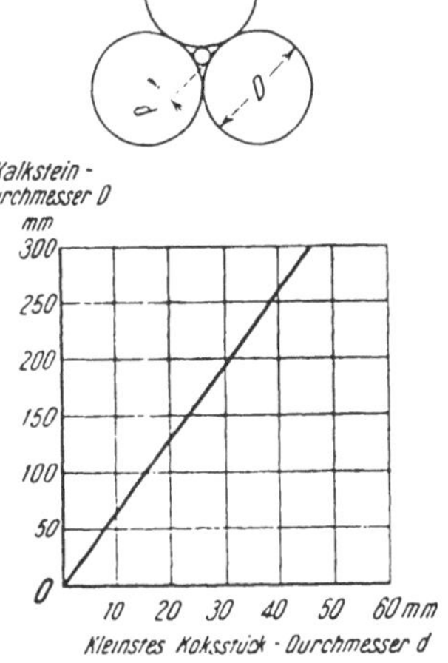

Fig. 12. Abhängigkeit des kleinsten Koksstückdurchmessers vom Kalksteindurchmesser.

Die Koksgröße vermindert sich natürlich mit dem Fortschreiten des Abbrennens, und diese kleinen Stücke werden langsam durchrieseln. Immerhin sollte man aber diese Minimalgröße nie unterschreiten, damit wenigstens bis zur Erreichung der Brennzone eine möglichst geringe Entmischung der Koks- und Kalksteine eintritt und die Gicht wenigstens an der Brennzone noch die ursprüngliche Zusammensetzung besitzt, so wie sie oben zu dem Zwecke eingeführt wurde.

Wenn man auch für eine gute Wärmeübertragung von Koks an Kalkstein, den Koks möglichst zerkleinern müßte, so darf man die Minimalgröße doch nicht allein nach diesen Gesichtspunkten bestimmen. Man muß auch daran denken, daß der Koks nicht schneller verbrennt, als der Kalk überhaupt gebrannt ist. Ideal wäre es, wenn der Koks genau solche Korngröße besitzt, daß er genau während der Brennzeit z des Kalkes auch verbrennt. Nicht früher, denn dann fehlt gegen Ende der Brennzone die notwendige Brennstoffmenge, und ein Mehraufwand an Brennstoff ist notwendig. Nicht später, sonst kommt er unverbrannt heraus. Während es nach den früheren Kapiteln unbedingt nützlich erscheint, möglichst gleich große Kalksteinstücke einzufüllen, so ist dies in gleicher Weise beim Koks nicht der Fall. Es wäre auch schwer, eine gleichmäßige Koksgröße zu wählen um den vorgenannten, aber doch schwankenden, nicht wie ein Uhrwerk gleichmäßig ablaufenden Vorgängen gerecht zu werden. Kleine Stücke werden schnell an der oberen Brennzone abbrennen, große werden erst am Ende der Brennzone verbrannt sein. Kleine Stücke verlegen die Verbrennung nach oben, ziehen die Brennzone in die Höhe; große Stücke, z. B. doppelter Größe, verlangen doppelte Abbrennzeit, ziehen also auch die Brennzone um das Doppelte in die Länge, nach unten. Zu große verbrennen noch nicht einmal in der Brennzone, sondern noch in der Abkühlungszone, dort nutzlos, schließlich vor ihrer vollkommenen Verbrennung den Kalkabzug erreichend. Sehr kleine Koksstücke stellen oben in der Brennzone eine zu große Verbrennungsoberfläche zur Verfügung, die sich daraus ergebende starke Verbrennung und Wärmeerzeugung kann nicht schnell genug vom Kalkstein aufgenommen werden. Die überschüssige Wärme steigt nutzlos in die Höhe, überhitzt die Koksstückchen zu frühzeitig, bringt sie zur vorzeitigen Entzündung und das Feuer steigt unaufhaltsam immer höher. Die Gichtglocke, die Gasleitungen werden glühend, vor allen Dingen aber verbrennt ein großer Teil des Kokses nutzlos in der Vorwärmezone. In der Vorwärmezone sollte es weder weißglühende Steine, noch verbrennenden Koks geben.

Die frühere Berechnung zeigte uns, daß das Kalkbrennen von der Wärmezufuhr abhängig ist, die in der Brennzone gleichmäßig erfolgen sollte. In ihr, von oben bis unten, sollte deshalb auch die Wärmeentwicklung durch den Koks möglichst gleichmäßig erfolgen. Bei geschickter Mischung, geschickter Wahl der Korngröße, wird man eine gleichmäßige, starke Verbrennung auf der ganzen Brennzone erzielen.

Schafft man für einen neuen Ofen zu kleinstückigen Koks an, so kann dies unter Umständen recht unangenehm wirken. Der Koks verbrennt zu schnell, das Feuer steigt immer mehr nach oben, ist in der Brennzone nicht zu halten, steigt bis zur Gicht trotz beschleunigtem Kalkabzuge. Hier hilft nur das Einwerfen größerer Koksstücke, die langsamer verbrennen.

Für einen neuen Ofen, dessen Arbeit man nur durch die theoretische Vorberechnung kennt, wird man vorsichtigerweise großstückigen Koks anfangs anschaffen. Kommt er dann teilweise unverbrannt heraus, geht die Brennzone zu weit nach unten, dann läßt er sich leicht auf solche Korngröße zerschlagen, die bessere Ergebnisse zeitigt. An Hand dieser ersten Erfahrungen kann man dann leicht für weiteren Koksbezug die richtige Koksgröße wählen.

Aus Vorstehendem geht hervor, daß für den jeweiligen Ofen und die besonderen Verhältnisse auch eine bestimmte Koksgröße wünschenswert ist, und sei deshalb die handelsübliche Größensorte und Bezeichnung hier angeführt.

1. Grobkoks kommt so zum Verkauf, wie er aus der Retorte oder dem Koksofen kommt.

2. Sortierter Koks wird vom Grobkoks abgesiebt und hat eine Korngröße von mehr als „Mannesfaust".

3. Einmal zerschlagener oder gebrochener Koks wird durch Zerkleinern und Absieben gewonnen und hat etwa 5 bis 8 cm Korngröße.

4. Doppelt zerschlagener Koks hat eine Korngröße von etwa 3 bis 5 cm.

5. Nußkoks hat eine Korngröße von 2 bis 3 cm, welcher von dem vorgenannten abgesiebt wird.

6. Erbs- oder Perlkoks hat eine Korngröße von 1 bis 2 cm.

7. Koksasche, Koksgrus oder Staubkoks stellt den nach dem Absieben verbleibenden Rest von unter 1 cm dar.

Grobkoks ist von den unter 1 bis 5 genannten am billigsten, doch sollte man ihn für den Kalkofen mit unmittelbarer Einfüllung nicht verwenden, wegen seiner ungleichmäßigen Korngröße. Die großen Stücke kommen unverbrannt unten heraus, die kleinen verbrennen zu frühzeitig.

Je mehr man bei der Wahl des Kornes sowohl in bezug auf Größe als auch Gleichmäßigkeit sorgfältig vorgeht, um so besser wird der Kalkofen arbeiten, mit um so geringerem Koksaufwand wird man auskommen.

Koksgrus eignet sich nicht für den Schachtofen, trotzdem dessen niedriger Preis zu seiner Verwendung verleitet. Das feine Grus wird infolge seiner großen Oberfläche schnell verbrennen, die Brennzone nach oben in die Vorwärmezone verlegen und ein großer Teil durch die schnell strömenden Gase schon vorher fortgerissen. Hiergegen empfiehlt man in der Tonindustriezeitung (1916, S. 701) Anfeuchten, vergißt aber, daß in der Vorwärmezone der Koksstaub bis auf die Brenntemperatur angewärmt wird, deshalb schnell wieder zu Staub austrocknet, so daß dies Anfeuchten ganz nutzlos ist. Ein anderer Teil wird gemäß Fig. 12 unverbrannt durchrieseln. Der niedrige Preis des Gruses gründet sich zum Teil auf seinen geringen Heizwert. Wenn z. B. der Koks einen Heizwert von 7500 WE besitzt, so hat das aus ihm entstehende Grus nur 5900 bis 6500 WE (trocken gerechnet), weil es aschenreicher ist. Die besonderen Nachteile größerer Aschemengen sind schon mehrfach erwähnt.

14. Brennstoffverbrauch für das Kalkbrennen im Ideal-Kalkofen.

Nachstehend will ich den Brennstoffverbrauch berechnen für das eigentliche Brennen selbst, und dabei von einem Idealofen ausgehen. Einerseits, um die idealen Höchstwerte zu finden, andererseits, um besser die verschiedenen Einflüsse in der Wirklichkeit beurteilen zu können. Ich nehme deshalb vorläufig an, daß dieser Idealofen nach außen keine Wärme verliert und mit reinem kohlensauren Kalk $CaCO_3$ beschickt wird.

Aus 100 kg kohlensaurem Kalk entstehen somit 56 kg gebrannter Kalk und 44 kg Kohlensäure.

Es sei weiter angenommen, daß der Brennstoff aus reinem Kohlenstoff C bestehe, dessen Verbrennung nach der thermochemischen Formel

$$C + O_2 = CO_2 + 96\,960 \text{ WE}$$

erfolgt. 1 Mol. C entwickelt somit 96 960 WE (1 Mol. ist die Menge eines Stoffes in Kilogramm, die seinem Molekulargewicht entspricht) und da das

Molekulargewicht des C 12 ist, also 1 Mol. C = 12 kg, so entwickelt 1 kg C bei seiner Verbrennung zu Kohlensäure $\frac{96\,960}{12} = 8080$ WE.

Zur Bestimmung der zum Verdampfen der Kohlensäure aus dem Kalkstein notwendigen Wärmemenge legte man in allen Werken, die über das Kalkbrennen handeln, die von *Favre* und *Silbermann* bestimmten Zahlen zugrunde. In den „Annales de chimie et de physique" 1852, Bd. 36, S. 26, veröffentlichen *Favre* und *Silbermann* ihre Ergebnisse über die Zersetzung des $CaCO_3$, indem sie in einer kalorimetrischen Bombe Islandspat und Aragonit unter Zusatz von Kohle verbrannten. Sie stellten hierbei fest, daß für die Zersetzung von 1 kg Islandspat im Mittel 308 WE verbraucht wurden, führten aber gleichzeitig an, daß diese Zahlen nicht ganz zuverlässig seien, wegen der geringen in der Bombe zersetzten und gebrannten Menge Spat. Sie vermuteten schon damals, daß die notwendige Wärmemenge größer sein müsse, und haben deshalb neue Versuche im Jahre 1853 angestellt (Ann. de chimie et de phys. 1853, Bd. 37, S. 434), aber nicht wieder durch Brennen der Steine, sondern durch Feststellung der bei der Mischung von feinpulverisiertem Spat mit Salzsäure freiwerdenden Wärme. Durch Umrechnung stellen sie für die Zersetzung des Spates, also für das Brennen des reinen kohlensauren Kalkes den Verbrauch von 373,5 WE fest. Diese Zahl ist immer benutzt worden, aber auch sie scheint noch nicht ganz zuverlässig, da sie nicht mit den neuen Zahlen, die *Julius Thomsen* feststellte, genau übereinstimmt. Er stellte die Wärme im Kalorimeter fest, die durch die Zersetzung des Calciums durch Salzsäure frei wird, unter sorgfältigster Beobachtung aller Einflüsse, und berechnet daraus den Wärmeverbrauch für 1 kg $CaCO_3$ zu CO_2 und CaO mit 425,2 WE (*Thomsen*, Thermochemische Untersuchungen, Leipzig 1883, S. 251). Diese Zahl scheint die zuverlässigste zu sein, denn ich finde keine weiteren Angaben, und diese Zahl ist auch in den physik-chemischen Tabellen von *Landolt-Börnstein* aufgenommen.

Die als Grundlage angenommenen 8080 WE werden bei der Verbrennung des Kohlenstoffes frei, wenn der C und die Verbrennungsluft mit 0° zur Feuerstelle geführt werden und wenn sich die abziehenden Endgase und Resterzeugnisse (Asche) wieder auf 0° abgekühlt haben. Aber auch zum Brennen von 1 kg $CaCO_3$ sind 425,20 WE notwendig, wenn die Steine mit 0° eintreten und der Ätzkalk mit 0° austritt. Gelangen die Stoffe (Kalkteine, C, Luft) wärmer zum Ofen, dann vermindert sich der Brennstoffaufwand entsprechend; verlassen die Reststoffe (Ätzkalk, Kohlensäure, Verbrennungsgase) den Ofen wärmer als 0°, dann vermehrt sich der Brennstoffaufwand entsprechend.

Zum Verdampfen der Kohlensäure aus 1 kg kohlensaurem Kalk sind somit 425,2 WE notwendig oder 100 kg erfordern $425{,}2 \cdot 100 = 42\,520$ WE. Zum Kalkbrennen selbst wären also $\frac{42\,520}{8080} = 5{,}26$ kg Kohlenstoff notwendig, wenn die Verbrennungsgase ihre ganze Wärme abgeben und zum Kalkbrennen nutzbar machen können. Sie müßten sich zu dem Zwecke an den eintretenden

Kalksteinen auf 0° abkühlen können. Ob dies möglich ist, muß deshalb vor allen Dingen geprüft werden.

Die spezifische Wärme des kohlensauren Kalkes ist 0,21, und um 100 kg auf die Brenntemperatur (Verdampfungstemperatur) von 856° zu erhitzen, sind $0{,}21 \cdot 100 \cdot 856 = 17\,976$ WE notwendig. Nach *Le Chatelier* ist die spez. Wärme der Kohlensäure:

$$CO_2 = 8{,}26 + 0{,}012\,t - 0{,}00000236\,t$$

und des Stickstoffes:

$$N = 6{,}76 + 0{,}0012\,t.$$

t die Temperatur nach Celsius.

Somit ist die spez. Wärme der Kohlensäure bei 856° ungefähr 0,38, und die aus dem Kalkstein frei werdenden 44 kg CO_2 können $0{,}38 \cdot 856 \cdot 44 = 14\,312$ WE abgeben, also noch nicht ganz so viel, wie zur Vorwärmung der Kalksteine notwendig sind. Für diese zur Vorwärmung der Kalksteine bis auf die Brenntemperatur noch fehlende Wärmemenge stehen aber noch die Verbrennungsgase zur Verfügung. Wir werden bald sehen, daß in diesen noch mehr Wärme als hierfür erforderlich vorhanden, und daß der deshalb verbleibende Überschuß verloren geht, ohne den Brennstoffaufwand zu erhöhen, weil nicht diese aus der Vorwärmezone entweichende Wärmemenge maßgebend ist, sondern die aus der Brennzone entweichende.

Von den 8080 WE wird so lange Wärme für das Brennen nutzbar frei, bis die Gase sich auf die Verdampfungstemperatur von 856° abgekühlt haben. Sind die Verbrennungsgase unter 856° abgekühlt, z. B. auf 855°, so hört jede weitere Verdampfung auf, jedes weitere Brennen des Kalkes. So wenig wie man mit Heizdampf von 99° noch Wasser bei 76 cm Barometerstand, also 100° Siedepunkt, verdampfen kann. Alle Wärme, die dann noch in den Verbrennungsgasen vorhanden ist, geht für das eigentliche Brennen verloren, sie hat eine zu geringe Temperatur, um für diesen Zweck noch nutzbar werden zu können.

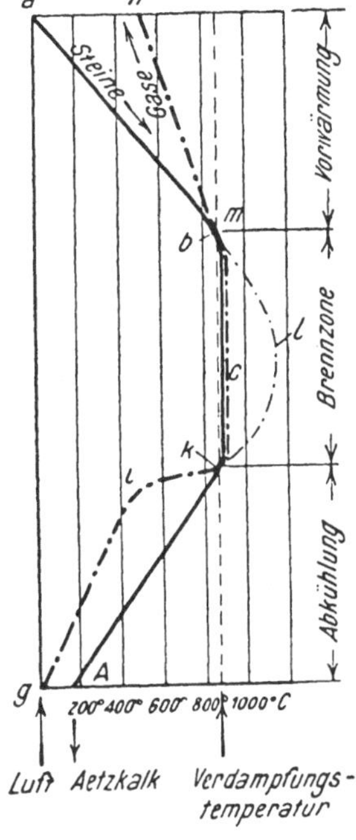

Fig. 13.
Temperaturen im Idealofen.

Die nebenstehende Fig. 13 zeigt schematisch im Idealofen diese Verhältnisse. Die mit der Temperatur a in den Ofen eintretenden Steine werden in der Vorwärmezone bis b angewärmt, durch die abziehenden Gase, die sich von m (hier gleich b) bis n abkühlen. In der Brennzone behalten die Steine die gleichmäßige Verdampfungstemperatur b—c—k und geben in der Abkühlungszone ihre Wärme an die Luft ab, sich bis auf A abkühlend, dabei die Luft von g bis i anwärmend. Es muß in der Brennzone nicht nur die für das Brennen notwendige Wärmemenge zur Verfügung stehen, sondern diese muß auch Temperaturen über 856° besitzen, um wirksam werden zu können. Wenn dann die Wärme mit niedrigerer Temperatur noch zum Vorwärmen der Steine verwendet wird, so ist dies notwendig und schön.

Bei der Verbrennung von 1 kg C zu CO_2 werden nun nicht mehr 8080 WE nutzbar gemacht, sondern vermindert um die Wärmemenge, die durch die mit der Brenntemperatur entweichenden Gase verloren geht. Diese Gasmenge will ich nun berechnen.

Zur Verbrennung von C mit einem Molekulargewicht von 12 sind zur Verbrennung zur CO_2 2 Moleküle Sauerstoff mit einem Molekulargewicht von $2 \cdot 16 = 32$ zuzuführen. Für 1 kg C sind somit $\frac{32}{12} = 2{,}667$ kg O notwendig. Die atmosphärische Luft enthält 23,1 Proz. O, so daß 1 kg C $2{,}667 \frac{100}{23} = 11{,}5$ kg atmosphärische Luft zur Verbrennung benötigt werden. Es entstehen also $11{,}5 + 1 = 12{,}5$ kg Verbrennungsgase.

In diesen 12,5 kg sind enthalten $1 + 2{,}667 = 3{,}667$ CO_2 und $12{,}5 - 3{,}667 = 8{,}833$ kg Stickstoff.

Bei einer Brenntemperatur von 856° beträgt die spez. Wärme der CO_2 0,381 und die des N 0,277. Die 12,5 kg Verbrennungsgase entführen also aus der Brennzone:

$$856 \cdot (3{,}667 \cdot 0{,}381 + 8{,}833 \cdot 0{,}277) = 856\,(1{,}397 + 2{,}447) = 3291 \text{ WE}. \quad (25)$$

Aber diese 3291 WE sind noch nicht ganz für den Ofen verloren, denn der in die Brennzone eintretende, vorgewärmte Koks führt davon wieder einen Teil zurück und auch noch einen Teil in die Kalksteine. Die Kalksteine können noch die in der entweichenden Kalksteinkohlensäure nicht mehr zur Verfügung stehenden 17 976 bis 14 312 WE aus den abziehenden Verbrennungsgasen aufnehmen und nutzbringend in die Brennzone zurückführen. Die Wärmemenge, die der sich vorwärmende Koks in die Brennzone zurückführt, kann man nicht so wie die der Kalksteine zu den Steinen in Beziehung bringen. Ihre Menge ist nicht unmittelbar von den Kalksteinen abhängig, sondern von der Koksmenge, die auf den Kalkstein angewendet wird. Deshalb wird man diese Wärme mit der aus dem Koks freiwerdenden Wärmemenge zweckmäßig in Beziehung setzen.

Um nun den Brennstoffaufwand im Idealofen berechnen zu können, müssen wir uns über die Wärmemengen klar werden, die dem Kalkofen zu- und von ihm abgeführt werden. Der Verlust ist durch die Verbrennung des Brennstoffes zu decken.

Die in der Brennzone freiwerdende Kalksteinkohlensäure besitzt 14 312 fühlbare Wärmeeinheiten und die entstandenen 56 kg Ätzkalk besitzen in der Brennzone:

$$0{,}21 \cdot 56 \cdot 856 = 10\,067 \text{ WE} \quad (26)$$

fühlbare Wärmeeinheiten, die durch die Abkühlung frei werden. Außerdem sind in beiden chemisch die zur Zersetzung aufgewendeten 42 520 WE gebunden. Diese Wärmemengen müssen gleich sein der Wärme, welche durch die verschiedenen Stoffe der Brennzone zugeführt werden. Durch den vorgewärmten Kalkstein werden 17 976 WE zugeführt, und durch die sich an dem Ätzkalk erwärmende Verbrennungsluft werden die in ihm vorhanden gewesenen 10 067 wieder zurück zur Brennzone gebracht. Die dann noch fehlende Wärmemenge X muß durch Verbrennung von Kohlenstoff erzeugt werden, und es ergibt sich aus folgender Gleichung:

$$14\,312 + 10\,067 + 42\,520 = 17\,976 + 10\,067 + X$$
$$X = 38\,856 \text{ WE}. \qquad (27)$$

Es ergibt dies folgende Zusammenstellung:

Vom Vorwärmen 100 kg $CaCO_3$ +	17,976 WE	44 kg CO_2 mit	14,312 WE	beim Abkühlen
Vom Verbrennen des C	38,856 „	56 „ CaO „	10,067 „	frei werdend
Vom Ätzkalk durch die Verbrennungsluft zurückgeführt	10,067 „		42,520 „	chem. gebunden
Vor dem Brennen	66,899 WE	nach d. Brennen	66,899 WE	

Die nebenstehende Fig. 14 zeigt dies noch deutlicher. Die aufsteigende CO_2 gibt die 14 312 WE an die niedersinkenden Steine ab, diese vorwärmend. Diese Wärme vollführt also in der Vorwärmezone einen ununterbrochenen Kreislauf. Aber die niedersinkenden Steine können nicht nur die aus der CO_2 freiwerdenden 14 312 WE aufnehmen, sondern bis 17 976 WE. Die fehlenden $17\,976 - 14\,312 = 3664$ WE werden den aus der Brennzone mit 856° abziehenden Verbrennungsgasen entnommen, ohne daß dadurch ein größerer Brennstoffaufwand entsteht. Durch diese Rückführung der 3664 WE wird auch noch an Brennstoff gespart, so daß der C-Verbrauch entsprechend dieser Ersparnis geringer zu berechnen ist. Würden diese dorthin nicht zurückgeführt, so müßten hier für die Zersetzung des Kalksteines, der Verdampfung der CO_2, 42 520 WE durch Verbrennung des C voll zur Verfügung stehen, dagegen wirklich nur die schon vorberechneten $42\,520 - 3664 = 38\,856$ WE.

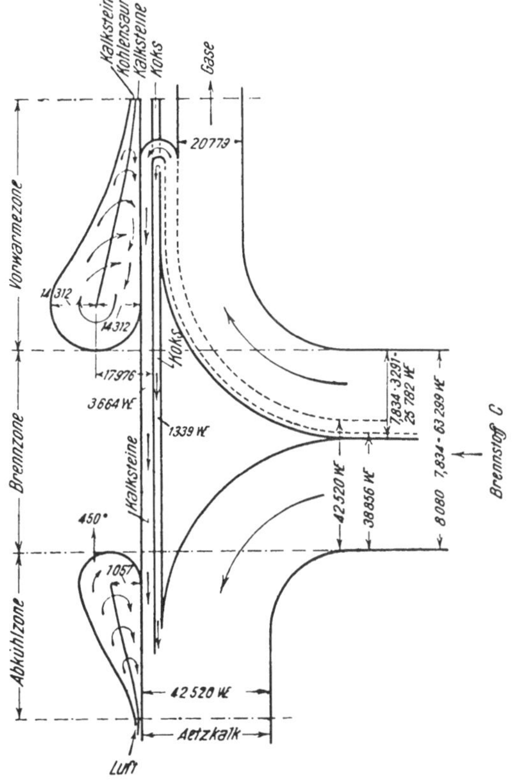

Fig. 14. Verteilung der Wärme im Idealofen.

In der Abkühlungszone gibt der niedersinkende Ätzkalk seine fühlbare

Wärme im Betrage von 10067 WE an die aufsteigende Verbrennungsluft ab, diese vorwärmend. Auch diese 10 067 WE vollführen in der Abkühlungszone einen Kreislauf. Es ist dies notwendig, um in der Brennzone mit den 42 520 — 3664 WE auszukommen; denn würde z. B. der Ätzkalk heiß mit 856° abgezogen, dann würden der Brennzone diese 10 067 WE entzogen, und sie müßten durch größeren Brennstoffaufwand ersetzt werden. Man kann deshalb auch nicht etwa rechnen, daß durch die Vorwärmung der Verbrennungsluft sich auch die nutzbare Wärmeabgabe des Brennstoffes erhöht, denn dann würde man ja diese Wärmemenge doppelt als nutzbringend in Rechnung stellen.

Aus der Abbildung ersieht man also, daß sich die fühlbare Wärme der CO_2 und die des CaO im Ofen im Kreislauf bewegen, also ständig in gleicher Menge vorhanden sind. Aus dem Ofen entweichen mit dem Ätzkalk einerseits die gebundenen 42 520 WE, andererseits die noch in den Verbrennungsgasen vorhandene Wärmemenge.

Da die Verbrennungsgase die Brennzone mit 856° verlassen und in der Brennzone 38 856 WE notwendig sind, so können die Gase nur die Wärmemenge nutzbar abgeben, bis sie auf 856° abgekühlt sind. Ich habe nun schon früher berechnet (S. 68), daß durch die aus je 1 kg C entstehenden Verbrennungsgase 3291 WE aus der Brennzone entführt werden, bei einer Brenntemperatur von 856°. Durch die Vorwärmung nimmt je 1 kg C aus den Abgasen je $1{,}01 \cdot 0{,}2 \cdot 856 = 171$ WE auf, dadurch der Brennzone wieder zuführend, so daß nur $3291 - 171 = 3120$ WE entweichen.

Für die in der Brennzone noch aufzuwendenden 38 856 WE sind somit erforderlich:

$$\frac{38\,856}{8080 - 3120} = \frac{38\,856}{4960} = 7{,}834 \text{ kg C.} \tag{28}$$

Mit weniger auszukommen, ist ausgeschlossen, denn hierzu kommen noch beim wirklichen Ofen verschiedene Verluste. Ich werde gleich zeigen, daß diese Geringstmengen von 7,8 kg Kohlenstoff für 100 kg kohlensauren Kalk, die im Idealofen genügen, in Wirklichkeit überschritten werden. Es ist aber doch nützlich, vorher klar zu sehen, wie der kleinste Kohlenstoffverbrauch überhaupt sei, um danach z. B. den vorhandenen Ofen auf seine Güte beurteilen zu können.

Erst jetzt könnte man eine Gleichung (Bilanz) über den Verbleib der zugeführten und abgeführten Wärme aufstellen, nachdem dafür gesorgt ist, daß in der Brennzone auch tatsächlich die notwendige Wärme zur Verfügung steht.

Zugeführt werden $\qquad\qquad$ abgeführt werden

$$\underset{\text{vom C}}{8080 \cdot 7{,}834} + \underset{\text{von den Kalksteinen}}{0^\circ} + \underset{\text{von der Luft}}{0^\circ} = \underbrace{42\,520 + 0^\circ}_{\text{vom Ätzkalk}} + \underbrace{3291 \cdot 7{,}834 - 3664 - 171 \cdot 7{,}834}_{\text{von den Gasen}}$$

$$63\,299 = 63\,299$$

Daß man den berechneten Kohlenstoffverbrauch nicht unmittelbar mit dem Koksverbrauch vergleichen darf, sondern erst nach entsprechender Umrechnung unter Benutzung der wirklich im Koks vorhandenen Wärmeeinheiten, ist wohl selbstverständlich.

Die von mir berechneten 7,8 kg C werden, wie schon gesagt, durch den Abkühlungsverlust, den Luftüberschuß u. dgl. vermehrt. Es ist wohl zu beachten, daß nach *le Chatelier* das Verdampfen schon bei 812° beginnt (nach *Pott* bei 900°), also früher als im Mittel von mir zu 856° angenommen.

Es ist deshalb nicht unmöglich, daß man mit einer anderen Menge C auskommt, die eben überschläglich gemäß der von den Physikern festgestellten Brenntemperaturen von 812 bis 900° im Mittel 856° zwischen 7,4 und 8,2 kg im Mittel 7,8 kg liegt. Daß meine neue Berechnung absolut vollständig ist, will ich nicht behaupten, sie zeigt sicher Mängel, die zum Teil mit den zur Verfügung stehenden Daten, zum Teil mit der Neuheit der Art zusammenhängen. Jedenfalls dürfte aber meine Rechnung vieles aufgeklärt haben und manchen ein bedeutendes Stück in das innere Wesen des Kalkofens eindringen helfen, denn nur dadurch ist ein Fortschritt möglich, nicht dadurch, daß nach Rezepten weiter gearbeitet wird.

15. Einfluß der Brenntemperatur auf den Brennstoffverbrauch.

Im vorherigen Kapitel habe ich bei der Berechnung des Brennstoffverbrauches im Idealofen die Verdampfungstemperatur als mittlere Brenntemperatur mit 856° angenommen. Hier soll der Einfluß der Brenntemperatur, wie sie im Kalkofen wirklich herrscht und die stets über der Verdampfungstemperatur liegt, bestimmt werden.

Der Temperaturunterschied zwischen den entweichenden Gasen und dem vorgewärmten Kalk beträgt in der Vorwärmezone des Idealofens unten beim Anschluß an die Verdampfungszone $b - m = 856 - 856 = 0°$. Zum Schluß wäre also der Temperaturunterschied 0°, das heißt, die Wärmemenge, die zuströmt, ist unendlich klein, so daß die Vorwärmezone unendlich groß sein müßte. Da man aber in der Wirklichkeit nicht unendlich große Vorwärmezonen zur Verfügung hat, so muß man sich entweder mit einer weniger weitgehenden Vorwärmung begnügen oder die Gastemperatur (Verbrennungstemperatur) erhöhen. Es ist dies auch notwendig in der Brenn- bzw. Verdampfungszone, denn dort ist der Temperaturunterschied zwischen den Heizgasen, die 856° zeigen, und dem Kalk mit 856 gleich Null. Auch hier müßte die Brennzeit unendlich groß werden. In der Wirklichkeit arbeitet man deshalb im Kalkofen mit einer höheren Brenntemperatur der Gase. Dann herrscht ein gewisser Temperaturunterschied zwischen l und c, wie er aus der Fig. 13 (S. 67) ersichtlich ist. In welcher Weise dieser Temperaturunterschied, die Brenntemperatur, die Aufenthaltszeit bzw. die Leistung des Ofens beeinflußt, habe ich schon berechnet. Je höher die Brenntemperatur, je größer ist die Leistungsfähigkeit des Ofens. In dieser Beziehung wäre also eine hohe Brenntemperatur erwünscht. Aber wir werden sehen, daß damit auch der Brennstoffverbrauch recht bedeutend steigt. Dies will ich erst an einem Beispiel erläutern.

Bei einer Brenntemperatur von 1030° beträgt die spez. Wärme der CO_2

0,41 und die des N 0,284. Die aus 1 kg C entstehenden 12,5 kg Verbrennungsgase entführen dann dem Ofen:

$$1030 \cdot (3{,}667 \cdot 0{,}41 + 8{,}833 \cdot 0{,}284) - 171 = 4223 - 171 = 4152 \text{ WE}.$$

1 kg C kann demnach im Kalkofen nur 8080 — 4152 = 3928 WE nutzbar machen, und es sind nicht mehr 7,8 kg C für 100 kg kohlensauren Kalk notwendig, sondern:

$$\frac{38\,856}{3928} = 9{,}9 \text{ kg}$$

oder die Brenntemperatur von 1030° beansprucht allein schon einen Mehrverbrauch an C von 9,9 — 7,8 = 2,1 kg oder:

$$\frac{9{,}9}{7{,}8} \cdot 100 - 100 = 27 \text{ Proz.}$$

Bei einer Brenntemperatur von 1200° beträgt die spez. Wärme der CO_2 0,438 und die des N 0,292, so daß die aus 1 kg C entstehenden 12,5 kg Verbrennungsgase enthalten:

$$1200 \cdot (3{,}667 \cdot 0{,}438 + 8{,}833 \cdot 0{,}292) - 171 = 5022 - 171 = 4851 \text{ WE},$$

die mit den abziehenden Gasen verloren gehen. Es zeigt die nachstehende Fig. 15 diese Wärmemenge, die bei verschiedenen Brenntemperaturen verloren geht.

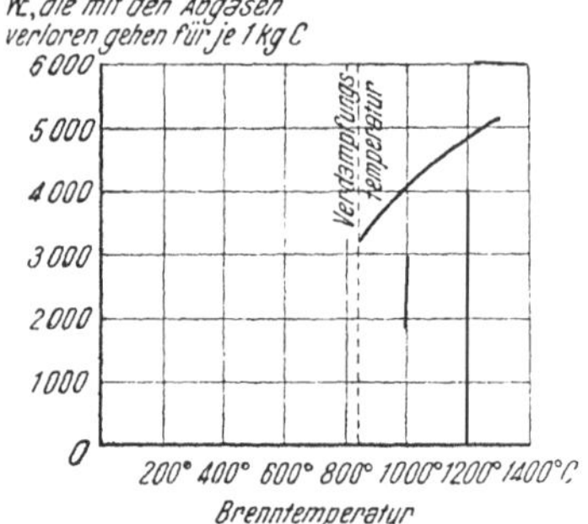

Fig. 15. Abhängigkeit des Abgaswärmeverlustes von der Brenntemperatur.

Man sieht, daß die Erhöhung der Brenntemperatur einen ganz bedeutenden Mehraufwand an Brennstoff erfordert. Man muß aber mit der Brenntemperatur über die eigentliche Verdampfungstemperatur von 856° gehen, um eben die Brennzeit auf ein zulässiges Maß zu bringen. Bei einer Gastemperatur von 856° würde keine Wärme an den Kalkstein zum Kalkbrennen übergehen, ebensowenig, wie man mit Heizdampf von 100° im ersten Verdampfer verdampfen kann, wenn im Verdampfraum auch eine Temperatur von 100° herrscht. Die Brennzeit würde also unendlich groß. Dagegen führte ich in der Formel 12 (S. 34) die Brennzeiten an, bei einer Brenntemperatur von 1030°. Nach dieser Formel ist die Brennzeit:

$$z = \frac{1000}{3} \cdot 425{,}2 \, \frac{r \cdot j}{K_k \cdot U},$$

wenn U der Temperaturunterschied zwischen den Brenngasen und den Steinen ist. Die Brennzeit ist also proportional dem Temperaturunterschied U. Bei 1030° ist $U = 1030 - 856 = 174°$, dagegen z. B. bei 1200° 1200 — 856 = 344° oder ungefähr zweimal größer. Die Brennzeit vermindert sich auf die Hälfte. Ist der Ofen klein, so kann man durch Erhöhung der Brenntemperatur die Leistung des Ofens erhöhen, aber unter Mehraufwand von Brennmaterial.

Mit der Brenntemperatur wird man nicht gern über 1200° gehen, weil dann der Kalk leicht totgebrannt wird. Ich will nicht im einzelnen vorrechnen, wie sich die Brennzeit und der Brennstoffverbrauch ändern, sondern dies gleich in die nebenstehende Fig. 16 zeichnerisch darstellen. Diese Abbildung zeigt, daß bei einer Temperatur von 1200° der Mehraufwand an Kohlenstoff schon 5,1 kg beträgt, wobei allerdings, wie schon gesagt, gleichzeitig die eigentliche Brenndauer auf ungefähr die Hälfte abgekürzt wird. Diese Beschleunigung muß somit recht teuer erkauft werden. Jeder, der einen zu kleinen Kalkofen besitzt, sollte sich klar darüber werden, was ihm dieser an unnützem Brennstoff auffrißt. Eine Zuckerfabrik, die in der Betriebszeit 100 000 Ztr. Rüben verarbeitet und $2^1/_2$ Proz. Ätzkalk zusetzt, also $2{,}5 \cdot \frac{100}{56} = 4{,}5$ Proz. kohlensauren Kalk, muß $\frac{1\,000\,000 \cdot 50 \cdot 4{,}5}{1000 \cdot 100} = 2250$ t kohlensauren Kalk brennen.

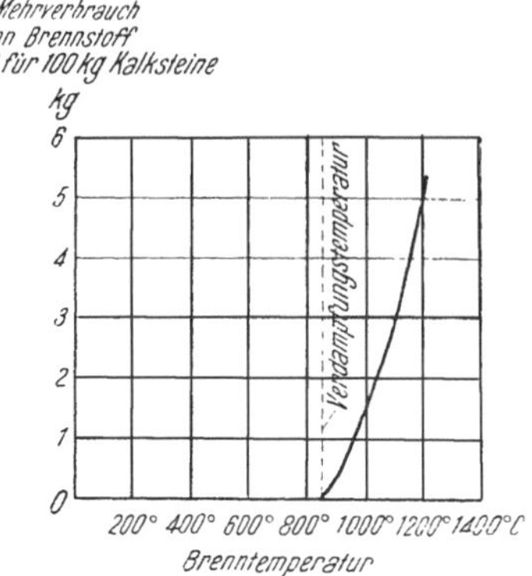

Fig. 16. Zunahme des Brennstoffverbrauches mit der Brenntemperatur.

Bei einer Brenntemperatur von 1200° beträgt nach Fig. 16 der Koksmehrverbrauch gegenüber der bei 1030° 5,1 — 2,2 = 2,9 kg Kohlenstoff für 100 kg kohlensauren Kalk oder 29 kg für 1 t. Der C gibt bei seiner Verbrennung 8080 WE frei, dagegen Koks durchschnittlich 7000 WE, so daß den 29 kg Kohlenstoff $29 \cdot \frac{8080}{7000} = 33{,}5$ kg Koks entsprechen.

Der Gesamtverbrauch an Koks während der Betriebszeit der Zuckerfabrik beträgt $2250 \cdot 33{,}5 = 75\,375$ kg, die bei einem Kokspreis von 1,65 Mk. für 100 kg eine Mehrausgabe von $\frac{75\,375 \cdot 1{,}65}{100} = \infty 1250$ Mk. verursachen, die durch einen reichlich bemessenen Ofen erspart werden können. Daß bei niedriger Brenntemperatur noch die feuerfeste Auskleidung des Ofens geschont und durch Vermeidung des Totbrennens Störungen vermieden werden, sei nur nochmals erwähnt.

Bei meiner Berechnung des Mehrverbrauches durch die Erhöhung der Brenntemperatur habe ich angenommen, daß die Gase die Brennzone mit einer Temperatur verlassen, die sich aus dem Temperaturunterschied U ergibt. Bei einem reichlich bemessenen Ofen, bei der Verfeuerung harten Kokses, kann aber doch noch ein Teil der Gaswärme nutzbar gemacht werden, indem sich das Gas etwas abkühlt und den 856° mehr nähert. Es verlangt also einen schwach belasteten Ofen, der dann auch schon an und für sich mit einer geringeren Brenntemperatur auskommt. Eine genaue Berechnung wäre sehr umständlich, ohne daß zuverlässige Zahlen zu erlangen sind. Deshalb will ich davon absehen und will nur in der Fig. 17 die Vorgänge bildlich darstellen. Beim Durchtritt der Steine durch die Vorwärmezone werden die Steine von der Eintrittstemperatur auf 856° angewärmt, wie dies die Linie a—b zeigt. Dann bleibt diese Temperatur gleichmäßig. Gegen Ende der Brennzone zu, mit der fortschreitenden Verdampfung der Kohlensäure, die deshalb keine Überhitzung verhindern kann, erwärmen sich die Steine noch über 856°, bis zum Punkte c. Dann kühlen sich die Steine in der Brennzone von c—d ab, wobei ein Nachbrennen der Steinkerne, durch Abgabe der Überhitzungswärme, erfolgt. Die Temperaturlinie b—c—d des Kalkes entspricht einer mittleren Temperaturlage nach der Linie e—f.

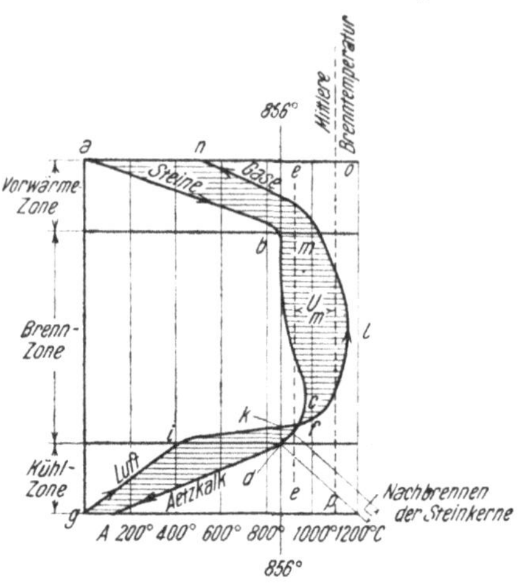

Fig. 17.
Temperaturen des Kalkes und der Gase.

Die Verbrennungsluft wird durch den niedersinkenden Ätzkalk von g auf i erwärmt. Von dort an erfolgt eine schnell ansteigende Erhitzung k, durch die Verbrennung der letzten Koksreste, die weiter bis l ansteigt mit der Zunahme der Verbrennung. Dann wird die Temperatur sinken, weil einerseits erst die Verbrennung lebhaft werden muß und andererseits, am Anfang der Brennzone, der Wärmeverbrauch durch den Kalk sehr lebhaft ist. Mit einer Temperatur m verlassen die Gase die Brennzone, um sich durch die Vorwärmung der Steine bis auf n° abzukühlen und mit dieser Temperatur den Ofen zu verlassen. Die Gastemperatur k—l—m in der Brennzone entspricht dann einer mittleren Brenntemperatur o—p. Der Unterschied zwischen dieser und der mittleren Kalktemperatur e—e stellt den mittleren Unterschied U dar, den wir in unserer früheren Rechnung benutzten. Da unter diesen Umständen die Gase die Brennzone nicht mit der Temperatur $o—p = 856 + U$, sondern mit der etwas niedrigeren Temperatur m verlassen, so wird der in Fig. 16 dargestellte Brennstoffmehraufwand auf diese Temperatur bezogen werden müssen.

Um Mißverständnissen vorzubeugen, sei nochmals darauf hingewiesen, daß die Verminderung des Brennstoffverbrauches nur bis zur Erreichung der Verdampfungstemperatur (das sind bei atmosphärischem Luftdruck 856°) zu erzielen ist. Wie dies aus der Fig. 16 auch ersichtlich. Aber wenn man unter diese Temperatur geht, kommt die Verdunstungserscheinung zur Geltung, die wieder den Brennstoffverbrauch vermehrt, wie ich dies schon Seite 20 erwähnte bei der Betrachtung über die Wirkung des Wasserdampfes auf das Kalkbrennen. Das Verdunsten, Verdampfen der Kohlensäure aus den Kalksteinen in die mit Kohlensäure nicht gesättigte Luft, bei Temperaturen unter der eigentlichen Brenntemperatur kann keine Ersparnis bringen. Die größere Menge Luft verbraucht für ihre Erwärmung mehr Wärme, als durch die Erniedrigung der Brenntemperatur je gewonnen werden könnte. Wohl aber wäre zu prüfen, ob durch Verdunstung in der Vorwärmezone durch Verwendung der noch vorhandenen Abgaswärme an Brennstoff gespart und wesentliche Kalkmengen gebrannt werden.

Die Abgase des Idealofens enthalten etwa 40 Vol.-Proz. Kohlensäure. Diese Kohlensäure übt einen Teildruck von $760 \cdot 0{,}40 = 304$ mm aus. Sowie, durch die Vorwärmung der Steine, die Temperatur erreicht wird, die diese Dampfspannung der CO_2 erzeugt, beginnt die Verdampfung der CO_2, das Brennen. Dieser Teildruck wird bei einer Temperatur von etwa 790° erzeugt, nach Fig. 2, so daß schon bei dieser das Abdampfen der CO_2 beginnt. Aber nur an die, an der Oberfläche der Steine vorbeistreichenden, noch nicht vollständig mit CO_2 gesättigten Luft. Es findet nur dort eine Abdampfung der CO_2 statt, wo diese ungesättigte Luft hindringt. In das Steininnere kann die Luft nur sehr langsam dringen, nur langsam durch Diffusion und nur langsam findet somit ein Ausgleich und ein Entweichen der CO_2 bei dieser, unter der Verdampfungstemperatur liegenden Verdunstungstemperatur statt. Genau so langsam wie ein dicker Körper durch Verdunsten im Innern austrocknet, also das Wasser in die vorbeistreichende Luft hineinverdampft, unter langsamem Diffusionsausgleich. Wie langsam dies beim Kalkstein geschieht, sieht man aus den Versuchen *Herzfeld*s (Festschrift, S. 453). Erbsengroße Stücke von Marmor verloren im Platintiegel bei einstündiger Brenndauer bei 800° 1,08 Proz. an Gewicht (gegen 15,4 Proz. bei 900°; bei 1040° waren sämtliche Proben in einer Stunde vollständig durchgebrannt). Während bei den erbsengroßen Stücken das Verhältnis der Oberfläche zum Inhalt etwa 1,2 beträgt, ist es bei 100 mm großen Stücken etwa 0,06, also 20 mal kleiner. Solche Stücke würden dann, da es nur eine Oberflächenwirkung der vorbeistreichenden Luft ist, auch nur den zwanzigsten Teil verlieren in einer Stunde oder $\frac{1{,}08}{20} = 0{,}054$ Proz.

Natürlich kann die Verdunstung nur während der Zeit erfolgen, in der die Steine sich von der Stelle, auf der sie sich auf 790° erwärmt haben, bis zur Brennzone bewegen, denn dann beginnt der eigentliche Brennprozeß. Andererseits kann sie in die abziehenden Gase nur so lange erfolgen, als sie diese durch die, infolge Verdunstun entweichende CO_2 anreichert und so nach erfolgter Sättigung keine CO_2 mehr aufnehmen kann. Diese Zeit zur Erwärmung von 790° auf die Brenntemperatur von 856° beträgt aber in allen Fällen nur wenige Stunden. Selbst in 5 Stunden würden durch die Verdunstung 0,27 Proz. an Gewicht verloren oder noch nicht 0,6 Proz. an Kalk gebrannt. Durch die Verdunstung in der Vorwärmezone wird also nur wenig Kalkstein vorgebrannt.

Diese schon in der Vorwärmezone gebrannte Kalkmenge vermindert den Brennstoffverbrauch in der Brennzone, weil in der Vorwärmezone dies Brennen durch Wärme aus den die Brennzone verlassenden Heizgasen erfolgt, durch Wärme, die sonst für den Brennvorgang verloren wäre.

Diese Ersparnis durch die Verdunstung beträgt somit ebenfalls nur 0,6 Proz. des sonstigen Kohlenstoffverbrauches. Ist er vorher zu 7,83 kg auf Kalkstein bezogen berechnet, so vermindert er sich um $\frac{7{,}83 \cdot 0{,}6}{100} = 0{,}05$ kg C.

Also so wenig, daß die Verdunstung vollständig außer acht gelassen werden kann.

Ich wollte aber trotzdem diese Zahlen hier berechnen, um darüber Klarheit zu schaffen, um zu sehen, ob die Verdunstung von wesentlichem Einfluß sei.

Während durch die Verdunstung in der Brennzone, wie schon gesagt, eine Brennstoffersparnis nicht zu erwarten ist, wegen des großen für die Verdunstung notwendigen Luftüberschusses, so könnte man schließlich daran denken, diese Luft ganz auszuschließen. Die Luft ist für das Kalkbrennen als solches unnötig, es kann, wie schon erwähnt (S. 9), in geschlossenen Retorten erfolgen. Erzeugt man dann in diesen Unterdruck, dann wird diesem entsprechend die Brenntemperatur sinken. Nach Fig. 2 verdampft die Kohlensäure bei z. B. 100 mm Quecksilbersäule, was einer Luftleere von 65 cm entspricht, immerhin erst bei etwa 700°. Wobei sich der Brennstoffverbrauch für das eigentliche Brennen nicht vermindert, da auch hier die gleiche Wärmemenge nötig ist, wie beim Überdruck. Genau wie in den Flüssigkeitsverdampfern in jedem Falle die gleiche Wärmemenge aufzuwenden ist, ob ich 1 kg Wasser bei Unterdruck (Vakuumverdampfer) oder Überdruck (Pauly-Greiner-Verdampfer, Seewasserverdampfer u. dgl.) verdampfe. Wohl aber könnte man dadurch auf eine gewisse Wärmeersparnis rechnen, daß dann die Heizgase die Brennzone mit einer niedrigeren Temperatur verlassen. Während nach Fig. 16 eine Zunahme von etwa 156° (eine Brenntemperatur von etwa 1012°) einen Mehrverbrauch von 1,6 kg C verlangt, würde dann bei 700° eine Ersparnis von etwa 0,9 kg C (wie auf Fig. 18 dargestellt) zu erwarten sein. Ja, sie könnte bis auf 2,3 kg steigen, so daß der C-Verbrauch auf den für die theoretische Zersetzung nötigen Wert (siehe S. 66) von 7,8 — 2,5 = 5,3 kg sinkt. Dann beträgt die Brenntemperatur 0°, und es muß auch der Druck entsprechend gesunken sein, so weit, wie er in der Technik mit den an dieser Stelle in Frage kommenden Einrichtungen nicht zu erreichen ist. Schon der Unterdruck von 65 cm, um mit 700° brennen zu können, dürften in der Erzeugung und Erhaltung hier große Schwierigkeiten bereiten, solche, die den kleinen Gewinn von 0,9 kg C kaum aufwiegen. Die Zu- und Abführung des Kalkes in die unter Luftleere stehende Retorte ist schwierig, verlangt teure Einrichtungen; die Pumpen zum Absaugen der Kalksteinkohlensäure, die einen um das Siebenfache größeren Raum einnehmen, müssen eine entsprechend größere Ansaugleistung besitzen. Das Kalkbrennen unter größerem Unterdruck läßt deshalb einen Vorteil nicht erwarten, aber die vorstehende Über-

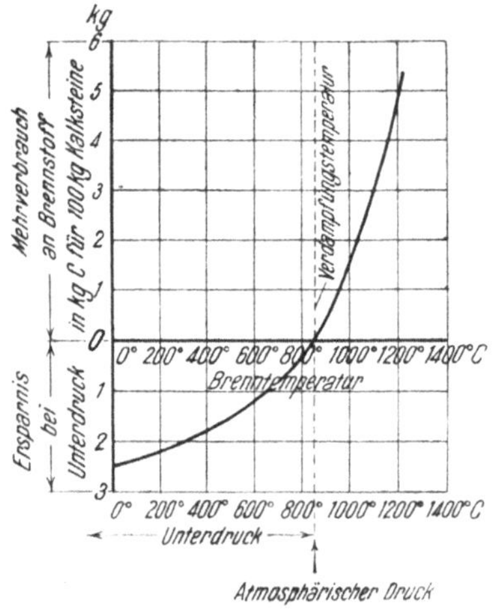

Fig. 18. Abhängigkeit des Brennstoffverbrauches von der Brenntemperatur.

legung zeigt, daß mit dem Unterdruck der Brennstoffverbrauch sinkt, also auch durch den bisher im Kalkofen herrschenden geringen Unterdruck unter dem Einfluß der Gaspumpe. Dieser Unterdruck ist aber so gering, daß er auf die Brennstoffverminderung in kaum meßbarer Weise zur Geltung kommt.

16. Der Einfluß der Luftfeuchtigkeit auf den Brennstoffverbrauch.

Im Abschnitt 5 haben wir gesehen, daß der Wasserdampf, der unten in den Ofen eintritt, den Brennstoffverbrauch vermindert. Demnach müßte auch die Luftfeuchtigkeit in diesem Sinne günstig wirken, weil sie beim Durchtritt durch den gebrannten Kalk von diesem aufgenommen wird. Die Luft wird vollkommen getrocknet in die Brennzone eintreten, während der zurückgehaltene Wasserdampf die entsprechende Menge Ätzkalk in Kalkhydrat verwandelt. Nach Seite 25 werden für je 18 g-Mol. gebundenen flüssigen Wassers 15,54 WE frei. Diese 18 g-Mol. entsprechen 56 + 18 = 74 g-Mol. $Ca(OH)_2$ oder 100 g zu brennendem $CaCO_3$. Bzw. 100 kg kohlensaurer Kalk entsprechen einem Verbrauch von $\frac{18}{100} \cdot \frac{1000}{1000} \cdot 100 = 18$ kg Wasser, um die aus ihm gewonnenen 56 kg Ätzkalk ablöschen zu können. Für 18 kg würden 15 540 WE oder für 1 kg $\frac{15\,540}{18} = 863$ WE frei, wenn das Wasser zum Löschen im flüssigen Zustande angewendet wird.

In der Luft steht nun aber das Wasser in Dampfform zur Verfügung, so daß bei seiner Verflüssigung (Kondensation) auf dem Ätzkalk die Verdampfungswärme noch frei wird. Das sind etwa 600 WE. Insgesamt werden durch je 1 kg aus der Luft vom Ätzkalk aufgenommenen Wassers 863 + 600 = 1463 WE frei und nutzbar in den Ofen zurückgeführt. Wieviel Wasser wird nun auf diese Weise dem Kalkofen zugeführt?

1 cbm Luft enthält bei voller Sättigung bei	0°	0,004 kg Wasserdampf
1 „ „ „ „ „ „ „	20°	0,015 „ „
1 „ „ „ „ „ „ „	30°	0,028 „ „

Vollkommen gesättigt ist unsere atmosphärische Luft mit Wasserdampf nie, man kann aber doch annehmen, daß mit je 1 cbm bei schwülem Wetter etwa 0,025 kg zugeführt werden. Der Idealofen benötigt 70 cbm Luft, bringt somit etwa 1,5 kg Wasser in den Ofen oder $1{,}5 \cdot 1463 = 2145$ WE. Nach Fig. 14 müssen dem Idealofen 63 299 WE zugeführt werden, so daß durch die zurückgeführten 2145 WE etwa $\frac{2145}{63\,299} \cdot 100 = \backsim 3{,}4$ Proz. an Brennstoff erspart werden. Bei schwülem, feuchtem Wetter wird man mit weniger Brennstoff auskommen, durch die Wirkung der Luftfeuchtigkeit. Dieses Ergebnis beim Kalkofen steht im Gegensatz zu den Erfahrungen am Hochofen, wo eine entsprechende Menge an Brennstoff durch vollkommenere Trocknung der Gebläseluft erspart wird.

17. Abkühlungsverluste des Schachtkalkofens.

Die Wärme, welche der Kalkofen durch Abkühlung in der Vorwärmezone verliert, wird von den abziehenden Gasen gedeckt und setzt deren Temperatur herunter. Da mit den abziehenden Gasen sowieso Wärme für den Ofen verlorengeht, so ist es an und für sich gleichgültig, ob diese durch Abkühlung an den Wandungen oder unmittelbar mit den Gasen entweicht. Sie werden durch die an sich für den Ofen verlorengehende Wärme gedeckt, brauchen also nicht besonders in Rechnung gestellt zu werden. So lange also die Wärme in den Abgasen nicht anderweitig verwendet wird, so lange ist es gleichgültig, wie hoch die Abkühlungsverluste in der Vorwärmezone sind. Ja, man könnte daran denken, die noch in den Abgasen vorhandene Wärme für die Verminderung der Abkühlungsverluste in der Brenn- und Abkühlungszone zu verwenden.

Die Abkühlungsverluste in der Brennzone und Kühlzone müssen, um das Brennen ungestört aufrechterhalten zu können, durch größere Zufuhr an Brennstoff gedeckt werden. Dieser Verlust ist schwer durch Messen zu bestimmen, wohl aber kann man sich rechnerisch ein Bild von seiner Größe machen und daraus gute Schlüsse ziehen.

Um die Wärmeverluste durch Abkühlung des Kalkofens berechnen zu können, muß zuerst wieder die Wärmeübergangszahl bestimmt werden von den Brenngasen über die Schamotteschicht, die Isolierschicht und den Schutzmantel nach der Außenluft (Fig. 19). Diese Wärmeübergangszahl K_M ist abhängig

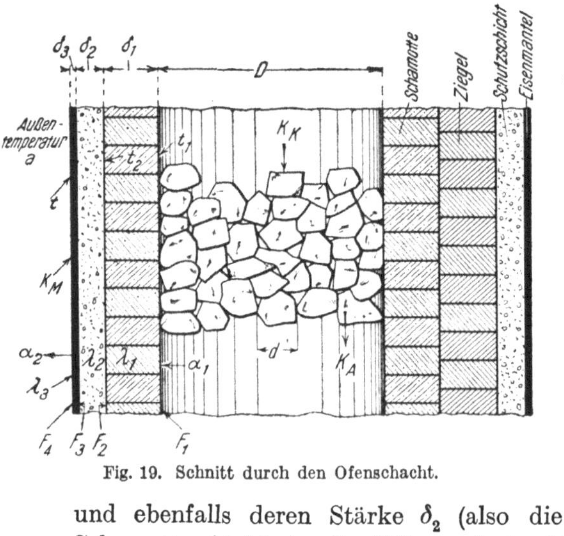

Fig. 19. Schnitt durch den Ofenschacht.

von der Wärmeeintrittszahl α_1 (diejenige Wärmemenge, die von den Kalkofengasen in die Schamotteschicht eintritt),

von der Wärmeleitzahl λ_1 der Schamotteschicht und deren Stärke δ_1 (also der Wärmemenge, welche die Schamotteschicht weiterleiten kann),

von der Wärmeleitzahl λ_2 der Wärmeschutzschicht und ebenfalls deren Stärke δ_2 (also die Wärmemenge, die von der Schamotteschicht in die Wärmeschutzschicht eintritt und sie weiterleiten kann),

von der Wärmeleitzahl λ_3 des Schutzmantels und dessen Wandstärke δ_3, und endlich von der Wärmeaustrittszahl α_2 (diejenige Wärmemenge, die von dem Schutzmantel an die Außenluft abgegeben wird durch Strahlung und Leitung).

Die Wärmeübergangszahl berechnet sich nun wieder nach der bekannten Formel zu:

$$K_M = \frac{1}{\frac{1}{\alpha_1} + \frac{\delta_1}{\lambda_1} + \frac{\delta_2}{\lambda_2} + \frac{\delta_3}{\lambda_3} + \frac{1}{\alpha_2}}, \tag{29}$$

wenn die Kalkofenwandung eine ebene Fläche darstellt. In Wirklichkeit ist der Kalkofen aber zylindrisch, so daß die die Wärme leitenden Flächen nach außen hin immer größer werden. Diesen Einfluß kann man berücksichtigen, wenn man die einzelnen Wärmeleit- und Übergangszahlen mit den zugehörigen Flächenelementen multipliziert. Für die Wärmeeintrittszahl α_1 gilt die Fläche $F_1 = 1$, die anderen Flächen nehmen entsprechend den Zylinderhalbmessern zu. Die Wärmeübergangszahl wird dann:

$$K_M = \frac{1}{\frac{1}{\alpha_1 \cdot F_1} + \frac{\delta_1}{\lambda_1 \cdot F_1} + \frac{\delta_2}{\lambda_2 \cdot F_2} + \frac{\delta_3}{\lambda_3 \cdot F_3} + \frac{1}{\alpha_2 \cdot F_4}}. \tag{30}$$

An einem Beispiel will ich nun K_M berechnen, und ich nehme die Schamotteschicht mit $\delta_1 = 250$ mm $= 0{,}25$ m an, die der Isolierschicht $\delta_2 = 75$ mm $= 0{,}075$ m, die des Eisenmantels $\delta_3 = 5$ mm $= 0{,}005$ m und den mittleren Innenhalbmesser des Kalkofens $r = 1{,}1$ m. Ist $F_1 = 1$, dann wird:

$$F_2 = F_1 \cdot \frac{(r + 0{,}25)}{r} = 1 \cdot \frac{1{,}1 + 0{,}25}{1{,}1} = 1{,}23\,,$$

$$F_3 = 1 \cdot \frac{1{,}1 + 0{,}25 + 0{,}075}{1{,}1} = 1{,}29\,,$$

$$F_4 = 1 \cdot \frac{1{,}1 + 0{,}25 + 0{,}075 + 0{,}005}{1{,}1} = 1{,}3\,.$$

Die Wärmeleitzahlen sind für:

Schamotte $\lambda_1 = 0{,}63 \div 0{,}7$ im Mittel $= 0{,}65$.

Als Isolierschicht sei Asche verwendet mit $\lambda_2 = 0{,}15$.
Der Schutzmantel besteht meistens aus Eisen mit $\lambda_3 = 25$.
Die Wärmeeintrittszahl ist hier mit $\alpha_1 = 8$ anzunehmen.
Die Wärmeaustrittszahl ist $\alpha_2 = 8$ für schwach bewegte Luft.
In diesem Falle wird dann:

$$K_M = \frac{1}{\frac{1}{8 \cdot 1{,}0} + \frac{0{,}25}{0{,}65 \cdot 1{,}0} + \frac{0{,}075}{0{,}15 \cdot 1{,}23} + \frac{0{,}005}{25 \cdot 1{,}29} + \frac{1}{8 \cdot 1{,}3}} \tag{31}$$

$$= \frac{1}{0{,}125 + 0{,}385 + 0{,}40 + 0{,}016 + 0{,}096} = \frac{1}{1{,}022} = 0{,}98\,.$$

0,98 Wärmeeinheiten gehen verloren durch je 1 qm innerer Oberfläche des Kalkofens bei 1° Unterschied zwischen der Brenntemperatur und der Außentemperatur. Bei einer Brenntemperatur von $B = 1030°$ und der Außentemperatur von $a = 10^\circ$ beträgt der Temperaturunterschied in der Brennzone $1030 - 10 = 1020^\circ$, und es gehen hier für je 1 qm Innenoberfläche verloren $1020 \cdot 0{,}98 = 1000$ WE stündlich. In der Kühlzone beträgt der mittlere Unterschied etwa $\frac{1030 + 100}{2} - 10 = 555^\circ$, und hier gehen dann $555 \cdot 0{,}98 = 544$ WE stündlich durch 1 qm verloren.

Um den Wärmeverlust durch Abkühlung nach außen auf 100 kg Kalksteine beziehen zu können, muß man daran denken, daß der von den Steinen eingenommene Raum durch den dazwischen gefüllten Brennstoff vermehrt wird, aber dieser verschwindet gegen Ende der Brennzone, und außerdem nimmt die Raumbeanspruchung der gebrannten Steine um 10 bis 20 Proz. ab. Man kann also ohne Fehler annehmen, daß der ursprüngliche Raum, den die Steine allein einnehmen, im Mittel auf seinem Wege durch den Ofen unverändert bleibt. Wiegt 1 cbm Kalksteine 1600 kg, dann nehmen 100 kg Steine $\frac{1}{1600} = 0{,}063$ cbm Raum ein. Bei dem Ofen nach vorstehendem Beispiel von 1,1 m Halbmesser = 2,2 m Durchmesser ist sein Querschnitt 3,8 qm. Die 100 kg Kalksteine besitzen deshalb eine Schichthöhe von:

$$s = \frac{0{,}063}{3{,}8} = 0{,}017 \text{ m}.$$

Diese 100 kg Steine sind mit einer wärmeabgebenden inneren Kalkofenmantelfläche von:

$$2{,}2 \cdot \pi \cdot 0{,}017 = 2{,}2 \cdot 3{,}14 \cdot 0{,}017 = 0{,}118 \text{ qm}$$

umgeben. Bei einer Brenntemperatur von $B = 1030^\circ$ berechnete ich den Wärmeverlust zu 1000 WE stündlich für 1 qm, so daß in jeder Stunde der Brennzeit $1000 \cdot 0{,}118 = 118$ WE verlorengehen. Oder z. B. bei einer Brennzeit von 25 Stunden $118 \cdot 25 = 2950$ WE.

In der Kühlzone habe ich den Wärmeverlust unter den gleichen Verhältnissen zu 544 WE berechnet; für 100 kg Kalksteine beträgt hier also der Abkühlungsverlust bei einer Kühldauer von 15 Stunden:

$$544 \cdot 0{,}118 \cdot 15 = 963 \text{ WE}.$$

Da nach meiner Berechnung (S. 72) 1 kg Kohlenstoff bei einer Brenntemperatur von 1030° nur 3928 WE nutzbar abgibt, so entsprechen diese Abkühlungsverluste einem Mehraufwand von:

$$\frac{2950 + 963}{3928} = 1{,}0 \text{ kg Kohlenstoff}.$$

Verwende ich Koks, der 7000 WE besitzt, dann sind:

$$\frac{7000}{8080} \cdot 1{,}0 = 1{,}15 \text{ kg}$$

Koks notwendig.

Der Wärmeverlust ist natürlich um so kleiner, je kleiner die Mantelfläche ist im Verhältnis zum Gesamtofeninhalt bzw. zur Leistungsfähigkeit desselben. Hierauf komme ich noch zurück.

Man kann auch jetzt die äußere Manteltemperatur t des Kalkofens berechnen; denn die austretende Wärmemenge beträgt z. B. in der Brennzone 1000 WE bei einer Brenntemperatur von 1030°, und da die Wärmeaustrittszahl $\alpha_2 = 8$ WE für je 1 qm und 1° Unterschied betrug und hier die Eisenmantelfläche $F_4 = 1{,}3$ ist, so besteht Gleichgewicht, wenn:

$$(t - a) \cdot \alpha_2 \cdot F_4 = 1000, \qquad (32)$$

die bekannten Werte eingesetzt:

$$(t - 10) \cdot 8 \cdot 1{,}3 = 1000$$

und daraus die Manteltemperatur bei einer Brenntemperatur von 1030°

$$t = \frac{1000}{8 \cdot 1{,}3} + 10 = 96 + 10 = 106°$$

Bei einer Brenntemperatur von 1200 beträgt der Wärmeverlust unter obigen Verhältnissen (1200 — 10) · 0,98 = 1166 WE und die Manteltemperatur in der Brennzone:

$$t = \frac{1166}{8 \cdot 1{,}3} + 10 = 122°.$$

Bei einem Kalkofen von 11 m lichter Höhe, einer oberen lichten Weite von 1,2 m, einer mittleren von 2300 und einer unteren von 1,4 m, stellte ich die in der Fig. 3 dargestellten äußeren Manteltemperaturen fest, durch unmittelbares Auflegen der Quecksilberblase des Thermometers auf den Eisenmantel, wobei diese durch einen kleinen Wattebausch vor Abkühlungsverlusten nach außen geschützt war. Das neue Schamottefutter hatte eine Stärke von 300 mm, die Aschenschicht war 80 mm stark und der Ofen stand in einem geschlossenen Gebäude, welches auf zwei Seiten an das Werkgebäude anschloß.

Kalkofen mit gemauertem Außenmantel besitzen geringere Wärmeverluste, weil die Ziegelsteine die Wärme schlechter fortleiten und auch eine bedeutendere Dicke besitzen. Aber diese gemauerten Mäntel haben die noch später (S. 118) zu schildernden Nachteile, die diesen kleinen Vorzug weit überwiegen. Im übrigen kann man die etwas größeren Wärmeverluste des Eisenmantels leicht durch stärkere Wärmeschutzschicht vermindern.

Verdoppelt man deren Stärke auf 150 mm, dann vermindert sich die Wärmeabgabe von 0,98 auf:

$$K_M = \frac{1}{0{,}125 + 0{,}385 + \frac{0{,}15}{0{,}15 \cdot 1{,}23} + 0{,}016 + 0{,}096} = 0{,}7$$

oder um $\frac{0{,}7}{0{,}98} \backsim 0{,}70$, entsprechend 30 Proz.

In der Höhe der Brennzone hat dann der Eisenmantel außen bei einer Brenntemperatur von 1030° noch eine Temperatur $t = 78°$, die also wesentlich abgenommen hat. Mißt man an einem Kalkofen die Außentemperaturen, so gibt die Höhenlage an den verschiedenen Stellen Anhaltepunkte dafür, ob die Schamotteschicht noch gleichmäßig stark ist, wo sie am meisten angegriffen ist und ob der Ofen allseitig gleichmäßig brennt.

Mit der Zeit verbrennt die Schamotteschicht und wird immer dünner. Wenn sie bis auf 50 mm Stärke abgebrannt ist, berechnet sich die entweichende Wärme für je 1 qm und 1°:

$$K_M = \frac{1}{0{,}125 + \frac{0{,}05}{0{,}65 \cdot 1{,}0} + 0{,}40 + 0{,}016 + 0{,}096} = \frac{1}{0{,}717} = 1{,}39\,\text{WE}.$$

Die Wärmeverluste sind dann an diesen abgebrannten Stellen

$$\frac{1{,}39}{0{,}98} = 1{,}4 \text{ mal oder um 40 Proz. größer.}$$

Dieser einseitige große Wärmeverlust kühlt die Füllung an dieser Stelle ab, der Koks kann den Verlust nicht decken, kommt aus dem Glühen und verläßt unverbrannt den Ofen. Der in seiner Nähe befindliche Kalkstein findet nicht die zum Brennen notwendige Wärme und wird schlecht gebrannt abgezogen.

Bei der Berechnung der Wärmeübergangszahl vom Ofen an die umgebende Luft habe ich angenommen, daß diese nur schwach bewegt ist, wie dies bei Öfen, die in Gebäuden untergebracht sind, der Fall ist. Hier gilt α_2 mit 8. Aber bei freistehenden Kalköfen wird die Luft durch Winde bewegt, er ist dem Regen ausgesetzt und deshalb großen Veränderungen in der Wärmeabgabe nach außen ausgesetzt. Nicht allein, daß die ungleichmäßigen Wärmeverluste schon den gleichmäßigen Betrieb stören und mehr Brennstoffverbrauch erzeugen, sondern es stört auch der häufig einseitige Einfluß der äußeren Witterungseinflüsse den Betrieb empfindlich.

Um sich ein Bild davon zu machen, will ich diese noch berechnen, weil meistens gar keine Rücksicht darauf genommen wird, ob der Ofen in geschlossenem Gebäude oder im Freien aufgestellt wird. Das geht einfach nach dem Schema „F".

Der freistehende Kalkofen ist vor allen Dingen dem Winde ausgesetzt. Mäßiger Wind hat eine Geschwindigkeit von 2 m in der Sekunde, frischer Wind 4 m, sehr starker Wind 15 m und Seewind 30 m in der Sekunde.

Im Herbst ist also der Ofen häufig Winden ausgesetzt, die sich mit 15 m in der Sekunde am Mantel des Ofens vorbeibewegen. Dann wird die Wärmeausgangszahl:

$$\alpha_2 = 2 + 10\sqrt{15} = 41. \tag{33}$$

In diesem Falle wird bei sonst gleichen Verhältnissen wie beim vorstehenden Beispiel:

$$K_M = \frac{1}{0{,}125 + 0{,}385 + 0{,}4 + 0{,}016 + \frac{1}{41 \cdot 1{,}3}} = \frac{1}{0{,}946} = 1{,}06\,\text{WE/qm/St.}$$

Aber der freistehende Ofen ist nicht nur dem starken Winde ausgesetzt, sondern auch Schnee und Regen. Dann steigt die Wärmeaustrittszahl bedeutend; denn nun erfolgt der Austritt von dem Eisenmantel an eine Flüssigkeit, den Regen, und dabei ist $\alpha_2 = 500$, wenn sich die Flüssigkeit in Ruhe befindet. Hier läuft aber das Wasser am Mantel abwärts und wird auch vom Wind bewegt, wobei dann ist:

$$\alpha_2 = 300 + 1800\sqrt{v}. \qquad (34)$$

Nehme ich die Regengeschwindigkeit zu 1 m an, so wird dann $\alpha_2 = 2100$. Bei den teilweise über 100° liegenden Manteltemperaturen wird der auffallende Regen nicht nur erwärmt, sondern auch verdampft. Die Wärme wird dann wie bei der Verdampfung übergehen mit $\alpha_2 = 10\,000$ und mehr. Dann wird:

$$K_M = \frac{1}{0{,}125 + 0{,}385 + 0{,}4 + 0{,}016 + \frac{1}{10\,000 \cdot 1{,}3}} = 1{,}09\,.$$

Während der im Gebäude untergebrachte Ofen nur 0,98 WE verliert, so verliert der freistehende ungefähr 10 Proz. mehr.

Der einseitige größere Wärmeverlust kann sehr wohl ein einseitiges Brennen des Ofens verursachen, namentlich wenn der Wind längere Zeit in gleicher Richtung weht oder wenn er den Ofen ständig einseitig trifft, beeinflußt durch in der Nähe befindliche Gebäude.

Man wird deshalb die freistehenden Öfen mit einer stärkeren Isolierschicht ausstatten müssen, deren günstigen Einfluß ich schon berechnet hatte und der natürlich auch die einseitigen Wärmeverluste vermindert. Nur bei starker Wärmeschutzschicht wird es möglich sein, mit einem freistehenden Kalkofen gleichmäßig und ohne Störung zu arbeiten, sonst arbeiten sie unregelmäßig unter dem schwankenden und einseitig kühlenden Einfluß des Wetters.

Bei einem Ofen mit Eisenmantel die Wärmeverluste durch nachträgliche äußere Umkleidung zu vermindern, ist nicht ratsam, weil dann der dazwischen liegende Mantel nicht mehr beobachtet und nicht mehr auf seinen Zustand ständig geprüft werden kann; auch würde er dann stark erhitzt werden.

18. Wirklicher Brennstoffverbrauch.

Der in den vorhergehenden Abschnitten berechnete Brennstoffverbrauch wird noch durch manche Nebenumstände beeinflußt, denn ganz so störungslos, wie ich dies beim Idealofen angenommen habe, geht es natürlich beim Kalkbrennen nicht zu. Die verschiedenen Einflüsse sind noch an den verschiedenen Stellen jeweils angeführt. **Erhöht wird der Brennstoffverbrauch** dann z. B., wenn zu weicher Koks verwendet wird, der schon vor Erreichung der Brennzone in der Vorwärmezone teilweise nutzlos verbrennt (S. 55). Wenn Verbrennungsluft im Überschuß durchgeführt wird (S. 156). Wenn der Kalkofen zu klein ist und deshalb oben die Gase und unten der Ätzkalk (S. 38) zu heiß gezogen werden müssen. Wenn der

Ofen gegen Wärmeverluste nach außen schlecht geschützt ist (S. 78) und wenn das Ofenfutter stark abgebrannt ist (S. 82).

Im allgemeinen kann man einen Brennstoffaufwand von 9, 10 und etwas mehr Kilogramm Koks für 100 kg Kalkstein als ein gutes Ergebnis, je nach den örtlichen Verhältnissen, ansehen. *Claassen* gibt in seiner „Zuckerfabrikation" den Koksverbrauch zu 10 bis 12 Tln. auf 100 Tl. Kalkstein an. Betriebsinspektor *Schmidt*-Anklam berichtete seinerzeit (Z. d. V. d. d. Z. 1906) über die ihm durch eine Umfrage bekannt gewordenen Betriebszahlen aus 20 Zuckerfabriken. Seit dieser Zeit sind wenig einflußreiche Änderungen und Verbesserungen an den Kalköfen vorgenommen, so daß im allgemeinen diese Zahlen auch noch heute Gültigkeit haben. *Schmidt* gab den Koksverbrauch dieser 20 Zuckerfabriken zu 10 bis 16,6 kg an.

Bei der Besprechung der Kalkofenformen, Seite 123, habe ich auch den jeweils bekannt gewordenen Brennstoffverbrauch angegeben.

19. Ausnutzung der Abgaswärme.

Die Gase verlassen den Kalkofen mit einer verhältnismäßig hohen Temperatur. Im Abschnitt „Vorwärmezeit" berechnete ich diese Temperatur im Idealofen zu 525°, die also wesentlich höher liegt, als wir sie z. B. bei den Abgasen der Dampfkesselfeuerungen im allgemeinen gewöhnt sind. Deshalb ist häufig versucht worden, diese Abwärme noch auszunutzen.

Legrand (Sucrerie indigène 11, Nr. 12, 1876) wollte dies durch einen Quersiede-Dampfkessel mit 50 qm Heizfläche erreichen, den er oben auf dem Kalkofen aufstellte und durch dessen mittleres senkrechtes Flammrohr die Begichtung des Kalkofens erfolgte. In 12 Stunden wurden 450 kg Kalksteine und 45 kg Koks oben eingefüllt (also auf 100 kg Steine 10 kg Koks, eine für damalige Zeiten und noch heute gute Zahl). *Legrand* will durch diese Ausnutzung der Kalkofenabgase täglich 131 Fr. erspart haben. Daß diese Zahl nicht stimmen kann, werden wir später sehen.

Trotz dieser *Legrand*schen Anordnung wurde im Jahre 1883 das D. R. P. 24 816 erteilt auf ein „Verfahren, die Wärme der aus den Kalk- oder Strontianitbrennöfen gezogenen Kohlensäure zum Kochen, Verdampfen oder Vorwärmen von Säften usw. zu verwenden". Schon *Stammer* sagt dazu in seinen Jahresberichten 1883, S. 49, „daß er erstaunt ist, daß solch ein Patent überhaupt noch erteilt wird. Es läßt sich nur annehmen, daß niemand ein Interesse daran hat, gegen ein solches Verfahren Einspruch zu erheben und wenn praktische Vorteile zu erwarten wären, dieselben schon längst und ohne auf dieses Patent zu warten, in den Fabriken eingeführt worden wären."

Das D. R. P. 191 338 vom Jahre 1905 will die Ausnutzung in der bei den Hochöfen üblichen Weise durch Einschaltung eines Lufterhitzers (Winderhitzer) erreichen. Deshalb sind zwei Schachtöfen vorgesehen mit zwischengebautem Erhitzer, der in bekannter Weise mit Steinen ausgesetzt ist. Erst werden diese durch die Abgase erwärmt, dann wird umgestellt, und die Luft wird beim Durchleiten vorgewärmt, indem sie die aufgespeicherte Wärme aus den Einsatzsteinen aufnimmt. Dann dürfte man aber die Luft nicht unten in den Kalkofen einführen, weil sonst an der schon warmen Verbrennungsluft sich der gebrannte Kalk nicht mehr abkühlen kann und dadurch hier die aus den Abgasen gewonnene Wärme verlorengeht. Wollte man wirklich etwas erreichen, dann müßte man die Luft am Anfang der Abkühlungszone absaugen, nachdem sie sich durch den Kalk bis i (Fig. 17) vorgewärmt hat. Sie könnte dann noch weiter durch die Abgase auf die Brenntemperatur k erwärmt werden, womit natürlich eine entsprechende Ersparnis an Brennstoff verbunden wäre. Dies wäre die einzige Stelle, wo noch Wärme aus den Abgasen dem Ofen nutzbar zugeführt werden könnte, und ideal, wenn diese Lücke ausgefüllt würde. Es ist aber anzunehmen, daß dieser Gewinn durch die umständlichere Bedienung und höheren Anlagekosten mehr als reichlich aufgezehrt wird.

Besser erscheinen immer noch die Verfahren, die eine Ausnutzung der Gaswärme unmittelbar mit der Verwendung der kohlensäurehaltigen Abgase anstreben. Hierher gehört die Verwendung der heißen Gase zum Sättigen (Saturieren) der Zuckersäfte, und ich verweise diesbezüglich auf den Abschnitt „Gaskühlung“. Auch das *Honigmann*sche D. R. P. 13 782 vom Jahre 1880 gehört hierher. Er will die Wärme der Kalkofengase in der Sodafabrik zum Calcinieren des Bicarbonats ausnutzen, und werden dann dessen Gase durch die beim Calcinieren freiwerdende CO_2 noch angereichert und auch sämtliches Ammoniak des Bicarbonats wiedergewonnen. *Lunge* führt hiergegen als bedenklich die Verunreinigung des Bicarbonats durch die Kalkofenflugasche an. Waschen dürfte man die Gase ja in diesem Falle nicht, da sie dann ihre Wärme verlieren, aber man könnte Trockenreinigung einrichten.

Allzuviel ist aber durch die weitere Ausnutzung der Abgase nicht zu sparen, wie nachstehende Rechnung zeigen wird. Würde man nach dem Vorschlage *Legrand*s oben auf den Kalkofen einen Dampfkessel aufsetzen, dann stehen nach Fig. 14 von je 100 kg Kalkstein 20 779 WE zur Verfügung mit einer Temperatur von etwa 525°, die im Kessel etwa zu 50 Proz. ausgenutzt werden und somit etwa $\frac{20\,779 \cdot 0,5}{630} = 17$ kg Dampf erzeugen könnten. Bei einem Ofen, der täglich 25 000 kg Steine brennt, wären dies 4250 kg oder stündlich $\frac{4250}{24} = 175$ kg Dampf. Das ist nicht viel und könnte höchstens zum Betriebe der kleinen Dampfmaschine dienen, die die Kalksteinförderung betreibt. Aber ein solcher Kessel oben verlangt verständige Bedienung und erschwert den Betrieb ganz bedeutend. Würde man den Kessel unten hinstellen, dann würde durch die Leitung viel Wärme verlorengehen, wie ich dies im Abschnitt „Gaskühlung“ noch näher berechne. Wie groß ist der zu erwartende Gewinn? *Legrand* gab ihn bei seinem kleinen Kalkofen, der täglich etwa 900 kg Steine brannte, zu 131 Fr. an. Von den verwendeten 10 kg Koks kann er als äußerste Ersparnis gewinnen 10, abzüglich der theoretisch nötigen 5,26 kg (S. 66), also $10 - 5,26 = 4,74$ kg. Von diesen können aber im Dampfkessel höchstens 50 Proz. ausgenutzt werden, oder man kann etwa 2,4 kg an Brennstoff sparen.

Für 900 kg Steine wären dies $2,4 \cdot 9 = 21,6$ kg, die bei einem Preis von 2 Mk. für 100 kg eine Ersparnis von nur 0,43 Mk. bedeuten. Auch bei einer täglichen Verarbeitung von 25 000 kg Steinen wären es nur 12 Mk. täglich.

Diese 175 kg Dampf könnte man zur Bildung des Kalkhydrates schon im Kalkofen selbst verwenden, wie dies auf Seite 24 angegeben. Dann würde die Wärmeausnutzung im Ofen ganz wesentlich verbessert. Als Dampferzeuger könnte dann auch ein Niederdruckdampfkessel, der nicht überwachungspflichtig ist und keine besondere Bedienung erfordert, angewendet werden. Aber zurzeit bereitet die Erzeugung des Kalkhydrates im Ofen selbst solche Schwierigkeiten und Belästigungen, die die wärmewirtschaftlichen Vorteile noch überwiegen.

20. Höchsttemperaturen im Kalkofen.

Bei einer Temperatur von etwa 856° beginnt das Verdampfen der Kohlensäure, wird der Kalk gebrannt, doch geht aus früheren Rechnungen (Abschnitt 15) hervor, daß die Verbrennungsgase eine höhere Temperatur besitzen müssen, um das Brennen auch in entsprechend kurzer Zeit zu beenden. Wie diese Zeit von der Temperatur abhängig ist, hatte ich schon gezeigt. Es fragt sich nun, wie diese Temperatur erzeugt wird und in welcher Weise eine Erhöhung und Überschreitung eintritt.

Die Höchsttemperatur, die überhaupt bei der Verbrennung entsteht, hängt einerseits ab von der aus dem Brennstoff freiwerdenden Wärmemenge, andererseits von der unmittelbar aus dem Brennpunkt ausgestrahlten Wärmemenge (ohne dabei das, den Brennstoff umspülende Gas zu erwärmen) und den entstehenden Verbrennungsstoffen (die die Wärme aufnehmen). Somit besteht z. B. bei der Verbrennung von reinem C, wenn dieser und die Verbrennungsluft mit 0° zur Verbrennung treten, die Gleichung:

$$T\,(3{,}667 \cdot w_{CO_2} + 8{,}833 \cdot w_N) = (1 - \sigma)\,8080\,, \tag{35}$$

wobei T die entstehende Temperatur der Verbrennungsgase ist,

w_{CO_2} die spez. Wärme der entstehenden 3,667 kg Kohlensäure bei dieser Temperatur T,

w_N die spez. Wärme der 8,833 kg Stickstoff aus der Verbrennungsluft,

σ das Ausstrahlungsverhältnis

$$\sigma = \frac{\text{ausgestrahlte Wärme}}{\text{bei der Verbrennung freiwerdende Wärme}}\,,$$

das bei Innenfeuerung nach *Péclet* 0,25 bis 0,3 beträgt.

Die spez. Wärme der entstehenden Gase wächst mit der Temperatur, ist abhängig von T, so daß obige Formel nicht in einfacher Weise aufzulösen ist. Man kommt aber leicht zur Lösung durch einige Proberechnungen. Diese, ohne sie hier anzuführen, haben ergeben, daß T etwa 1500 bis 1700° betragen wird. Hierbei kann man die spez. Wärme der Kohlensäure zu 0,5 annehmen die des Stickstoffes zu 0,31. Dann wird die Verbrennungstemperatur:

$$T = \frac{(1 - 0{,}1)\,8080}{3{,}667 \cdot 0{,}5 + 8{,}833 \cdot 0{,}31} = \frac{7272}{1{,}83 + 2{,}74} = 1600^\circ\,.$$

Diese Temperatur entsteht unmittelbar am Brennstoff und würde auch bei der Verbrennung von gutem Koks annähernd entstehen bei einer Innenfeuerung. Im Kalkofen liegen aber die Verhältnisse anders. Unten am Ende der Brennzone, wo gerade der letzte Rest Koks verbrennt, herrscht ein bedeutender Überschuß an Luft, dieser nimmt nach oben hin immer mehr ab. Oben am Ende der Brennzone soll im Idealofen gerade alle Luft verbraucht sein, während im Betriebe noch ein ganz geringer Luftüberschuß vorhanden ist. Außerdem nimmt nach oben hier die Menge der Kalksteinkohlensäure zu. Diese Zustände führt die Fig. 20 vor Augen, indem ich alles wieder auf 1 kg C beziehe. Unten treten in die Verbrennungszone die schon früher berechneten, für 1 kg C

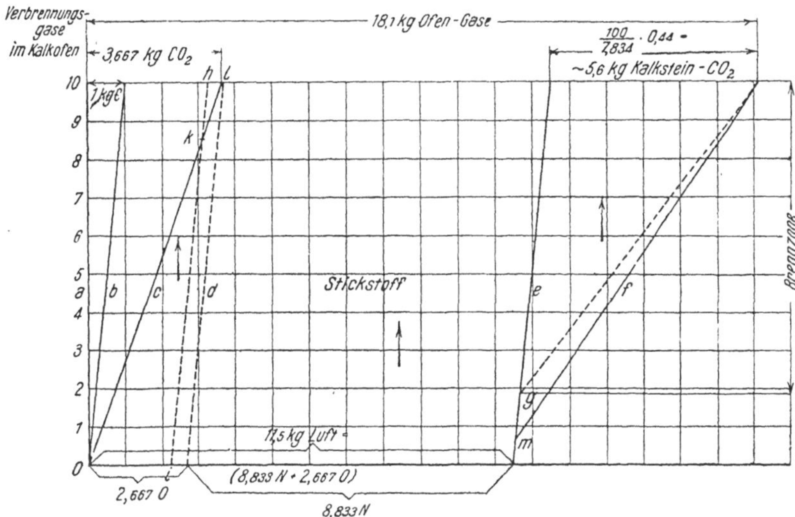

Fig. 20. Zusammensetzung der Gase im Kalkofen.

theoretisch notwendigen 11,5 kg Luft ein, die 2,667 kg O und 8,833 kg N enthalten. Nach oben hin erfolgt die Verbrennung des C, bei „0" beginnend und bei „10" endigend. Betrachte ich, wie gesagt, 1 kg C, so kann ich die Brennzone z. B. in 10 Stufen zerlegt denken, so daß in jeder 0,1 kg C zur Verbrennung gelangt. Entsprechend verbrennt der C mit der Luft zu CO_2, und z. B. sind in der Stufe 5—5 0,5 kg C (*a*—*b*) verbrannt, die 1,85 kg Verbrennungskohlensäure (*a*—*c*) erzeugten und noch etwa 1,35 kg O (*c*—*d*) gemischt mit den 8,833 kg N (*d*—*e*) frei ließen für die weiter oben zu verbrennenden 0,5 kg C. Nach früherer Rechnung wird die in die Verbrennungszone eintretende Luft durch den abziehenden Ätzkalk nur auf etwa 400° vorgewärmt. Am Anfang der Brennzone wird deshalb noch ein Teil des Brennstoffes verbrennen, nur um die Luft auf die Temperatur der Brennzone, das sind 856°, zu erhitzen. Bei 856° ist die spez. Wärme der Luft etwa 0,27, bei 400° etwa 0,25. Es sind zur Erwärmung der 11,5 kg Luft

$$11{,}5\,(856 \cdot 0{,}27 - 400 \cdot 0{,}25) = \sim 1500 \text{ WE}$$

oder
$$\frac{1500}{8080} = 0{,}19 \text{ kg C}$$
notwendig. Erst wenn diese 0,19 kg C verbrannt sind, ist die Brenntemperatur erreicht, beginnt das Verdampfen der Kohlensäure. Dies ist kurz vor der Stufe 2—2 der Fall und ist dies der Punkt g in dem Bild 20. Dieser Punkt g entspricht dem Punkte f in Fig. 17. Nach dieser findet aber noch ein Nachbrennen der Steinkerne durch die Überhitzungswärme der Steine bis zum Punkte d statt. Das heißt, bis zu diesem Punkte d erfolgt die Verdampfung der Kalksteinkohlensäure, der auf gleicher Höhe mit dem Beginn der Verbrennung im Punkte i liegt. Nach Fig. 20 würde sich dadurch die Brennzone nicht nur bis g, sondern bis m ausdehnen. Mit dem Fortschritt der Verbrennung wird die Kohlensäure aus dem Kalkstein verdampft, und oben am Ende der Brennzone ist die ganze Kalksteinkohlensäure gasförmig vorhanden, die 1 kg C austreiben konnte. Für 100 kg Kalksteine, also 44 kg CO_2, sind im Idealofen 7,834 kg C notwendig, so daß 1 kg C $\frac{44}{7{,}834} = 5{,}6$ kg CO_2 freimacht. Diese sind in der Fig. 20 ebenfalls eingetragen. Danach sind in der Stufe 5—5 2,6 kg Kalksteinkohlensäure (e—f) frei. Insgesamt sind dort vorhanden $2{,}6 + 1{,}85 = 4{,}45$ kg CO_2. Hieraus kann man nun die in den verschiedenen Stufen auftretenden Temperaturen des Idealofens berechnen.

Da in der Brennzone des Idealofens eine Temperatur von 856° herrscht, so bedeutet in diesem Falle T die Steigerung der Temperatur, durch die Verbrennung der bestimmten Menge C, über 856°. Es ist für die Zone 5—5:
$$T = \frac{(1 - 0{,}3) \cdot 8080}{4{,}45 \cdot w_{CO_2} + 1{,}35 \cdot w_O + 8{,}833 \cdot w_N} = \frac{5656}{4{,}45\, w_{CO_2} + 1{,}35\, w_O + 8{,}833 \cdot w_N},$$
worin die spez. Wärme der Gase bei einer Temperatur von etwa 1900° einzusetzen ist. Also:
$$T = \frac{5656}{4{,}45 \cdot 0{,}53 + 1{,}35 \cdot 0{,}29 + 8{,}833 \cdot 0{,}33} = \frac{5656}{5{,}66} = 1000°.$$
Unmittelbar am Kohlenstoff, dort, wo er vergast und mit dem Luftsauerstoff in Verbindung tritt, zu Kohlensäure verbrennend, entsteht in der Stufe 5÷5 eine Temperatur von $1000 + 856 = 1856°$. Die Wärme wird nun an die Kalksteine abgegeben (im Idealofen sofort) durch Strahlung und Leitung, so daß die Temperatur wieder auf 856° sinkt. Zwischen den Grenztemperaturen von 1856 und 856, die von oben nach unten schnell fällt, ist die mittlere Gastemperatur, die in unseren bisherigen Rechnungen als Brenntemperatur bezeichnet wurde. Im Idealofen wird die aus dem Brennstoff jeweils frei werdende Wärme sofort wieder für die Verdampfung der Kohlensäure verbraucht; die Temperatur sinkt sofort auf 856°. Im wirklichen Ofen wird aber mehr Brennstoff aufgewendet, zur Deckung der Abkühlungsverluste, und da dann immer noch ein Überschuß vorhanden ist, ja vorhanden sein muß, so entsteht durch diesen Überschuß, der nicht für die Kohlensäurever-

dampfung verbraucht wird, eine Überhitzung der Gase. Diese Gasüberhitzung ist, wie schon gesagt, zum Brennen in bestimmter Zeit notwendig, und die Höhe der Überhitzung ergibt sich schon ohne weiteres aus der Fig. 16. Dort habe ich den Kohlenstoffverbrauch berechnet, der mit einer bestimmten Brenntemperatur zusammenhängt; hier würde es heißen, daß man bei einem Zusatz von so und soviel Kilogramm Kohlenstoff nach Fig. 16 (über den idealen C-Verbrauch und nach Abzug des zur Deckung der Abkühlungsverluste notwendigen) eine dort angegebene Brenntemperatur erhält. Wende ich also z. B. 12 kg Koks an, der 90 Proz. C enthält, also 10,8 kg C, und für Abkühlung 1 kg notwendig ist, so bleibt nach Abzug des für den Idealofen notwendigen C-Verbrauches von 7,834 kg noch

$$10{,}8 - 1{,}0 - 7{,}834 = 1{,}966 \backsim 2{,}0 \text{ kg C}$$

für die Temperaturerhöhung, für die Brennbeschleunigung. Nach Fig. 16 entsprechen diese 2 kg C einer Brenntemperatur von 1020°.

Der hierbei gemachte Abzug von 1 kg C für die Deckung der Abkühlungsverluste ist richtig, wenn in allen wagerechten Zonen ein schneller Ausgleich der Gastemperaturen erfolgt, wenn die am Ofenfutter durch die Abkühlungsverluste erfolgende Temperaturerniedrigung der Gase sich schnell nach dem Innern zu mitteilt. Dies wird aber die Ofenfüllung erschweren, so daß im Ofenmittel eine höhere Gastemperatur herrschen wird als in der gleichen Wagerechten am Ofenfutter. In der mittleren Ofenachse wird deshalb der ganze Koksüberschuß, ohne Abzug des für die Abkühlnng notwendigen, für die Temperaturerhöhung dienen. Es wären dies nach obigem Beispiel

$$10{,}8 - 7{,}834 = 2{,}966 \backsim 3 \text{ kg C},$$

die nach Fig. 16 eine Brenntemperatur von etwa 1100° erzeugen. In der Mittelachse kann man dann also mit 1100° rechnen, während am Umfang die Temperatur nur 1020° beträgt.

Auf diese sinkt die am Koks selbst herrschende vorberechnete Temperatur von 1900° und verbleibt in dieser Höhe. Durch die Wärmestrahlung und -leitung sinkt diese Temperatur schnell, so schnell, daß, wie schon früher beim Koksbrennen erwähnt, dann, wenn der Koks im freien Luftraum sich befindet, er schnell seine Wärme verliert, daß er schnell kalt wird und nicht im Glühen und Brennen erhalten werden kann. Erst dann, wenn die Wärme zusammengehalten wird, ein Teil der ausgestrahlten Wärme zurückstrahlt, wie es im geschlossenen Raum, im Kalkofen, der Fall ist, erst dann verbleiben höhere Temperaturen, wie sie zum Verbrennen des Kokses, zum Brennen des Kalkes notwendig sind. Liegt dann aber der Brennstoff, der Koks, in Haufen zusammen, dann strahlt ein Stück auf das andere die Wärme hin und zurück, ausgleichend, ohne Wärme zu verlieren, und die hohe Verbrennungstemperatur von 1900 und mehr Grad tritt wirklich fühlbar in Erscheinung. Wehe dem Kalksteinstück, das sich in solchem Kokshaufen eingeschlossen findet, wehe der Kalkofenwandung, an der solch ein Kokshaufen anliegt. Jener wird überhitzt, totgebrannt, dieses, das Kalkofenfutter, wird geschmolzen und zerstört. Deshalb ist eine gute, gleichmäßige Verteilung des Kokses unter den Kalksteinen, unter Vermeidung jeder Haufenbildung, unbedingt für einen ungestörten Betrieb notwendig.

Wird hierfür gesorgt, dann kann nur die aus Fig. 16 sich ergebende Brenntemperatur im Ofen in Erscheinung treten. Dies bestätigen auch unter anderem die Versuche, die auf Anregung des Prof. Dr. *A. Herzfeld* von Dr. *H. Claassen*, Dr. *W. Herzfeld* und Dr. *Fr. Martini* ausgeführt und die in der Z. d. V. d. d. Z. 1897, S. 218, beschrieben sind.

Dr. *H. Claassen* bestimmte die Höchsttemperaturen im Kalkofen der Zuckerfabrik Dormagen. Es war ein *Neumann*scher Ofen mit drei Generator-Gasfeuerungen, die mit einem Gemisch von Koks und Steinkohlenbriketts geheizt wurden; außerdem wurden noch mit den Kalksteinen oben in den Ofen kleinere Mengen Koks aus der eigenen Gasanstalt eingeworfen. Der Brennstoffverbrauch betrug 10 bis 12 Proz. auf 100 kg Kalksteine. Der Rauminhalt des Ofens betrug 25 cbm. Vierstündig wurde der Kalk gezogen, und zwar durchschnittlich in 24 Stunden 9000 bis 10 000 kg Kalk, welche aus ungefähr 18 000 kg Dornaper Kalkstein gewonnen wurden. Zum Messen der Temperatur wurden die von *Rösler & Co.* bezogenen *Prinzep*schen Metallpyrometer verwendet; das sind dünne Metallstreifen, die einen bestimmten Schmelzpunkt haben. Diese brachte *Claassen* in Schamottesteine von 70 mm Durchmesser und 100 mm Höhe unter, in eingebohrten Löchern von 10 mm Durchmesser und 50 mm Tiefe. Die Löcher wurden nach dem Einlegen der Pyrometer mit Schamottestopfen und Schamotte verschlossen. Die Steine wurden dann durch das oberste Stoßloch in den Ofen gebracht. Er fand die Höchsttemperaturen von 1200 bis 1300°. Diese Temperaturen überschreiten die von mir auf Seite 71 vorberechneten von 1050 bis 1100° bei den hier angewendeten Brennstoffmengen. Dies erklärt sich meiner Meinung nach dadurch, daß ich meiner Rechnung eine gleichmäßige Kokszumischung zugrunde legte, während der *Claassen*sche Ofen in der Hauptsache von drei Gasfeuerungen beheizt wurde. Dort, wo aus diesen drei Feuerungen das Gas in die Brennzone eintritt, wird eine örtlich stärkere Erhitzung erfolgen, auf einem geringeren Raum als bei gleichmäßig untergemischtem Koks. Namentlich auch dadurch, daß während der vierstündigen Ruhe zwischen den Kalkabzügen die unmittelbar an den Gaskanälen anliegenden Kalksteine stärker erhitzt werden. Dies bestätigen auch die nachstehend erwähnten *Herzfeld*schen Versuche, bei denen einmal ein 1190°-Pyrometer unverändert herauskam, während ein anderes Mal ein solcher von 1350° noch angeschmolzen war. Einen Ausgleich für diese mit der Generatorgasfeuerung zusammenhängenden, ungleichmäßigen Temperaturen suchte man durch teilweise unmittelbare Kokszumischung zu erzielen, wie dies nach obigem auch *Claassen* tat.

Dr. *W. Herzfeld* führte seine Versuche in der Zuckerfabrik Culmsee aus an einem deutschen Kalkofen mit vier Feuerungen, aus denen die Gase durch insgesamt acht Kanäle in den Ofen gelangen. Er verwendete die gleichen Pyrometerblättchen, doch brachte er diese in Schamottesteine von 70×90×100 mm Kantenlänge unter. Die festgestellte Höchsttemperatur betrug 1350°, der das betreffende Pyrometer jedenfalls an einer der Gaseinströmkanäle längere Zeit ausgesetzt war, denn er hielt sich ausnahmsweise 108 Stunden im Ofen auf.

Dr. *Fr. Martini* führte seine Versuche in der von Dr. *Claassen* angegebenen Form durch, in der Zuckerfabrik Neu-Schönsee. Er stellte Höchsttemperaturen von 1220° fest.

Nachstehend gebe ich einen Auszug aus den Versuchsergebnissen.

Tabelle V.

Feststellungen über Aufenthaltszeiten von Pyrometersteinen und Höchsttemperaturen in Kalköfen.

Name des Versuchsanstellers	Aufenthaltsdauer des Pyrometersteines im Kalkofen Stunden	Schmelzpunkt des Pyrometers °C	Beschaffenheit des Pyrometers
Claassen	46	**1190**	ganz geschmolzen
	46	1320	unverändert
	42	**1075**	geschmolzen
	44	**1130**	geschmolzen
	48	**1160**	angeschmolzen
	150	**1220**	geschmolzen
	48	**1220**	geschmolzen
	260	1220	ungeschmolzen, aber Oberfläche rauh
	48	1255	ungeschmolzen, aber Oberfläche rauh
	16	1255	unverändert
	33	1255	unverändert
	44	**1320**	an den Kanten etwas abgeschmolzen
	40	**1320**	unverändert
	42	1350	unverändert
W. Herzfeld	54	**1190**	zu einer Kugel geschmolzen
	42	1320	Oberfläche etwas rauh, ungeschmolzen
	54	1420	unverändert
	48	**1220**	sehr rauh und angegriffen
	60	**1220**	angeschmolzen
	54	**1255**	zur Kugel geschmolzen
	54	**1320**	angesintert, aber nicht geschmolzen
	54	1350	auf der Oberfläche rauh, ohne Formänderung
	36	1190	unverändert, es kam ungarer Kalk mit heraus
	108	**1220**	geschmolzen
	48	1320	unverändert
	108	**1350**	etwas angeschmolzen
Martini	$46^1/_2$	**1190**	zur Kugel geschmolzen
	67	1220	unverändert
	60	**1220**	etwas angesintert
	60	1250	unverändert
	62	1320	unverändert

Die, die Pyrometer enthaltenden Schamottesteine waren an ihrer Oberfläche mehr oder weniger glasiert, woraus zu schließen ist, daß zeitweise, jedenfalls bei unmittelbarer Berührung mit dem Koks, auch höhere Temperaturen an den Berührungsstellen herrschten, die sich aber schnell verteilen und deshalb nicht tief eindringen.

Wir haben früher gesehen, daß eine gleichmäßige Temperatur, eine zu große örtliche Erhitzung dadurch erzielt wird, daß wir eine ideal-gleichmäßige Verteilung des Brennstoffes vornehmen, so daß er gleichmäßig auf dem Wege durch die Brennzone abbrennt. Beim Gasheizofen mit Generator oder Vorfeuerung treten die Heizgase am Ende der Brennzone ein und müssen hier eine solche Temperatur besitzen, um die durch ihre Abkühlung für das Brennen notwendige Wärme abgeben zu können. Wir können uns jetzt über die Vorgänge sehr leicht klar werden, da die früheren Berechnungen sich ohne weiteres auf die Generatoröfen anwenden lassen. Bezugnehmend auf Fig. 14, ist es gleichgültig, ob die 63 299 WE durch Gas aus einem Generator oder durch untergeschichteten Koks erzeugt werden. Es entstehen immer etwa 100 kg Verbrennungsgase (90 + 7,834), die im Gasheizofen bei ihrer Abkühlung von der Anfangstemperatur T auf 856° die mit dem Ätzkalk aus dem Ofen entweichenden 42 520 — 3664 = 38 856 WE abgeben müssen. Bei einer mittleren spez. Wärme von 0,33 geben die 100 kg Gase durch die Abkühlung um je 1° 33 WE ab, sie müßten sich um $\frac{38\,856}{33} = 1177°$ abkühlen können, was eine Anfangstemperatur von $T = 1177 + 856 = 2033°$ erfordert. Solch hohe Temperatur ist einerseits schwer zu erreichen, andererseits wäre sie außerordentlich schädlich für den Kalk, er kann leicht totgebrannt werden. Ganz besonders auch deshalb, weil hier, wo diese heißen Gase zutreten, der Kalk schon fertig gebrannt ist und verdampfende Kohlensäure nicht mehr kühlend wirkt. Hierauf beruht der größte Nachteil der Generatoröfen. Man kann diesen Nachteil nur mildern durch Verbrennung von Brennstoffen mit langer Flammenbildung — die Flammen gehen fast so lang wie die Brennzone —, durch über die Brennzone verteilte, die Verbrennung verzögernde Luftzufuhr, verteilte Heizgaszufuhr und durch Luftüberschuß. Durch diese Hilfsmittel, die schwer richtig zu handhaben sind, wird der Betrieb mit dem Gasofen noch schwieriger. Bei Öfen mit größerem Durchmesser wird der außen zugeführte Heizgasstrom auch außen hochsteigen, dort den Kalk überbrennen, dagegen innen roh lassen. Wie schon auf Seite 4 erwähnt, ist man bei diesen Öfen deshalb immer wieder darauf zurückgekommen, auch Brennstoff unter die Steine zu mischen. Das ist dann aber nur halbe Arbeit.

D. Die feuerfeste Auskleidung.

Das Innere des Kalkofens, der Schacht, muß aus einem Stoff bestehen, der den auftretenden Temperaturen, den chemischen und mechanischen Angriffen gewachsen ist. Es sind die Wirkungen und Ursachen festzustellen, und dann ist zu prüfen, welche Eigenschaften notwendig sind, um den Einflüssen zu widerstehen, um als innere Auskleidung den Stoff zu wählen, der den Anforderungen am besten entspricht.

21. Die chemischen Einwirkungen auf die Auskleidung.

Sie entstehen durch die Einwirkung der verschiedenen, mit der Auskleidung in Berührung kommenden Stoffe, also durch Kalksteine, Ätzkalk, Koks, Koksasche, Luft, Verbrennungsgase, Kohlensäure, Kohlenoxyd, durch die zum Vermauern verwendeten Mörtel und schließlich durch seine eigenen Stoffe, aus denen der Ofen zusammengesetzt ist.

Reine Kalksteine üben ihrer neutralen Zusammensetzung ($CaCO_3$) wegen keinen chemischen Einfluß auf das Futter aus. Der stark basische Ätzkalk geht aber mit saurem Futter, mit der Kieselsäure, lebhaft Verbindungen unter Bildung von leicht schmelzenden, leichtflüssigen Kalksilicaten ein. Deshalb sind im allgemeinen saure Auskleidungen für die Kalköfen nicht geeignet, sondern nur basische.

Guter Koks, wenn er nicht durch Teer u. dgl. stark verunreinigt ist, übt keine chemische Wirkung auf die Auskleidung aus. Wohl aber die Koksasche. Deren Zusammensetzung und ungünstiges Wirken habe ich schon im Kapitel „Koks", S. 53, eingehend besprochen und sei darauf nochmals verwiesen.

Luft, auch heiße, ist im allgemeinen ohne Einfluß auf die Auskleidung, ebenso die Kohlensäure, die als schwache Säure auftritt gegenüber dem stark basischen Ätzkalk. Denn überall, wo die Kohlensäure auftritt, ist auch mit der Anwesenheit von Ätzkalk, wenn auch nur als Staub, zu rechnen.

Kohlenoxyd wirkt reduzierend, also leichtflüssige Schlacken erzeugend.

Nach *Lürmann* (Stahl u. Eisen, 1898 S. 168) wirken die aus dem Schwefelkies in dem feuerfesten Mauerwerk entstandenen Eisenoxydteilchen katalytisch auf das Kohlenoxyd. Die Zerlegung erfolgt nach der Formel $2\,CO = C + CO_2$. Der freiwerdende C reichert sich in den Steinporen an und bringt die Steine zum Bersten oder Abblättern. Das abbröckelnde Stück ist mit einem schwarzen Pulver umgeben. Die katalytische Reaktion soll an Temperaturen zwischen 300 bis 400° gebunden sein, kann also in der Hauptsache nur in der Vorwärmezone und in der äußeren, kälteren Schamotteschicht in Erscheinung treten. Auch hier macht sich das Kohlenoxyd unangenehm bemerkbar und ist aus diesen Gründen schon zu vermeiden.

Der zum Ausmauern verwendete Mörtel soll in seiner chemischen Zusammensetzung sich möglichst dem der Steine nähern. Sonst verbindet sich z. B. die Tonerde des basischen Steines mit der Kieselsäure des sauren Mörtels wieder zu leichtflüssigen Kalksilicaten, worauf ich noch bei der Besprechung über die Einwirkung der Temperatur (S. 95) zurückkomme und worauf ich noch beim Ausmauern (S. 117) eingehen werde. Je weniger der Mörtel in seiner Zusammensetzung von dem ihn berührenden Stein sich unterscheidet, je gleichmäßiger die einzelnen Steine sind, um so weniger werden sie chemisch aufeinander wirken und sich schädlich beeinflussen können. Eine Auskleidung, die von oben bis unten homogen aus einem Stoff besteht, wird in chemischer Beziehung am widerstandsfähigsten sein.

Die chemischen Angriffe werden um so weniger Stoffverluste am Ofenfutter bewirken, je kleiner dessen innere Angriffsfläche ist. Je kleiner diese Oberfläche, um so weniger Stoff wird vom Ofenfutter verbraucht. Wohlverstanden nur in bezug auf die Gesamtmenge der in diesem oder jenem Falle aufzuwendenden Menge an Kalkofenfutter, nicht in bezug auf die Tiefe der Abnutzung. Kleine innere Oberfläche bedingt aber großen Ofendurchmesser und kleine Höhe, auf deren Nachteile ich noch zurückkomme.

Die chemischen Wirkungen sind außerordentlich von der Temperatur abhängig, viele werden erst ausgelöst, treten in Erscheinung, wenn gewisse Temperaturhöhen erreicht sind. Hand in Hand mit der Betrachtung über die chemische Einwirkung muß die der Temperatur gehen, auf die noch eingegangen wird.

22. Die mechanische Beanspruchung des Kalkofenfutters.

Die mechanische Beanspruchung wird durch die Reibung der niedergehenden Gicht und deren Druck auf das umschließende Kalkofenfutter ausgeübt. Je härter, fester im Gefüge ein Stein ist, um so mehr wird er dem Abreiben durch die Gicht widerstehen. Dieser Widerstand ergibt sich unmittelbar aus der mineralogischen Härteskala. Nach dieser wird bekanntlich die Härte eines Minerals durch gegenseitiges Aneinanderreiben bestimmt. Der Stoff ist weicher, der vom anderen abgerieben wird. Danach ist die nachstehende mineralogische Härteskala zusammengestellt.

Tabelle VI.

Härteskala von *Moß*.

1. Talk, durch Fingernagel drückbar	3. Kalkspat	7. Quarz
	4. Flußspat	8. Topas
2. Gips, durch Fingernagel abschabbar	5. Apatit	9. Korund
	6. Feldspat, nur bester Stahl ritzt	10. Diamant

Der Widerstand der Schamotte, Quarzschiefersteine u. dgl. gegen Abreiben ist nicht allein von der Härte der Mineralien abhängig, aus denen er besteht, sondern besonders von dem Stoff, der die einzelnen Teilchen verbindet, kittet, zusammenhält. In schlecht gebrannten, mangelhaft vorbereiteten Steinen sind die einzelnen harten Quarzkörnchen nicht fest miteinander verbunden, so daß sie leicht abgerieben werden, wie beim weichen Sandstein.

Der Stein ist gegen die Abreibung am widerstandsfähigsten und in dieser Beziehung für die Auskleidung der beste, der sich beim Reiben zweier Stücke gegeneinander am wenigsten abreibt. Dies zeigt natürlich seine innere Festigkeit nur bei gewöhnlicher Temperatur, sie wird abnehmen mit der Erwärmung und wesentlich verringert bei beginnender Erweichung. Darüber werde ich noch einiges bei der Betrachtung des Temperatureinflusses angeben.

Kalkspat ($CaCO_3$), krystallisierter kohlensaurer Kalk, besitzt nach der Härteskala die Härte 3 und mit ihm auch Marmor und reine Kalksteine.

Dagegen haben die feuerfesten Steine eine Härte bis 7, bis zu der des Quarzes. Die Kalksteine sind also bedeutend weicher als die Auskleidung, sie werden sich mehr als diese beim Niedergehen abreiben.

Auch durch den niedergehenden Koks wird das Futter wenig abgerieben werden, weil auch seine Härte (S. 54) sich zwischen 3,2 und 3,6 bewegt, also auch wesentlich unter der der Auskleidung. Die Abreibung durch Kalkstein und Koks wird erst bei schlechtem Futter bedeutend, wenn es bei den Ofentemperaturen schon weich wird, also wesentlich an Festigkeit und innerem Zusammenhang verliert.

Magnesitsteine, die an und für sich hoch basisch und feuerfest sind, besitzen eine geringe Härte und mechanische Festigkeit, sind leicht zerreiblich und für die Kalkofenauskleidung deshalb unbrauchbar.

Die Druckbelastung durch die Gicht ist von geringem Einfluß auf das Futter. Für 1 m Ofenhöhe beträgt diese im ungünstigsten Falle unter 0,2 kg/qcm Druckfläche, also bei einem hohen Ofen von 15 m immer nur erst 3 kg/qcm am unteren Ende. Dieser Druck ist aber in Wirklichkeit viel kleiner infolge der Reibung zwischen Gicht und Futter, so daß sich der Druck viel mehr verteilt und nicht unten in seiner ganzen Größe in Erscheinung treten kann. Aber bei einer Druckfestigkeit von 200 kg/qcm bei gewöhnlicher Temperatur kann dieser geringe Gichtdruck nicht zerdrückend wirken. Auch nicht bei guten Steinen bei höherer Temperatur, denn nach den Versuchen *W. C. Heraeus'* (S. 98) begann das Einsinken eines Iridiumstabes in die Steine bei einer Druckbelastung von 40 kg/qcm erst bei Temperaturen zwischen 1320 bis 1475°.

23. Der Einfluß der Temperatur auf das Kalkofenfutter.

Bei den im Kalkofen in den verschiedenen Zonen auftretenden Temperaturen soll die Auskleidung weder schmelzen noch wesentliche Formänderungen erleiden.

Im Abschnitt 20 habe ich schon angeführt, daß in der Brennzone des Kalkofens Höchsttemperaturen von etwa 1350° gemessen wurden, an mit Schamottesteinen umkleideten Pyrometerblättchen. Diese Umkleidung sorgt für einen Temperaturausgleich, so daß einseitige höhere Temperaturen nicht an der Meßstelle in Erscheinung treten. Dort aber, wo eine unmittelbare Berührung des Brennstoffes mit der Auskleidung eintritt, dort wird eine größere Erhitzung erfolgen, die Temperatur steigt je nach der örtlich frei werdenden Wärmemenge. Liegt an der Auskleidung ein großer Kokshaufen, so wird die Wärme nicht schnell genug abgeleitet, nicht schnell genug verteilt, und es ist Gefahr vorhanden, daß die Temperatur an dieser Stelle sich der vorberechneten Verbrennungstemperatur von 1900° nähert. Örtliches Schmelzen der Auskleidung kann die Folge sein. Daraus ergibt sich auch hier, nebenbei bemerkt, die Forderung nach einer guten Verteilung des Kokses in gleichmäßigen dünnen Schichten, um stellenweise Überhitzungen zu vermeiden. Dann können solche hohe Temperaturen weder an der Ausmauerung noch am Kalkstein eintreten. Immerhin kann die Temperatur örtlich, die durch vorgenannten Versuch festgestellte Temperatur von 1350°, überschritten werden, und es scheint mir nützlich zu fordern, daß die Auskleidung wenigstens einer mittleren Temperatur, die zwischen 1350 und der theoretischen Höchsttemperatur von 2000° liegt, also rund $\frac{1350 + 2000}{2} = 1675°$, widersteht. Hält das Futter der Brennzone diese Temperatur aus, dann sind kleine Störungen, die die gewöhnliche Brenntemperatur von 1000 bis 1200° überschreiten, wenig gefährlich, das Futter wird nicht gleich zerschmelzen. Dann wird auch das betriebsstörende Hängenbleiben der Ofenfüllung, ihr Anbacken an der weichen, geschmolzenen Auskleidung vermieden.

Den Schmelzpunkt der feuerfesten Steine stellt man meistens in kleinen Versuchsöfen oder großen Brennöfen fest, wobei man vermeidet, daß eine Stichflamme die Steine trifft. Für die Messung der hohen Temperaturen sind entweder elektrische Widerstandspyrometer oder meistens die nach ihrem Erfinder genannten Segerkegel, zu beziehen von Prof. Dr. *H. Seger & E. Cramer* G. m. b. H., Berlin NW 21, in Anwendung. Mit diesen Segerkegeln ist eine genaue Feststellung der Temperatur auf wenige Grad Celsius nicht möglich, doch kommt es hier auf einige Grad mehr oder weniger auch gar nicht an, denn die Schmelztemperaturen der für uns in Frage kommenden Steine sind sowieso keine festen Werte, wie z. B. die des Eises, Zinns u. dgl. Die Segerkegel haben die Vorteile, sich gegen die Einwirkungen der Temperaturen selbst ähnlich zu verhalten, wie die zu untersuchenden feuerfesten Steine, weil sie selbst keramische Schmelzkörper sind, in die, wie bei den Steinen, die Wärme langsam eindringt. Segerkegel werden in Form abgestumpfter dreiseitiger Pyramiden für Temperaturen zwischen 600 bis 2000° geliefert. Sie werden nach Nummern bezeichnet, und an dieser Stelle seien die der Segerkegelnummer entsprechenden annähernden Mittelwerte ihrer Schmelzpunkte angegeben, weil man häufig nicht den Schmelzpunkt in Celsiusgraden angibt, sondern sagt, daß der Stein beim Segerkegel Nummer so und soviel schmilzt.

Tabelle VII.
Zahlenreihe der Segerkegel.

Nr.	° C	Nr.	° C	Nr.	° C	Nr.	° C
022	600	07a	960	9	1280	29	1650
021	650	06a	980	10	1300	30	1670
020	670	05a	1000	11	1320	31	1690
019	690	04a	1020	12	1350	32	1710
018	710	03a	1040	13	1380	33	1730
017	730	02a	1060	14	1410	34	1750
016	750	01a	1080	15	1435	35	1770
015a	790	1a	1100	16	1460	36	1790
014a	815	2a	1120	17	1480	37	1825
013a	835	3a	1140	18	1500	38	1850
012a	855	4a	1160	19	1520	39	1880
011a	880	5a	1180	20	1530	40	1920
010a	900	6a	1200	26	1580	41	1960
09a	920	7	1230	27	1610	42	2000
08a	940	8	1250	28	1630		

Die Segerkegel erweichen mit fortschreitender Temperatur, und die vorher in einer geeigneten Unterlage senkrecht festgestellten Kegel neigen ihre Spitze mehr und mehr. Sie gelten als geschmolzen, wenn die sich umbiegende Spitze die Unterlage leicht berührt, wie dies der Kegel Nr. 8, Fig. 21, zeigt. Die erreichte Temperatur entspricht dem Schmelzpunkt des Kegels Nr. 8, Kegel Nr. 7 ist zu sehr, Kegel Nr. 9 noch nicht geschmolzen, so daß also eine Temperatur von rund 1250° herrschte. Der Segerkegel Nr. 26 entspricht dem Schmelzpunkt der Tone, die noch als niedrigstschmelzende feuerfeste Tone angesehen werden.

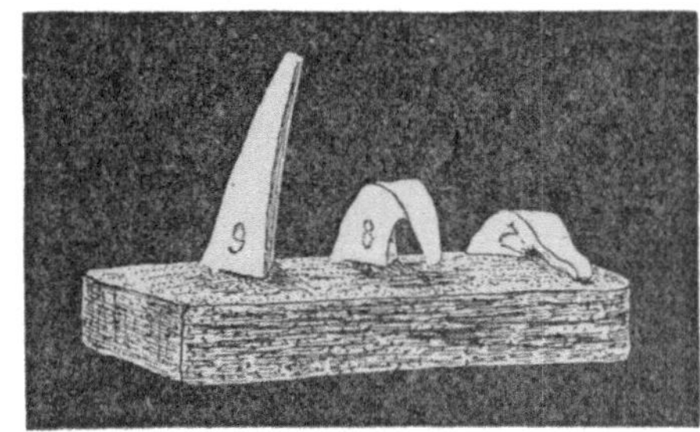

Fig. 21. Seger-Schmelzkegel.

Nun muß man aber auch am zu prüfenden Stein selbst beobachten, wann er geschmolzen ist, um daraus, durch den Vergleich mit dem Pyrometer, dem Segerkegel, seine Schmelztemperatur festlegen zu können. Für reine Stoffe ist der Schmelzpunkt (bei umgekehrter Leitung des Vorganges der Gefrier- oder Erstarrungspunkt) und der Siedepunkt eine bestimmte, ihm eigentümliche Größe. Mischungen besitzen immer einen niedrigeren Schmelzpunkt als die reinen Stoffe, aus denen sie bestehen; die verschiedenartigen Moleküle dringen ineinander, stoßen sich gegenseitig und lockern früher den festen Zusammenhalt. Gläser und keramische Mischungen besitzen aber keinen bestimmten Schmelzpunkt, sie erweichen mit steigender Temperatur langsam, und man bezeichnet als Schmelzpunkt die Temperatur, bei der die einzelnen Teilchen so beweglich geworden sind, daß die Körper ihre ursprüngliche Form, ihre scharfen Kanten verlieren.

Dieses langsame Erweichen der feuerfesten Steine hängt mit der großen Zähflüssigkeit, Viscosität, zusammen, und diese beruht auf ihren kolloidalen Eigenschaften. Die Rohstoffe zur Herstellung der Steine werden geschlämmt, zermahlen und wieder geschlämmt zwecks Erreichung eines feinst verteilten Zustandes. Weiter wird dieser geschlämmte Ton längere Zeit in feuchten Kellern gelagert (Rotten, Manken, Faulen), und nach *Rohland* bildet sich während dieses Faulens unter dem Einfluß der im Ton vorhandenen organischen Stoffe ein Kolloid, das unter dem Einfluß des vorhandenen Alkalis peptisiert wird. Die saure Gärung der organischen Substanzen führt zur Bindung des Alkalis und damit zum Gerinnen der kolloiden Lösung. Dieses kolloide Bindemittel ist, wie viele Kolloide, von waben-, zellenartiger Struktur, in das die an und für sich außerordentlich kleinen Tonteilchen hängen, in Netzen festsitzen. Die Oberflächenspannung dieser kleinen, kolloidalen Tonteilchen tritt mit großer Gewalt in Erscheinung gegenüber allen anderen Kräften. Wird doch in einer kolloidalen Goldlösung das an und für sich große spez. Gewicht des Goldes unwirksam gemacht durch die gegenüber dem Eigengewicht riesig große Oberflächenspannung. Diese verhindert das Sinken der Goldteilchen, ständig bleiben sie schweben, als ob sie von gleichem spez. Gewicht wären wie das leichtflüssige Lösungsmittel.

Beim Schmelzen, wenn durch Wärmezufuhr die molekulare Anziehung so vermindert wird, daß der feste Zustand nicht mehr aufrechterhalten werden kann, können dann nicht ohne weiteres die geschmolzenen Teile abfließen und den Schmelzpunkt deutlich sichtbar machen, sondern nur langsam kann das Eigengewicht das Netzwerk, das Gerüst verdrücken, verschieben und die Oberflächenspannung der Einzelteile überwinden.

Die Beobachtung des Schmelzpunktes ist deshalb nicht so einwandfrei feststellbar, wie z. B. beim Eis, wo sich bei gleichmäßiger Wärmezufuhr, solange noch Eis in der Flüssigkeit, eine gleichmäßige Temperatur erhält, indem die zugeführte Wärme als Schmelzwärme gebunden wird. Durch Beobachtung des Thermometers in solchen nicht zähflüssigen Stoffen kann man deshalb genau den Schmelzpunkt feststellen. Hier dagegen ist sie subjektiv, vom Beobachter abhängig, weshalb man für genauere Bestimmungen andere Arten anwendet. In der Versuchsanstalt von *W. C. Heraeus* (Zeitschr. f. angew. Chem. 18, 1905, S. 49) wurde das Erweichen und Schmelzen durch einen Fühlhebel mit Iridium-Belastungsstempel festgestellt, der auf der Masse ruhte. Der Iridiumstab hatte eine ebene, angeschliffene Auflagefläche von 1 qmm. Beim Erweichen der zu messenden Masse sank der Iridiumstab in diese ein, und seine Bewegung wurde auf einer Skala durch Übersetzungshebel gut meßbar gemacht. Nachstehend gebe ich die Werte, die bei einer Belastung von 400 g/qmm (entsprechend 40 k/qcm) festgestellt wurden.

Stoff	a Beginn des Einsinkens ° C	b Die Geschwindigkeit des Einsinkens betrug 1 mm/Min. bei einer Temperatur von ° C	c Schmelzpunkt ° C
Rakonitzer Schiefer	1475	1710	1760
Nr. 6 von Grünstadt	1400	1570	1725
Saarauer Kaolin	1320	1700	1750
Ton von Kährlich	1450	1510	1670
Palatina Grünstadt	1420	1670	1725
Qu 7 von Grünstadt	1450	1590	1740
Qu Grünstadt A	1410	1500	1670

Deutlich sieht man aus diesen Versuchen, daß alle diese feuerfesten Steine schon lange vor Erreichung des Schmelzpunktes weich werden. Einige schon recht bedeutend. Namentlich zeigt dies die Spalte b, weil ein Stoff um so weicher ist, je tiefer der Stab in der gleichen Zeit einsinkt. Wie der Iridiumstempel werden dann im Kalkofen die niedergehenden Steine in die weiche Auskleidung gedrückt, sie zerquetschend und langsam abkratzend. Nicht allein dem Schmelzpunkt, sondern auch dem Erweichen des feuerfesten Steines muß man deshalb volle Aufmerksamkeit widmen.

Die erweichte Schicht wird von den niedergehenden Steinen mitgenommen, abgeschoben, eine langsame Abnutzung, Verringerung der Steindicke verursachend, je nachdem er natürlich mehr oder weniger erweicht ist. Er wird um so mehr abgenutzt, je schneller er erweicht. Wird die Auskleidung bei der auftretenden Temperatur sogar flüssig, so wird sie bald ganz abgeflossen sein, ein Zwang zum Betriebsaufenthalt tritt ein.

Den gewöhnlich im Kalkofen auftretenden Temperaturen und auch der vorberechneten Verbrennungstemperatur von 2000° widerstände nun Calciumoxyd, unser gebrannter Kalk, am besten. Im reinen Zustand widersteht er 2000 und mehr Grad, er ist hochfeuerfest; aber er zieht leicht Feuchtigkeit an und würde dann zerfallen, so daß er für die Ausmauerung leider doch nicht verwendbar ist.

Verwendung finden Schamotte-, Dinassteine und natürliche Quarzschiefer. Sie stellen in der Hauptsache ein Gemisch von Tonerde (Aluminiumoxyd, Al_2O_3) und Kieselsäure (Siliciumdioxyd, SiO_2, Kieselerde, Quarz) dar. Ihr Schmelzpunkt müßte sich also zwischen dem der Tonerde von 2020° und dem der Kieselsäure, 2200°, bewegen. Enthält der Stein viel Tonerde, dann nähert sich sein Schmelzpunkt den 2020°, sinkt mit zunehmendem Gehalt an Kieselsäure, bis diese das Übergewicht bekommt und den Schmelzpunkt mit zunehmender Reinheit bis auf 2200° bringt. Bei einer Mischung aus 85,5 Proz. reiner Kieselsäure und 14,5 Proz. reiner Tonerde sinkt der Schmelzpunkt bis auf 1690°, um dann nach beiden Seiten wieder mit zunehmendem Gehalt anzusteigen, wie dies schematisch die obenstehende Fig. 22 zeigt.

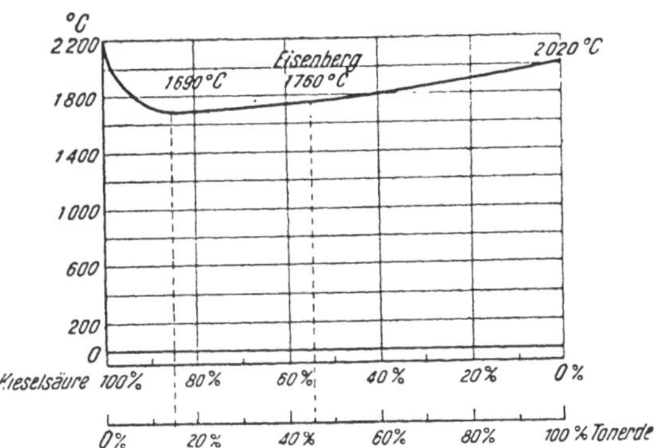

Fig. 22. Abhängigkeit des Schmelzpunktes vom Kieselsäure- und Tonerdegehalt.

Deutlich geht auch dieser Zusammenhang aus der Zusammensetzung der Segerkegel Nr. 28 bis 42 hervor, wie nachstehende Aufstellung zeigt:

Segerkegel Nr.	Chemische Zusammensetzung	Schmelztemperatur
28	$Al_2O_3 \cdot 10\, SiO_2$	1630°
29	$Al_2O_3 \cdot 8\, SiO_2$	1650°
30	$Al_2O_3 \cdot 6\, SiO_2$	1670°
31	$Al_2O_3 \cdot 5\, SiO_2$	1690°
32	$Al_2O_3 \cdot 4\, SiO_2$	1710°
33	$Al_2O_3 \cdot 3\, SiO_2$	1730°
34	$Al_2O_3 \cdot 2{,}5\, SiO_2$	1750°
35	$Al_2O_3 \cdot 2\, SiO_2$	1770°
36	$Al_2O_3 \cdot 1{,}66\, SiO_2$	1790°
37	$Al_2O_3 \cdot 1{,}33\, SiO_2$	1825°

Segerkegel Nr.	Chemische Zusammensetzung	Schmelztemperatur
38	$Al_2O_3 \cdot 1\ SiO_2$	1850°
39	$Al_2O_3 \cdot 0{,}66\ SiO_2$	1880°
40	$Al_2O_3 \cdot 0{,}3\dot{3}\ SiO_2$	1920°
41	$Al_2O_3 \cdot 0{,}13\ SiO_2$	1960°
42	—	2000° (?)

So geben die *Goesener Thonwerke*, Eisenberg S.-A., für ihre Schamottesteine Marke H. B. bei einem Tonerdegehalt von 42 bis 44 Proz. einen Schmelzpunkt zwischen Segerkegel 34/35 liegend an.

Durch Zusatz von Kalk sinkt der Schmelzpunkt ganz bedeutend, was für uns wohl zu beachten, weil die Auskleidung ja ständig mit Kalk in Berührung kommt; beide treten in gegenseitige Wirkung. „Anorthit = $2\ SiO_2$, Al_2O_3, CaO schmilzt bei 1460°, und Humboldtilit = $2\ SiO_2$, Al_2O_3, 3 CaO schmilzt schon bei 1280°.“ Es bilden sich an der Innenwand die Mischungen, und durch die damit verbundene Schmelzpunkterniedrigung wird die Oberschicht weniger widerstandsfähig, wird abgeschabt, frische Schichten werden bloßgelegt, so langsam, schrittweise den ganzen Stein zerstörend.

Unter dem Einfluß der Temperatur verwandelt sich die Kieselsäure in verschiedene Arten von geringerer Dichte, so daß die ursprüngliche Raumbeanspruchung zunimmt. Feuerstein geht bei etwa 1000° in Christobalit über, reiner Quarz bei 1400° in Christobalit und weiter in Tridymit. Wohlverstanden ist hiermit keine eigentliche Lockerung des Gefüges verbunden, die Kieselsäure bleibt dicht und wird nicht etwa schwammig, locker.

Tonerde dagegen schwindet beim Erhitzen. Man nennt diesen Vorgang Feuerschwindung. Mischungen aus Kieselsäure und Tonerde werden also je nach der Zusammensetzung mehr oder weniger schwinden, wachsen oder bei einer beide Wirkungen ausgleichenden Zusammensetzung unverändert in der Raumbeanspruchung bleiben. Man wird aber beide nicht von diesem Gesichtspunkte aus mischen, weil der von der Mischung abhängige Schmelzpunkt viel wichtiger ist, und weil man durch entsprechende Vorkehrungen den nachteiligen Einfluß des Wachsens oder Schwindens überwinden kann. Es wird nach einiger Zeit bei der betreffenden Temperatur ein unveränderlicher, stationärer Zustand eintreten, die Umwandlung und damit die Schwindung oder Quellung, das Wachsen, hört auf.

Auch wird ein Teil der Auskleidung ohne weiteres verdampfen, denn auch ihre Bestandteile haben gewisse Dampfspannungen, die bei der im Ofen vorhandenen Wärmezufuhr zum Verdampfen führen. So stellte *Otto Ruff*-Danzig (Chem.-Ztg. 1911, S. 650) fest, daß Aluminiumoxyd (Tonerde) schon bei 1720° C eine Dampfspannung von 6 mm Quecks. besitzt, es verdampft entsprechend diesem Teildruck genau, wie die Kohlensäure aus dem Kalkstein bei entsprechenden Temperaturen verdampft, wie Wasser verdunstet bei diesem Teildruck, also bei etwa 5°. Der Temperatur von 1720° wird die Auskleidung nicht ausgesetzt, aber wenn man bedenkt, daß bei den Mischungen auch die Dampf-Mischdrucke in Erscheinung treten, so kann man doch mit einer langsamen, aber sicheren Verdampfung der Auskleidung rechnen.

24. Die Höhe der Auskleidung in den verschiedenen Zonen.

Nicht in allen Zonen herrscht die gleiche Brenntemperatur, sondern in der Vorwärme- und Abkühlungszone ist sie niedriger, wie dies schon früher berechnet wurde. Die Größe der einzelnen Zonen ergibt sich aus den Aufenthaltszeiten, die in den Fig. 7 und 8 zeichnerisch dargestellt sind, und den Füllungen. Aus Fig. 7 ergibt sich z. B. für Steine von 150 mm Durchmesser eine Vorwärmezeit von 6 Stunden, eine Brenndauer von 23 Stunden, eine Abkühlzeit von 7 Stunden und eine Gesamtaufenthaltszeit von 36 Stunden. Von der Gesamtzeit wird demnach verbraucht für das Vorwärmen 17 Proz., das Brennen 64 Proz. und für das Abkühlen 19 Proz. In dieser Weise alle verschiedenen Verhältnisse berechnet, ergibt sich die Vorwärmezeit zu 15 bis 17 Proz., die Brennzeit zu 52 bis 64 Proz. und die Abkühlzeit zu 20 bis 32 Proz. Dabei sinkt die verhältnismäßige Brennzeit mit der Brenntemperatur, während die Abkühlzeit steigt. Dabei gelten diese Zeiten, gemessen vom Gasabzug bis zum Kalkabzug.

Wie uns noch später die Formeln 41 bis 44 Seite 136 zeigen, sind die Inhalte der verschiedenen Zonen gleich dem Produkt aus der Aufenthaltszeit und der aufzunehmenden Füllung. Bei dem Beispiel auf Seite 137 ergibt sich ein Inhalt von $0{,}51 + 1{,}56 + 0{,}36 = 2{,}43$ cbm bei den Zeiten von 6 zu 23 zu 7 Stunden. Diese Zeiten verhalten sich wie 17 zu 64 zu 20 Proz. Die Inhalte wie 21 zu 64 zu 15 Proz. und im äußersten Falle wie 18 zu 58 zu 24 Proz.

In der Vorwärmezone haben die Steine eine Temperatur von 0 bis 856°, die Gase kühlen sich von der Brenntemperatur von 1000 bis 1200° auf 525° ab. Die Auskleidung der Abkühlzone ist also nicht voll der Brenntemperatur ausgesetzt, man könnte hier eine etwas weniger feuerfeste Auskleidung wählen. Ihr Inhalt beträgt aber nach obigem nur 21 bis 18 Proz. des Gesamtinhaltes des Ofens, und da hiervon mindestens der Anfang, der Anschluß an die Brennzone, noch hohen Brenntemperaturen ausgesetzt wird, so bleibt wenig für minder gute Auskleidung. Beim Ofen von 25 cbm Inhalt doch weniger als $\frac{18 \cdot 25}{100} = 4{,}5$ cbm oder einer Höhe von vielleicht 2,25 m, bei einem mittleren Durchmesser der Vorwärmezone von 1,6 m. Man findet sehr häufig aber die Verwendung minderwertiger Steine sehr viel weiter herunter, bis 30 Proz., also weit in die Brennzone hinein, sehr zum Schaden der Dauerhaftigkeit. Man geht hier nach dem Schema „F", was früher bei den Generatoröfen richtig war, mit eng bemessener Brennzone, ist jetzt falsch. Deshalb hört man immer wieder die Klage, über den starken Verschleiß des oberen Futters. Nicht nur hochfeuerfeste Auskleidung sollte man auch möglichst bis oben anwenden, sondern auch auf allergrößte mechanische Festigkeit achten. Hier wird die Auskleidung außerordentlich durch die einfallenden Kalksteine beansprucht.

Im Gegensatz hierzu führt man die hochfeuerfeste Auskleidung zu tief in die Abkühlungszone hinein, weil man sich auch bei ihr nicht klar über die wirkliche Länge war. Nach der Rechnung beansprucht die Abkühlungszone

15 bis 24 Proz. des Ofenraumes. 15 Proz. bei der niedrigen Brenntemperatur von etwa 1000°, 24 Proz. bei 1200°. Wenn man also die hochfeuerfeste Auskleidung soweit herunterführt, daß noch 24 Proz. des Inhaltes für die Abkühlungszone zur Verfügung stehen, dann könnte man den Raum zwischen 24 und 15 Proz. mit weniger feuerfesten Steinen, vielleicht mit einem Schmelzpunkt Segerkegel Nr. 33 bis 34 und den verbleibenden Rest der Abkühlungszone könnte man mit den gewöhnlichsten Schamottesteinen mit einem Segerkegelschmelzpunkt Nr. 30/32 auskleiden. In dieser Abkühlungszone ist die Auskleidung weder hohen Temperaturen, heißen oxydierenden bzw. reduzierenden Gasen noch starken mechanischen Angriffen ausgesetzt, weil ja auch der inzwischen entstandene Ätzkalk viel weicher ist als der Kalkstein.

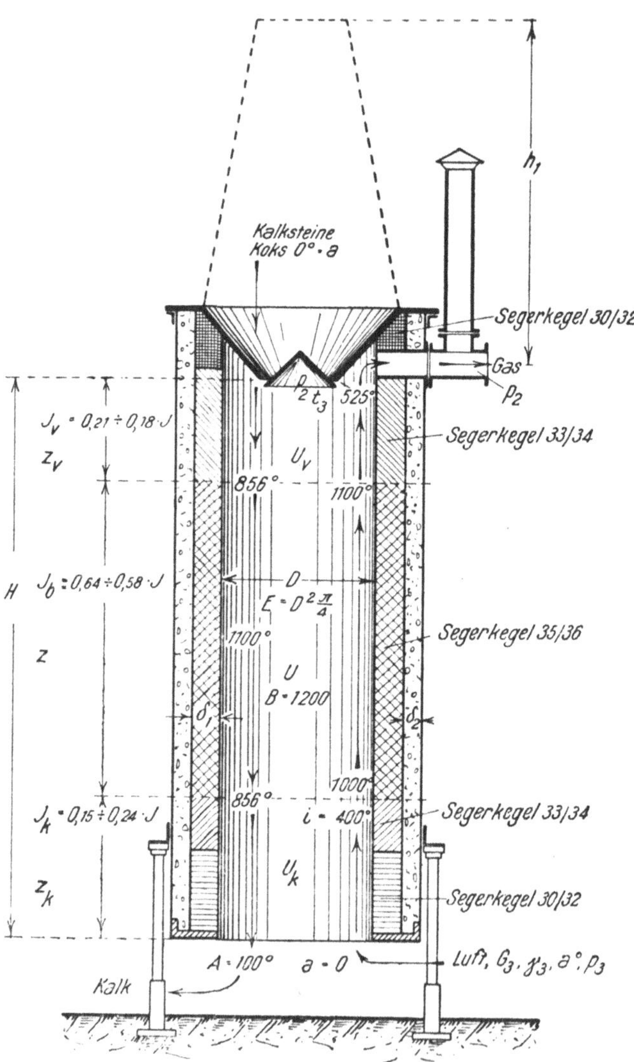

Fig. 23. Verteilung der Schamottesteine im Ofenschacht.

Die Fig. 23 zeigt die Verteilung der verschiedenen Steinsorten unter Angabe der Schmelzpunkte nach Segerkegelnummer, die vorstehendes noch besser erläutern dürfte, an einem vollkommen zylindrischen Ofen. Ist der Ofen nicht zylindrisch, dann ergeben sich die Einzelhöhen aus der Berechnung der entsprechenden Inhalte. So würde z. B. bei einem Doppelkegelofen nach Fig. 35*h* z. B. die Brennzone wesentlich zusammengedrückt, dagegen die Vorwärme- und Kühlzone mehr auseinandergezogen, mehr verlängert erscheinen.

25. Die Wärmeleitfähigkeit der feuerfesten Auskleidung.

Durch die Wärmeleitfähigkeit wird aus dem Brennraum in die Umgebung Wärme abgeleitet, so daß man im allgemeinen feuerfeste Auskleidungen mit kleiner Wärmeleitfähigkeit vorziehen wird. Sie ist aber nur eine von den vielen Eigenschaften, die die betreffende Auskleidung mehr oder weniger gut für den betreffenden Zweck erscheinen lassen, sie ist aber nicht ausschlaggebend, so daß man diese Eigenschaft nicht in den Vordergrund rücken darf. Im Gegenteil, denn im Kalkofen ist sie von ziemlich untergeordneter Bedeutung, weil man die etwaige größere Leitfähigkeit durch eine stärkere Isolierschicht wieder ausgleichen kann. Auch bieten Steine mit größerer Wärmeleitfähigkeit den Vorteil der schnelleren Wärmeverteilung örtlich, z. B. durch unmittelbare Berührung, vom Brennstoff zugeführter Wärme. Die eingangs erwähnte stellenweise Überhitzung durch angehäuften Koks kann weniger in Erscheinung treten. (Z. B. wird durch die hohe Wärmeleitfähigkeit des Eisens die örtlich zugeführte Wärme so schnell verteilt, daß es nicht möglich ist, mit einem autogenen Brenner ein Loch in einen schmiedeeisernen, mit Wasser gefüllten Kasten zu brennen.)

Nach den Versuchen *W. van Rinsum* (Bayr. Industrie- u. Gewerbeblatt 1914, S. 312) ergeben hocherhitzte feuerfeste Steinsorten keine großen Unterschiede in der Wärmeleitzahl, dagegen steigt die Wärmeleitzahl mit der Temperatur. Folgende Tabelle zeigt seine bisherigen Ergebnisse.

	Stein Nr.						
	1	2	3	4	5	6	7
Wärmeleitzahl bei 400°. .	0,59	0,57	0,69	0,88	0,81	0,78	0,65
„ „ 700°. .	0,71	0,68	0,97	1,08	1,01	0,88	0,89
„ „ 1000°. .	—	0,80	1,24	1,28	1,2	0,97	1,13

Bei dem Kalkofen könnte man also nur mit einer mittleren Wärmeleitzahl rechnen, denn innen herrscht die Brenntemperatur von 1000 bis 1200°, während auf der Außenseite die Steine vielleicht nur eine Temperatur von 700° besitzen. Der Berechnung der Abkühlungsverluste (S. 79) hatte ich eine Wärmeleitzahl von $\lambda_1 = 0{,}65$ zugrunde gelegt. Nehme ich an, daß sie bei einigen Schamotten oder Auskleidungen auf das Doppelte steigt (was nach den Versuchen von *Heyn*, *Bauer* und *Wetzel*, Mitteilungen des Königl. Materialprüfungsamtes 1914, Heft II u. III, der Fall zu sein scheint), dann wird die Wärmeübergangszahl vom Kalkofeninnern an die äußere Luft, unter den auf Seite 79 angenommenen Verhältnissen, nach der Formel 30:

$$K_M = \frac{1}{\frac{1}{8\cdot 1{,}0} + \frac{0{,}25}{\mathbf{1{,}3}\cdot 1{,}0} + \frac{0{,}075}{0{,}15\cdot 1{,}23} + \frac{0{,}005}{25\cdot 1{,}29} + \frac{1}{8\cdot 1{,}3}}$$

$$= \frac{1}{0{,}125 + \mathbf{0{,}193} + 0{,}40 + 0{,}016 + 0{,}096} = \frac{1}{0{,}839} = 1{,}2,$$

gegenüber den früher für $\lambda_1 = 0,65$ berechneten $K_M = 0,98$. Die Wärmeverluste bei solchen Steinauskleidungen würden also um etwa 20 Proz. steigen, was aber wie schon früher gesagt, durch stärkere Isolierschicht leicht ausgeglichen werden kann. Einen Stein, der also sonst vorzügliche Eigenschaften für den Kalkofen aufweist, wird man deshalb nicht verwerfen, weil er eine hohe Wärmeleitfähigkeit besitzt, sondern man wird bei solchem für besonders gute, starke Isolation sorgen. Denn je dichter, fester ein Stein ist, wie z. B. Quarzschiefer, um so größer ist seine Wärmeleitfähigkeit, aber auch seine Feuerfestigkeit. Je poröser ein Stein, eine Schamotte, je geringere Wärmeleitfähigkeit, aber auch geringere Feuerbeständigkeit.

26. Die Schamottesteine.

Die Schamotte stellt einen scharfgebrannten Ton dar, der nochmals zerkleinert, wieder mit ungebranntem, feuerfestem Ton vermischt, dann geformt und wieder scharf gebrannt wird. Dies Vermischen schon scharfgebrannten Tones mit ungebranntem soll ein starkes Schwinden der geformten Steine beim Brennen vermeiden, soll Sprünge und Risse im Stein vermindern.

Schamottesteine sind bei einem etwa 50 Proz. nicht überschreitenden Kieselsäuregehalt basisch und besitzen bis 46 Proz. Tonerde. Ihr Schmelzpunkt liegt im allgemeinen um so höher, je geringer der Gehalt an Kieselsäure und Flußmitteln ist, wie ich dies schon im Kapitel 23 über Einfluß der Temperaturen näher erörterte.

Alle Tone schwinden beim Brennen. Um daher ein Nachschwinden im Kalkofen zu vermeiden, sollte die Schamotte mindestens bei der Höchsttemperatur, der sie später ausgesetzt wird, vorher gebrannt werden. Es kann dann vorkommen, daß beim starken Brennen die Steine sich etwas krumm ziehen, ein weniger schönes Aussehen zeigen, als nicht so stark vorgebrannte, die also nicht so gut vorbereitet sind. Man darf deshalb auf das Äußere der Schamottesteine kein zu großes Gewicht legen, wenn es nicht gar zu sehr das engfugige Verlegen, Vermauern erschwert. Gute und stark gebrannte Steine sehen hell aus. Deshalb werden häufig minderwertige Erzeugnisse nur schwach gebrannt, um sie mit heller Farbe in den Handel zu bringen. Solche werden beim Glühen bald braun und unansehnlich.

Werden die Steine nicht bei hoher Temperatur gebrannt, was bei minderwertigen Erzeugnissen auch zwecks Verminderung der Herstellungskosten häufig geschieht, dann erfolgt das starke Schwinden erst im Kalkofen, es bilden sich weite, schädliche Fugen. Solche aus schlechten Grundstoffen reißen und bröckeln, was schwer zu sehen ist, wenn der Stein schon eingemauert ist. Je rissiger, lockerer aber der Stein, je größer ist seine Oberfläche, auf die schädliche Einflüsse wirken können. Es ist deshalb ohne Zweifel wichtig, schon vor dem Einmauern des Steines zu wissen, ob er genügend stark gebrannt ist und nicht zu stark schwindet. Dies kann man leicht feststellen lassen in kleinen Laboratoriumsöfen durch Erhitzen der Steine auf die zu erwartende Ofentemperatur und Feststellung der Abmessungen vor und nach dem Erhitzen

Solche Messungen führte Dr. *Hugo Richter* (Z. d. V. d. d. Z. 1913, S. 963) an 136 Schamottesteinen im Institut für Zucker-Industrie aus, die ihm von verschiedenen Zuckerfabriken zur Verfügung gestellt wurden und die diese zum Ausmauern der Kalköfen verwenden. *Richter* benutzte einen elektrischen Versuchsofen von *Simonius* und Dr. *Ricke*, den die Königl. Porzellanmanufaktur Berlin liefert, dessen Aufbau sich aus der vorstehenden Fig. 24 ergibt. Der nutzbare Heizraum hat einen Durchmesser von 135 mm, bei einer Höhe von 30 cm. Ein solcher Ofen kostet nur 125 Mk., doch dürfte sich trotzdem dessen Anschaffung für den einzelnen Kalkofenbesitzer kaum lohnen, weil er nur selten solche Untersuchungen auszuführen hat. Besser wendet man sich an Versuchsanstalten, die durch die fortwährende Benutzung auch eine größere Übung in der Beurteilung besitzen. Der zu untersuchende Stein wurde aus dem Originalstein herausgeschnitten, an allen Flächen gleichmäßig geschliffen auf eine Seitenlänge von 25 bis 30 mm. Die Heizung erfolgt durch elektrischen Strom und die Temperaturmessung durch ein elektrisches Pyrometer nach *Le Chatelier*. Dessen kleine Meßstelle aus Platin wird schnell die Temperatur des Heizraumes annehmen, während die Versuchssteine wegen ihrer Größe und ihres schlechten Wärmeleitvermögens die Wärme nur langsam ins Innere leiten, nur langsam eine gleichmäßige Temperatur annehmen und weit hinter der Pyrometertemperatur zurückbleiben, wenn die Temperaturen nicht lange genug auf gleichmäßiger Höhe gehalten werden. Dies scheint mir bei *Richters* Versuchen nicht immer voll berücksichtigt, wobei allerdings nicht verkannt werden soll, daß bei der großen Anzahl Einzelversuche eine nicht zu weitgehende Ausdehnung der Versuche erwünscht erscheinen dürfte.

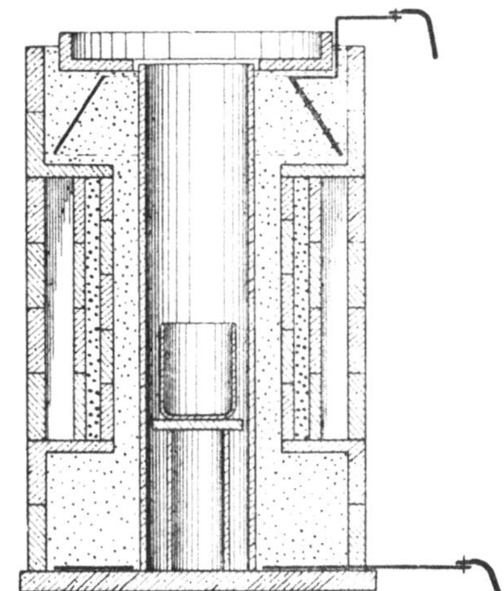
Fig. 24. Elektrischer Versuchsofen.

Richter maß die Länge der Versuchssteinchen vor und nach der Erhitzung auf 1400° und wieder erfolgter Abkühlung mittels Mikrometerschraube und stellte eine Schwindung von 0 bis 7,77 Proz. fest. Diese Zahlen habe ich in der Fig. 25 zeichnerisch dargestellt, weil dies einen besseren Überblick gibt als eine lange Zahlenreihe. Die Steine 127a, b, c, d und 132a und b stammen aus der Sucrerie Nassandres (Frankreich) und zeigte der Stein Nr. 132a keine Schwindung, sondern eine Zunahme der Länge. Dieser Stein war um 4,65 Proz. länger geworden, gewachsen, was darauf schließen läßt, daß er stark kieselsäurehaltig ist. Allerdings fehlen Angaben über die chemische Zusammensetzung der Steine und die Herstellung, was zur Beurteilung recht nützlich wäre.

Die Schwindung ist demnach bei manchen Steinen recht bedeutend. Mauert man z. B. solchen schlecht vorgebrannten Stein im Kalkofen ein und schwindet er um 5 Proz., so vergrößert sich die vorher enge, „messerrechte" Fuge eines 200 mm breiten Steines um 10 mm. Dabei ist zu beachten, daß nach außen hin der Stein weniger erhitzt wird, also weniger schwindet, die Fuge bildet sich nicht durchgehend gleichmäßig, so daß sich die Fuge durch Setzen des Mauerwerkes nicht ausgleichen kann. Ich will dies hier noch berechnen, um ein besseres Bild zu geben. Die äußere Temperatur t_2 der Auskleidung kann wieder nach den Formeln berechnet werden, die für die Berechnung der Abkühlungsverluste dienten. Nach der dortigen Formel (31)

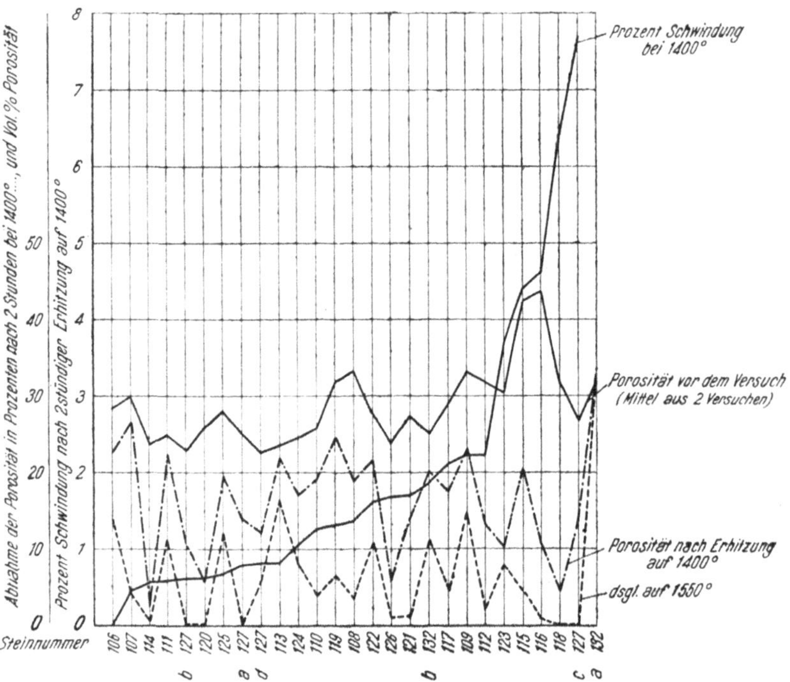

Fig. 25. Zusammenstellung der *Richter*schen Versuche über die Schwindung und Porosität von Schamottesteinen.

ist die durch die Ofenwand gehende Wärmemenge für 1 qm innere Ofenoberfläche F_1 und 1° Temperaturunterschied etwa 0,98 oder etwa 1,0 WE, also bei einer Brenntemperatur $B = 1400°$ etwa 1400 WE. Diese eintretende Wärmemenge wird in der Schamottewand weitergeführt durch die Wärmeleitzahl λ_1, die ich zu 0,65 im Mittel annahm. Die eintretende Wärmemenge muß gleich der von der Steindicke λ_1 bis an die Außenwand der Ausmauerung geleiteten sein. Es ergibt sich die Beziehung:

$$F_1 \cdot 1{,}0 \cdot B = \frac{0{,}65}{F_2 \cdot \delta_1} (B - t_2) \,. \tag{36}$$

Daraus die Temperatur t_2 der Schamotte-Außenfläche F_2:

$$t_2 = B - \frac{F_1 \cdot 1{,}0 \cdot B \cdot \delta_1 \cdot F_2}{\lambda_1} \,, \tag{37}$$

und darin eingesetzt, die, bei *Richters* Versuchen angewendete Temperatur $B = 1400°$, die Schamottestärke mit 0,25 m, die Fläche $F_2 = 1{,}23$ qm und $\lambda_1 = 0{,}65$ gibt:

$$t_2 = 1400 - \frac{1400 \cdot 0{,}25 \cdot 1{,}23}{0{,}65} = 1400 - 660 = 740°.$$

Bei diesen 740° wird nur geringe Schwindung eintreten, denn nach *Richters* Versuchen betrug sie schon bei 1250° nur noch $^1/_3$ der bei 1400° festgestellten. Ein solches Mauerwerk liegt deshalb außen an und klafft innen 10 mm, wie dies die Fig. 26 zeigt; der ganze Verband ist gelockert. Während bei geschlossenem Mauerwerk nur die Stirnflächen dem Feuer ausgesetzt sind, sind es jetzt noch die 4 Seitenflächen, viermal größere Fläche, viermal stärkere Angriffe. Dies zeigt deutlich die Wichtigkeit der Verwendung gut gebrannter Steine und deren Prüfung durch Messung des Schwindens. Je stärker ein Stein schwindet, um so weniger eignet er sich für feuerfeste Auskleidung. Namentlich dann, wenn man unbekannte Schamotten verwenden will, nicht von bekannten altbewährten Werken, denn schließlich ist es doch nicht richtig, immer nur von diesen zu beziehen, weil dann die Einführung etwas Neuem und der Fortschritt stark gehemmt werden würden. Dabei zeigt die Messung des Schwindmaßes nur einen Einblick in die vorher angewendete Brenntemperatur des Steines, läßt aber noch keinen Schluß auf die anderen Eigenschaften zu, wie mechanische Festigkeit, Feuerbeständigkeit u. dgl. Diese Eigenschaften müssen noch gesondert geprüft werden.

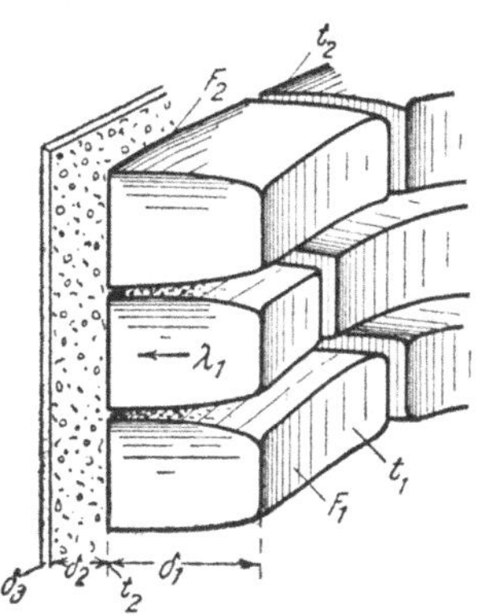

Fig. 26. Gelockerter Verband bei stark geschwundenen Steinen.

So stellte *Richter* gleichzeitig die Porosität der vorher auf Schwindmaß geprüften Steine, vor und nach der Erhitzung auf verschiedene Temperaturen, fest. Er wog die Steine im trockenen Zustande ϱ, kochte sie dann einstündig in Wasser zwecks vollständiger Sättigung und stellte dann im *Ludwig*schen Raummesser (Volumenometer) das vom gesättigten Stein verdrängte Wasser als sein Raumgewicht r fest. Dann wurde der gesättigte Stein aus dem *Ludwig*schen Raummesser schnell herausgenommen, oberflächlich mit dem Handtuch abgetrocknet, gewogen und nach Abzug seines Trockengewichtes ϱ das des aufgenommenen Wassers g bestimmt. Daraus ergibt sich dann die Porosität des Steines in Raumprozenten:

$$P_1 = \frac{100 \cdot g \cdot r}{\varrho}. \tag{38}$$

Vor der Erhitzung zeigten die untersuchten Steine eine Porosität von 21,74 bis 44,83 Proz., und habe ich diese Zahlen ebenfalls in Abb. 25 eingezeichnet. Dort habe ich auch die von ihm noch festgestellte Porosität der Steine nach ihrer Erhitzung auf 1400 und 1550° eingezeichnet. Man sieht, daß keine

Abhängigkeit zwischen der Schwindung und der Porosität besteht. Jene ist eben in der Hauptsache von der vorangewandten Brenntemperatur abhängig, diese in der Hauptsache von der Art und Vorbehandlung der verwendeten Rohstoffe. Die Abnahme der Porosität wird hervorgerufen zum geringen Teil durch die Schwindung, in der Hauptsache durch Sintern und Schmelzen des Steinstoffes. So sind z. B. die Steine Nr. 127b, 120, 127a, 118 und 127c bei der Temperatur von 1550° zusammengeschmolzen; der Stein 127b, trotzdem sein ursprünglicher Porenraum nur 23,59 Proz. betrug. Dagegen hat der Stein Nr. 109, bei ursprünglichen Hohlräumen von 33,98 Proz., bei 1550° noch 14,72 Proz., also große Feuerbeständigkeit. Die Größe der ursprünglichen Hohlräume, die Porosität läßt aber keinen Rückschluß auf die Feuerbeständigkeit zu, denn es kann ein Stein vorliegen von großer ursprünglicher Dichte, weil er schon beim Brennen stark zusammengesintert, stark geschmolzen ist, also schon angegriffen und im Ofen bald weiter schmelzen wird. Als Beispiel hierfür erscheint der Stein Nr. 120; sein ursprünglicher Hohlraum betrug nur 26,38 Proz., sein Schwinden bei 1400° betrug nur 0,62 Proz. und doch ging seine Porosität bei 1400° auf 5,65 Proz. zurück und bei 1550° war er geschmolzen. Wohl aber kann man annehmen, daß ein dichterer Stein, ein solcher mit wenig Hohlräumen, mechanischen und besonders chemischen Angriffen besser widerstehen wird. Die Versuche *Richter*s zeigen aber, daß in bezug auf Schwinden und Feuerbeständigkeit einzelne Zuckerfabriken für ihre Kalköfen noch recht minderwertige Schamotten verwenden. Betrachtet man doch als „feuerfest" im allgemeinen nur solche Stoffe, deren Schmelzpunkt über 1580° (Segerkegel 26) liegt, während einige Steine schon vorher zusammengeschmolzen sind, also nicht die Bezeichnung „feuerfeste Steine" verdienen. Bei solchen Steinen braucht man sich nicht zu wundern, wenn jährlich bedeutende, kostspielige Ersatzarbeiten am Schamottefutter notwendig sind.

Durch das starke Vorbrennen der Schamottesteine wird nicht nur das Nachschwinden im Kalkofen vermindert, sondern auch, wie schon erwähnt, die mechanische Festigkeit, wesentlich erhöht. *Lukas* stellte die Zunahme der Bruchfestigkeit an Kaolinstäbchen fest, indem er die Stäbchen auf zwei Stahlschneiden legte und in der Mitte durch eine Federwage so lange belastete, bis sie brachen.

Brenntemperatur	600	700	800	900	1000	1100	1200	1300
Bruchfestigkeit	150	230	330	410	500	635	1210	1530

In jeder Beziehung sind also stark vorgebrannte Steine anderen vorzuziehen.

Von der Porosität ist die Gasdichtigkeit bzw. Gasdurchlässigkeit der Steine abhängig. Im Schachtkalkofen spielt aber die Gasdichtigkeit der Auskleidung keine Rolle, weil diese durch den eisernen Mantel erzielt wird, deshalb braucht man hier besonderen Wert auf Gasdichtigkeit der Steine nicht zu legen, wie es bei manchen anderen Feuerungen nötig ist. Vorteilhaft ist aber natürlich immer ein gasdichter Stein. Er erschwert das Eindringen der Gase und die chemischen Angriffe.

Erwähnt sei noch, daß bei zwei aufeinander gemauerten Schamottesteinen bei gewöhnlichen Raumtemperaturen das Königl. Materialprüfungsamt (Mitteil. 1907, Heft 4, S. 178) eine Bruchbelastung von 218 kg/qcm feststellte.

Es kann damit gerechnet werden, daß 1 cbm Schamottesteine etwa 1850 kg wiegt.

Wer sich auch über die Herstellung der Schamottesteine unterrichten will, dem sei das Buch „Die feuerfesten Tone“ von Prof. Dr. *Carl Bischof* (Leipzig 1904) empfohlen.

27. Quarzschiefer.

Während im allgemeinen für den Kalkofen basische Futter nützlich sind, so haben sich doch die Quarzschiefer, aus den Vereinigten Crummersdorfer Brüchen in Schlesien, in belgischen, Generator- und Gogoliner Kalköfen bewährt. *Karl Reinbold* (Tonindustrie-Zeitg. 1916, S. 778) erwähnt einen Schachtofen ähnlich Fig. 35 b, den er in Rumänien sah, der unmittelbar in die anstehende Kalksteinwand des Berges eingehauen war, ohne Ziegelmauerwerk. Die Ausfütterung bestand aus Quarzschieferstücken, die ein vorbeifließender Wildbach mitführte. Quarzschiefer, Quarzit, Quarzfels, Kieselschiefer, ein Schichtgestein, das aus kleinen, scharfkörnigen Quarzkörnern besteht, die geschichtet abgelagert und durch ein quarzitisches Bindemittel miteinander verkittet sind. Es ist ein natürlicher Dinasstein. Je feiner das Korn, je dichter die Schicht, je besser, widerstandsfähiger ist der Quarzschiefer gegen Hitze und chemische Angriffe. Seine Farbe schwankt zwischen grau bis weiß, und ist der gute Crummersdorfer Quarzschiefer fast rein weiß Seine Zusammensetzung ist nach einer Untersuchung (Prof. Dr. *H. Seger* und *E. Cramer*, Berlin) vom 24. 11. 1914:

Kieselsäure	94,70 Proz.
Tonerde	3,49 „
Eisenoxyd	0,41 „
Kalkerde	Spuren
Bittererde	Spuren
Glühverlust	0,85 Proz.
	99,45 Proz.

Die an und für sich außerordentlich harten Quarzteilchen sind nicht so fest miteinander verkittet, wie bei der gutgebrannten Schamotte; wie z. B. sog. weiche Sandsteine auch aus hartem Quarz, durch Ton oder Kalk locker miteinander verkittet, bestehen, die leicht abgerieben werden.

Die Härte der Quarzite liegt zwischen $6^1/_2$ bis 7 nach der auf Seite 94 angeführten Tabelle. Sie werden deshalb von dem viel weicheren, niedergehenden Kalk wenig mechanisch angegriffen, sind aber auch außerordentlich schwer zu bearbeiten. Platten werden im Tagebau durch Loslösen mittels Keil und Pulver gewonnen und von Hand mit Spitzeisen und scharfe Hämmer in die gewünschten Größen gebracht. Infolge der geschichteten Lagerung ist die Höhe der Steine sehr gleichmäßig, aber die Stirn- und Seitenflächen bleiben uneben, unscharf, wie dies Fig. 27 (*Lange, Lux-Ölsner*) zeigt. Durch besonders sorgfältiges Behauen nehmen sie die Form nach Fig. 28 an. Das Mauerwerk (Fig. 29) aus solchen Steinen zusammengesetzt zeigt noch ziemliche Fugen. Je dichter die Lagerung, je besser die Haltbarkeit der Ausmauerung. Diese wird erreicht bei Verwendung von mittels Diamantsägen gesägten und somit genau lagerechten, scharfkantigen Steinen nach Fig. 30. Der mit solchen Steinen zusammengestellte Schacht Fig. 31 zeigt ein engfugiges, bindiges Mauerwerk. Das spez. Gewicht ist 2,5 bis 2,6; das Raumgewicht 2,1 bis 2,35; also gegenüber dem der Schamotten, das nur 1,85 beträgt, bedeutend höher. Dies hohe Raumgewicht deutet auf dichteres

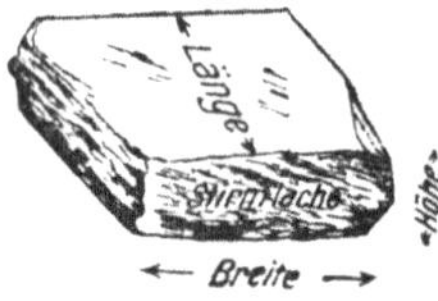

Fig. 27. Roh behauener Quarzschieferstein.

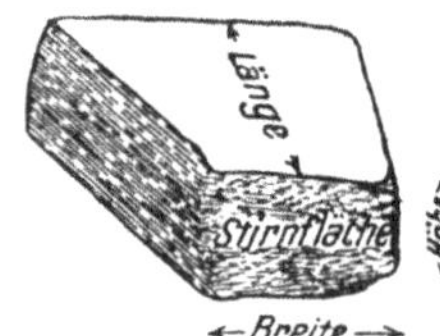

Fig. 28. Sorgfältig behauener Quarzschieferstein.

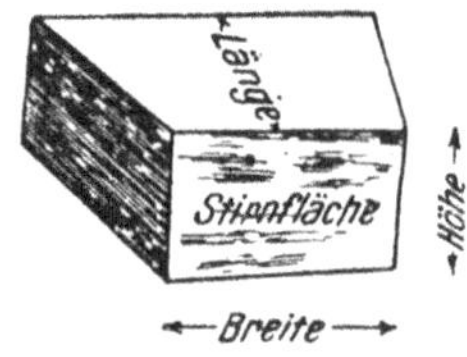

Fig. 30. Gesägter Quarzschieferstein.

Fig. 29. Ofenschacht aus sorgfältig behauenen Quarzschiefersteinen.

Fig. 31. Ofenschacht aus gesägten Quarzschiefersteinen.

Gefüge hin, also bessere Widerstandskraft, aber auch auf einen höheren Preis der Auskleidung. Zur Ausfüllung eines gleichen Futterraumes ist ein größeres Quarzschiefergewicht notwendig. Ein Quarzschieferfutter wird deshalb teurer als ein Schamottefutter, auch bei gleichen 100-kg-Preisen.

Hier darf man aber nicht vergessen, daß an der Angriffsstelle mehr Futter zur Verfügung steht, Futter im wahren Sinne des Wortes für die verschiedenen Angriffsarten, die die Auskleidung zerfressen. Schamottesteine besitzen bis 45 Proz. Hohlräume, die natürlich nicht schützend wirken, so daß bei gleichem Gewichtsverlust die Stärke des Schamottefutters mehr abnehmen würde. Aber basische Schamottesteine werden weniger chemisch angegriffen, so daß hier bis zu einem gewissen Grade ein Ausgleich eintritt, der sogar zugunsten der Schamottesteine ausfällt, wenn man von vornherein dichtere Steine wählt.

In der Vorwärme- und Abkühlungszone verwendet man aber stets geringere Schamottesteine, so daß man die Kalköfen nur in der Brennzone mit Quarzschiefer auskleidet, um nicht zu sehr den Preis des Ofens zu erhöhen. Quarzschiefer ist aber ein hochwertiges Kieselsäureprodukt, ist sauer, während zum Ausmauern der Kalköfen nur basische Schamottesteine Verwendung finden können. An den Berührungsstellen, wo der saure Quarzschiefer mit der basischen Schamotte zusammentrifft, werden bei hohen Temperaturen chemische Einwirkungen entstehen, die die Steine an den Grenzstellen zerfressen, zerschmelzen. Um diesen Übelstand zu mildern, geht man mit der Quarzschieferschicht noch über die Brennzone hinaus, nach oben, wo die heißen Gase aufsteigen, mehr als wie nach unten. Eine Gefahr aber besteht durch die Verwendung dieser verschiedenen Auskleidungen immer. Auch ist es merkwürdig, daß die an und für sich hochfeuerfesten Quarzschiefer (Feuerfestigkeit Segerkegel 34 bis 35, also 1750 bis 1770° C) den Einwirkungen des basischen Ätzkalkes widerstehen. Es ist dies aber vielleicht auf die gleichzeitige Anwesenheit der mit dem Ätzkalk im physikalischen Gleichgewicht befindlichen Kohlensäure zurückzuführen, und außerdem überzieht sich nach kurzer Betriebszeit das Quarzschiefermauerwerk mit einer porzellanartigen Sinterung, die außerordentlich widerstandsfähig ist. Diese Schutzschicht entsteht jedenfalls in gleicher Weise, wie sie beim künstlichen Dinasstein hervorgerufen wird. Dort mischt man feinstzerkleinerten Quarzsand mit 1 Proz. gebranntem Kalk (letzteren als Kalkmilch), formt, trocknet und brennt. Bei Weißglut entsteht dann durch die Einwirkung der Kieselsäure auf den Kalk ein schwer schmelzbares Kalksilicat, als halbgeschmolzene, gesinterte Masse. Dies geschieht auch im Kalkofen, und die im Quarzschiefer außerdem vorhandene Tonerde verbindet sich mit dem entstandenen Kalksilicat zu einem schwer schmelzbaren glatten Doppelsilicat aus kieselsaurer Tonerde und kieselsaurem Kalk.

Diese Porzellanglasur erhöht auch die Festigkeit des Quarzschiefers gegen Abreiben, denn der rohe Quarzschiefer ist trotz seiner relativ großen Härte doch zerreiblich, man kann wie beim Sandstein Teilchen abreiben, Quarzkörnchen aus ihrer Verkittung lösen. Im gewöhnlichen Zustande ist hochfeuerfester Schamottestein weniger zerreiblich als der Quarzschiefer. Dieses Abreiben verhindert die Glasur, sie schafft eine glatte, schwer angreifbare Oberfläche.

Schmelzenden Alkalien widersteht Kieselsäure, also auch der hochprozentige Quarzschiefer nicht, weshalb man diese durch sorgfältige Wahl der Kalksteine und des Kokses vom Ofen, der mit Quarzschiefer ausgemauert ist, fernhalten muß. Ich erinnere hier nur daran, daß man allgemein mit ätzenden oder kohlensauren Alkalien (Kalium, Natrium) jede Art von Kieselsäure leicht aufschließen, in lösliches, kieselsaures Alkali verwandeln kann; daß die hochfeuerfesten Laboratoriumsgeräte aus Quarz schon durch den alkalischen Schweiß der Hände angegriffen werden.

Da Quarzschiefer genau nach einer Richtung geschichtet und gefasert ist, im Gegensatz zu den künstlichen Schamotten, die keine geschichtete Struktur zeigen, so ist namentlich bei gelegentlichen Ersatzarbeiten genau darauf zu achten, daß nur die gefaserte Stirnfläche dem Feuer zugewendet ist und daß die Schichten horizontal liegen, wie ich dies noch in der Fig. 32 dargestellt habe. Bei Segmentsteinen sorgt schon der Liefernde für die richtige Lagenwahl. Die Stirn wird dann wenig vom Feuer angegriffen, die Schichten werden nicht gedrückt. Liegen die Schichten senkrecht im Feuer, so springen diese leicht einzeln ab.

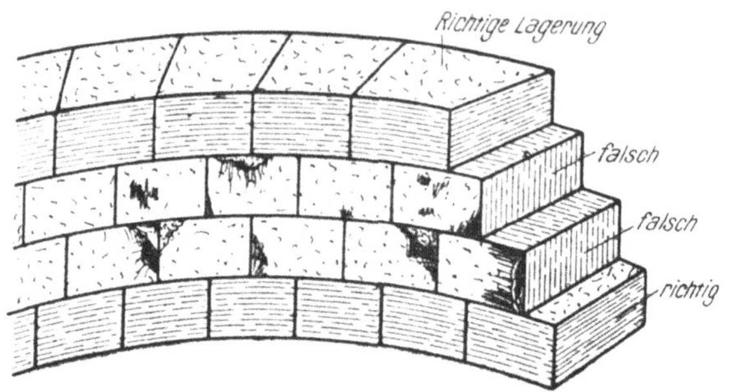

Fig. 32. Richtige und falsche Lagerung der Quarzschiefersteine.

Beim Aufmauern hat man das zu beachten, was noch für Schamottesteine gesagt wird, nur daß man hier kieselsauren Mörtel, Quarzschiefermörtel verwendet. Auch wieder von gleicher Art wie die Steine selbst. Die Wärmeausdehnung des Quarzschiefers in der Längs- und Querrichtung der Schichten beträgt bei einer Erwärmung um 1000° ungefähr 0,8 bis 1 Proz., aber senkrecht zu den Schichten wächst der Schiefer beim ersten Anfeuern um reichlich 10 Proz., infolge der schon erwähnten Umwandlung des in ihm enthaltenen Quarzes in Arten mit geringerer Dichte. Beim ersten Anfeuern, was beim Quarzschiefer deshalb ganz besonders langsam und vorsichtig zu erfolgen hat, muß für das Wachsen des Steines Platz geschaffen werden. Die Isolierschicht, zwischen Ausmauerung und Außenmantel, muß weich und locker eingefüllt werden, um dem wachsenden Stein Platz zu geben. Beim Abkühlen geht dies Gewachsene nicht wieder zurück, sondern nur noch die Wärmeausdehnung von kaum 1 Proz. Durch dieses Wachsen der Quarzsteine im Feuer erhält man äußerst dichtes Mauerwerk, durch Schließen der Fugen im Feuerraum selbst, weil hier die Erwärmung und das damit zusammenhängende Wachsen am stärksten ist. Im Gegensatz zu dem die Fugen öffnenden Schwinden der Schamottesteine.

Die große Lebensdauer und Widerstandsfähigkeit gegen mechanische Abnutzung der Quarzschiefer hängt auch damit zusammen, daß diese erst kurz vor der Erreichung ihres Schmelzpunktes weich werden und ihre Festigkeit verlieren. Sie stellen eine einfachere, reinere Mischung mit geringeren viscosen, kolloiden Eigenschaften dar, während Schamotte schon bedeutend früher erweicht.

Beim Anheizen des Ofens mit Quarzschiefer- oder sonstigen Auskleidungen mit hohem Quarzgehalt muß man, wie gesagt, sehr vorsichtig vorgehen. Quarz ist an und für sich bei den im Kalkofen vorkommenden Temperaturen unschmelzbar, er erreicht erst bei etwa 2200° seine Schmelztemperatur, aber er verträgt keinen schroffen Temperaturwechsel. Bergkrystall (reiner Quarz) über einem Bunsenbrenner erhitzt, springt in unzählige kleine Splitter, weil sich die äußeren Schichten schneller ausdehnen als die inneren und die spröden Teilchen nicht einander elastisch folgen können. Bei hochprozentigen Quarzsteinen sind deshalb höchste Feuerbeständigkeit und größte Widerstandsfähigkeit gegen Temperaturwechsel sehr häufig zwei sich gegenseitig mehr oder weniger ausschließende Eigenschaften. Eine überwiegt die andere, je nach der Herstellungsart, denn es ist ja andererseits gelungen, im elektrischen Ofen Quarzgut zu erzeugen, das bekanntlich auf 1000° erwärmt und in kaltes Wasser getaucht werden kann, ohne zu zerspringen. Während bei einem Versuch auch der Crummersdorfer Quarzschiefer als sehr widerstandsfähig gegen über hoher Temperatur sich zeigte, so war dies nicht der Fall bei schneller Erhitzung. *Richter* (Z. d. V. d. d. Z. 1915, S. 272) erhitzte sofort einen Probewürfel während 2 Stunden auf 1600° C, dann zeigte sich, daß dieser zu einem unförmigen Gebilde geplatzt, die Struktur zerstört und mit einer porzellanartigen Glasur überzogen war. Ein einzelner Quarzschieferstein darf also nicht zur Erprobung der Feuerbeständigkeit benutzt werden.

28. Ausklebemassen.

Wie man jetzt alle möglichen Bauten und Dinge in Beton herstellt, so liegt auch der Wunsch nahe, die Kalkofenauskleidung in einem Guß herzustellen, wodurch die Fugen und der Mörtel mit den Nachteilen vermieden wären. Aber während Beton schon bei Bauten, die fast gar keinen Schwankungen unterworfen sind, zur Rißbildung neigt, so wird dies bei derartigen Auskleidungen in noch stärkerem Maße der Fall sein. Die geformte und auch festgestampfte Auskleidungsmasse muß natürlich feuerfest und somit Schamotteeigenschaften besitzen. Sie wird deshalb beim Anfeuern schwinden und rissig. Die Risse werden groß und auch von unregelmäßiger Form. Deshalb müßten die Risse nochmals, vergrößert, ausgeglichen und zugeschmiert werden. Die eingeschmierte Masse wird wieder schwinden, so daß man eine vollkommen geschlossene Auskleidung auf diese Weise nicht erreichen wird. Diese Vorbehandlung ist umständlich und schwierig, denn man muß doch eigentlich das Brennen der Auskleidung, das sonst vorher mit den Steinen geschieht, hier im Kalkofen unter schwierigeren Verhältnissen nachholen. Das Durchbrennen und die Erzielung eines gleichmäßig vorgebrannten Futters ist langwierig, wenn nicht gar ganz unmöglich. Auf die Weise wird man also ein gutes Kalkofenfutter nicht erhalten können. Deshalb ist man auch bei Hochöfen ganz von dieser früher häufig angewendeten Art der Futterherstellung abgekommen.

Einzelne angegriffene Stellen des Futters von nicht zu großer Ausdehnung sollen, wie ich höre, häufig mit günstigem Erfolg durch Ausklebemassen wiederhergestellt worden sein. So durch Verwendung des sog. Vulkanzementes (*Caesar Winkelmann & Co.*, Dresden-A.), der seine Form bei Segerkegel 36 (1790°) nicht verändern soll.

Die ausgebrannte Stelle ist sorgfältig von Schlacken und Verunreinigungen zu befreien, so daß das unangegriffene Fleisch der ursprünglichen Auskleidung zutage tritt. Ferner ist nach unten durch wagerechtes Behauen oder Entfernen der Steine bis zur Fuge für eine gute Auflage der Ausklebemasse zu sorgen. Die Ausklebemasse selbst ist nach den Vorschriften des Erzeugers vorzubereiten und wird damit dann die Stelle ausgeschmiert. Fest wird die Auskleidung erst durch Feuer, indem sie sintert, sie ist vorher weich und bröcklig wie jeder feuchte Zementbewurf. Vor der Füllung muß der Ofen deshalb erst durch Koksfeuer erhitzt, die ausgekleidete Stelle gebrannt werden. Geschieht dies nicht sorgfältig, so wird bei der ersten Begichtung die Ausklebemasse abgeschlagen und abgerieben bevor der Ofen überhaupt in Betrieb kommt. Die beim Vorheizen entstandenen Risse müssen dann tief ausgekratzt und gut verschmiert werden. Einfach, zuverlässig und billig, wie es im ersten Augenblick scheinen mag, ist die Anwendung der Ausklebemasse für Kalköfen also nicht. (100 kg Vulkanzement kosteten 1914 einschl. Sack 12,50 Mk.) Etwas anderes ist dies bei Feuerungen, die nicht mechanisch beansprucht werden.

Der Klebsand wird auch häufig als gepreßte, getrocknete Steine geliefert. Doch sind diese, weil ungebrannt, noch sehr zerbröcklig, man hat viel Bruchverlust und teure Verpackungskosten. Wenn diese auch anfangs etwas billiger wären, so sind die Brennkosten, wie beim Klebsand nachträglich aufzuwenden. Genau wie bei der Verwendung losen Klebsandes, wird man durch das Schwinden kein fugenloses Mauerwerk erhalten. Klebsande, die nicht schwinden und mit Vorteil in Eisenschmelzöfen (Kupolöfen) Verwendung finden, sind wegen ihres hohen Kieselsäuregehaltes, also ihrer sauren Eigenschaften halber, für Kalköfen ungeeignet. *O. Hoese* (Gießerei-Ztg. 1913, S. 493) gibt eine Analyse solcher Klebsande (quarzreicher Kaoline) der Dörendruper Sand- und Tonwerke mit 85,56 Proz. SiO_2, 13,20 Proz. Al_2O_3, 0,06 Proz. CuO, 0,024 Proz. MgO, 0,060 Proz. Fe_2O_3, 1,1 Proz. H_2O (?). Ähnliche Zusammensetzung zeigen auch die Klebsande von Grünstadt und Großalmerode. Vorteile gegenüber gut gebrannten Steinen dürften deshalb nicht zu erwarten sein.

Die Verwendung solcher Ausklebemasse ist immer gefährlich, weil die schon vorhandene Auskleidung dann mit der Ausklebemasse, die eine ganz andere chemische Zusammensetzung besitzt, in innige Berührung kommt. Die neue Ausklebemasse hat saure, das alte Schamottefutter alkalische Eigenschaften. Wie diese bei den hohen Brenntemperaturen chemisch aufeinander einwirken und sich gegenseitig verbinden und zerfressen, haben wir gesehen. Diese Wirkung wird sich natürlich erst an den Rändern der Flickstelle zeigen, dort wo beide in inniger Berührung dem Feuer am stärksten ausgesetzt sind. Dann wird die Ausklebemasse in der Mitte des Fleckes in gutem Zustand verbleiben, aber die Ränder desselben und der Auskleidung werden zusammenfließen, abschmelzen und dann von dort langsam weiterfressen. Man hört dann häufig das Urteil, daß die Ausklebemasse an und für sich gut hält, aber man hätte den Flick etwas größer machen müssen, etwas mehr verbreitern und erhöhen, weil man die wirklichen Ursachen nicht erkannte und hoffte, dadurch die Angriffe zu überwinden, wenn man das Pflaster größer macht. Nach den chemischen und physikalischen Eigenschaften ist dies aber nicht zu erwarten.

29. Prüfung des Gebrauchswertes der feuerfesten Auskleidung.

Feste Formeln und Regeln, die es gestatten, nach der Untersuchung den betreffenden Stein in bezug auf seinen Gebrauchswert als feuerbeständige Auskleidung einwandfrei zu bestimmen, gibt es noch nicht. Noch sind die Versuchszahlen zu einzeln und mit der Güte des betreffenden Steines im Betriebe noch zu wenig verglichen. Immerhin gestattet natürlich eine eingehende Untersuchung eine gewisse Beurteilung, eine gewisse Vorprüfung, die vor gar zu großen Fehlgriffen bewahrt.

Man muß seine chemische Zusammensetzung feststellen, um die chemischen Angriffe durch den Kalk, die Asche, Schlacken und Gase beurteilen zu können. Die physikalische Beschaffenheit, als äußeres Aussehen, äußere Form, Rissigkeit, Aussehen des Bruches, Porosität, Wärmeleitfähigkeit. Die mechanischen Eigenschaften, wie Sprödigkeit, Bruchfestigkeit und Abnutzbarkeit. Dann besonders die Feststellung des Erweichungspunktes, des Schmelzpunktes, der Rißbildung bei plötzlichen Temperaturschwankungen und das Wachsen oder Schwinden.

Das Chemische Laboratorium für Tonindustrie Prof. Dr. *H. Seger* und *E. Cramer* bestimmt folgendes (Tonindustrie-Ztg. 1914, S. 550):

1. Allgemeine Beschaffenheit der Schamottesteine:

a) Äußere Beschaffenheit.

b) Die Beschaffenheit des Bruches (grob, fein, Risse, Blasen).

c) Wasseraufsaugvermögen, weil hieraus Rückschlüsse auf die Einwirkung des Kalkes auf die Schamottesteine zu ziehen sind.

2. Feuerfestigkeit. Hier wäre auch noch der Erweichungspunkt zu berücksichtigen, d. h. die Durchbiegung von frei gelagerten Stäben festzustellen (vgl. *Kerl*, Handbuch der gesamten Tonwaren-Ind. 3. Aufl. 1907, S. 847).

3. Das Verhalten gegen die Asche der Brennstoffe und gegen den betreffenden Kalk bei dessen Garbrenntemperatur:

Man fertigt aus dem ungebrannten oder gebrannten Kalk dreiseitige, regelmäßige Pyramiden (Tetraeder) von etwa 4 cm Kantenlänge an, stellt diese in die Mitte der Fläche eines Schamottesteines und setzt den Stein mit den daraufstehenden Kalkpyramiden den betreffenden Brenngraden aus.

Die Versuche mit den Kalkpyramiden sind vorzunehmen:

a) bei der Gasbrenntemperatur (*Seger* schlägt die Vorbestimmung der Gasbrenntemperatur des betreffenden Kalkes vor. Dies erscheint mir unnötig, da die Brenntemperatur der Kalkarten selbst wenig verschieden ist und, wie früher ausgeführt, nur vom Ofen abhängig ist. Man wird immer mit Brenntemperaturen bis 1200° rechnen müssen);

b) bei Segerkegel 9 bis 10;

c) bei Segerkegel 14.

4. Die chemische Analyse.
5. Die Prüfung auf Nachschwindung bzw. Ausdehnung, wozu man ganze Steine verwenden soll, weil kleine Versuchswürfel weniger genaue Meßergebnisse liefern.
6. Die Prüfung auf Druckfestigkeit.
7. Die Prüfung auf Abnutzbarkeit (Schleifversuche).

Die ersten 3 Untersuchungen sind aber die wichtigsten.

Ich möchte aber nochmals darauf hinweisen, daß die Prüfung am einzelnen Stein oder gar nur Steinstückchen möglichst vermieden werden sollte, weil sich manche Steine im eingemauerten Zustande ganz anders verhalten als das einzelne lose Stück. Dies gilt besonders in bezug auf die Feuerbeständigkeit, Festigkeit gegen plötzlichen Temperaturwechsel und gegen Druck im heißen Zustande.

Über die Lebensdauer der feuerfesten Auskleidung läßt sich im voraus nichts Bestimmtes sagen, da die vorgenannten Einflüsse zu verschiedenartig sind. Häufig hört man, daß manche Auskleidungen schon nach wenigen Monaten wieder ersatzbedürftig sind, andere fünf, acht, zehn und mehr Jahre ohne Störung im Betrieb sind. Eine Betriebszeit von zehn Jahren dürfte schon auf alle Fälle für Kalkofenfutter als eine recht günstige zu gelten haben. Solche, wie sie z. B. an einem Hochofen in Middlesborough bei den *Ornosby*-Werken festgestellt wurden, dürfte man beim Kalkofen nicht erreichen. Dieser Hochofen wurde am 8. Mai 1876 in Betrieb gesetzt, erzeugte täglich etwa 100 t Eisen und war ununterbrochen 38 Jahre im Feuer. Aber auch bei Hochöfen sind dies Seltenheiten; die Schmelzzeiten werden auch dort wegen des aufs äußerste angestrengten Betriebes immer kürzer.

Aus alledem dürfte klar hervorgehen, daß die Kalkofenauskleidung den verschiedensten Angriffen ausgesetzt ist, der sie nicht dauernd widerstehen kann. Allmählich wird sie dünner und dünner. Immerhin kann man aber durch richtige Wahl solche Auskleidungsstoffe finden, die eine gewisse Widerstandskraft besitzen und einer nicht gar zu schnellen, unwirtschaftlichen und betriebsstörenden Abnutzung unterworfen sind. Diese Wahl sollten diese Zeilen unterstützen, die Erkenntnis der Vorgänge fördern und so die Nachteile überwinden helfen. Aber hier sei nachdrücklichst darauf hingewiesen, daß gerade besonders bei der Wahl der feuerfesten Ausmauerungen das Urteil erfahrener Fachleute und bewährter Fabriken nicht hoch genug zu bewerten ist. Die vorerwähnten chemischen, physikalischen und mechanischen Untersuchungen der Steine erleichtern die Beurteilung derselben und schützen vor allzu großen Fehlschlägen, geben aber keine unbedingte Gewähr für die Güte und Haltbarkeit des Steines im Betriebe. Es treten noch viel Zwischenwirkungen auf, die vorher nicht zu bestimmen sind, denen aber ein bewährter Stein eben nach der Erfahrung auch widersteht.

Es ist eine vollständig falsche Sparsamkeit, hier minderwertige Schamotte od. dgl. zu verwenden, wie sie häufig x-beliebige, in der Nähe liegende Tonwerke billig liefern.

30. Aufmauern der feuerfesten Auskleidung.

Beim Vermauern sind die Steine nur ganz leicht anzunetzen und mit ganz dünnem Mörtel, der nicht mehr mit der Kelle, sondern nur noch mit einem Löffel auf die Mitte des lagernden Steines gebracht wird, fest gegeneinander zu verreiben. Große Fugen erleichtern das Eindringen der Gase und die Angriffe des Futters, es wird locker und zerfällt. Es ist schwer, gewöhnliche Maurer zum fugenlosen Mauern zu bringen, weil sie gewöhnt sind, Fugen von 10 bis 20 mm einzuhalten, während beim Kalkofen so wenig wie möglich Mörtel anzuwenden ist, wie beim fugenlosen Aufmauern der Kachelöfen. Deshalb sind auch ebene Steine erwünscht. Aber gut vorgebrannte, also gut vorbereitete Steine sind häufig beim Brennen etwas krumm geworden. Man darf deshalb, wie gesagt, auf das Äußere der Schamottesteine kein zu großes Gewicht legen, wenn es nicht gar zu sehr das engfugige Verlegen erschwert. Große Steinformen vermindern auch die Fugenzahl, doch darf man hier nicht zu weit gehen. Die Futterstärke nimmt man gewöhnlich zu 250 bis 300 mm an, die Steinbreite wird man möglichst nicht über 200 mm wählen und deren Dicke 130 mm, trotzdem es besser wäre, das Normalziegelformat ($250 \times 120 + 65$) möglichst nicht zu überschreiten, weil große Steine durch plötzliche Temperaturänderungen leicht reißen und bei kleinen Steinen die Fugen die Ausgleichungen für diese Änderungen übernehmen. Verwendet man große Abmessungen, so muß man auch für langsames Anheizen und Abkühlen sorgen, was auch beim Kalkofenbetrieb gut möglich ist. Man darf nicht, wie ich dies tatsächlich in einer Fabrik erlebte (!), den festgesetzten Kalkofen durch Einspritzen von Wasser mit der Feuerspritze zum schnellen Abkühlen bringen. Wohl wird auf diese Weise der festsitzende Kalk gelöscht und locker, aber auch das ganze Futter geht entzwei.

Natürlich muß auch zum Vermauern, zum Ausfüllen der Fugen basischer Mörtel genommen werden. Beste Schamotte können in der Hitze weich werden und schmelzen, wenn man basische Steine und sauren, stark kieselsäurehaltigen Mörtel miteinander vermauert. Bei gelegentlichen Reparaturen sollte man deshalb auch die Verwendung unbekannter Schamottesteine vermeiden; ist solch ein zwischengemauerter Stein sauer, und wenn es der hitzebeständigste Quarzstein wäre, dann tritt er, wie der saure Mörtel, mit den ihn umgebenden basischen Steinen in Verbindung, leicht schmelzende Flüsse entstehen, die die Zerstörung des ganzen Mauerwerkes bewirken können. Die anfangs billige Reparatur kann also recht teuer werden. So dürfen auch nie Quarzsteine zwischen Schamottesteine gemauert werden. Wer auf diese Weise vielleicht eine stark angegriffene Stelle ausheilen will, wird das Gegenteil erreichen. Deshalb verwende man bei Ersatzarbeiten stets gleichartige Steine und zum Ausmauern, natürlich auch der neuen Öfen, nur Mörtel von der Fabrik, aus der die Schamotten stammen. Am sichersten ist es, den feuerfesten Mörtel, der aus gebranntem feuerfesten Ton mit Bindeton trocken gemischt besteht, mit den Steinen gleichzeitig zu beziehen, und sind etwa 10 bis 15 Proz. vom Steingewicht notwendig. Der Mörtel kommt trocken gemischt zum Versand und braucht nur mit Wasser vermengt werden. Dies Wasser soll möglichst frei von Eisen und Salzen sein, die zu flüssigen Schlacken Veranlassung geben können. Kondenswasser, Regenwasser ist am zuverlässigsten. Da man nach dem Aufmauern noch einen Rest an trockenem Mörtel zurückbehalten wird, so sollte man die Säcke sorgfältig und zuverlässig erkennbar zeichnen, damit bei späteren Ersatzarbeiten der richtige Mörtel einwandfrei wieder herausgefunden werden kann. Verwechslungen können unangenehmen, oft schwer erklärbaren Schaden anrichten.

Häufige Klagen darüber, daß eine kaum erst neu ausgefüllte Stelle wieder ausgebrannt ist, dürften hiermit zusammenhängen.

Lehm, wie dies leider häufig aus Gleichgültigkeit geschieht, sollte wegen seiner schwankenden Zusammensetzung, die nie mit den feuerfesten Steinen übereinstimmt, wegen seines großen Gehaltes an Flußmitteln nie für das Aufmauern der feuerfesten Auskleidung verwendet werden.

Nach dem Aufmauern soll man der Auskleidung genügend Zeit, möglichst 4 bis 8 Wochen zum Austrocknen geben, indem für genügenden Luftwechsel im Ofen durch Öffnung des Schornsteines und der Gichtglocke gesorgt ist. Dies ist von großem Einfluß auf die spätere Haltbarkeit des Futters. Die anfangs im Mauerwerk noch ungleichmäßig verteilte Feuchtigkeit würde bei zu frühzeitigem Anheizen zu schnell und ungleichmäßig ausgetrieben, Risse und Sprünge entstehen. Hier gelten die Bedingungen, die man bei gewöhnlichem Mauerwerk beobachten muß, in erhöhtem Maße.

Schamottesteine und Quarzsteine sind in einem von den Einflüssen der Witterung geschützten Raume zu lagern; da feuerfeste Steine aus einer nicht geschmolzenen, nur gesinterten Masse bestehen, so saugen dieselben begierig Wasser auf, werden dann locker und verwittern. Öfen, welche aus Steinen hergestellt sind, die lange im Freien gelegen, werden nur kurze Dauer haben. Auch die Steine soll man gut kenntlich zeichnen, wie ich dies schon vorher beim Mörtel erwähnte, damit später, nach Jahren keine unangenehmen Verwechslungen vorkommen.

31. Der Kalkofenmantel.

Das feuerfeste Futter wird man immer mit einem äußeren Halt, einem Mantel, umgeben müssen, damit es einzig und allein als feuerfeste Auskleidung wirkt, ohne noch den inneren Druck der Füllung, die Gesamtbelastung des Ofens aufnehmen zu müssen und um gegen die Einflüsse der äußeren Atmosphäre geschützt zu sein. Als Ummantelung diente früher fast ausschließlich Ummauerung. Meistens aus den gebrochenen Kalksteinen des eigenen Bruches aufgemauert, weil dies Material dort am billigsten zur Verfügung steht. In chemischen Fabriken ist man bald zur Verwendung eiserner Mäntel geschritten, die sich von dort auch auf die eigentlichen Kalkwerke teilweise verbreiteten, weil der ganze Aufbau viel einfacher und übersichtlicher ist.

Die gemauerten Mäntel müssen durch Eisen sehr kräftig außen eingebunden sein. Man muß elastische Bänder verwenden, weil sie sonst beim Ausdehnen des Ofens reißen. Infolge der ungleichmäßigen Erwärmung bewegen sich die Steine in den Fugen, der Ofen beult aus und die klaffenden Fugen lassen unbehindert Luft eindringen, welche die Verbrennung stört und die Kohlensäuregase verdünnt. Diese gemauerten Mäntel haben nur eine geringe Lebensdauer, wenn man nicht gleich die Mauern meterdick ausführt. Deshalb findet man auch die Kalköfen in Fabrikbetrieben fast nur noch mit dem durchaus zuverlässigen Eisenmantel; denn Wärmeverluste kann man ohne Schwierigkeit durch eine dickere Isolierschicht vermindern. Bei guter Bemessung der Blechstärken kann der Ofen nicht auseinandergetrieben werden und er wird dauernd gut dicht halten, wodurch der Eintritt falscher Luft und die damit verbundene Erhöhung des Brennstoffverbrauches und die Verdünnung der Kohlensäure vermieden wird.

Die äußere feuerfeste Auskleidung wird nicht unmittelbar gegen den gemauerten oder eisernen Mantel gelegt, sondern eine Schicht zwischengeschaltet. Eine Luftschicht würde hier nicht vollkommen nützlich sein. Der Schutz gegen Wärmeaustritt wäre nur gering, weil in senkrechter Richtung eine zu lebhafte Luftbewegung in auf- und absteigender Richtung möglich wäre. Auch finden die Schamottesteine dann keinen Widerhalt am Außenmantel, der unbedingt notwendig ist, sonst wird durch die Kalksteinfüllung die Schamotteauskleidung auseinander getrieben. Dabei hat die zwischen dem Eisenmantel und den feuerfesten Steinen befindliche Isolierschicht nicht nur den Zweck, den Wärmeübergang zu erschweren, sondern diese Schicht soll als elastisches Kissen dienen, um die ungleichmäßigen Ausdehnungen durch die Hitze aufzunehmen. Deshalb sollte man nie unter 70 mm Schichtstärke gehen. Mehr nützt nur, vermehrt aber natürlich die Herstellungskosten, wenn auch nur in geringfügigem Maße. Eine feste aber doch elastische Hinterfüllung ist notwendig, und findet hier Asche am häufigsten Verwendung. Ob durch ihre Verwendung auch ein Vermindern der Lebensdauer der Schamottesteine entsteht, darüber fehlen vorläufig Erfahrungen. Ganz unbedenklich dürfte die Verwendung der mehr oder weniger unreinen, Alkalien enthaltenden Asche nicht sein. Die Asche rieselt in die Fugen bis zum glühenden Stein, als gefährliches Flußmittel wirkend. Man bringt hier Asche mit dem Stein in unmittelbare Berührung, während man auf der Innenseite, im Ofeninnern, möglichst aschefreie Brennstoffe wählt, um die damit verbundenen schädlichen Einflüsse zu umgehen. Die Verwendung von Asche als Isoliermittel ist wohl anfangs billig, kann aber doch weit größeren Schaden anrichten.

Besser ist die Verwendung von Kieselgur. Kieselgur, Infusorienerde, besteht aus den Kieselpanzern abgestorbener Schalenalgen, den Diatomeen, und besteht aus Kieselsäure mit Krystallwasser, vermengt mit Tonerde und Eisenoxyd. Der Gehalt an Kieselsäure beträgt bis 90 Proz. Diese sauren Eigenschaften lassen ihre Verwendung ohne jede Gefahr für saures Futter (Quarzschiefer) erscheinen. Für die basischen Futter wird man besser Kieselgur mit hohem Ton- und niedrigerem Kieselsäuregehalt wählen und bei der Beschaffung hierauf achten.

Sie ist ein schlechter Wärmeleiter, feuerfest, elastisch-locker und leicht. 1 cbm wiegt 200 bis 300 kg. Ein Ofen mit einem mittleren Manteldurchmesser von etwa 3 m, einer Höhe von 12 m und einer 100 mm starken Wärmeschutzschicht würde zur Ausfüllung etwa 11,5 cbm oder 2300 bis 3500 kg Kieselgur erfordern, die etwa 200 Mk. kosten. Die Baukosten des Kalkofens werden dadurch also recht wenig vermehrt, gegenüber der Verwendung kostenlos zur Verfügung stehender Asche. Die wertvollen wärmehaltenden Eigenschaften des Kieselgur werden durch die eintretenden Betriebsvorteile dies bald wieder ausgleichen.

Sehr nützlich ist die Hintermauerung der feuerfesten Auskleidung mit gewöhnlichen Ziegeln nach Fig. 19 rechts, welche schon der *Neumann*sche Kalkofen mit Generatorfeuerung aus dem Jahre 1864 zeigt. Wenn dadurch auch die Baukosten erhöht werden, vermindert man die Abkühlungsverluste, und vor allen Dingen lassen sich viel leichter schadhafte Stellen der feuerfesten Auskleidung beseitigen. Die hintermauerten Ziegel verhindern das Hinausrieseln der Schutzschicht. Dann ist auch die unmittelbare nachteilige Berührung der Ascheschicht mit den Schamottesteinen vermieden. Die gewöhnlichen Backsteine sind bei Temperaturen von 900 bis 1000° noch genügend feuerbeständig, so daß auch bei stark ausgebrannter Auskleidung ein Schmelzen der Mauersteine nicht zu befürchten ist und auch dann noch genügend Schutz gewähren.

Diese Hintermauerung, die stärkere Isolation, erschwert den Wärmedurchtritt, vermindert die Wärmeabgabe. Hierbei ist wohl zu beachten, daß ein starker, nachträglich oder bei ungeeigneten Schamottesteinen angebrachter Wärmeschutz auch unangenehm wirken kann. Wirkte bisher die starke Wärmeabfuhr stark abkühlend auf die Innenfläche der Schamotte, sie wurde nicht so heiß und litt weniger durch Abschmelzen, so wird jetzt, nach besserer Isolation, die Auskleidung heißer, sie schmilzt und wird zerstört. Es kann dies ein Grund sein, daß Schamotte bestimmter Art, die sich im alten Kalkofen bestens bewährt hat, nun im neuen unbrauchbar ist. Aber dann muß man nicht etwa die Wärmeschutzschicht vermindern und dauernd mit größeren Wärmeverlusten arbeiten, sondern man muß eine bessere Auskleidung beschaffen. Häufig findet man hier, namentlich früher, andere Ansichten vertreten. Viele Erfindungen wurden gemacht, um durch künstliche Kühlung die Schamottesteine vor zu starker Erhitzung, vor zu schnellem Verschleiß zu schützen. Wenn auch vielleicht früher diese Einrichtungen bei den noch unzuverlässigen feuerfesten Auskleidungen eine gewisse Berechtigung haben, sind sie jetzt, wo es gute zuverlässige Auskleidungen gibt, überlebt. Einige will ich doch erwähnen, weil immer und immer wieder solche Erfindungen neu auftauchen. So besteht der Schachtofen von *Guldenstein & Co.* D. R. P. 112 837, 13. 5. 99, aus doppelwandigen, oben offenen Ringen, nach Fig. 33, dadurch gekennzeichnet, daß die äußeren Wandungen der Ringe sich nach obenhin stufenförmig erweitern, zu dem Zwecke, dem inneren Mantel in den einzelnen Abschnitten frische Kühlluft zuzuführen. Während hier nur auf eine energische Mantelkühlung Wert gelegt wird, wollen andere die Kühlung zur Vorwärmung der Verbrennungsluft verwenden.

Z. B. das D. R. P. 37 178, das Engl. P. 27 219 (1896) oder Ing. *H. Keferstein* durch ein D. R. G. M. vom Jahre 1902 nach Fig. 34. mit Vorwärmung der Verbrennungsluft. Die heiße Luft, die leichter ist, soll nach unten gehen. Es wird ein Kampf zwischen der oben eintretenden kalten aber schweren Luft und der sich vorwärmenden leichter werdenden Luft eintreten. Diesem letzten Übelstand sucht er nachträglich dadurch zu begegnen, daß er in den Zwischenraum Steine spiralförmig einbaute, so daß die Luft in Schraubenform von oben nach unten um den Ofen kreisen mußte.

Ganz abgesehen von den schon genannten Nachteilen der Luftschicht, kann auch die Vorwärmung der Luft durch den Mantel keinen Vorteil bringen. Je heißer die frische Verbrennungsluft unten in den Ofen strömt, um so weniger kann sie den gebrannten Kalk abkühlen, um so heißer wird er gezogen. Was durch die vorgewärmte Luft dem Ofen wieder zugeführt wurde, wird ihm durch den heißen Kalk wieder entzogen. Auch ist das Ziehen des heißen Kalkes unangenehm.

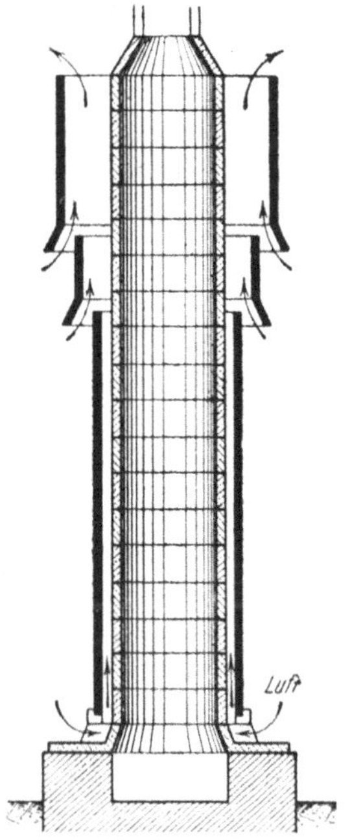

Fig. 33. Gußeiserner Ofenschacht mit Luftkühlung.

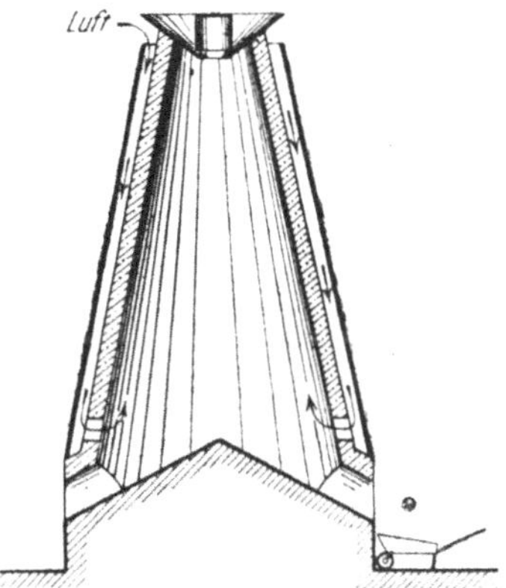

Fig. 34. Schachtmantel zur Vorwärmung der Verbrennungsluft.

Man nannte früher als Vorteil der eisernen Mäntel gegenüber den gemauerten (um 1900) nur die größere Kühlwirkung, die das Anbacken erschwerte. Ging man doch so weit, die feuerfeste Auskleidung ganz fortzulassen. Da der Mantel dann aber doch zu heiß und zusammenknicken würde, so wurden diese gußeisernen Mäntel sogar mit Wasserkühlung ausgestattet, nach dem Vorbilde der Hochofen, z. B. D. R. P. 104 634 und 110 126. Der Vorteil des Nichtanbackens an der Wandung ist dann durch hohen Brennstoffverbrauch erkauft. Es könnte das Anbacken durch geeignete feuerfeste Auskleidung vermieden werden. Der stark gekühlte Mantel kühlt natürlich auch mehr oder weniger die mit ihm unmittelbar in Berührung kommenden Kalksteine. Ihre Temperatur geht unter die Brenntemperatur, sie werden nicht durchgebrannt, und die Erzeugung großer Mengen von Ungarem ist die Folge. *Krottnaurer* (Tonindustrie 1900, S. 1708) gibt an, für zwei gleichgroße Schachtofen, einem nur mit gußeisernem Mantel, dem anderen mit Schamottefutter von 225 mm Stärke, für den gußeisernen 19 Proz. Koks, für den mit dünnwandigem Schamottefutter 11,5 Proz., um gleich gute Zementklinker zu brennen.

Alle diese Einrichtungen erscheinen deshalb schädlich; guter wärmeschützender Mantel, gute feuerfeste Auskleidung sind am vorteilhaftesten.

In der „Tonindustrie“ 1900, S. 1951, wird ein Schachtofen abgebildet, mit einem Mantel aus eisenarmiertem Beton, der von Ingenieur *Picot* in Luzech (Lot) gebaut wurde. Er hatte eine mittlere lichte Weite von etwa 2500 mm bei 6 m Höhe und hatte Doppelkegelform, ähnlich Fig. 35h. Durch die Hitze erhielt der Mantel Risse, in Platten von etwa 400 ∅, und die obere Gichtplatte erhielt strahlenförmige Risse. Er soll aber trotzdem gut gehalten haben. Man muß also für sehr gute, nachgiebige Isolation zwischen Mantel und Auskleidung sorgen. Beton, der eine Zeitlang für alle möglichen und unmöglichen Dinge als Allheilmittel galt, erscheint als Kalkofenmantel nicht am richtigen Platze. Er ist teurer als der Eisenmantel und bietet diesem gegenüber keine Vorteile. Dagegen erscheint mir Beton für das Gerüst zum Tragen der Gichtbühne und den Bedienungsbühnen als gutes Konstruktionsmaterial.

Um die Vorgänge im Ofen beobachten zu können, bringt man Schaulöcher an, die über den ganzen Mantel im Abstand von 1 bis 1,5 m verteilt sind. Diese Schaulöcher werden mit konischen Stöpseln verschlossen oder noch besser mit Glimmerplatten, die auf abklappbaren Deckeln befestigt sind. Diese durchsichtigen Glimmerplatten ermöglichen schon aus einiger Entfernung die Beobachtung der Innenglut. Leicht kann man sich davon überzeugen, ob die richtige Weißglut und an der richtigen Stelle vorhanden.

Die Öffnungen dienen auch als Stöckerlöcher, um den gelegentlich durch Unachtsamkeit in Unordnung geratenen Ofeninhalt durch Brechstangen wieder zum guten Niedergang zu bringen. Diese vielen Öffnungen müssen gut dicht ausgeführt sein, was sehr oft nicht der Fall ist, denn sonst tritt eine große Menge Luft am falschen Flecke ein. Der Brennstoffverbrauch wird vermehrt, die Ofengase werden verdünnt, und die mit scharfem Stromstrahl eintretende Luft erzeugt Stichflammen. Diese sind dann die häufig beobachtete Ursache des schnellen örtlichen Abschmelzens des Ofenfutters.

Für die Bedienung der Schau- bzw. Stöckerlöcher sind entsprechend verteilte Bedienungsbühnen anzubringen.

Dabei sei darauf hingewiesen, daß man den frei stehenden Ofen durch guten Farbenanstrich (Siderosten) vor dem Abrosten ganz besonders schützen muß. Auch wird man unten den Kalkabzug durch Bedachung schützen, um ein Ablöschen des gebrannten Kalkes durch Regen zu verhindern.

E. Die Form und der Rauminhalt des Schachtkalkofens.

Bisher habe ich bei meinen Betrachtungen teilweise einen Idealofen angenommen und keine Rücksicht auf seine Form genommen. Deshalb muß ich jetzt auf seine Form eingehen und werde anschließend seinen Rauminhalt besprechen.

32. Die Form des Schachtes.

Die Form der Kalköfen hat im Laufe der Zeit manche Wandlungen durchgemacht, und ich will hier nicht in genau geschichtlichem Verlauf darauf eingehen, weil die verschiedenen Formen häufig gleichzeitig vorhanden waren, einige zeitweise verschwanden, um später wieder aufzutauchen.

Der kreisförmige Querschnitt scheint von vornherein vorhanden gewesen zu sein und hat sich immer als bester erwiesen. Andere Querschnitte, wie rechteckige, ovale, halbkreisförmige u. dgl., haben sich nicht durchgesetzt, und man findet solche Formen in oft recht merkwürdiger Anordnung, häufig nur auf dem Papier, in Patentschriften u. dgl.

Verschiedene, wirklich in nützlichem Gebrauch gewesene Schachtkalköfen zeigt schematisch die Fig. 35.

a ist die einfachste Form des Trichter- oder Tiegelkalkofens, wie er zum Brennen für Baukalk in entlegeneren Gegenden, z. B. in Gebirgsorten Bayerns, noch heute Anwendung findet. Er wurde an den Kalkberg derartig angebaut, daß die Steine unmittelbar vom Steinbruch auf die Gicht gefahren und eingefüllt werden konnten. Unten wurde der gebrannte Kalk in die auf dem Fahrweg stehenden Wagen geladen. Man ersparte bei dieser Aufstellungsart das Heben der Kalksteine, konnte aber keine allzu hohen Kalköfen bauen, um den Steinbruch möglichst ausnutzen zu können.

b ist ein Trichterkalkofen wie a, aber von parabolischer Form, die jedenfalls anfänglich durch Ausbrennen des Ofenfutters entstand und dann später bei neuen Öfen von vornherein gewählt wurde. Auf diese Art die beste Form zu finden, wurde viel bei den Eisenhochofen angewendet. Mag dies dort einige Berechtigung haben, so ist sie hier beim Kalkofen unbedingt verfehlt. Das bauchige Ausbrennen entsteht doch nur durch die Verwendung schlechter Auskleidungen und ergibt sich daraus doch nicht die geringste Begründung, daß nun die dadurch entstandene Form die zweckmäßigste ist.

c stellt einen zylindrischen Schachtofen dar, wie er in Rüdersdorf in Benutzung war und von *Schoch* (Die moderne Aufbereitung und Wertung der Mörtelmaterialien 1896) abgebildet wird. Dieser Rüdersdorfer Ofen mit Vorfeuerung als auch schichtenweiser Brennstoffzufuhr wurde täglich drei- bis viermal gezogen und wird wohl auch, wie alle zylindrischen Schachtöfen, sehr leicht hängen geblieben sein. *Schoch* gibt den Brennstoffverbrauch an für Öfen mit Vorfeuerungen zu 14 bis 20 Proz. für 100 kg Kalksteine und bei schichtenweisem Betrieb, wenn Steine und Brennstoff gemischt, 16 bis 25 Proz. Das heißt bei Verwendung von Steinkohle. Deshalb hat sich dies auch nicht bewährt durch die in der Vorglut, der Anwärmezone, durch die Destillation

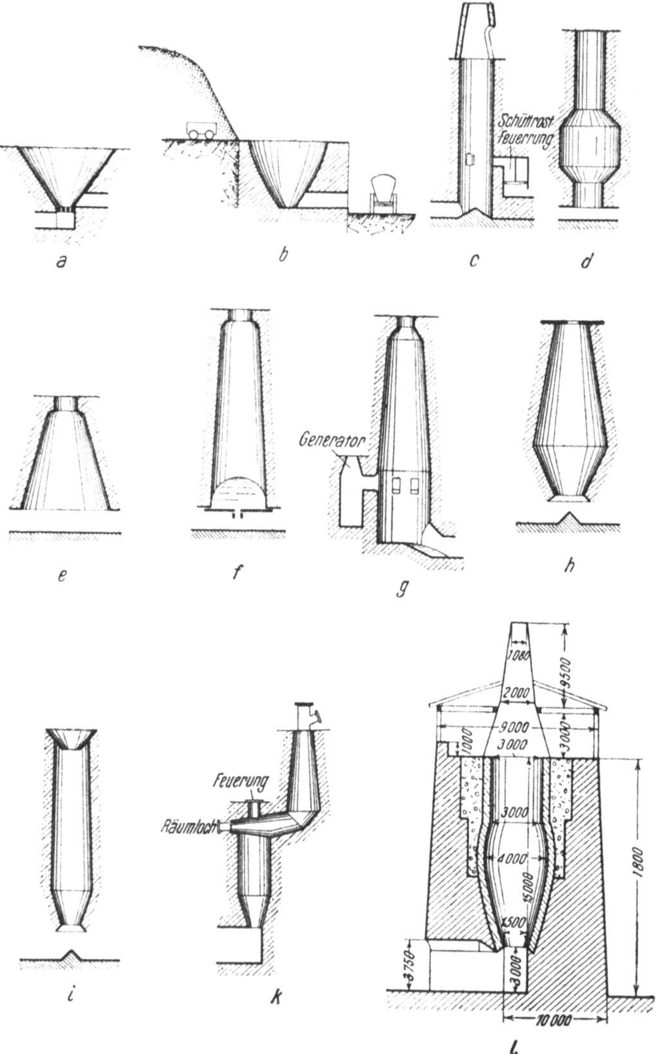

Fig. 35. Schachtofenformen.

entstehenden Verluste. Schon *Schoch* hält deshalb beim schichtenweisen Ofenbetrieb nur die Verwendung ganz magerer Steinkohle oder besser Koks für zulässig. Er weist auch darauf hin, daß an und für sich die Ausnutzung sehr gut ist, infolge der direkten Einwirkung. *A. Perret* in Roye-Somme (Dingl. Polyt. Journ. 1866, S. 147) hat einen zylindrischen Schachtofen gebaut von

1300 ⌀ Durchmesser und 5500 mm Höhe, mit unterem drehbaren Rost, dessen Koksverbrauch 12,5 kg für 100 kg Kalksteine betrug.

d ist ein zylindrischer Ofen, dessen Form durch spätere Erweiterung der Brennzone zwecks Inhaltsvergrößerung entstanden ist. Er ist in einer Brandenburger Zuckerfabrik in Betrieb. Diese Form ist ungünstig, wirkt störend auf den gleichmäßigen Durchtritt der Schichten, wie wir noch später sehen werden.

e ist die umgekehrte Trichterform des Ofens a und zuerst gewählt, um die Verbrennungsgase und Kalksteinkohlensäure besser vereinigen und durch Schornsteine ableiten zu können, was bei a und b nicht gut möglich ist. Die große Sohlbreite erschwerte aber das gleichmäßige Ziehen des Kalkes, deshalb suchte man diese zu vermindern durch Erhöhung der Öfen.

f zeigt einen höheren und deshalb weniger breiten Schachtofen. Bei diesem Ofen, der in *Stammer*s Lehrbuch der Zuckerfabrikation 1874, S. 400, abgebildet und zu damaliger Zeit in Frankreich in Betrieb gewesen ist, suchte man das Abziehen des Kalkes dadurch zu erleichtern, daß man den Ofen seitlich durch Einbau schiefer Ebenen auf etwa $^1/_3$ zusammenzog und einen beweglichen Rost anbrachte. Dieses Verengen ist aber sehr nachteilig auf den gleichmäßigen Abzug des Kalkes, ebenso der Rost, dessen Stäbe in der Mitte des Ofens in Bolzen drehbar gelagert sind, so daß nur an beiden Enden der Kalk austreten kann. *A. Aulard* (Z. d. V. d. d. Z. 1894, S. 71) beschreibt einen solchen Ofen von „Schornsteinform", dessen obere lichte Weite 1250 mm und untere 1650 mm betrug bei einer Schachthöhe von 13 m, mit einem Nutzraum von 19 cbm. Verwendet wurden 10 Proz. gewaschener Koks zum Preise von 22 Fr.; täglich wurden gebrannt etwa 20 000 kg Steine, die Gase enthielten 35 bis 38 Proz. Kohlensäure.

g. Dieser Ofen, dessen Oberteil aus einem Konus besteht, an den unten ein Zylinder anschließt, ist eine Form, wie sie schon sehr frühzeitig bei Schachtöfen mit Generatorfeuerung angewendet wurde. Auf die Vorzüge dieser Form komme ich noch zurück.

h ist ein Ofen aus zwei Kegeln, die sich an ihrer Basis berühren; er ist als belgischer Kalkofen bekannt. Von den belgischen Sodafabriken fand er auch in deutsche Solvayfabriken Eingang und wurde allgemein bekannt durch die deutschen Solvaypatente. Diese Form scheint hauptsächlich deshalb gewählt, um die Ausfüllöffnung zu verkleinern, um sie für die Solvaysche Ausfüllvorrichtung geeigneter zu machen. Aber damit waren noch manche Nachteile verbunden, es war kein gleichmäßiges Durchlaufen der Schichten zu erreichen, ungleichmäßiges Brennen war die Folge. Für diesen Ofen gibt *Bolley* (Chem. Technol. d. Sodaindustrie, Bd. III, von *Lunge*) die Menge des in 1 cbm Ofenraum erzeugten CaO zu 250 bis 350 kg in 24 Stunden an bei einem Koksverbrauch von 10 bis 12 Proz. auf 100 kg Kalksteine. Er betont die Vereinfachung der Bedienung durch den Fortfall der besonderen Feuerungen, daß diese Schachtöfen billiger zu bauen und instand zu halten sind als die von verwickelter Form. *P. Ehrhardt* (Deutsche Zuckerindustrie 1887, S. 78) nennt diese Form die des gewöhnlichen Hochofens und gibt den Koksverbrauch zu

14,3 kg auf 100 kg Steine an, bei Öfen, deren lichter Durchmesser zur Höhe sich wie 1 : 3 verhält, bei einem Kohlensäuregehalt in den Gasen von 30 bis 33 Proz.

i zeigt die von *Jos. Khern* verbesserte Form des belgischen Kalkofens. *Khern* hat das Verdienst, den bisher nicht genügend beachteten belgischen Schachtofen in Deutschland, besonders in die Zuckerindustrie, eingeführt zu haben. Im Jahre 1887 begann er diese schlanke Form einzuführen, immer schlanker zu gestalten, und sie ist jetzt wohl die fast allein, wenigstens in den deutschen Zuckerfabriken bei Neubauten, eingeführte Form. In einer Drucksache der *Maschinenbau-A.-G. vorm. Gebr. Forstreuter* vom Jahre 1901 finden sich über diesen *Khern*schen Kalkofen folgende Betriebsergebnisse nach den Angaben der Kalkofenbesitzer:

Besitzer	Leistung des Ofens in 24 Std. Ztr. CaO	$CaCO_3$-Gehalt des Kalksteines Proz.	Kohlensäuregehalt der Gase Proz.	Koksverbrauch bezogen auf Kalkstein Proz.	Koksverbrauch bezogen auf reinen $CaCO_3$ Proz.
Zuckerfabrik Welsleben	126	—	33—36	9,0	?
„ Ermsleben	150	92	32	8,5	9,2
„ Uslar	160	97	33	9,0	9,3
„ Vienenburg . . .	200	98	31,2	8,0	8,2
„ Offleben	220	91	35	9,76	10,61
„ Mescherin	250	—	38	8,5	?
„ Hedersleben . . .	250	96	29—30	8,0	8,3
„ Elsnigk	250	95—98	32	8,0	8,3
„ Neuhaldensleben .	400	92—93	34—38	8,0—9,0	8,7—9,8
„ Hadmersleben . .	450	90	26	7,0	7,7

Einige dieser Zahlen beruhen entweder auf falschen Messungen oder zu kurzer Beobachtungsdauer, denn solche niedrige Koksverbrauchszahlen sind teilweise unmöglich bei dem gleichzeitigen geringen Gehalt der Gase an Kohlensäure. Die letzte Spalte habe ich umgerechnet unter Bezug auf reinen $CaCO_3$, zwecks besseren Vergleiches. Ob nun diese Form die nützlichste ist oder nicht, will ich später noch beleuchten.

k zeigt den alten *Dietz*schen Etagenkalkofen nach dem D. R. P. 23 919 aus dem Jahre 1883. Sein Vorteil besteht darin, daß man den Brennstoff dort unmittelbar einführt, wo er verbrennen soll. Man kann deshalb statt des Kokses, der ganz besonders früher verhältnismäßig teurer war als die im Heizeffekt wertvollere Steinkohle, diese zur Feuerung verwenden. Eine trockene Destillation, ein unbenutztes Entweichen ist, wie leicht aus der Abbildung ersichtlich, nicht möglich. Günstiger Brennstoff, leichte Verbrennungsregulierung ist die Folge.

In der „Deutschen Zuckerindustrie“ 1888, S. 501, gibt *Jos. Khern* an, daß dieser *Dietz*sche 16 kg Steinkohle auf 100 kg Ätzkalk verbraucht und der Kalk kalt und rein den Ofen verläßt. Das ist ein recht gutes Ergebnis, $\frac{16}{100} : 56 = 9$ kg Steinkohle auf 100 kg Steine, wenn die Angaben genau sind. Aber dieser Ofen arbeitet nicht selbsttätig, die glühenden Steine müssen aus dem Brennschacht in den Kühlraum durch Krücken gezogen werden, eine umständliche, unangenehme Arbeit gerade an dieser heißesten Stelle der Brennzone. Deshalb ist auch dieser Ofen, trotzdem er die unmittelbare Zuführung von Steinkohle in die Brennzone gestattet und er sehr gut die Kohle auszunutzen gestattet, auch verschwunden. Sie waren lange Jahre in den Harzer Kalkwerken bei Rübeland im Betriebe, nach der Zeitschrift d. V. d. Zuckerindustrie 1888, S. 501, 3 Doppelöfen von 11 m Höhe. Zur Bedienung jedes Doppelofens mit Füllen, Überziehen der halbgebrannten Steine, dann Abziehen, Wiegen und Wegschaffen des gargebrannten Kalkes sind für jede Schicht 6 Mann nötig. Füllen, Überziehen und Abziehen für sich allein erfordern 2 Mann in der Schicht. Für 700 t Kalk werden 7 Waggons westfälischer und 5 Waggons Deister Koks verbraucht oder 17,3 kg für 100 kg gebrannten Kalk. Ein solcher Doppelofen kostete 12 000 Mk. für eine tägliche Erzeugung von 6000 bis 12 000 kg gebrannten Kalk, und es wird darauf hingewiesen, daß er viel Verankerungen, große Schamottestärke und für gutes Arbeiten großes Ofengebäude verlangt. Die abziehenden Gase hatten 28 Proz. CO_2.

1 ein Schachtofen, wie ihn *Joseph Lamock* beschreibt (Tonind.-Ztg. 1907, S. 658). Der zum Brennen kommende Stein ist ein Dolomit von großer Härte, dessen Zusammensetzung ist:

$CaCO_3$	53,00 Proz.
Kohlensaure Magnesia	42,65 „
Tonerde und Eisenoxyd	1,46 „
Kieselsäure	2,86 „
	99,95 Proz.

aus dem ein gebrannter Kalk folgender Zusammensetzung gewonnen wurde:

Ätzkalk	29,68 Proz.
Magnesia	20,31 „
Tonerde und Eisenoxyd	1,46 „
Kieselsäure	2,86 „
Kohlensäure	45,66 „
	99,95 Proz.

Zum Brennen diente kurzflammige Magerkohle mit 6 bis 7500 WE., und für 100 kg Steine werden etwa 9 kg verbraucht. Doch stieg der Verbrauch ganz bedeutend mit der Anstrengung des Ofens, bis auf etwa 12 kg. Es waren 3 Öfen der Fig. 1 zusammengebaut, was natürlich günstig auf die äußeren Wärmeverluste einwirkt, weil die Abkühlungsfläche dadurch bedeutend vermindert wird. Die innere feuerfeste Auskleidung bestand aus feuerfestem Sand aus erloschenen Vulkanen der Eifel. *Lamock* nennt auch die Baukosten im einzelnen für 3 solcher Öfen, die demnach etwa 29 000 Mk. betragen.

Bisher hat sich die Kalkofenform aus den reinen Erfahrungstatsachen herausgebildet, ohne daß weiter darauf eingegangen wurde; man war der Meinung, ob konisch, ob zylindrisch, ist gleichgültig. Ich will nun noch versuchen, einige Klarheit darüber zu schaffen, welchen Einfluß die Ofenform auf den Betrieb ausübt. Einiges habe ich schon bei der Besprechung der einzelnen

Formen erwähnt, das, was sich ohne weiteres leicht durch die Betrachtung oder Erfahrung ergibt.

Ich habe mir einen kleinen Modellkalkofen angefertigt aus Weißblech einen senkrechten Durchschnitt darstellend, dessen Schnittfläche durch eine vorgekittete Glasscheibe verschlossen wurde.

33. Versuche an einem Modell über die Schichtenbildung.

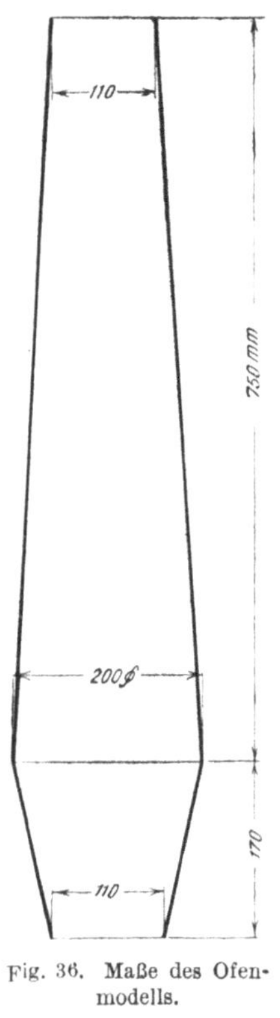

Fig. 36. Maße des Ofenmodells.

Dieses Ofenmodell hatte Abmessungen der nebenstehenden Fig. 36. Es stellt also einenKalkofen in etwa $^1/_{10}$ natürlicher Größe dar, wie er als mittlere Größe gelten kann. Zur Füllung verwendete ich Marmorbrocken im Gewicht von 0,83 g. In $^1/_2$ l gingen durchschnittlich 1000 Stück solcher Marmorsteinchen, deren Gesamtgewicht 0,83 kg betrug oder 1 cbm 1660 kg. Ich habe einen Teil der Steine rot gefärbt, um eine schärfere Trennung und Unterscheidung der Schichten zu erreichen. Der Ofenmantel war aus glattem Weißblech angefertigt, und ich habe erst damit Versuche angestellt und dann später den Mantel mit sog. Sandpapier ausgekleidet, um den Einfluß der größeren Reibung zwischen Mantel und Gicht feststellen zu können.

Zuerst verwendete ich nur den Unterkegel, der stärker konisch ist als der Oberkegel und bei dem deshalb auch der Einfluß der Kegelform schärfer zum Ausdruck kommt. In der Fig. 37 I sieht man deutlich, wie die Schichten in der Mitte schnell heruntersinken und nach den Wänden zu immer mehr zurückgehalten werden. Dabei wurde die Oberfläche der obersten Schicht immer wieder gerade aufgefüllt. Nachdem eine Füllung (bei meinem Ofenmodell immer $^1/_2$ l) unten abgezogen, bildete die Oberschicht nach der Mitte zu eine tiefe Mulde, wie dies in der Fig. 37 II die Schicht *d* zeigt. Dort ist dann oben nur in der Mitte nachgefüllt, und man sieht deutlich,

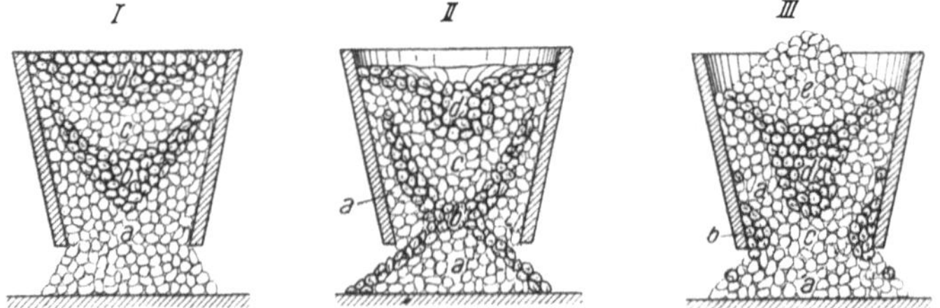

Fig. 37. Schichtenbildung im trichterförmigen Schacht.

daß bei dieser Mantelform ein gleichmäßiger Durchfluß der eingefüllten Schichten nicht möglich ist. Ideal wäre es doch, wenn alle Schichten genau wagerecht gelagert bleiben und von der Einfüllung bis zum Ausfüllen sich in dieser wagerechten Lage nach unten bewegen. Nur dann bleiben alle Steine gleichmäßig lange Zeit im Ofen der Brenntemperatur ausgesetzt, jedes Stück Koks hat die gleiche Zeit zum Verbrennen zur Verfügung. Der Inhalt des Ofens wird am vollkommensten ausgenutzt. Ziehen von unverbranntem Koks, ungenügend durchgebrannten Kalksteinen ist vermieden. Bei dem Ofen nach Fig. 37 II sieht man aber, daß der mittlere Teil der Schicht *b* schon gezogen wird, während der Rest noch im oberen Drittel liegt, so daß nach Fig. 37 III noch Stücke der Schicht *a* über *b* liegen, während deren Hauptmenge schon abgezogen, die Schicht *c* gezogen und *d* sich schon sehr dem Abzuge nähert.

Das Gegenteil zeigt die Fig. 38, bei der ich den Kegel umdrehte, also die weitere Öffnung nach unten. Hier sieht man, daß gegenüber den Fig. 37, I bis III, die äußere Schicht schneller abläuft als die innere. Ebenso entsteht in der Oberschicht *c* keine Mulde, sondern ein Hügel. Woher kommt der Unterschied? Ohne Zweifel durch die Kegelform, nicht etwa durch das Abziehen am äußeren Umfang, denn wie später an der Fig. 81 zu sehen ist, entsteht dieselbe Schichtenbildung beim Abzug durch den wagerechten Rost, bei dem doch auf dem ganzen Querschnitt gleichmäßig Kalk abgezogen wurde. Bei solchen Öfen mit zu breiter Sohle ist es schwierig, nur den gebrannten Kalk abzuziehen. Nur zu leicht fällt der außenliegende, ungebrannte Kalk schnell nach unten. Deshalb war es unmöglich, mit den alten breiten und niedrigen Kalköfen nach Fig. 35*e* ununterbrochen zu arbeiten; man mußte periodisch arbeiten, um gleichmäßig durchgebrannten Kalk zu erzielen.

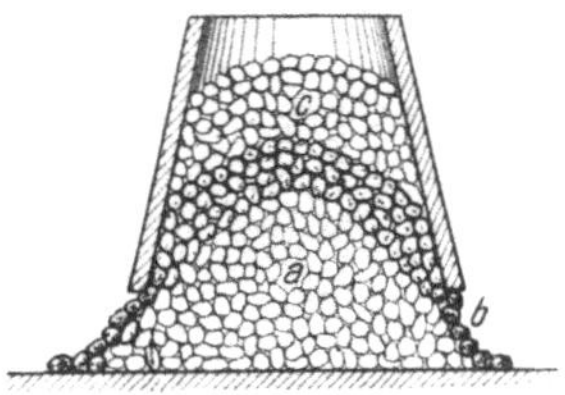

Fig. 38. Schichtenbildung beim Kegelschacht.

Betrachten wir die Fig. 39, so sehen wir, daß die Schichtbreite mit der tieferen Schicht zunimmt. Sinkt die Schicht von *a* bis *b*, dann würde der Ringraum *c* unausgefüllt bleiben. Er muß aber ausgefüllt werden, und dies geschieht natürlich zuerst von den Teilchen, die den entstehenden Hohlräumen zunächst liegen, also den äußeren. Sie eilen vorweg, füllen *c*, unter Einhaltung des Böschungswinkels. Es entsteht Schichtung nach Fig. 38. Stelle ich dagegen die Fig. 39 auf den Kopf, dann findet die von *b* nach *a* sinkende Schicht in *a* nicht genügend Raum. Der Ringüberschuß *c* muß zurückbleiben, kann nicht schnell genug nachsinken, nur durch den Seitendruck über dem Böschungswinkel ist dies möglich, und die Schichtenbildung nach Fig. 37 entsteht.

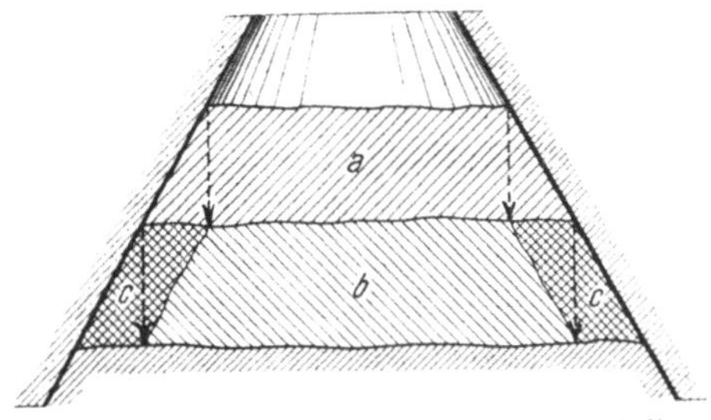

Fig. 39. Einfluß der Kegelverbreiterung auf die Schichtenbildung.

Nach der Beendigung meiner Handschrift wurden mir die Versuche bekannt, die *A. Bleichert & Co.*, Leipzig, mit Bunkermodellen anstellten, die Prof. *M. Buhle* veröffentlichte (Z. d. V. d. Ing. 1916, S. 184). Diese Modelle waren ähnlich dem Trichter nach Fig. 37, nur daß die Seitenwände weniger steil waren und die untere Ausflußöffnung im Verhältnis zur oberen Kegelweite viel kleiner. Dadurch zeigte sich in noch stärkerem Maße der Einfluß der Bewegungsstörung durch die Form, indem sich nur der Teil des Trichterinhaltes in Bewegung setzte, der sich lotrecht über der Abzugsöffnung befand. Er bewegte eine Stoffsäule mit nach außen abnehmender Geschwindigkeit, die nur höchstens etwa den doppelten Durchmesser der unteren Austrittsöffnung besaß. Die übrige Trichterfüllung blieb liegen, und nur oben an der Oberfläche stürzt das Gut nach dem Böschungswinkel nach. Diese Ruhelage der äußeren Schichten kann bei grobstückigen sperrigen Steinen leicht zur Brückenbildung, zum Hängenbleiben der Ofenfüllung Veranlassung geben, wie dies auch in Kohlenbunkern der Fall ist und bei dem *Bleichert*schen Modell festgestellt wurde. *Buhle* sagt dazu, daß dann die Brückenbildung durch Stockern oder Schlagen nicht mit Zuverlässigkeit beseitigt werden kann, da sich die größeren, Gewölbe- oder Bogenwiderlager bildenden Stücke oft an der Grenze des bewegten und nichtbewegten Füllstoffes befinden. Diese Stücke werden durch das nichtbewegte Gut einseitig festgehalten, während sie mit ihrem freien Ende in den bewegten Körnerstrom hineinragen. Den gleichen störenden Einfluß können natürlich auch an schlechtem Ofenfutter angefrittete, in Stöckerlöchern, bei Ofen mit Gasfeuerung in den Gaszuführungskanälen hängenbleibende Steine ausüben. Die Fig. 40 zeigt die Brückenbildung beim *Bleichert*schen Bunkermodell.

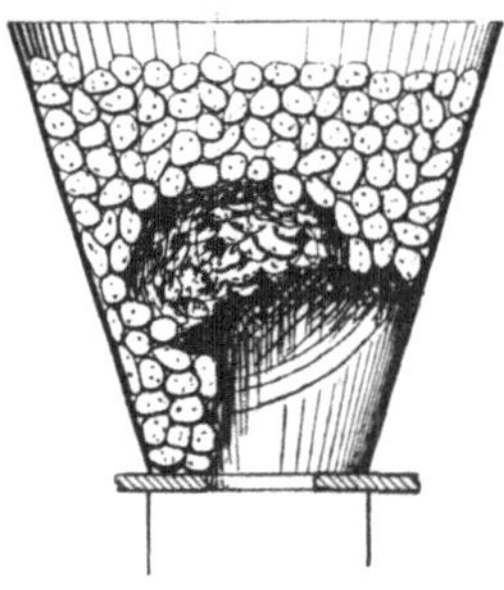

Fig. 40. Das Entleeren hindernde Brückenbildung.

Nach diesen Ergebnissen kommt man unwillkürlich dazu, die Form als nützlich zu wählen, die weder das Vor- noch Nacheilen bedingt, das ist so ziemlich der Zylinder, die gerade, senkrecht fallende Form. Aber immer muß man beim Kalkofenbetrieb mit Störungen rechnen; es kann ein Festhängen eintreten, dann ist das Sinken der Gicht in konischem Ofen nach Fig. 37 überhaupt unmöglich, im zylindrischen Ofen schwieriger, im nach unten sich erweiternden Ofen nach Fig. 38 am leichtesten. Eine kleine Erweiterung scheint also nützlich, um das Festsetzen zu erschweren.

Die Fig. 41 zeigt die alleinige Verwendung des schlanken Oberkegels. Von den Stellen 5 bis 13 bewegen sich die Schichten wagerecht, so wie es im Idealofen der Fall sein sollte. Oben zeigen die Schichten 1 bis 4 noch Störungen als Hügelbildung, die vermindert werden durch entsprechende Einfüllung, doch davon später. Unten von Schicht 13 bis 15 machen sich Störungen durch die Ausfüllöffnung geltend, auf die ich noch zurückkomme.

Nun sind aber die meisten Kalköfen bisher als Doppelkegel ausgebildet. Oben der schwach konische, der nach Fig. 41 als durchaus nützlich gelten kann, unten der stark konische, unzweckmäßige, nach Fig. 37. Wenn der obere die Schichten gut führt, stört sie der untere, was deutlich die Photographie Fig. 42 zeigt. Während sich die Schichten bis zur Basis der Kegel wagerecht bewegen, beginnt nun ein Vortreiben der mittleren Schichten. Deshalb ist die Doppelkegelform falsch.

Daraus ergibt sich ein verschieden schneller Lauf der Steine, eine sehr verschieden lange Aufenthaltszeit. Schon im Kapitel über „Höchsttemperaturen im Kalkofen", S. 90, wies ich auf die Versuche hin, die deutlich die sehr verschiedene Zeit zeigten. Nach *Claassen* betrug die Aufenthaltszeit der

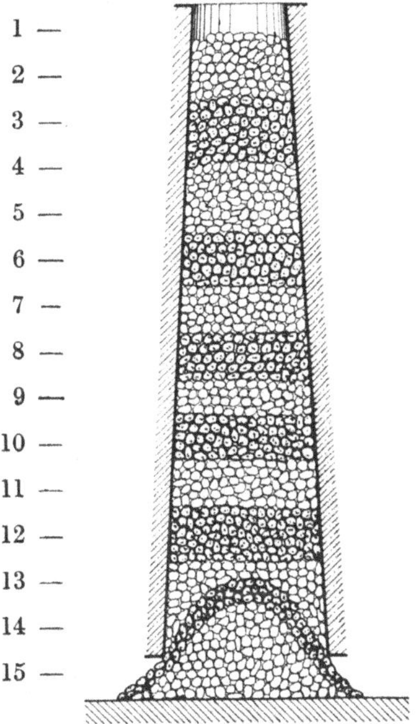

Fig. 41.
Schichtenbildung im schlanken Kegelschacht.

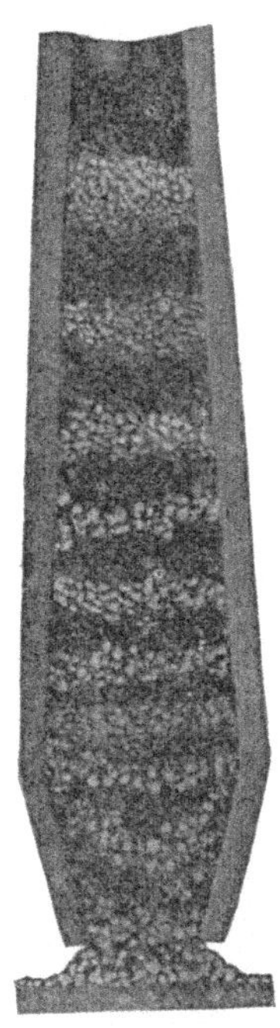

Fig. 42.
Schichtenbildung im Doppelkegelschacht.

Steine zwischen 16 bis 260 Stunden, während sie im Mittel 48 bis 72 Stunden sein sollte. Nach *Herzfelds* Versuchen zwischen 42, 54, 60 Stunden, während einer erst nach 14 Tagen zum Vorschein kam. Dies zeigt so recht die ungeregelte Bewegung in solchen Öfen.

Ich habe häufig darüber nachgedacht, woher dieser Doppelkegel kommt. Geprüft hat noch niemand die Bewegung der Schichten. Nur scheinbar von Hochofenschnitten hat man auf Kalköfen geschlossen. Dort hat die Doppelkegelform Berechtigung, weil beim Beginn des Unterkegels die ursprüngliche Schichtenbildung, sowieso verschwindet, dann das Eisen schmilzt, und weil dann durch das Zusammenziehen des Hochofens eine bessere Windverteilung möglich ist. Beim Kalkofen sind die Verhältnisse ganz anders; hier soll die gleichmäßige Schichtenlage bis zum Kalkabzug erhalten bleiben. Dies erreicht man durch eine reine Kegelform, nach Fig. 41.

Vom Beginn der Abkühlungszone an kann, durch Festbrennen und Ausdehnen der Gicht, diese nicht mehr im Schacht festklemmen, hängenbleiben, denn durch die Abkühlung ziehen sich die Steine zusammen. Die Abkühlungszone könnte deshalb zweckmäßig mit senkrechten Wänden, als stehender Zylinder, ausgeführt werden, um der unteren Abzugsöffnung nicht gar zu große Abmessungen zu geben.

Um noch recht deutlich den Einfluß der Mantellage vor Augen zu führen, habe ich noch einen Versuch mit meinem Ofenmodell gemacht, indem ich die Mittelachse nach rechts neigte, nach Fig. 43. Beim Abziehen laufen die links von der Senkrechten liegenden Schichten, infolge der Raumvermehrung in den Ofenschichten, vorweg. Die auf der rechten Seite werden deutlich an der jetzt stark geneigten Mantelfläche zurückgehalten, weil die einzelnen Steine sich nicht unter dem Einfluß des freien Falles senkrecht nach unten bewegen können, denn hier stoßen sie auf die Ofenwand, sie finden keinen Raum und bleiben zurück. Die Steine habe ich im Halbkreis wieder ganz gleichmäßig abgezogen. Aber bei *a*, an der offenen Seite, ließen sich die Steine viel leichter ziehen als bei *b*, wo sie nur schwer und langsam nachfielen. Bei solchem Ofen würden deshalb die Arbeiter leicht dazu verleitet, bei *a* mehr zu ziehen als bei *b*. Dadurch würde natürlich das schiefe Niedergehen der Gicht noch mehr vermehrt. Ich führe dies Bild nochmals an, trotzdem es sich eigentlich aus Vorhergehendem ergibt, aber es dürfte noch besser den Einfluß der Wandlagen zeigen. Hierauf scheinen manche Erfinder keine Rücksicht zu nehmen, denn gar zu häufig werden Öfen mit gar zu merkwürdigen Formen entworfen, die ganz unmögliche Wege der Steine verlangen.

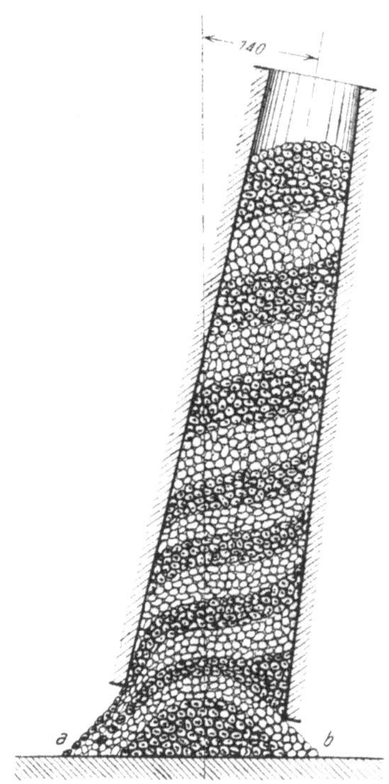

Fig. 43. Schichtenbildung im schiefstehenden Kegelschacht.

Im allgemeinen ist man der Ansicht, daß die Reibung zwischen dem Ofenfutter und der niedergehenden Gicht von großem Einfluß auf den Weg der einzelnen Schichten ist. Um auch hierüber Klarheit zu schaffen, hatte ich, wie schon eingangs erwähnt, einige Versuche mit dem glatten Weißblech-Modellofen gemacht und dann andere, indem ich die Innenwandung mit grobem Sandpapier auskleidete. Einen Unterschied konnte ich aber nicht feststellen, was sich aus den Reibungszahlen zwischen Wandung und Steinen einerseits und dem Böschungswinkel der Gicht (dem inneren Reibungswiderstand) andererseits erklärt.

Den Reibungswinkel α stellte ich fest

zwischen Marmor und Weißblech $\alpha = 26°$
„ „ „ Schamotte $\alpha = 46—48°$
„ „ „ Sandpapier $\alpha = 44—48°$.

Bekanntlich bezeichnet man mit dem Reibungswinkel α den Winkel, um den eine Ebene gegen die Horizontale geneigt werden muß, bis der auf ihr liegende Körper gleitet. Auf diese Weise stellt man den Reibungswinkel der Ruhe fest. Der der Bewegung ist stets etwas kleiner, einmal in Bewegung gleitet bekanntlich jeder Körper leichter darüber fort, weil er nicht mehr so tief in die Lücken und Vertiefungen des anderen sinken kann.

Der Böschungswinkel von Marmorstücken oder Kalksteinstücken ist etwa 46 bis 48°; die freien Begrenzungsflächen können eine Neigung von 46 bis 48° einnehmen bevor die Stücke aneinander vorbeigleiten. Der Böschungswinkel ist also größer oder gleich dem Reibungswinkel der Wandreibung. Die Steine werden also eher an der Wand gleiten, als sich aneinander vorbei zu bewegen, sich zu verschieben. Ganz abgesehen davon, daß diese innere Verschiebung noch außerdem erschwert wird dadurch, daß die einzelnen Steine in die Lücken der anderen eingeklemmt sind.

Dies verhindert auch die Drehung der Steine, die sich unmittelbar an der Wand befinden. Ich habe bei einigen Steinen die Lage ihrer Achsen genau bis zum Ausgang verfolgt und gefunden, daß diese ihre Richtung unverändert so lange beibehalten, als nicht wesentliche Wegstörungen durch die Form des Ofens selbst eintreten. Die Ansicht, daß also diese äußeren Steine eine drehende, rollende Bewegung ausführen, und sich dadurch auch stark abreiben, ist nicht richtig, ihre Lage wird durch die Wandreibung nicht beeinflußt.

Die ganze Gicht würde deshalb geschlossen abwärts sinken, unbeeinflußt von der Wandreibung. Nur wenn diese außergewöhnliche Reibungswiderstände verursacht, gebildet durch Schlacken, Ausfressungen, angebrannte Steine u. dgl., dann wirkt natürlich auch die Ofenwand selbst störend auf den guten Lauf der Gicht. Doch ist dies ein ungewöhnlicher schlechter Zustand, dem baldmöglichst abgeholfen werden sollte.

Ausschlaggebend ist also auf die Bewegung der Gicht nur die Ofenform selbst.

Je einfacher, gleichmäßiger die Ofenform, um so besser ist der Lauf der Gicht. Schwach nach unten bis zum Ende der Brennzone zunehmender Kegel mit daran anschließender zylindrischer Kühlzone sichert den besten gleichmäßig parallel geschichteten Lauf der Begichtung.

Die bis zum Ende etwas konisch zunehmende Ofenform erleichtert den Niedergang, wenn die Füllung in Vorwärme- oder Brennzone durch die Ausdehnung sich einklemmt oder anbackt. In der Kühlzone, wo diese Störungen nicht mehr auftreten können, geht man zylindrisch weiter.

34. Einfluß der Form auf die Gasbewegung.

Habe ich vorstehend in der Hauptsache den Einfluß der Form auf die Bewegung der Gicht betrachtet, so will ich an dieser Stelle auch noch etwas auf die Beeinflussung der Bewegung der Gase eingehen. Ideal wäre es, wenn die Gasbewegung im ganzen Querschnitt des Ofens mit gleicher Geschwindigkeit vor sich ginge, wenn dann in jedem wagerechten Querschnitt der gleiche Zu- und Abstrom der Gase, die gleiche Temperatur, die gleiche Zusammensetzung der Gase vorhanden wäre. Ohne Zweifel würde dieser Zustand im senkrechten, zylindrischen Ofen am ehesten vorhanden sein.

Wie Fig. 44a zeigt, laufen die Gasströme parallel. Dagegen bei dem nach oben konisch sich erweiternden Ofen, Fig. 44b, gehen die inneren Ströme der unten eintretenden Luft parallel nach oben, während die äußeren Ströme, die entstehenden Verbrennungsgase und die frei werdende Kalksteinkohlensäure die seitlichen Räume ausfüllen müssen. Innen ist dann ein Gas mit Luftüberschuß, außen mit Luftmangel, mit Kohlenoxyd. Die inneren Ströme verlassen den Ofen schneller als die äußeren, die einen weiteren Weg zurücklegen müssen. Da sich bei dieser Form auch die Gicht im Innern schneller bewegt, wie die Fig. 37 zeigt, so ist die Berührungszeit zwischen dem Koks und den Verbrennungsgasen sowie mit dem zu brennenden Gas in der Mitte viel kürzer als außen. Ein ungleichmäßiges Brennen der Steine, ungleichmäßiges Verbrennen des Kokses und schlechte Gase sind die Folge.

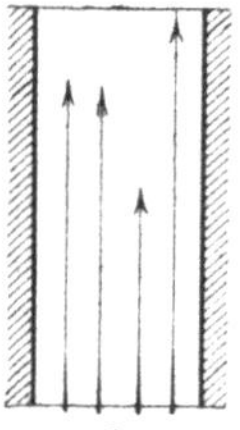

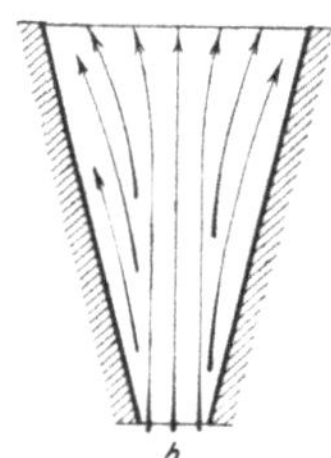

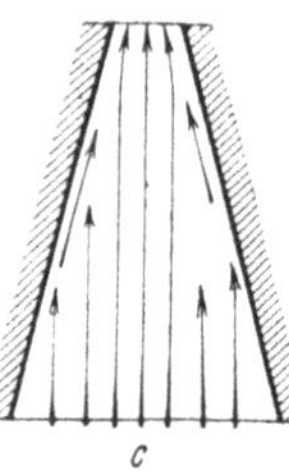

Fig. 44. Einfluß der Schachtform auf den Gasstrom.

Nicht besser ist die nach oben sich verengende Form nach Fig. 44c. Die außen aufsteigenden Gase prallen bald an der Ofenwand an, stören sich gegenseitig und zwingen die inneren Gase, die schon an und für sich einen kürzeren Weg zurückzulegen haben, zum noch schnelleren senkrechten Aufstieg. Da bei dieser Form aber die äußeren Gichtschichten sich schneller bewegen, so findet ein gewisser Ausgleich zwischen dieser Bewegung und den langsamer aufsteigenden äußeren Gasen statt, so diese Form in dieser Beziehung nicht so nachteilig ist als b. Aber die sich an der Wand immer mehr zusammendrängenden Gase verhindern eine gleichmäßige Zusammensetzung in jedem wagerechten Querschnitt. Je mehr sich der Ofen der zylindrischen Form nähert, um so weniger wird die Form störend auf den Gasstrom einwirken.

35. Der Rauminhalt des Schachtkalkofens.

An dieser Stelle seien dem Rauminhalt des Kalkofens selbst noch einige Zeilen gewidmet. Der notwendige Rauminhalt, der Fassungsraum des Ofens, ergibt sich aus der Menge des zu brennenden Kalksteines, dessen und des Brennstoffes Raumbeanspruchung und der Gesamtaufenthaltszeit. Die letztere habe ich schon im Abschnitt 10 behandelt und im Abschnitt 18 auf den Zusammenhang mit dem Brennstoffaufwand hingewiesen. Für eine bestimmte

Aufenthaltszeit ist auch ein gewisser Ofenraum notwendig, um mit einer bestimmten Brennstoffmenge auszukommen. Der Ofen muß deshalb einen solchen Rauminhalt besitzen, daß er die für diese Zeit zu brennende Kalksteinmenge, den erforderlichen Brennstoff aufnehmen kann.

Ausschlaggebend ist also die Raumbeanspruchung der Kalksteine, des Kokses und des entstandenen gebrannten Kalkes.

Bisher hatte ich gerechnet, daß 1 cbm Kalksteine $e = 1650$ kg wiegen. Tatsächlich ist dies eine gute Durchschnittszahl, die bei reinem Kalkstein nur gering schwankt. Auch ist sein Raumgewicht e wenig abhängig von der Steingröße, wenn diese sonst gleichmäßig ist, wie man dies beim Kalkbrennen auch nur als nützlich hält. Wenn also nicht etwa gröbste Bruchsteine mit kleineren Steinen von Walnußgröße untermischt sind, die die Räume zwischen den größeren Steinen ausfüllen und so das Raumgewicht erhöhen. Um gleichmäßig zu brennen, um den Zug nicht zu erschweren, ist, wie gesagt, ein solches Gemisch für den geregelten Betrieb unerwünscht.

Daß die Gewichtsmenge, die in 1 cbm eingefüllt wird, nicht von der Steingröße abhängig ist, zeigt auch die Rechnung. In einen Raum mit einem Querschnitt F und einer Höhe H, dessen Inhalt also ist $F \cdot H$, kann man eine Anzahl Kugeln einfüllen:

$$n = \frac{1{,}41 \cdot F \cdot H}{d^3}. \tag{39}$$

Der Rauminhalt einer Kugel ist $\frac{1}{6}\pi \cdot d^3$, und der Rauminhalt aller Kugeln im Raume $F \cdot H$ ist:

$$V = n \cdot \frac{1}{6}\pi \cdot d^3 = \frac{1{,}41 \cdot F \cdot H}{d^3} \cdot \frac{1}{6}\pi \cdot d^3 = 0{,}73\, F \cdot H. \tag{40}$$

Das heißt, das Volumen bzw. das Gewicht der in einem bestimmten Raum ($F \cdot H$) einfüllbaren Kugeln oder Kalksteine ist unabhängig vom Durchmesser der Steine. Ob die Steine groß oder klein sind, immer wird man nur die gleiche Menge einfüllen können, immer verbleibt ein Hohlraum von $1 - 0{,}73 = 0{,}27$ des zur Verfügung stehenden Ofenraumes.

Grobe Bruchsteine wiegen 1 cbm geschichtet 1650 kg; Kalksteinschotter etwa 1620 kg; Marmorkies, wie er zum Bestreuen der Gartenwege dient und wie ich ihn für meine Kalkofenform nach Fig. 36 benutzte, wiegt 1680 kg; gemahlenes Kalksteinpulver wiegt 1650 kg. Ob grob ob fein, immer nimmt 1 cbm ungefähr das gleiche Kalksteingewicht auf. Der Glaube, durch feineres Zerschlagen mehr Steine in den vorhandenen Ofen unterbringen zu können, ist falsch. Verändert wird dies Raumgewicht nur durch das spez. Gewicht des Kalksteines. Reinkrystallinische, feste Kalksteinblöcke haben ein spez. Gewicht von 2,6 bis 2,7; ein massiver Kalksteinblock von 1 cbm Inhalt wiegt somit 2600 bis 2800 kg. 1 cbm massiver Rüdersdorfer Kalkstein wiegt 2000 bis 2400 kg, doch der Raummeter im gebrochenen Zustande wiegt nur 1400 kg.

Mit der Zerkleinerung nimmt aber die Oberfläche aller im Raume unterbringbaren Steine zu, nimmt die wärmeaufnehmende Fläche zu und vermindert sich dadurch die Gesamtaufenthaltszeit, wie ich dies schon im Abschnitt 10 berechnete. Kleinere Steine werden schneller durchgebrannt, brauchen sich kürzere Zeit im Ofen aufzuhalten, erfordern einen kleineren Ofenraum. In einem Ofen bestimmten Rauminhaltes kann eine größere Menge in der Zeiteinheit verarbeitet werden.

Mit den Steinen muß der Koks eingefüllt werden, der Ofen muß auch hierfür den notwendigen Raum besitzen. 1 cbm Koks wiegt $f = 350$ bis 450 kg, je nach Art, wie im Abschnitt 12 erläutert. Auch das Raumgewicht f des Kokses ist unabhängig von der Korngröße, wie dies nach vorstehendem selbstverständlich, denn bei Koks gleicher Herkunft ist es bei Brechkoks von 4 cm nur ungefähr 3 Proz. kleiner als bei grobstückigem ungebrochenen Koks.

Um den Rauminhalt des Schachtes berechnen zu können, muß ich wieder von den einzelnen Zonen ausgehen, deren Größe vorerst bestimmen.

c sei der Kokszusatz in kg für 100 kg Kalksteine; S die Schwindung des Kalksteinraumes beim Brennen, während er in Ätzkalk übergeht.

Der Rauminhalt der Vorwärmezone für je 100 kg zu brennende Kalksteine muß dann sein:

$$J_v = \left(\frac{100}{e} + \frac{c}{f}\right) z_v \text{ cbm}, \tag{41}$$

wenn z_v die im Abschnitt 7 berechnete Vorwärmezeit bedeutet.

In der Brennzone schwindet die Raumbeanspruchung gegen Ende um S, so daß die Steine anfangs noch ihre volle Raumbeanspruchung besitzen, am Ende der Brennzone aber nur noch $\frac{100}{e} \cdot S$. Die wirkliche Raumbeanspruchung des Kalkes in der Brennzone ist dann $\frac{100}{e}\left[\frac{1+S}{2}\right]$. Auch der Koks ist am Ende der Brennzone verbrannt und ohne Raumbeanspruchung, so daß seine ganze Raumbeanspruchung $\frac{c}{f \cdot 2}$ ist. Der Rauminhalt der Brennzone ergibt sich dann zu:

$$J_b = \left(\frac{100}{e}\left[\frac{1+S}{2}\right] + \frac{c}{f \cdot 2}\right) z, \tag{42}$$

wenn z wieder die berechnete Brennzeit bedeutet.

In der Kühlzone befindet sich nur noch der etwas geschwundene Ätzkalk, und demnach ist die Raumbeanspruchung der Kühlzone, bei der Kühlzeit z_k:

$$J_k = \frac{100}{e} \cdot S \cdot z_k. \tag{43}$$

Der Gesamtinhalt des Kalkofens für 100 kg zu brennende Steine sollte somit mindestens sein:

$$\begin{aligned} J &= J_v + J_b + J_k \text{ cbm} \\ &= \left(\frac{100}{e} + \frac{c}{f}\right) z_v + \left(\frac{100}{e}\left[\frac{1+S}{2}\right] + \frac{c}{f\,2}\right) z + \frac{100}{e} S \cdot z_k. \end{aligned} \tag{44}$$

In einem Beispiel will ich diese Formel weiter klären.

1 cbm Kalksteine wiege $e = 1650$ kg,

1 cbm Koks wiege $f = 425$ kg.

Für 100 kg Kalksteine sollen höchstens $c = 11$ kg westfälischer Koks angewendet werden, der z. B. nach Analyse 91,77 Proz. C, also etwa 10,1 kg reinen Kohlenstoff enthält. Für das Kalkbrennen selbst werden nach Formel 28 7,8 kg C verbraucht, so daß, wenn ich den Verbrauch für die Deckung der Abkühlungsverluste mit 0,3 kg annehme, für die Erhöhung der Brenntemperatur noch 10,1 — 7,8 — 0,3 = 2,0 kg C verbleiben. Nach Fig. 16 erzeugt dieser C-Aufwand eine Erhöhung der Brenntemperatur auf etwa 1030°. Besitzen die Kalksteine dann einen mittleren Durchmesser von etwa 150 mm, dann ergibt sich nach Fig. 7 eine Vorwärmezeit $z_v = 6$ Stunden, eine Brennzeit $z = 23$ Stunden und eine Kühlzeit $z_k = 7$ Stunden. Die Schwindung der Steine beim Brennen beträgt nach Seite 38 bis 20 Proz. und sei hier mit 15 Proz. = 0,85 angenommen. Diese Werte, in die Formel 44 eingesetzt, ergeben:

$$J = \frac{\left(\frac{100}{1650} + \frac{11}{425}\right) \cdot 6 + \left(\frac{100}{1650}\left[\frac{1 + 0,85}{2}\right] + \frac{11}{450 \cdot 2}\right) \cdot 23 + \frac{100}{1650} \cdot 0,85 \cdot 7}{24}$$

$$= \frac{0,51 + 1,56 + 0,36}{24} = 0,13 \text{ cbm für 100 kg täglich zu brennenden Kalk.}$$

Oder mit 1 cbm Ofeninhalt können täglich $\frac{100}{0,10} = 1000$ kg Kalksteine (aus reinem kohlensauren Kalk bestehend) gebrannt werden.

Würden die Kalksteine 20 Proz. Verunreinigungen besitzen, also nur 80 Proz. kohlensauren Kalk, dann wird bei gleicher Steingröße sowohl die Vorwärmezone als auch Kühlzone annähernd gleiche Größe behalten. Dagegen wird die Brennzeit (siehe Abschnitt 35) um etwa 20 Proz. vermindert, also auch die Raumbeanspruchung. Dann würde

$$J = \frac{0,51 + 1,56 \cdot 0,80 + 0,36}{24} = 0,09 \text{ cbm}$$

für 100 kg Kalksteine, oder mit 1 cbm Ofeninhalt würden $\frac{100}{0,09} = 1110$ kg Steine gebrannt. Wohlverstanden, Kalksteine, nicht kohlensaurer Kalk. Von letzterem aber nur 80 Proz., das sind 1110 · 0,80 = 888 kg. Also gegenüber den 1000 kg wesentlich weniger, als wenn der Kalkstein rein ist. Dies zeigt auch in bezug auf die Leistungsfähigkeit des Ofens und seines Brennstoffverbrauches den Vorteil der Verwendung reiner Kalksteine.

Weiten Schwankungen sind die Ofenleistungen, ist die Beanspruchung des Ofenraumes ausgesetzt. Für die Errichtung eines neuen Ofens wird man deshalb fragen, wie weit die Beanspruchung nach oben oder unten ohne weiteres nützlich, wie groß wurde der Ofen nach den bisherigen Erfahrungen gewählt. Dies geschah nach alten Rezepten, denen schließlich auch nicht der sicherste

Theoretiker entraten kann, wenn er nicht bei seinen Verwirklichungen der Theorie grausame Mißerfolge erleben will, weil er schließlich doch noch ein i-Pünktchen vergaß. In der praktischen erfahrungsgemäßen Größenbestimmung sind alle diese Zwischenfälle schon abschleifend, beeinflussend nützlich gewesen und treten bei ihr in Erscheinung. Deshalb wird man immer einen Vergleich dieser Zahlen mit den errechneten für vorteilhaft finden.

Erfahrene Kalkofenbauer rechnen bei künstlichem Zug damit, daß unter gewöhnlichen Verhältsissen mit 1 cbm Gesamtinhalt des Schachtofens 750 bis 1000 kg Kalksteine täglich gebrannt werden können. Aus einer Rundfrage, die *Schmidt*-Anklam an verschiedene Zuckerfabriken richtete (Deutsche Zuckerindustrie 1906, S. 655), ergibt sich bei 17 Zuckerfabriken, die Rüdersdorfer Kalk verwenden, eine Leistung von 700 bis 1500 kg täglich. Bei 1500 kg sind aber die Öfen durch hohe Brenntemperatur schon stark beansprucht, so daß mit starkem Verschleiß der feuerfesten Auskleidung gerechnet werden muß. In einer Zuckerfabrik stellte ich z. B. im Jahre 1906 bei einer Leistung von 1560 kg täglich ein Ausbrennen der sehr guten Schamotteschicht schon nach 3 Monaten fest.

Beim natürlichen Ofenzug, durch meistens zu niedrige Schornsteine, die weniger Luftmengen ansaugen, sinkt auch die Ofenleistung bedeutend. Man rechnet dann meistens nur mit einer Leistung von etwa 500 kg.

Den Gesamtinhalt eines Schachtofens führt man meistens nicht über 75 cbm aus, weil dann die erforderliche Höhe, namentlich der Durchmesser, einen ganz gleichmäßigen Betrieb stört. Man wird dann besser zwei oder mehrere Öfen wählen.

Auch hierin sind die Amerikaner geschäftsgewandt. Sie bauen nicht für jeden Abnehmer eine besondere Ofengröße, diesem so groß, jenem so, dem anderen noch ein paar Kringel daran, sondern sie bauen eine Größe, ihre Standardgröße. So baut z. B. *The Improved Equipment Compagny*, auf deren Öfen ich noch Seite 169 näher eingehe, einen Ofen, der in 24 Stunden 9000 bis 13 500 kg Kalk brennt. Wer mehr brennen will, stellt mehr Öfen auf, zehn und mehr. Dann sind die Baukosten gering. Es gibt für den Mantel, die Auskleidung, die Zubehörteile nur einen Satz Zeichnungen, Modelle und Formen, die schnelle, leichte und billige Herstellung gewährleisten.

Auch mögen an dieser Stelle noch einige Zahlen genannt werden über die Kalkofengrößen in einigen Betrieben.

In Sodafabriken brennt man 150 bis 170 kg Kalksteine für 100 kg Soda.

In Rohzuckerfabriken richtet sich die Menge der zu brennenden Kalksteine in der Hauptsache nach dem Ätzkalkzusatz für die Scheidung des Saftes. Dieser schwankt je nach der Arbeitsweise zwischen 1 bis 3 Proz. und wird immer in bezug auf das verarbeitete Zuckerrübengewicht angegeben. Einen Einblick gewährt die schon erwähnte Zusammenstellung von *Schmidt*-Anklam (Deutsche Zuckerindustrie 1906, S. 655), von der ich nachstehend einen Auszug gebe. Ich halte hier die Angaben in Ztr. zu je 50 kg bei, weil dies noch in der Zuckerindustrie allgemein üblich.

Tabelle VIII.

Zusammenstellung der Rübenverarbeitung und Kalkofengröße einiger Zuckerfabriken.

Rübenverarbeitung täglich	Kalkofen-inhalt	Kalk-erzeugung in 24 Stdn.	Kalk-erzeugung	1 cbm des Kalkofens erzeugt Kalk	Kalkofeninhalt	
					für 1000 Ztr. Rüben	für 1000 Ztr. Rüben u. 1 Proz. Kalkerzeugung
Ztr. (je 50 kg)	cbm	Ztr.	Proz.	kg	cbm	cbm
30 000	52	500	1,7	480	1,73	1,02
26 000	43,5	480	1,8	560	1,67	0,93
23 000	62	475	2,0	385	2,72	1,36
22 000	40	350	1,6	440	1,81	1,13
20—22 000	49	400	1,9	410	2,23	1,17
20 000	37	350	1,75	480	1,85	1,05
20 000	26	400	2,0	—	1,30	0,65
18 000	30	360	2,0	600	1,66	0,83
17—18 000	30	345	2,0	—	1,66	0,83
17 000	29	280	1,6	—	1,70	1,06
15—16 000	23	170	2,0	370	1,44	0,72
14—16 000	31	300	2,0	—	1,94	0,97
14 400	16,0	150	1,0	—	1,11	1,11
13 000	23,5	210	1,6	—	1,81	1,13
13 000	21	325	2,5	800	1,61	0,64
13 000	20,7	260	2,0	—	1,59	0,80
12 000	19,4	250	2,1	—	1,61	0,77

In Betracht gezogen sind nur die, bei denen Rüdersdorfer Kalksteine verwendet wurden.

In der Zeitschrift Deutsche Zuckerindustrie 1913, S. 990, klagt jemand im Fragekasten darüber, daß er für 20 000 Ztr. Rübenverarbeitung 2 Kalköfen von je 20 cbm Inhalt zur Verfügung hat, die Kalkzugabe in der Scheidung 2 bis $2^1/_4$ Proz. beträgt, dem Kalkofen die Steine in Kindskopfgröße zugesetzt werden und trotz 12 Proz. Koks doch nicht durchgebrannte Steine und unverbrannter Koks gezogen werden. Als Hilfsmittel hiergegen empfiehlt nun ein anderer, den Kalkofen viel mehr zu ziehen mit allen zur Verfügung stehenden Hilfskräften. Er würde dann an den Öfen seine „helle Freude" haben. Ich befürchte, daß diese mit dem kälter werdenden Ofen und dem sich immer mehr anhäufenden ungebrannten Kalk in eine „dunkle" Freude ausarten wird, und ich weiß nicht, ob nur bei dem Antwortenden allein die Schadenfreude zurückbleibt für den Reinfall des anderen. Mit solchen Heilmitteln, die dem ganzen Wesen des Kalkofens widersprechen, ist nichts zu machen. Ich will nachweisen, worin der Fehler liegt.

Eine Kalkzugabe von durchschnittlich 2,1 Proz. entspricht einem Ätzkalkverbrauch von $20\,000 \cdot 2{,}1 = 420$ Ztr. oder $420 \cdot \frac{100}{56} \cdot 50 = 37\,500$ kg Kalksteinen.

Nach meinen Angaben (S. 80) nehmen 100 kg Kalksteine einen Raum von 0,063 cbm ein. Sie benötigen also 37 500 · 0,063 = 23,63 cbm. Da die beiden zur Verfügung stehenden Öfen 40 cbm Fassungsraum besitzen, so können sich die Steine im Ofen $\frac{40}{23,63} = 1,7$ Tage aufhalten oder 40 Stunden.

Steine von Kindskopfgröße besitzen einen Durchmesser von etwa 150 bis 200 mm, die nach der Fig. 9 bei einer Aufenthaltszeit von etwa 40 Stunden eine Brenntemperatur von etwa 1130° erfordern. Bei dieser Temperatur genügt aber der Kokszusatz von 12 kg auf 100 kg Kalksteine nicht. Wie ich schon berechnete, sind notwendig

zum Brennen selbst	7,8 kg Kohlenstoff
Mehrverbrauch bei 1130° nach Fig. 16 (S. 73)	3,5 „ „
für Abkühlungsverluste etwa	1,0 „ „
	12,3 kg Kohlenstoff

Wird nun Koks mit 7000 WE verwendet, so entsprechen diese 12,3 kg C mit je 8080 WE einem Kokszusatz von

$$13,1 \cdot \frac{8080}{7000} = 15,1 \text{ kg}.$$

Da aber bisher nur 12 kg aufgewendet wurden, so sind dies $\frac{15,1}{12} \cdot 100 - 100$ = 26 Proz. zu wenig.

Diese Rechnung kann natürlich an Hand der geringen, in der Anfrage gegebenen Daten nicht unbedingt genau sein, zeigt aber, daß zu wenig Koks unter den dort obwaltenden Verhältnissen verwendet wurde und dementsprechend ungebrannter Kalk gezogen werden muß. Die Öfen sind unter diesen Verhältnissen überlastet. Es muß deshalb auch teilweise unverbrannter Koks unten entweichen, weil er sich nicht genügend lange Zeit in der Brennzone aufhalten kann, um vollständig zu verbrennen. Um mit den 12 kg Koks auszukommen, müßte man die Steine weiter zerkleinern. Wie weit, kann man wieder annähernd vorausberechnen. Von den aufgewendeten 12 kg werden

$$7,8 \cdot \frac{8080}{7000} = 9 \text{ kg Koks}$$

für das Brennen selbst und etwa 1,00 kg für Abkühlungsverluste verbraucht, so daß für die Erhöhung der Brenntemperatur noch

$$12 - (9 + 1) = 2 \text{ kg}$$

Koks zur Verfügung stehen, die ungefähr 1,7 kg reinem C an Wirkung entsprechen. Nach der Fig. 16 (S. 73) ergibt sich bei diesem Mehrverbrauch eine Brenntemperatur von ungefähr 1000°. Bei dieser Temperatur und der zur Verfügung stehenden Aufenthaltszeit von 40 Stunden kann man nach der Fig. 9 nur Steine mit einem Durchmesser von 130 mm brennen. So weit müßten also die Steine zerkleinert werden. Will man dies nicht oder kann die Kohlensäurepumpe die damit verbundenen höheren Widerstände, die dem

Durchsaugen der Gase im Ofen durch die kleineren Steine entgegengesetzt werden, durch schnelleren Lauf nicht überwinden, dann muß man zu einer Vergrößerung der Kalköfen schreiten.

36. Die Ofenhöhe.

Nach der Bestimmung des Gesamtinhaltes des Kalkofens und der Entscheidung über die anzuwendende Ofenform muß man noch die Ofenhöhe, das sich daraus ergebende Verhältnis vom Querschnitt zur Höhe festlegen. Die Ofenform ist jetzt meistens schlank, wie sie sich durch die praktischen Erfahrungen herausbildete, doch will ich hier noch auf das Für und Wider der schlanken oder gedrückten Form eingehen. Von Einfluß sind hierbei: die Höhe der Füllung mit ihrem Gichtdruck, die chemische und mechanische Beanspruchung des Ofenfutters, die Abkühlungsverluste, die Füllung und Entleerung des Ofens, die Verbrennungsvorgänge und die Gasbewegung.

Um die Unterschiede deutlicher vor Augen führen zu können, seien zwei scharfe Gegensätze angenommen. Von zwei Öfen, die unter sonst gleichen Verhältnissen arbeiten und je 25 cbm Schachtinhalt besitzen, soll der eine einen lichten Durchmesser von 1500 mm, der andere von 2500 mm besitzen. Dann ergeben sich folgende Werte:

Nr.	Innerer Ofendurchmesser D mm	Ofeninhalt $J = E \cdot H$ cbm	Ofenquerschnitt $E = D^2 \frac{\pi}{4}$ qm	Umfang $U = D \cdot \pi$ m	Innere Ofenhöhe $H = \frac{J}{E}$ m	Innere Mantelfläche $F_1 = U \cdot H$ qm
1	1500	25	1,77	4,7	14,1	66
2	2500	25	4,91	7,85	5,1	40

Die Fig. 45 führt diese Zahlen noch klarer vor Augen, und es sei nun auf die einzelnen, vorgenannten Einflüsse näher eingegangen.

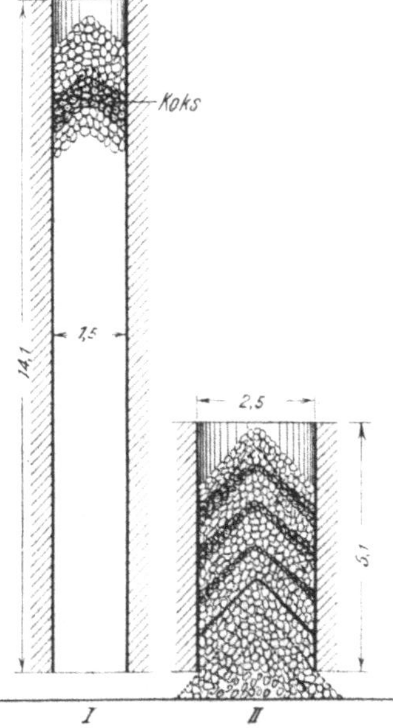

Fig. 45. Unterschiede zwischen der schlanken und gedrückten Form.

Bei der Bestimmung der Ofenhöhe ist keine Rücksicht auf den Druck zu nehmen, den die große Füllungshöhe ausüben würde. Weder der Koks (S. 54) noch die feuerfeste Auskleidung (S. 95) wird bei den in Frage kommenden Höhen zerdrückt werden.

Einige Worte habe ich schon auf Seite 94 (Kalkofenfutter, mechan. Beanspruchung) über das Abreiben des Ofenfutters gesagt. Die Größe dieser mechanischen Abnutzung durch die niedergehende Gicht ist vom Druck und der Weglänge, dem Reibungsweg, abhängig. Je höher der Ofen, einen um so längeren Weg muß die Gicht am Ofenfutter zurücklegen, je mehr wird vom Ofenfutter abgerieben; je mehr wird die Gicht zerrieben und zerbröckelt. Während dort zur Verminderung der chemischen Angriffe eine geringe Oberfläche erwünscht ist, ist es hier eine geringe Ofenhöhe. Die beiden Öfen nach Fig. 45 haben bei gleichem Inhalt eine Höhe von 5,1 bzw. 14,1 m. Beim letzteren wirkt die abnutzende Kraft also fast dreimal länger. Aber da sich auch diese Abnutzung auf der ganzen Oberfläche bemerkbar macht, so ist auch die mechanische Abnutzung unter sonst gleichen Umständen von der inneren Oberfläche abhängig, wie beim chemischen Angriff. Aus beiden Gründen erscheint also ein niedriger, dicker Kalkofen nützlicher als ein schlanker, dünner. Die mechanische Abnutzung wird aber, wie ich dies schon auf Seite 95 sagte, erst bei schlechtem Futter unangenehm bemerkbar, sie tritt fast immer zurück hinter der chemischen. Letztere wirkt auf den ganzen, dem Ofeninnern zugekehrten Flächen, auch in den Fugen und von dort eine starke Abrundung der Ecken und Kanten bewirkend. Die kugligen Steinköpfe stehen dann tief in der Gicht, sind dem Abschleifen also besonders ausgesetzt, und doch werden sie nicht abgeflacht, werden unmerklich abgeschliffen. Bei der Wahl der Ofenform braucht man deshalb wenig Rücksicht auf die Wirkung der mechanischen Abnutzung zu nehmen. Mehr schon auf die chemische. Aber auch schließlich erst in letzter Linie, wenn alle anderen Bedingungen und Anforderungen in günstiger Weise erfüllt sind, denn durch ein gutes Ofenfutter lassen sich die chemischen Angriffe auf ein wirtschaftlich zulässiges Maß vermindern.

Das gleiche gilt von den Wärmeverlusten des Kalkofens nach außen, deren Größe auf Seite 98 berechnet wurde. Der Wärmeverlust wird natürlich um so kleiner, je kleiner die Mantelfläche des Ofens ist. Der Mantel eines Zylinders wird aber bei gleichem Inhalte um so kleiner, je größer der Durchmesser ist. Ein Zylinder von z. B. 25 cbm Inhalt bei einem Durchmesser von 1,5 m und einer notwendigen Höhe von 14,1 m hat eine Manteloberfläche von 66 qm. Dagegen bei einem Durchmesser von 2,5 m muß er nur eine Höhe von 5,1 m besitzen und hat eine Manteloberfläche von nur 40 qm. Bei diesem niedrigen Kalkofen mit großem lichten Durchmesser ist die wärmeabgebende Abfläche über $^1/_3$ kleiner, also sind auch die Verluste entsprechend kleiner. Deshalb wäre zwecks Verringerung der Abkühlungsverluste der Kalkofen möglichst mit großem Durchmesser auszuführen, denn nach dem Beispiel Seite 80 beträgt der größere Koksverbrauch für die Deckung der Abkühlungsverluste beim schlanken Ofen etwa $\frac{1,15}{3} = 0,4$ kg für 100 kg Kalksteine.

Aber je größer der Durchmesser, um so ungleichmäßiger arbeitet der Ofen, um so schwieriger gestaltet sich die Beschickung, womit ein bedeutend höherer Koksverbrauch entsteht, der den der Abkühlungsverluste weit überragt. Die gleichmäßige Beschickung und Verteilung der Kalksteine und des Kokses wird um so leichter vor sich gehen, von je kleinerem Durchmesser der Ofen oben ist. Trotzdem die Öfen immer größer wurden, war die gleichmäßige Verteilung doch noch immer gut möglich, so lange die Öfen oben offen und ringsum frei zugänglich waren. Als man aber Schornsteine aufsetzen mußte, um die Zugwirkung zu erhöhen, um die Leute von der Belästigung durch die Gase zu schützen, war die Sache schon schwieriger. Seitliches Einkippen der

Wagen von einem Schienengleis erzeugte einseitige Böschungswinkel, die großen Steine rollten nach unten, die kleineren blieben oben liegen, so daß an der Beschickungsseite eine viel dichtere Steinlage war als auf der gegenüberliegenden Seite. Hier, wo die großen Steine liegen, haben die Gase besseren, leichteren Abzug, ungleichmäßiges Brennen ist die Folge. Dies wird noch durch das Zusammenrollen des Kokses an dem Böschungsboden, wie dies die Fig. 46 zeigt, unangenehm verstärkt. Als es nun galt, die Gase zusammenzuleiten, für anderweitige Verwendung, oder um durch Gebläse den Zug zu erhöhen, mußte man den Ofenschacht oben abschließen. Große, über den ganzen Ofenquerschnitt gehende Verschlüsse, Klappen oder Deckel, sind zu schwer und unhandlich. Man mußte die Einwurföffnungen selbst kleiner ausführen als den Ofen, wodurch an und für sich die gleichmäßige Verteilung der Gicht sehr erschwert wird. Die in der Mitte eingefüllte Gicht bildet einen hohen Böschungskegel von etwa halber Höhe des Ofendurchmessers. Je größer der Ofendurchmesser, um so unangenehmer wird sich die Wirkung dieser Böschungskegel bemerkbar machen. Die spezifisch schwereren Kalksteine verdrängen die Koksstücke aus ihrer Ruhelage, die sich aus ihrem Böschungswinkel ergibt, sie rollen ab, seitlich zur Basis an die Ofenwandung. Diese Anhäufung von Koks, die damit verbundene Verringerung in der Mitte verursacht an der Seite einen unnützen Koksabbrand, starke Glut an der Auskleidung, dagegen zu geringe Glut und ungenügendes Durchbrennen des Kalkes in der Mitte. Um auch diesen zu brennen, muß viel mehr Koks zugegeben werden, als bei gleichmäßiger Verteilung erforderlich ist. Hoher Koksverbrauch ist mit unverhältnismäßig großem Ofendurchmesser verbunden. Ferner wird mit dem Durchmesser die Störung im Lauf der Schichten zunehmen, wie dies auf Seite 141 die Unterschiede bei den dicken und schlanken Öfen deutlich zeigen. Mit dem Ofendurchmesser nehmen die Störungen in der Schichtenbildung zu und um so ungleichmäßiger wird der Brand. Man kann nicht klar die einzelnen Ofenzonen unterscheiden, ungleichmäßige Vorwärmung sowie Kühlung mit vermehrtem Brennstoffverbrauch tritt ein.

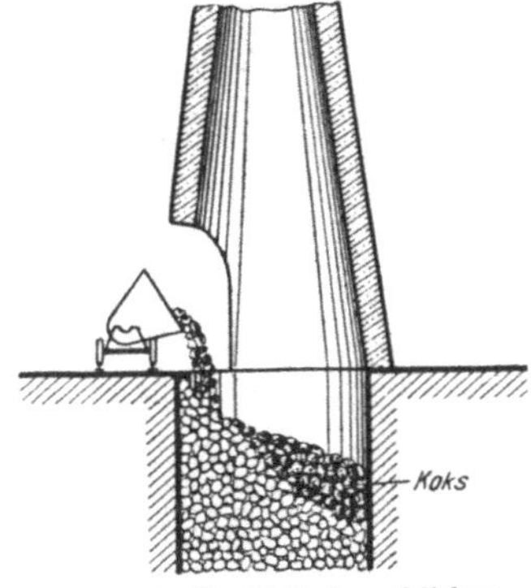

Fig. 46. Nachteil der seitlichen Füllung auf die Koksverteilung.

Für gute, schnelle, vollkommene Verbrennung ist eine große Gasgeschwindigkeit erwünscht, wie dies schon auf Seite 62 (Koksgröße) eingehend begründet wurde. Öfen von kleinem Durchmesser und größerer Höhe werden für die Verbrennung günstigere Verhältnisse schaffen, besser und schneller den Brennstoff verbrennen als niedrige Öfen mit großem Durchmesser. Tatsächlich sind deshalb die dicken, niedrigen Öfen immer dünner und schlanker geworden. Während bei dem alten Feldbrandofen (Fig. 35a) bei einem Inhalt von 25 cbm der mittlere Durchmesser 2,5 m betrug, bei 5,10 m Höhe, hat ein neuer Schüttofen (Fig. 35 II) einen Durchmesser von 1,5 m bei einer Höhe von 14,1 m. Dort betrug der Querschnitt des Ofens, der für die Geschwindigkeit des durchströmenden Gases maßgebend ist, 4,91 qm, hier ist er nur noch 1,77 qm. In diesem neueren Ofen bewegen sich deshalb diese mit $\frac{4,91}{1,77} = 2,8$ mal größerer Geschwindigkeit; innigere Durchmischung, schnelle vollkommene Verbrennung und Vermeidung der Rückbildung der Kohlensäure zu Kohlenoxyd ist die Folge. Dabei braucht man noch lange nicht zu befürchten, daß bei weiterer Querschnittsverminderung die Verbrennungsluft zu rasend schnell durchgejagt wird. Immer bildet sich mit elementarer Geschwindigkeit aus dem verbrennenden C die CO_2 unmittelbar, also vollkommen verbrennend; erst bei langsamem Gasstrom würde die erwähnte Rückbildung zu CO eintreten. Wie ich schon Seite 59 anführte, geht die Koksverbrennung im jetzigen Kalkofen, auf den Querschnitt bezogen, noch recht langsam vor sich. In dieser Beziehung könnte man den bisher üblichen Ofenquerschnitt noch ohne Gefahr auf die Hälfte vermindern. Dies bedingt aber doppelt so hohe Kalkofen, also solche von 24 und mehr Meter. Solche Höhen sind bei den Hochöfen üblich. Bei den Kalköfen hat man sich aber noch nicht zu solchen himmelanstrebenden Höhen entschließen können, weil die mit der Bedienung und der erschwerten Gasabsaugung zusammenhängenden Nachteile kleine Vorteile der besseren Verbrennung aufheben. Mit der schlanken Ofenform nehmen, wie wir noch sehen werden, die Widerstände, die dem Durch- und Absaugen der Gase entgegenstehen, nach der Formel 49 (S. 164) wesentlich zu. Demnach ist der Druck:

$$\varphi = \frac{v \cdot H}{\beta \cdot d^2}.$$

v ist die Gasgeschwindigkeit in den Zwischenräumen, und da diese nach Formel 48 immer $0,1 \cdot E$ sind, so ist es beim Vergleich ohne Einfluß, ob ich dies v auf den ganzen Ofenquerschnitt oder den von der Füllung noch freigelassenen benutze. Das Verhältnis der Widerstände im schlanken zum gedrückten Ofen wäre:

$$\frac{\varphi_1}{\varphi_2} = \frac{v_2 \cdot H_2 \cdot \beta \cdot d^2}{\beta \cdot d^2 \cdot v_1 \cdot H_1} = \frac{v_2 \cdot H_2}{v_1 \cdot H_1}. \tag{45}$$

Auch ist die Gasgeschwindigkeit umgekehrt proportional dem Ofenquerschnitt E; halber Ofenquerschnitt gibt doppelte Gasgeschwindigkeit, so daß man für v den Querschnitt E setzen kann, dann geht obige Gleichung über in:

$$\frac{\varphi_1}{\varphi_2} = \frac{E_2 \cdot H_2}{E_2 \cdot H_1}. \tag{46}$$

Für die beiden Grenzöfen nach Fig. 45 wäre dann:

$$\frac{\varphi_1}{\varphi_2} = \frac{E_1}{E_2} \cdot \frac{H_2}{H_1} = \frac{1,77}{4,91} \cdot \frac{5,1}{14,1} = 13,4 .$$

Der Widerstand, der zum Durchsaugen der Gase notwendig, ist beim schlanken Ofen 13,4 mal größer. Hierbei habe ich nach Formel 49 angenommen, daß der Widerstand nur proportional der Geschwindigkeit ist; es ist möglich, daß er fast mit v^2 wächst; Erfahrungszahlen fehlen. Dann würde der Widerstand:

$$\frac{\varphi_1}{\varphi_2} = \frac{E_1^2}{E_2^2} \cdot \frac{H_2}{H_1} = \frac{1,77^2}{4,91^2} \cdot \frac{5,1}{14,1} = 21 \text{ mal}$$

größer. Ob so oder so, in jedem Falle genügt für schlanke Öfen der natürliche Zug nicht mehr, es muß durch künstlichen der Widerstand überwunden werden, was auch leicht zu erreichen ist, solange man in vernünftigen Grenzen bei der Wahl des Verhältnisses vom lichten Ofendurchmesser zur Höhe bleibt. Nach der Beurteilung aller Einflüsse haben wir gesehen, daß sich mit dem schlanken Ofen der Brennstoffverbrauch vermindert. Als dauernde größte Betriebsausgabe ist er von großer Bedeutung, wie dies z. B. ein Vergleich der Futterabnutzung mit dem Brennstoffverbrauch zeigt.

Auf Seite 94 haben wir gesehen, daß die Stoffverluste am Ofenfutter von dessen innerer Oberfläche abhängig, deshalb um so geringer sind, je kleiner diese ist. Hatte der vorgenannte hohe Ofen eine innere Mantelfläche von 66 qm, so hatte der niedrigere, dickere eine solche von nur 40 qm. Unter sonst gleichen Verhältnissen wird bei ersterem über 50 Proz. mehr Ofenfutter abgenutzt und verbraucht. — In der gleichen Zeit, denn die Tiefe des Angriffes, die Abnutzung der Futterstücke ist die nämliche. Sie ist z. B. in beiden in 8 Jahren durchgebrannt. Dann habe ich aber beim niedrigen nur 40 qm auszukleiden, gegen 66 qm beim hohen; bei diesem über 50 Proz. mehr neues Futter verbrauchend. Kostet 1 qm feuerfestes Ofenfutter etwa 100 Mk., so sind $(66 - 40) \cdot 100 = 1600$ Mk. mehr aufzuwenden. Wäre das Futter schon nach einem Jahre (es soll viel länger halten) ersatzbedürftig, dann wären in dem Ofen in 300 Arbeitstagen etwa 6 000 000 kg Kalksteine gebrannt. Für 100 kg wären dann bei dem hohen Ofen $\frac{2600}{6\,000\,000} \cdot 100 = 0,043$ Mk. mehr zum Ersatz des Ofenfutters aufzuwenden. Der hohe Ofen verbraucht vielleicht 10 kg Koks zum Brennen von 100 kg Steinen, dagegen der niedrige mindestens 15 kg. 5 kg Koks werden bei ihm erspart oder wenigstens 0,10 Mk, gegenüber dem Mehraufwand von nur 0,043 Mk. Da das Ofenfutter aber länger als 1 Jahr halten soll und hält, so sind die Anforderungen, die den geringeren Koksverbrauch bedingen, von ausschlaggebender Bedeutung, und diese bedingen schlanke Öfen; bei kleineren eine Höhe von etwa 10 m, bei großen 15 und mehr Meter.

F. Die Kalkofengase.

Oben am Ende der Vorwärmezone müssen die Kalkofengase abgeführt werden. Sie bestehen aus den Verbrennungsgasen, der überschüssigen Luft und der Kalksteinkohlensäure. Durch die Verbrennung des im Koks nutzbaren Kohlenstoffes entsteht bei vollkommener Verbrennung Kohlensäure, bei unvollkommener teilweise Kohlenoxyd. Dazu kommt die Kalksteinkohlensäure, die mit der des Kohlenstoffes den Gesamtgehalt an CO_2 in den Kalkofengasen ergibt. Diese will ich berechnen und den Zusammenhang mit dem Koksverbrauch feststellen, dann auf den nachteiligen Kohlenoxydgehalt und den notwendigen Sauerstoffüberschuß eingehen.

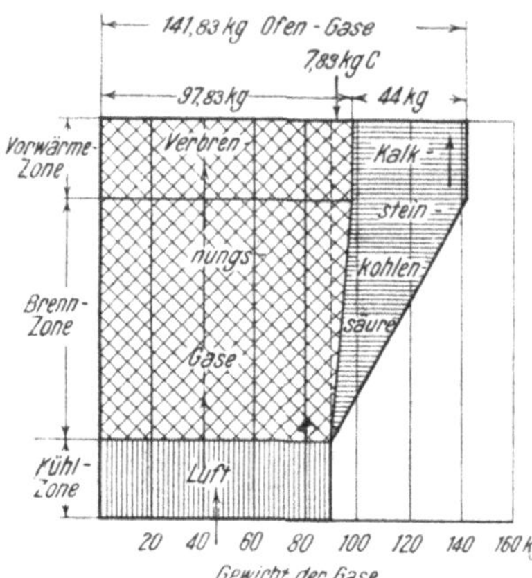

Fig. 47. Zusammensetzung der Gase im Ofenschacht.

Es sind dann die Mittel zu besprechen, die für die Abführung, Reinigung und Kühlung erforderlich sind.

Das Gewicht der Gase, die in den verschiedenen Zonen vorhanden sind, hatte ich schon Seite 87 angegeben und für 1 kg Kohlenstoff durch die Fig. 20 (Höchsttemperatur) dargestellt. Für den Idealofen müssen diese Zahlen mit 7,83 (dem Kohlenstoffverbrauch des Idealofens) multipliziert werden; das Ergebnis zeigt Fig. 47. Durch die Kühlzone ziehen demnach etwa 90 kg Luft, die sich durch die Verbrennung der 7,83 kg C und der aus 100 kg Kalksteinen freiwerdenden 44 kg Kohlensäure auf 141,83 kg vermehren und in dieser Gewichtsmenge durch die Vorwärmezone abziehen.

37. Der Kohlensäuregehalt der abziehenden Kalkofengase und dessen Zusammenhang mit dem Koksverbrauch.

Der Kohlensäuregehalt der Gase wird fast immer mittelst der volumetrischen Analyse bestimmt, so daß wir auch unsere Rechnung auf den Raum gründen müssen. Von 100 kg Kalksteinen berechnet sich das Volumen der abziehenden Gase bei 20° und 76 cm Barometerstand:

1. aus der Kalksteinkohlensäure zu $\frac{44}{1,83} = 24,04$ cbm;
2. für je 1 kg verbrannten Kohlenstoff zu:

$$\begin{array}{ll} & \left.\begin{array}{l} 1,0 \text{ kg C} \\ 2,667 \text{ ,, O} \end{array}\right\} = 3,667 \text{ kg } CO_2 = \frac{3,667}{1,83} = 2,00 \text{ cbm} \\ \text{Verbrennungs-luft} \left\{ \begin{array}{l} \\ 8,833 \text{ ,, N} \end{array}\right. & \qquad\qquad\qquad\quad = \frac{8,833}{1,17} = 7,55 \text{ ,,} \\ \hline 12,5 \text{ kg} \left\{ \begin{array}{c} \text{Verbrennungsgase nehmen} \\ \text{einen Raum ein von} \end{array} \right\} & 9,55 \text{ cbm}, \end{array}$$

die durch die Verbrennung von je 1 kg C entstehen.

Für den Idealofen ergibt sich der Raum der Abgase zu $24,04 + 9,55 \cdot 7,83 = 24,04 + 74,8 = 98,85$ cbm bei 20°. In der Tabelle IX habe ich für den verschiedenen Kohlenstoffverbrauch den Gesamtraum der Abgase angegeben. Hieraus kann man nun weiter leicht den Kohlensäuregehalt berechnen, denn in ihnen sind 24,04 cbm Kalksteinkohlensäure und für je 1 kg C 2 cbm

Brennstoffkohlensäure enthalten. Die Gase des Idealofens enthalten dann $24{,}04 + 7{,}83 \cdot 2{,}0 = 39{,}7$ cbm CO_2 und, da insgesamt 98,85 cbm Gase entstehen, so enthalten diese $\frac{39{,}7}{98{,}85} = 40{,}2$ Vol.-Proz. Kohlensäure.

Auch die Zahlen habe ich für die verschiedenen Brennstoffmengen berechnet und in der Tabelle IX eingetragen.

Tabelle IX.

Zusammenhang zwischen Brennstoffaufwand, Gesamtraum der Abgase und deren Kohlensäuregehalt.

Zum Brennen von 100 kg kohlensaurem Kalk werden verbraucht: Kohlenstoff . kg	7	8	9	10	11	12	13	14	15
oder Koks mit 90 Proz. Kohlenstoff . . . . kg	7,8	8,9	10,0	1,15	1,22	1,34	1,44	1,56	1,67
Raum der Kalksteinkohlensäure cbm	24,0	24,0	24,0	24,0	24,0	24,0	24,0	24,0	24,0
Raum der Kohlenstoffkohlensäure. . . . . cbm	14,0	16,0	18,0	20,0	22,0	24,0	26,0	28,0	30,0
Gesamtraum d. Kohlensäure cbm	38,0	40,0	42,0	44,0	46,0	48,0	50,0	52,0	54,0
Gesamtraum d. Abgase bei 20° C u. 76 cm Barometerstand cbm	90,0	100,4	110,0	119,5	129,1	138,6	148,2	157,7	167,3
Kohlensäuregehalt dieser Gase in Raumproz.	41,8	40,0	38,2	36,8	35,6	34,7	33,7	32,9	32,3

Um den Zusammenhang zwischen Kohlensäuregehalt und Brennstoffaufwand besser vor Augen führen zu können, habe ich die Ergebnisse noch in der Fig. 48 zeichnerisch dargestellt. Leicht ersieht man daraus, daß ein enger Zusammenhang zwischen Kohlensäuregehalt und Brennstoff- also Koksverbrauch besteht. Leicht kann man an Hand dieser Figur den Koksverbrauch rückwärts aus der Gasanalyse berechnen. Dabei ergibt sich dieser Koksverbrauch natürlich aus der betreffenden Einzelanalyse, aus der gerade in diesem, und nur in diesem Augenblick verbrennenden Brennstoffmenge. Deshalb muß darauf geachtet werden, daß die Gasanalyse nicht planlos, zu beliebiger Zeit genommen wird, sondern dann, wenn der Ofen im Beharrungszustande ist. Andererseits kann man aus guten Daueranalysen, wie sie z. B. der Ados-Apparat anzeigt, den Durchschnittsaufwand an Brennstoff bestimmen. Man ist sich über diesen einfachen Zusammenhang bisher noch nie klar gewesen, man hat noch nicht beachtet, daß aus den Betriebsbuchanalysen ohne weiteres der Koksaufwand zu bestimmen ist. Wohl wußte und berechnete man nach dem Koksaufwand theoretisch den Kohlensäuregehalt, ohne den Schluß rückwärts zu ziehen, wie ich ihn oben festlegte. Dies ergibt sich auch daraus, daß man außerordentlich häufig Zahlen veröffentlicht findet, die nicht stimmen können, weil obiger Zusammenhang fehlt, und werde ich auf ein solches Beispiel noch später eingehen. Vorher will ich erst noch auf den Einfluß des überschüssigen Sauerstoffgehaltes auf die Verdünnung der Kohlensäuregase eingehen.

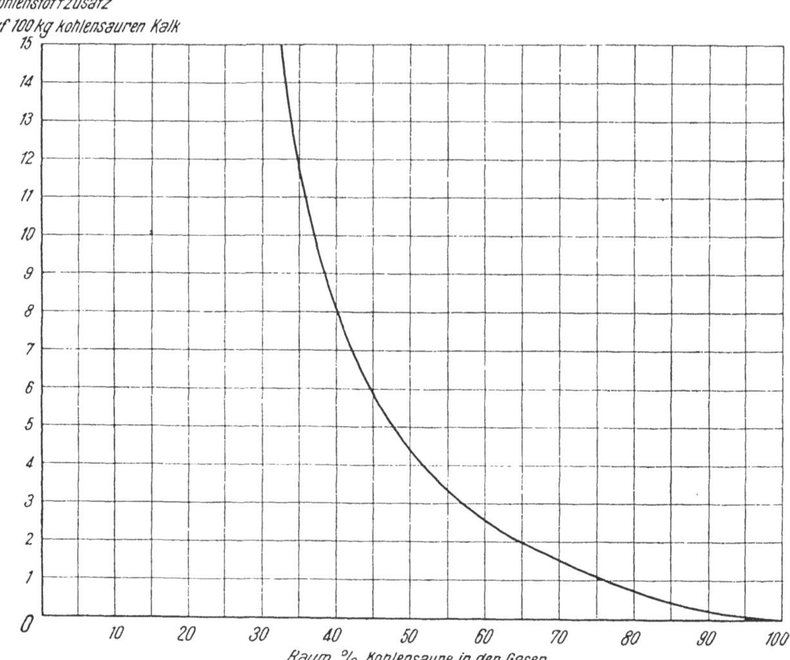

Fig. 48. Einfluß des Brennstoffzusatzes auf den Kohlensäuregehalt der Kalkofengase.

Die Kalkofengase werden durch den Luftüberschuß vermehrt und so der Kohlensäuregehalt verdünnt. Ein Raumprozent O entspricht einem Luftgehaltsüberschuß von $\frac{1 \cdot 100}{20{,}96} = 4{,}8$ Proz. in den Gasen. In den volumetrisch analysierten 100 Teilen sind von diesem Luftüberschuß 4,8 Proz. eingenommen, so daß die normale Gasmenge nur noch $100 - 4{,}8 = 95{,}2$ Proz. einnimmt. Der im normalen Gase, ohne Luftüberschuß z. B., vorhandene Kohlensäuregehalt, der beim Kohlenstoffzusatz von 12 Proz. 34,7 Proz. ist, wird verdünnt auf $\frac{34{,}7 \cdot 95{,}2}{100} = 33$ Proz. Danach habe ich für den verschiedenen Sauerstoffgehalt den Kohlensäuregehalt der Gase berechnet und in der Fig. 49 graphisch dargestellt. Liegt jetzt eine Kalkofengasanalyse vor, so kann man leicht an Hand dieser Fig. 49 den zugehörigen Brennstoffverbrauch für 100 kg Kalksteine bestimmen.

Im Centralblatt f. d. Z. 1913, S. 364, sind folgende Betriebszahlen angegeben: für 100 kg Steine 8,92 kg Koks, die Gase enthalten 33,4 Proz. CO_2, 2,7 Proz. O und 0,0 Proz. CO. Die 2,7 Proz. freier Sauerstoff entsprechen einem verdünnend wirkenden Luftüberschuß von $4{,}8 \cdot 2{,}7 = 12{,}96$ Proz. Ohne diesen Luftüberschuß würden $100 - 12{,}96 = 87{,}04$ Proz. Gase zur Analyse kommen, deren Gehalt dann an Kohlensäure $\frac{100 \cdot 33{,}4}{87{,}04} = 38{,}4$ Vol.-Proz.

wäre. Nach der Fig. 48 entspricht dies einem Gesamtkohlenstoffaufwand von etwa 9 kg, während man mit 8,92 kg Koks also doch höchstens 8 kg Kohlenstoff auskommen will. Etwas in diesen Angaben stimmt also nicht; jedenfalls der Koksverbrauch. Diese Zahlen kann man nun auch aus der Fig. 49 unmittelbar ablesen. Unten in der Wagerechten ist der Raumprozentgehalt an Kohlensäure in den Gasen eingetragen. Ich suche die Senkrechte, die den in der Analyse gefundenen Gehalt von 33,4 Proz. angibt, und gehe so weit in die Höhe, bis ich auf die geneigt nach rechts gehende Kurve treffe, die dem vorhandenen Sauerstoffüberschuß von 2,7 Proz. entspricht. Diese liegt zwischen der für 3 bis 2,5 Proz. O. Dort wo der Schnittpunkt ist, in diesem Falle bei „*a*", treffe ich die Wagerechte, die den Kohlenstoffzusatz angibt, und zwar hier mit 9 Proz.

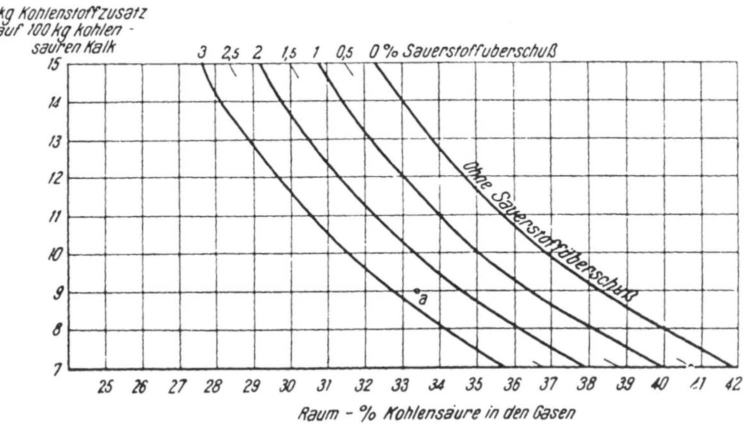

Fig. 49. Einfluß des Sauerstoffüberschusses auf den Kohlensäuregehalt der Kalkofengase.

Bei Berücksichtigung der auf den CO_2-Gehalt verdünnend einwirkenden Gase ist es natürlich gleichgültig, ob es sich um Sauerstoff bzw. Luftüberschuß handelt oder andere Gase wie SO_2 u. dgl. Der analytisch bestimmte Gehalt an solchen Gasen ist, wie oben beim Luftüberschuß angegeben, zu berücksichtigen, indem man die Gesamtprozentmenge zusammengezählt in Rechnung stellt.

Während beim gewöhnlichen Kalkbrennen an und für sich kein besonderer Wert auf an Kohlensäure reiche Abgase gelegt wird und solche nur den geringen Brennstoffverbrauch beweisen, so wird meistens dort, wo die Gase weitere Verwendung finden sollen, ein möglichst kohlensäurereiches Gas gewünscht.

Für die Sodaerzeugung sind hochprozentige Gase erwünscht. Die Gasmenge wird dann kleiner und der zu ihrer Förderung notwendige Kraftverbrauch sowie die Fördereinrichtungen (Pumpen) und die Rohrleitungen. Nach *Schreib* entweichen aus den Fällern der Sodafabriken die Gase mit noch 2 bis 5 Proz. CO_2. Je höherprozentig nun die zugeführten Gase, um so geringer deren Menge und die der entweichenden, nicht absorbierten Gase. Um so geringer ist der Ammoniakverlust, denn die entweichenden Gase entführen immer noch Ammoniak.

In den Zuckerfabriken dient der gebrannte Kalk zum Scheiden der Verunreinigung vom Zuckersaft, und durch die Kohlensäure des Kalkofens wird dann der Kalk wieder als kohlensaurer Kalk aus dem Saft ausgefällt. Auch hier sind hochprozentige Gase erwünscht, weil dann die Fällung (Saturation) schneller erfolgt und die entweichenden Gase weniger Wärme dem heißen Saft entführen.

Aus der Fig. 48 sieht man, daß 100proz. Kohlensäuregas, also reine Kohlensäure dann erhalten wird, wenn der Brennstoffzusatz gleich Null wird. Das heißt, wenn die unmittelbare Vermischung der Brennstoffgase mit der Kalksteinkohlensäure vermieden wird. Dies würde erlangt werden, beim Kalkbrennen in Retorten, z. B. ähnlich den Gasretorten in Gasanstalten, wie es *Chr. Westphal*-Berlin in seiner D. R. P.-Anmeldung W. 39 224, Kl. 12i, vom 29. 2. 12 vorschlägt (Z. f. angew. Chem. 1913, S. 306). Er sieht eine stehende Retorte vor, die von außen geheizt wird, oben wird der Kalk oder Magnesit eingeführt, unten durch eine möglichst dichtschließende Schnecke abgezogen. Um aber mit Sicherheit von Luft freie CO_2 abzuziehen, sieht er ein Gasabzugsrohr vor, das bis in die Mitte der Retorte reicht und die CO_2 unmittelbar an ihrem Entstehungspunkte absaugt.

Aus dem durch die Gasanalyse festgestellten Kohlensäuregehalt kann man allein noch nicht schließen, wieviel Kohlensäure aus den Steinen und wieviel aus dem Brennstoff stammt. Wohl kann man aber aus dem Stickstoffgehalt die aus dem Brennstoff stammende CO_2 bestimmen, denn diese ist allein gebildet aus dem verbrannten Kohlenstoff und der verbrannten Luft. Als unverbrannter Stoff verbleibt in den Gasen der Stickstoff. Bei der Gasanalyse wird die Kohlensäure durch Absorption in Kalilauge aufgefangen, schwere Kohlenwasserstoffe durch Schwefelsäure, dann Sauerstoff durch Phosphor und schließlich das nicht vorhanden sein sollende Kohlenoxyd durch Kupferchlorür. Als unabsorbierter Rest entweicht Stickstoff.

Es ergab sich nach der Analyse:

$$\begin{aligned} CO_2 &= 36 \text{ Proz.} \\ O &= 2 \text{ ,,} \\ CO &= \underline{0{,}0 \text{ ,,}} \\ & 38 \text{ Proz.} \end{aligned}$$

Dann muß der Rest aus 100 — 38 = 62 Proz. N bestehen. Diese 62 Proz. N entsprechen:

$$\frac{21}{79} \cdot 62 = 16{,}5 \text{ Proz. O}.$$

Für die Kohlensäurebildung verbleiben 16,5 — 2 = 14,5 Proz. O, aus denen ebenfalls diese Menge CO_2 entsteht, so daß aus dem Kalkstein 36 — 14,5 = 21,5 Proz. CO_2 stammen.

Bei der üblichen Art der Gasanalyse wird zuerst die Kohlensäure durch Kalilauge aufgenommen und so gemessen. Gleichzeitig nimmt aber die Kalilauge den Wasserdampf auf, der somit als Kohlensäure gemessen wird. Der wirkliche Kohlensäuregehalt ist im Gase also kleiner als wie er auf diese Weise gemessen wird. Um diese Fehlerquelle wenigstens auszugleichen, sorgt man dafür, daß die Gasuntersuchung immer bei möglichst gleicher Raumtemperatur erfolgt und leitet das Gas vor dem Eintritt in das Ätzkalimeßrohr durch Wasser, um zuviel Wasser zu entfernen, oder um trockene Gase auf die gewöhnliche Feuchtigkeit zu bringen. Die Analyse ergibt dann für die laufende Betriebskontrolle genügend miteinander vergleichbare Werte. Bei dieser Untersuchungsart entgeht uns die wirkliche Bestimmung des Wasserdampfes in den Gasen, der bei ungenügender Abkühlung im Waschkühler doch recht bedeutend werden kann, wie wir noch später sehen werden, z. B. bei 60° sind nach Tabelle XII S. 179 in 0,97 cbm Gas 0,97 — 0,78 = 0,19 cbm Wasserdampf oder etwa 19 Proz. enthalten. Darauf möchte ich hier nochmals hingewiesen haben, weil man häufig durch die Beurteilung der in üblicher Weise gewonnenen Gasanalysen zu falschen Schlüssen kommen kann. Will man den Wassergehalt der Gase richtig bestimmen, dann muß man vor der Bestimmung der Kohlensäure das Gas (nachdem es ein Wattefilter zwecks Rückhaltung mechanischer Verunreinigungen durchflossen hat) durch ein Chlorcalciumröhrchen leiten. Das Chlorcalcium nimmt die Feuchtigkeit auf, und die Gewichtszunahme ergibt das Wassergewicht der durchgeleiteten Gasmenge.

Bei den Analysen darf man nicht außer acht lassen, daß in den Kalkofengasen außer den durch die Verbrennung des Brennstoffes entstandenen, wie Kohlensäure, Kohlenoxyd, schweflige Säure, alle durch die Verbrennungsluft eingeführten selteneren Gase wieder zu treffen sind, wie z. B. Argon, und daß auch aus manchen Kalksteinen nicht nur reine Kohlensäure frei wird. *A. Lidoff* (Gornosawodskoje Djelo 1916, S. 13 671; Chem.-Ztg. 1916, S. 396) ist der Ansicht, daß sich Oxymonocyan als Begleiter der Kohlensäure in vielen Kalksteinen befinde, die im Laufe von vielen tausend Jahren die Kohlensäure aus der Luft und dem Wasser aufgenommen haben. Um diese Annahme zu prüfen, wurde eine Anzahl von Gewichtsbestimmungen des Kohlensäuregases ausgeführt, sowohl aus Kalksteinen mit scharf ausgeprägter Kristallstruktur, wie isländischer Kalkspat, Calcit und Aragonit, als auch aus den Kalksteinen von schiefriger, erdiger usw. Struktur, wie Kreide, Tuff, Muschelkalk, Mergel, Dolomitkalk usw. Es wurden dabei für das Gewicht der aus verschiedenen Karbonaten erhaltenen Kohlensäure, die selbstverständlich auf ihre Reinheit geprüft wurde, verschiedene Zahlen erhalten. In einigen Fällen wurde neben der Kohlensäure auch Phosphorsäure und außerdem noch ein Gas (bis zu 1,5%), das in Kalilauge nicht löslich war, festgestellt. Das Gewicht von 1 cbm Gas aus 13 Proben Calcit und Kalkspaten vom Ural und vom Kaukasus betrug bei 0° und 760 mm Barometerstand 1,888—1,934, im Mittel 1,9125, während chemisch reine Kohlensäure bei 0° und 760 mm 1,965 wiegt. Das Gewicht des aus 3 Proben uralischem Aragonit erhaltenen Gases wurde zu 1,9513 ermittelt. Bei 8 Bestimmungen der Kohlensäure aus Marmor wurde 1,9318 gefunden. Beinahe dasselbe Gewicht, 1,9343, hat auch das Gas aus Lithographenstein, Dolomitkalk, Muschelkalk und Fusulinkalk. Anderseits wurde das Gewicht des Gases aus Kreide, Tuff und Mergel im Mittel zu 1,9529 gefunden. Aus Untersuchungen folgt, daß 1. das Gewicht des aus natürlichen Kalksteinen erhaltenen Gases nicht immer dem Gewicht der Kohlensäure gleich ist, woraus zu schließen ist, daß 2. in vielen Kalksteinen neben der Kohlensäure eine mehr oder weniger große Menge eines Analogon von CO_2, des Oxans, enthalten ist, dessen Litergewicht bei 0° und 760° 1,875 beträgt.

38. Der Sauerstoffüberschuß in den Kalkofengasen.

Da nichts vollkommen ist, nichts genau so bis zur Endgrenze verläuft, wie es die theoretische Rechnung erwarten läßt, sondern der ideale Endzustand nur unvollkommen und je mehr man sich ihm nähert, um so langsamer verläuft, so muß man auch bei der Verbrennung einen Luftüberschuß anwenden. Um, wie schon früher gesagt, alles Kohlenoxyd zu verbrennen, zu Kohlensäure, und um die Verbrennung mit genügender Geschwindigkeit zu Ende zu führen.

Dieser Sauerstoffüberschuß und da im allgemeinen der Brennstelle dieser durch Luft zugeführt wird, also auch der Luftüberschuß, ist bei den verschiedenen Feuerungen recht verschieden.

Beim Dampfkessel, wo, wie schon gelegentlich der Bestimmung der Kokskorngröße gesagt, ungünstigere Verhältnisse vorherrschen, muß man eine ganz bedeutend größere Luftmenge zuführen, um vollständige Verbrennung zu erzielen. Man wendet gegenüber der theoretisch notwendigen das 1,3- bis 2fache an, was einem freien Überschuß von etwa 5 bis 10 Proz. O entspricht. Unterschreitet man diesen Luft- bzw. Sauerstoffüberschuß, dann erfolgt unvollkommene Verbrennung, und Kohlenoxyd findet sich in den Abgasen vor.

In *Haiers* Werk über Dampfkesselfeuerungen findet man einige gute Zahlentafeln über Feuerungsuntersuchungen, die er an einem Zweiflammrohrkessel mit 73 qm Heizfläche anstellte. Versuche (1906, Zahlentafel 9) werden mit Magerkohle ausgeführt und die Zusammensetzung der Heizgase am Flammrohrende bestimmt.

CO_2 . . . . . . Proz.	14,21	12,58	12,47	12,18	9,91	9,15
CO . . . . . . „	0,18	0,04	0,04	0,02	0,00	0,00
O . . . . . . „	5,00	6,56	6,69	7,36	9,94	14,45
Luftüberschuß . cbm	1,3	1,49	1,51	1,55	1,9	2,06

Sowie in den Gasen 10 Proz. freier Sauerstoff vorhanden war, verbrannte sofort alles Kohlenoxyd. Hier handelt es sich um Magerkohle, mit wenigen gasförmigen Stoffen. Je gasreicher eine Kohle, um so größer muß der Luftüberschuß sein, um in der dünnen Brennschicht alle Gase genügend mit Sauerstoff in Berührung zu bringen. Man sieht das deutlich aus weiteren Versuchen, die *Haier* im Jahre 1910 an demselben Zweiflammenrohrkessel, aber mit englischer Gaskohle, vornahm, die 30 bis 35 Proz. flüchtige Bestandteile enthielt. Die Gase wurden am Flammrohrende und am Kesselende untersucht, und habe ich diese beiden Zahlen zwecks besserer Beurteilung gleich nebeneinander gestellt, durch einen Querstrich getrennt.

CO_2 . . . . Proz.	10,2/9,03	6,71/6,15	14,95/13,19	14,48/12,7	11,72/10,94
CO . . . . „	0,1/0,09	0,06/0,05	2,28/2,02	1,61/1,41	0,11/0,1
O . . . . „	9,15/10,04	13,37/14,44	2,73/4,1	3,59/4,77	7,61/9,07
H_2 . . . . „	0,02	0,03	1,06	0,76	0,00
stündlich verbrannte Kohlenmenge . . kg	196	235	352	341	336
Luftüberschuß . . . cbm	12,39	19,17	7,13	7,84	10,96

Am Flammrohrende betrug die Temperatur 650 bis 800°.

Man sieht aus dieser Zahlentafel, daß auch bei großem Sauerstoffüberschuß nur schwer alles Kohlenoxyd vollständig zu verbrennen ist, denn auch bei 13,37 Proz. O findet sich immer noch 0,06 Proz. CO vor. Dies zeigt, daß man auch zur Erzeugung CO-freier Saturationsgase möglichst gasarme Brennstoffe, also am besten Koks, verwenden sollte. Ich habe hier auch den Sauerstoff- und Kohlenoxydgehalt angeführt, wie er sich am Kesselende vorfindet. Man sieht, daß der Sauerstoffgehalt stets zugenommen hat durch nachträglich eintreffende Luft, die auf die Verbrennung selbst gar keinen Einfluß ausüben kann, wie im Kalkofen dies für die zu spät eingetretene Luft auch der Fall ist. Wenn auch am Flammrohrende eine Temperatur von 650 bis 800° herrschte, so genügte diese nicht mehr, um den freien Sauerstoff mit dem Kohlenoxyd zu verbinden unter Wärmeerzeugung. Deshalb verminderte sich auch der Kohlenoxydgehalt am Flammrohrende bis zum Kesselende so gut wie gar nicht. Also auch im Kalkofen wird man hinter der Brennzone, auf dem langen Wege bis zur Verwendungsstelle trotz nachträglich zutretendem Überschuß von Sauerstoff, auf eine Verminderung des einmal vorhandenen Kohlenoxyds nicht rechnen können.

H. Seger veröffentlichte Versuche an einem Kalkringofen (Dinglers Polytechn. Journ. 1876, S. 224), in dem mittels Senftenberger Förderkohle Rüdersdorfer Muschelkalk gebrannt wurde.

Zusammensetzung der Gase 10 cm über der Ofensohle in Proz.:

Kohlensäure	9,2	17,3	15,3	13,0	18,1	27,7	24,6
Sauerstoff	10,9	6,5	8,2	8,3	8,1	2,9	0,0
Kohlenoxyd	0	0	0	0	0	0	2,0
Stickstoff	80,5	76,0	74,0	76,1	74,0	64,5	73,0

Deutlich sieht man hier, daß auch im Kalkringofen mit dem Mangel an überschüssigem Sauerstoff sofort Kohlenoxyd auftritt.

Über Versuche am *Neumann*schen Kalkofen mit Generatorgasfeuerung berichtet *A. Stein*, Zeitz, in der Zeitschrift d. V. d. d. Zuckerindustrie 1896, S. 253, auf die hingewiesen sei. Er stellte z. B. fest, daß nach dem Beschicken der Generatoren die CO_2 in den Gasen stieg, später sank der Sauerstoffgehalt (weil sich der Generator allmählich verstopft, verschlackt) und Kohlenoxyd wird gebildet.

7 Uhr 30′	CO_2 = 35,6	O = 1,7	CO = 0,0
45′	35,8	1,4	0,2
8 Uhr 15′	31,0	1,7	0,0
30′	31,5	1,4	0,2
45′	31,0	1,0	0,2
00.	33,5	0,5	0,8
9 Uhr 15′	31,3	0,6	0,8
30′	30,3	0,7	1,0
45′	28,9	0,8	0,6

Es wurden auf 100 kg Kalksteine 14,89 kg Braunkohle verbrannt.

Der Zusammenhang zwischen Luftüberschuß und Sauerstoff in den Rauchgasen ergibt sich einfach nach folgender Erwägung:

100 kg Luft enthalten 23,23 kg Sauerstoff, oder da 100 kg Luft bei 17° einen Raum von $\frac{1,0}{1,217} = 0,822$ cbm einnehmen, und 23,23 kg Sauerstoff einen Raum von $\frac{23,23}{100 \cdot 1,35} = 0,172$ cbm, so enthält die Luft bei 17° $\frac{0,822}{0,172} \cdot 100$ $= 20,96$ Vol.-Proz. Sauerstoff.

Enthalten nun z. B. die abziehenden Gase noch 10,48 Vol.-Proz. O, so sind von den 20,96 Proz. insgesamt vorhandenen nur die Hälfte ausgenutzt, und man wendet $\frac{20,96}{20,96 - 10,48} = 2$ mal so viel Luft, als theoretisch erforderlich ist, an; man arbeitet mit dem zweifachen Luftüberschuß.

Man muß sagen, daß diese allgemein übliche Art kein recht klares Bild von dem Wirkungsgrad der Feuerung in bezug auf die Luftausnutzung gibt. Wenn mir jemand sagt, daß er mit dem 1,6fachen Luftüberschuß in seinen Dampfkesseln arbeitet, so weiß ich, daß dies eine den Erfahrungen nach günstige Zahl ist; aber sie sagt es mir nicht klar, es kommt nicht zum rechten Bewußtsein, wie weit er nun eigentlich die Luft ausnutzt, wie sparsam er damit umgeht. Deutlicher wäre es, doch zu sagen, er nutzt 10,48 Raumprozente oder vom vorhandenen Sauerstoff $\frac{20,96 - 10,48}{20,96} \cdot 100 = 50$ Proz. aus.

Sagt mir dann jemand, seine Gase enthalten 3,494 Proz. O, dann nutzt er den Luftsauerstoff mit $100 \cdot \frac{20,96 - 3,494}{20,96} = 83,3$ Proz. aus, was mir doch recht deutlich seine gute Anlage vor Augen führt, als wenn er sagt, der Luftüberschuß beträgt 1,25.

Tabelle X.

Zusammenhang zwischen dem freien Sauerstoffgehalt der Abgase, dem Luftüberschuß sowie Ausnützungsgrad der Verbrennungsluft.

Raum-Proz. Sauerstoff in den Abgasen	1	2	3	4	5	6	7	8	9	10	11	12
Vielfache der theoretischen Luftmenge	1,05	1,11	1,17	1,24	1,32	1,40	1,50	1,62	1,75	1,91	2,1	2,34
Ausnützungsgrad der Verbrennungsluft in Proz.	95	90	86	81	76	71	66	62	57	52	47.5	43

Die obige Tabelle habe ich berechnet, weil an Hand dieser der Zusammenhang zwischen Sauerstoffgehalt der Abgase, Luftüberschuß und Ausnützungsgrad der Verbrennungsluft am besten Klarheit geschaffen wird. Man kann an Hand dieser Tabelle die verschiedenen Angaben leicht vergleichen, was sonst erst durch eingehende Berechnung möglich ist. Erfahrungsgemäß kommt man bei den Schachtkalkofenabgasen mit einem Sauerstoffgehalt von 1 bis 2 Proz. gut aus.

Im Kalkringofen muß man einen viel höheren Luftüberschuß anwenden, um die Anfangstemperatur der Gase zu vermindern und um die Flammen in die Länge zu ziehen. Man arbeitet hier mit einem 5 bis 7fachen Luftüberschuß, also viel schlechter.

Die Abgase des Kalkofens bestehen aber nur zum Teil aus den Verbrennungsgasen, sie sind mit der aus dem Kalkstein freigewordenen Kohlensäure vermischt. In der Tabelle IX habe ich die Zusammensetzung der Gase bei dem verschiedenen Brennstoffverbrauch angegeben. Bei einem Aufwand von z. B. 9 kg C auf 100 kg Kalksteine enthalten die 110 cbm Kalkofengase außerdem 24 cbm Kalksteinkohlensäure, die verdünnend auf die Verbrennungsluft und auf den verbleibenden Sauerstoff wirken. Bei einem Sauerstoffgehalt von 2 Proz. in den Kalkofengasen bedeutet dies einen Luftüberschuß von $\frac{2 \cdot 100}{20} = 10$ Proz. und nehmen die Gase einen Raum von $\frac{110}{100 - 10} \cdot 10 = 12$ cbm ein. Es entweichen dann aus dem Ofen $110 + 12 = 122$ cbm, in denen die eigentlichen Verbrennungsgase $122 - 24 = 98$ cbm einnehmen. Ohne die verdünnend wirkende Kalksteinkohlensäure würden die 2 Proz. Sauerstoffüberschuß, in den Verbrennungsgasen allein einem Überschuß von $\frac{2 \cdot 122}{98} = 2{,}5$ Proz. entsprechen. Ob so oder so gerechnet, in jedem Falle wird die Verbrennungsluft im Schachtkalkofen mit 95 bis 88 Proz. ausgenutzt. Dagegen arbeitet man in den Dampfkesselfeuerungen mit einem Luftüberschuß von 1,5 bis 2,0 und mehr, nutzt also die Luft nur mit 60 bis 50 Proz. aus. Man arbeitet demnach im Schachtkalkofen viel wirtschaftlicher.

Man könnte solche günstige Ereignisse auch in der Dampfkesselfeuerung erzielen, wenn man mehrere Feuer hintereinanderschalten könnte, wenn man die Luft bis auf die Verbrennungstemperatur erhitzt unter den Rost führen würde, wie beim Kalkofen. So findet man immer bei der Berechnung und Beurteilung einer Einrichtung Ausblicke und Möglichkeiten für andere, die man vorher gar nicht vermuten konnte. Als dies schon gedruckt vor mir lag, erschienen in der Z. d. V. d. Ing. 1916, S. 877, von *Hilliger* Untersuchungen über die Wirkung von Einlagekörpern in den Rauchröhren von Lokomobilkesseln, die meine Vermutungen bestätigen. Es wurden in die Heizrohre eines *Wolf*schen Lokomobilkessels walnußgroße Schamottestücke eingelegt und der dadurch entstehende größere Widerstand gegen den Durchzug der Rauchgase durch einen Ventilator überwunden. Die Vollkommenheit der Verbrennung wurde durch die Einlagerung vorteilhaft beeinflußt. Durch die schlechte

Wärmeleitung dieser Einlegekörper entsteht eine gegen Wärmeabgabe an die Kesselwand geschützte Zone, die die Verbrennung schwerer Kohlenwasserstoffe einleitet und auch die Verbrennungsgase stark wirbelnd durchmischt. Es entsteht eine zweite Brennstelle, wie solche von der Kalkofenfüllung mehrfach hintereinander gebildet werden. Während der Sauerstoffgehalt der Rauchgase des Dampfkessels ohne Einlegekörper 9,2 Proz. betrug und der Luftüberschuß das 1,73fache, so sank er bei den Versuchen mit Einlegekörpern auf 1,5 bis 2,0 Proz. Sauerstoff (wie im Kalkofen) und einem Luftüberschuß von 1,07 bis 1,09. Wollte man beim Versuch ohne Einlegekörper mit einem geringeren Luftüberschuß auskommen, so enthielten die Gase CO.

Aber auch der im Kalkofen noch notwendige geringe Sauerstoffüberschuß von 1 bis 2 Proz. bedeutet ein nutzloses Durchjagen der entsprechenden Luftmenge durch den Ofen, die mit hoher Temperatur abzieht und so nutzlos dem Ofen Wärme entführt. Man wird den Luftüberschuß und damit diesen Wärmeverlust möglichst einzuschränken suchen auf obige 1 bis 2 Proz., bei denen Kohlenoxyd nicht mehr entstehen kann.

Hat man aber in den Abgasen des Kalkofens 2 bis 3 Proz. freien Sauerstoff und trotzdem noch Kohlenoxyd, so ist dies ein Zeichen dafür, daß dieser Sauerstoffüberschuß nicht durch die Brennzone gegangen ist, nicht unter solcher Temperatur mit den Verbrennungsgasen in Berührung war, bei denen er mit dem Kohlenoxyd zu Kohlensäure verbrennen konnte. Man muß dann prüfen, an welcher Stelle die Luft nachträglich zu den Ofengasen gedrungen ist. Diese Stellen muß man abdichten. Wenn diese nachträglich eintretende Luft auch nicht unbedingt schädlich wirkt, solange sie nicht die Saturationsgase unnötig verdünnt, so sollte man diese doch möglichst ausschließen, weil sie die Leistung der Kohlensäurepumpe vermindert und auch die Ergebnisse der Gasanalyse verschleiert. So sagten *Frühling* und *Schulz* in ihrer „Anleitung" bei der Untersuchung von Kalkofengasen in einem Beispiel: „Die Ablesungen ergaben 32,4 Proz. Kohlensäure, 1,3 Proz. Sauerstoff, bei Anwesenheit von freiem Sauerstoff konnte Kohlenoxyd nicht vorhanden sein, also 0,0 Proz. Kohlenoxyd." Sie haben ganz vergessen, daß irgendwo kalte Luft eintreten könnte, daß dann bei freiem Sauerstoff auch Kohlenoxyd anwesend sein kann. Daraus erklärt sich auch die schon erwähnte Meinung, die man häufig hört, daß auch bei großem O-Überschuß CO im Kalkofen nicht zu vermeiden ist. Solche sollten alle Stellen, von der Brennzone bis zum Druckrohr der Kohlensäurepumpe, in denen Unterdruck gegenüber der äußeren Atmosphäre herrscht, auf ihre Dichtigkeit untersuchen, weil durch den äußeren Überdruck hier kalte Luft eintreten kann. Solche sollten prüfen, ob die Beobachtungslöcher am Ofen gut schließen, ob die Gichtglocke gut abdichtet, der Schornstein geschlossen ist, die CO_2-Leitung dicht ist und und auch der Wäscher. Ob auch die Stopfbüchse der CO_2-Pumpe dichtet und ob nicht durch die Zylinderablaßhähne Luft angezogen wird. Ist hier dann alles dicht und so viel Luft mit der Pumpe durch den Ofen gezogen, daß noch 1 bis 2 Proz. O Überschuß vorhanden, dann wird auch alles Kohlenoxyd verschwinden.

Daß die Vorrichtung zur Gasanalyse in sich gut gasdicht sein muß (dichte Schläuche, gut mit Vaseline eingefettete Hähne), damit während der Analyse ein Teil der noch nicht absorbierten Gase nicht entweicht und das Ergebnis fälscht, sei hier nur nebenbei betont.

Um die Leistungsfähigkeit eines zu großen Kalkofens zu verringern, darf man die Luftmenge nicht beliebig vermindern, denn der Koks brennt an seiner Oberfläche mit einer gewissen Geschwindigkeit ab, ein Quadratmeter Fläche verbrennt stündlich eine bestimmte Menge Koks, die auch die für die vollständige Verbrennung notwendige Luft vorfinden muß. Schon früher habe ich auf die Koksmenge hingewiesen, die jeder Quadratmeter Oberfläche verbrennt. Daraus ergibt sich auch, daß man für 1 qm Koksoberfläche eine bestimmte Luftmenge zuführen muß, zwecks gleichmäßiger ungestörter Verbrennung. So hat *W. Wielandt* (Journ. f. Gasbel. 1903, S. 201) Versuche in einem Ofen von 22 cm Höhe und 11 cm Durchmesser angestellt, über die Verbrennung von Koks mit Korndurchmessern von 12 bis 25 mm, bei Temperaturen von 1500 bis 1700°. Einige Ergebnisse habe ich in der nebenstehenden Tabelle XI zusammengestellt und dazu noch die gesamte Koksoberfläche und die Luftmenge berechnet, die er für je 1 qm Koksoberfläche in der Stunde anwandte. Bei 12-mm-Koksstücken scheint schon der Koks zu dicht zu liegen, die Werte sind nicht mehr zuverlässig, es kann scheinbar gar nicht genügend Luft bzw. Sauerstoff durch die engen Spalten dringen.

Tabelle XI. Koksverbrennungsversuche in einem Ofen von 22 cm Höhe und 11 cm Durchmesser.

Kokskorngröße . . . . ∅ mm	12	12	12	15	15	15	15	15	25	25	25
CO_2 . . . . Proz.	13,42	11,17	16,0	19,54	17,00	12,29	18,97	12,6	13,6	16	17,5
O_2 . . . . „	—	—	—	0,23	0,23	8,16	0,59	1,17	6,98	3,91	0,98
CO . . . . „	9,56	15,42	6,3	1,26	5,8	0,03	0,93	11,06	—	0,08	0,26
Luftmenge . . . . Ltr/Min.	25	25	62	42	48	52	52	52	50	50	50
Geschwindigkeit . . . . . . cm/Sek.	4,4	4,4	10,9	7,4	8,4	9,1	9,1	9,1	8,7	8,7	8,7
Schichthöhe . . . . cm	3,5	15,5	3,5	5,5	10,5	1,5	4,5	9	14,5	17	19,5
Berührungszeit . . . . Sek.	0,8	3,54	0,32	0,75	1,25	0,16	0,49	0,99	1,66	1,94	2,23
Inhalt des vom Koks eingenommenen Raumes = Schichthöhe · 0,95 = J . . . Ltr.	0,3325	1,4725	0,3325	0,5225	0,9975	0,1425	0,4275	0,855	1,3775	1,615	1,8525
Oberfläche aller Kokskugeln $O = 4{,}44 \cdot \frac{J}{d \cdot 1000} =$ . . . qm	0,123	0,545	0,123	0,155	0,295	0,042	0,126	0,252	0,245	0,287	0,23
Luftmenge pro Stunde . . . . . cbm	1,5	1,5	3,72	2,72	2,88	3,12	3,12	3,12	3,0	3,0	3,0
Luftmenge pro qm Koksoberfläche und Std.	12,2	2,8	30,3	17,4	9,8	74	25	12,3	12,3	10,4	9,1

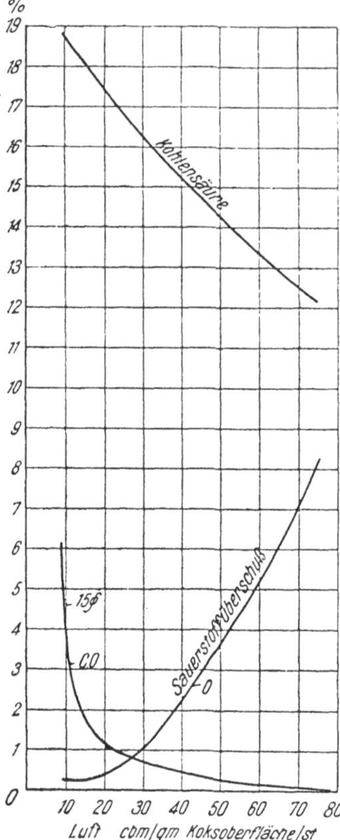

Fig. 50. *Wieland*scher Versuch der Koksverbrennung.

Bei 15 mm Koksdurchmesser erkennt man schon große Gleichmäßigkeit, die noch besser in der Fig. 50 zu erkennen ist. Mit dem Steigen des Sauerstoffs, also mit der größeren Luftzufuhrmenge sinkt der Kohlenoxydgehalt.

Man kann also nicht wirtschaftlich etwa den Kalkofen zum langsameren Brennen bringen, zur geringeren Kalkerzeugung zwingen, durch weniger Luftzufuhr, durch Luftmangel, denn dann würde noch fast ebensoviel Koks verbraucht, indem nur ein Teil verbrennt, der andere vergast, unter Bildung schlechter Gase. Will man den Ofenbrand vermindern, dann muß man größere Koksstücke einfüllen, damit kleine Verbrennungsoberflächen zur Verfügung stehen. Dadurch kann weniger Koks in der Stunde verbrennen und so auch weniger Wärme erzeugt werden, wie ich dies schon bei der Kokskorngröße näher angegeben habe. Umgekehrt kann man den Ofen zum lebhafteren Brennen bringen durch stärkere Luftzufuhr, durch größeren Luftüberschuß. Dann nimmt die Gasgeschwindigkeit zu und die anfängliche Sauerstoffdichte der Frischluft sinkt gegen Ende der Brennzone nicht auf Null, sondern bleibt entsprechend höher. Nach den Formeln 24a bis 24b (S. 60) wird die Verbrennung lebhafter, also auch die Leistungsfähigkeit des Kalkofens größer. Größer aber auch der Brennstoffverbrauch entsprechend dem Luftüberschuß.

Allerdings gibt es Verfahren, wie z. B. das von *Chanze*, zur Gewinnung von Schwefel aus den Sodarückständen, bei denen das verwendete Kalkofengas frei von Sauerstoff sein muß. Nach *Chanze* werden die zerkleinerten Sodarückstände in hintereinander geschalteten Reihen von Zylindern mit hochprozentigen Kalkofengasen behandelt. Wobei folgende Umwandlung eintritt:

$$2\,CaS + 2\,H_2O + 2\,CO_2 = 2\,CaCO_3 + 2\,H_2S.$$

Es bildet sich aus dem CaS erst Calciumsulfhydrat, welches sich unter Schwefelwasserstoff-Entwicklung zersetzt, indem kohlensaurer Kalk zurückbleibt. Weiter wird dann H_2S in einem Schachtofen über glühendes Eisenoxyd (als Katalysator) geleitet, mit Luft gemischt, wobei vollständige Verbrennung zu Wasser und zu Schwefel erfolgt. Der Schwefel wird durch Abkühlung in Kammern abgefangen, und erscheint dies Verfahren, infolge des Mangels an Schwefeleinfuhr, zur Zeit größere Bedeutung zu gewinnen. Wichtig ist für uns, daß bei der Bildung des H_2S die verwendeten Kalkofengase frei von Sauerstoff sein müssen, da sich dieser sonst mit dem Schwefel oxydiert zu SO_2 und somit für die Gewinnung von Schwefel verlorengeht. Beim *Chanze*-Verfahren wird man deshalb jeden Luftüberschuß vermeiden und sogar lieber mit Luftmangel, also einem geringen Kohlenoxydgehalt, arbeiten, weil der damit vermiedene Verlust des teuren Schwefels den Verlust an billigerem Brennstoff reichlich aufwiegt.

39. Das Kohlenoxyd in den Kalkofengasen.

Während bei der Verbrennung des Kohlenstoffes zu Kohlensäure 8080 WE frei werden und für das Kalkbrennen zur Verfügung stehen, werden bei der Verbrennung des Kohlenstoffes zu Kohlenoxyd nur 2473 WE frei. Dies ist bedeutend weniger, so daß schon ohne weitere Rechnung es einleuchten dürfte, für möglichst vollkommene Verbrennung des C zu CO_2 und nicht nur zu CO zu sorgen. Erfolgt die Verbrennung des Brennstoffes nur bis zum Kohlenoxyd, dann ist die $\frac{8080}{2473} = 3{,}2$fache Menge notwendig.

Man sollte deshalb unbedingt das Vorhandensein an CO in den Kalkofengasen vermeiden, denn damit ist nicht nur der vorerwähnte Brennstoffverlust verbunden, sondern die Kalkofengase mit ihrem Gehalt an Kohlenoxyd können bei der Weiterverwendung zur Sättigung (Saturation) noch zu Schwierigkeiten Veranlassung geben. Bei größerem CO-Gehalt wird die Sättigung, z. B. in Zuckerfabriken, schwierig, es fällt kein körniger, absetzbarer Schlamm aus, sondern er bleibt teilweise schmierig, eine langsame Filtration verursachend.

Für eine gute, vollkommene Verbrennung gilt unbedingt als Hauptregel: für jede Feuerung die rechtzeitige Zuführung der erforderlichen Luft, also des erforderlichen Sauerstoffes. Jedes C-und CO-Teilchen muß im richtigen Augenblick die notwendige Luft zur Bildung von CO_2 vorfinden. Diese entstandene Kohlensäure kann nun entweder unmittelbar entweichen oder sie trifft wieder mit glühenden Brennstoffschichten zusammen, wobei sie sich wieder zurück in CO verwandelt:

$$O_2 + C = 2\,CO\,.$$

Kommt das wieder entstandene CO bei genügend hoher Temperatur wieder mit Sauerstoff zusammen, so wird es wieder zu CO_2 verbrannt; ist dabei aber die hohe Temperatur nicht vorhanden, dann entweicht das Kohlenoxyd unverbrannt mit den abziehenden Gasen. Es genügt also nicht, nur dafür zu sorgen, daß das CO den notwendigen Sauerstoff vorfindet, sondern daß dieser auch dort zur Verfügung steht, bei der noch die zur Verbrennung notwendige Temperatur herrscht. Wird das Gasluftgemisch vor der vollendeten Verbrennung unter die Entzündungstemperatur abgekühlt, so bleibt die Verbrennung unvollständig. Es ist also damit, daß in den abziehenden Ofengasen hinter der Kohlensäurepumpe, wo die Probenahme meistens geschieht, Sauerstoff festgestellt wurde, noch gar nicht bewiesen, daß dieser dort festgestellte Luft- bzw. Sauerstoffüberschuß auch wirklich in der Verbrennungszone zur Verfügung steht. Alle Luft, die hinter dieser Zone eintritt, durch Undichtigkeit des Mantels der Vorwärmezone, der Schaulöcher, des Gichtverschlusses, der

Kohlensäureleitungen, der Stopfbüchsen und Ablaßhähne der Gaspumpe, hat ihren Zweck verfehlt. Nützlich kann für die Verbrennung nur die Luft wirken, die unterhalb der Brennzone eintritt.

Dieser Vorgang der Rückbildung an den glühenden Brennstoffschichten kann sich natürlich im Kalkofen mehrmals wiederholen. Die Entzündungstemperatur des CO ist niedrig, es wird leicht verbrennen, wenn noch freier Sauerstoff vorhanden ist, doch für uns wirkt nur die Verbrennung nützlich, die in der Kalkbrennzone selbst erfolgte, also bei Temperaturen über 856°.

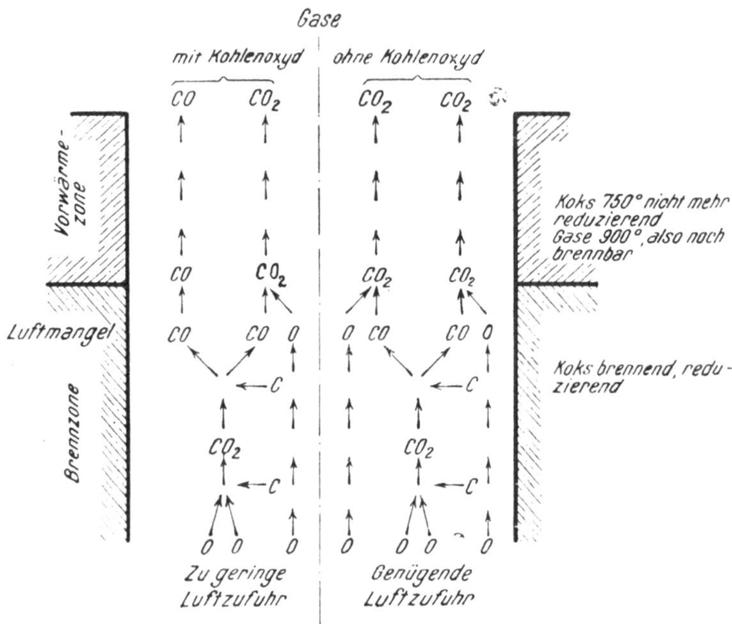

Fig. 51. Einfluß der Luft auf den Kohlenoxydgehalt in den Abgasen.

Wie die nebenstehende Fig. 51 zeigt, hat am Anfang der Brennzone die Gicht (Steine und Koks) eine Temperatur von 856° und die abziehenden Gase haben eine solche von vielleicht 1000°. Die Kohlensäure wird deshalb am glühenden Koks teilweise reduziert zu CO. Befindet sich dann in den Gasen noch freier Luftsauerstoff, so wird dieses rückgebildete Kohlenoxyd bei der hier herrschenden hohen Temperatur wieder zu Kohlensäure verbrennen. Dabei sind die Gase bis zu einer Zone gestiegen, in der die Gicht eine Temperatur von nur noch 750° besitzt. Bei dieser Temperatur ist aber die Einstellgeschwindigkeit des Gleichgewichtes:

$$2\,CO \rightleftarrows CO_2 + C$$

schon fast 0 nach den Untersuchungen von *Rhead* und *Wheeler* (J. Chem. Soc. 101, I. S. 831ff.). Es kann sich CO_2 nicht mehr zurückverwandeln und die abziehenden Gase bleiben frei von Kohlenoxyd, solange hinter der Brennzone noch freier Sauerstoff zur Verfügung ist.

Ist er nicht vorhanden, so entweicht aus der Brennzone CO, wie ich dies in der Fig. 51 auf der linken Seite angedeutet habe.

Diese Rückwandlung der CO_2 zu CO kann natürlich nur durch gasförmigen C, also durch glühenden Kohlenstoff, erfolgen, und nimmt somit diese Rückbildung die hierfür notwendige Wärme direkt aus den Verbrennungsgasen auf, nach der Gleichung $C + CO_2 = 2CO - 38250$ WE. Die auf Seite 65 erwähnte thermochemische Formel geht mit dieser über zu

$$(C + O_2 + 96\,960) + C - 38\,250 = 2CO + 58\,710 \text{ WE},$$

d. h. 2 Mol. C geben bei der Verbrennung zu Kohlenoxyd 58 710 WE frei, demnach 1 kg C $\frac{58\,710}{2 \cdot 12} = 2456$ WE. Von den durch die Verbrennung von 1 kg C freigewordenen 8080 WE werden dann von den Gasen wieder $8080 - 2456 = 5624$ WE aus den Gasen aufgenommen, so daß wie gesagt, nur noch 2456 WE nutzbar bleiben von der Verbrennung des C zu CO. Diese Rücknahme der 5624 WE verursacht natürlich eine bedeutende Abkühlung der Abgase, man kann nicht mehr von einer Verbrennung, sondern von einer Vergasung sprechen, indem aus der unverbrennbaren Kohlensäure und dem Zutritt von C sich ein brennbares Gas, das Kohlenoxyd, bildet.

Enthalten die abziehenden Gase z. B. 2 Proz. CO, dann sind etwa 1,4 kg C nur zu CO verbrannt und hierfür $1{,}4 \cdot 5624 = 7874$ WE den Abgasen wieder entzogen. Da die den Idealofen verlassenden Gase, nach meiner Berechnung (S. 69), sonst 20 779 WE besitzen bei einer Temperatur von etwa 550°, so werden sie dann nur noch $20\,779 - 7873 = 12\,906$ WE enthalten oder etwa 40 Proz. weniger. Ihre Temperatur wird sich um 40 Proz., auf etwa 330°, erniedrigen. Je mehr Kohlenoxyd in den Gasen, um so stärker der Wärmeverbrauch für seine Bildung und um so kälter ziehen die Gase ab. Kalte Gase sind also auch in diesem Falle ein Zeichen für ein schlechtes Arbeiten des Kalkofens.

Die Fig. 20 (S. 87), die zur Klärung der Höchsttemperatur diente, gestattet auch hier guten Einblick. Ist zu wenig Luft vorhanden, so ist diese schon vor der Zone 10 verbrannt, z. B. zwischen 8 bis 9, wie dies die Linie *h*—*i* andeutet. Von *i*—*k* war noch genügend Luft zur Verbrennung vorhanden. Im Punkt *k* ist alle Luft verbraucht und nun beginnt von *k*—*h* die Verbrennung nur bis zum CO. *k*—*h*—*l* stellt die dann an den betreffenden Stellen vorhandene Kohlenoxydmenge dar.

Solche nicht vollendeten Vorgänge erzeugen häufig ganz verkehrte Vorstellungen, die sogar patentfähig sind, wie das D. R. P. 170 647 beweist. Statt die Kalkofengase durch richtige Handhabung frei von CO zu halten, sollen die Abgase nach diesem Patent dadurch nutzbar gemacht werden, daß man die kohlenoxydhaltigen Gase in einem Wassergasgenerator nutzbar macht. Auf diesem Umwege will man dann das Kohlenoxyd wieder durch Verbrennung nutzbar machen, statt es, wie es sich gehört, gleich im Kalkofen für vollkommene Verbrennung zu sorgen.

Die Ansicht, daß Kohlenoxyd in den Kalkofengasen überhaupt nicht zu vermeiden sei, ist somit nach obigem irrig. Solche Ansichten entstehen eben durch die Art der Probenahme, bei der man freien Sauerstoff in den Gasen vorfindet neben Kohlenoxyd. Der Sauerstoff ist zu spät zu den Gasen getreten, hinter der Brennzone, als sie schon zu weit abgekühlt waren, um mit dem Kohlenoxyd noch verbrennen zu können.

Auch geben die Analysen oft sich selbst widersprechende Ergebnisse, die mit der Ausführung der Analyse zusammenhängt. *Hempel* (Gasanalytische Methoden 1913) weißt auf die Unsicherheit hin, die in der Bestimmung des Kohlenoxyds liegt, weil Absorption fast stets mittelst Kupferchlorürlösung erfolgt. Diese Verbindung des CO mit Kupferchlorür ist eine sehr lockere, so daß leicht CO wieder an ein weniger Kohlenoxyd enthaltendes Gas als das vorher untersuchte, abgegeben wird. *Wencelius* (Stahl und Eisen 1902, S. 506): „Ich kann versichern, daß die erhaltenen Ergebnisse trotz 20 bis 40fancher Ablesung immer um 2 bis 4 Proz. zu niedrig sind. Die Absorption dieses Gases ist niemals vollständig, einerlei ob man die salzsaure oder ammoniakalische Lösung anwendet, und alle Analysen, die ohne Verbrennung nur mit 3 Glaspipetten ausgeführt worden sind, sind inbezug auf die Kohlenoxydbestimmung unrichtig.“

Natürlich genügt aber auch im Kalkofen nicht gerade die Zuführung des theoretisch notwendigen Sauerstoffes, sondern man muß auch hier einen gewissen Überschuß anwenden, um eine vollständige Verbrennung in einer entsprechend kurzen Zeit zu sichern, um die Kalkofengase frei von Kohlenoxyd zu gewinnen, wie ich dies schon angegeben habe.

Während beim gewöhnlichen Kalkofenbetrieb das Kohlenoxyd ganz verschwinden soll, kann man die Gase mit Kohlenoxyd anreichern, wie dies z. B. die *Fabrik elektrochemischer Produkte und komprimierter Gase in Wetzikon* (Schweiz) nach dem D. R. P. 133 091 vom 5. 6. 1901 anstrebt. Deren Verfahren dient zur Gewinnung der beim Kalkbrennen freiwerdenden Kohlensäure und deren Umwandlung zu Kohlenoxyd, um dies für technische Zwecke verwenden zu können, dadurch gekennzeichnet, daß die beim Kalkbrennen freiwerdende Kohlensäure gezwungen wird, durch einen im Ofen angebrachten Kohlenschacht abzuziehen.

40. Der Ofenzug.

Dem Ofen muß unten die Verbrennungsluft zugeführt, oben müssen die entstehenden Verbrennungsgase und die freiwerdende Kalksteinkohlensäure abgeführt werden. Beides soll mit solcher Geschwindigkeit geschehen, daß die Verbrennung in der gewünschten Weise aufrechterhalten wird. Dieser Gasbewegung durch den Ofen setzen sich Widerstände entgegen, die durch die Gasmenge und die Schachtfüllung hauptsächlich beeinflußt werden. Die Gasgewichte des Idealofens habe ich schon in der Fig. 47 gezeigt und auch später die Gasmengen angegeben, aber nur bei 20° Temperatur, also in dem Zustand, in dem sich die Kalkofengase nach dem Verlassen des Ofens, nach ihrer Abkühlung befinden. Auf dem Zuge durch den Ofen werden aber diese Gase verschiedenen Temperaturen ausgesetzt und dadurch ihre Raumbeanspruchung vermehrt. Vermehrt im Verhältnis der absoluten Temperaturen. Die dem Idealofen zuzuführenden $11{,}5 \cdot 7{,}83 = 90$ kg Luft nehmen bei 20° einen Raum von $\frac{90}{1{,}28} = 70$ cbm ein. Da sie sich durch die Kühlung des Kalkes auf etwa 450° erwärmt, so beträgt dann ihre Raumbeanspruchung:

$$70 \cdot \frac{(450 + 273)}{(273 + 20)} = 182 \text{ cbm}.$$

In dieser Weise habe ich die Raumbeanspruchungen aus den Gasgewichten der Fig. 47 berechnet und in der Fig. 52 zeichnerisch dargestellt. Die in die Kühlzone eintretenden 70 cbm dehnen sich durch die Erwärmung von 20 bis 450°, also auf 182 cbm aus, werden dann durch die einsetzende Verbrennung auf 856° erhitzt, also auf 289 cbm ausgedehnt, nehmen den Kohlenstoff und die Kalksteinkohlensäure auf, sich auf der Mitte der Brennzone vielleicht bis auf 1100° erhitzend, wie dies schon aus der Fig. 17 hervorging. Dabei nehmen die Gase einen Raum von etwa 440 cbm ein. Nach dem Anfang der Vorwärmezone zu sinkt die Temperatur auf 525° und der Raum der Gase wieder auf 270 cbm und so den Ofen verlassend. Im Ofen benehmen sich die Gase recht behäbig und raumbeanspruchend, denn nach der Abkühlung auf 20° nehmen sie nur noch etwa 99 cbm ein.

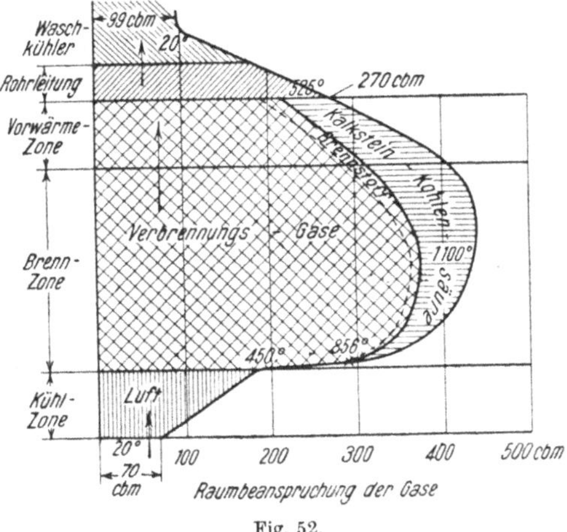

Fig. 52.

Mit größerem Brennstoffaufwand nehmen auch die Gasraumzahlen zu, gleichlaufend mit den Zahlen der Tabelle IX. Wende ich 11 kg Koks mit 10 kg Kohlenstoff an, dann nehmen die Gase von 99 auf 119,5 cbm zu; die Zahlen der Fig. 52 werden um etwa 20 Proz. größer.

Diese aufsteigenden Gase müssen sich durch die zwischen dem Kalk und Koks verbleibenden Zwischenräume hindurchzwängen. Wie groß ist nun der zur Verfügung stehende freie Querschnitt? Die Steine als Kugeln angenommen, so sind in dem Querschnitt $E = \frac{D^2\pi}{4}$ nach Fig. 23:

$$n = \frac{1{,}15 \cdot E}{d^2}. \tag{47}$$

Da der Querschnitt einer Kugel $\frac{d^2\pi}{4}$ ist, so verbleibt noch ein freier Querschnitt für den Gasdurchtritt von:

$$E_1 = E - n \cdot \frac{d^2\pi}{4} = E - \frac{1{,}15 \cdot E}{d^2} \cdot \frac{d^2\pi}{4} = 0{,}1\,E. \tag{48}$$

Er ist demnach nur $^1/_{10}$ des wirklichen Ofenquerschnittes. Man ersieht aber auch aus der Formel 48, daß dieser verbleibende Querschnitt unabhängig vom Durchmesser der Kugeln ist, also unabhängig von der Steingröße. Ob diese groß oder klein in den Ofen eingefüllt werden, immer verbleibt für den Gasdurchgang derselbe Querschnitt zur Verfügung. Es erscheint dies eigentlich dem Gefühl widersprechend, man glaubt, daß, weil bei kleineren Steinen die Kanäle abnehmen, auch die freien Querschnitte abnehmen. Doch auch die Kanalzahl nimmt zu, so daß, wie gesagt, der freie Querschnitt verbleibt. Wir haben schon in Abschnitt 35 gesehen, daß auch das Gewicht der eingefüllten Steine unabhängig von ihrer Größe ist.

Aber je kleiner die Kugeln, um so größer wird ihre Oberfläche, an der sich die vorbeiströmenden Gase reiben, um so häufiger werden die Gase von ihrer Richtung abgelenkt. Größere Reibungsoberflächen, kleinere Durchgangskanäle, häufigere Richtungswechsel verursachen größere Strömungswiderstände und erschweren die Gasströmung. Dabei ist die Gasströmung in den verschiedenen wagerechten Schichten nicht gleichmäßig, sie ändert sich mit der Raumbeanspruchung der Gase. Bei einem Idealofen, in dem 36 000 kg Steine täglich, also 0,416 kg sekundlich gebrannt werden, und der zylindrisch mit 2,2 m Durchmesser ausgeführt würde, ergeben sich die in der Fig. 53 gezeichneten Gasgeschwindigkeiten in dem freien Querschnitt $E_1 = 0{,}1\,E = 0{,}38$ qm. Dabei habe ich die Raumzahlen nach Fig. 52 hierfür benutzt. Beim Eintritt in die Kühlzone dieses zylindrischen Ofens hat die Luft in den freibleibenden Zwischenräumen eine Geschwindigkeit von 0,76 m, die auf 2 m steigt, in der Mitte der Brennzone bis 4,8 m zunimmt, um dann auf 3,15 m in der Sekunde zu fallen. Andere Ofenformen, größerer Brennstoffaufwand ändern natürlich diese Gasströmungszahlen.

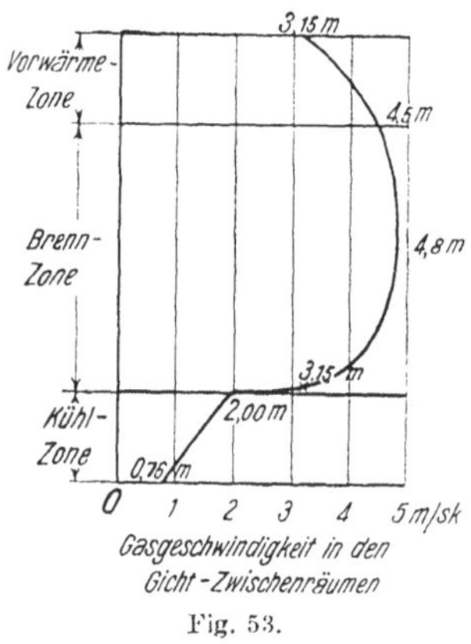

Fig. 53.

Zur Erzeugung der Gasgeschwindigkeit und zur Überwindung der hiergegen auftretenden Widerstände ist eine bestimmte Kraft notwendig, erzeugt durch einen entsprechenden, treibenden Überdruck. Dieser Überdruck, der Unterschied zwischen dem Druck, unter dem die unten zuströmende Verbrennungsluft steht und der oben austretenden Abgase ist zu bestimmen.

Nach Versuchen über die Wasserbewegung in Sandfiltern, deren Ergebnisse sinngemäß auf die Luftbewegung übertragbar ist, nimmt die für die Bewegung notwendige Druckhöhe umgekehrt mit dem Quadrat des Steindurchmessers zu. Es ist demnach:

$$\varphi = \frac{v \cdot H}{\beta \cdot d^2}\,. \tag{49}$$

φ ist die notwendige Druckhöhe, um das Gas mit der Geschwindigkeit v durch die Schichthöhe H zu drücken; β ist ein Erfahrungswert, der von der

Gasart, der Schichtart, Temperatur usw. abhängig ist; d ist der Steindurchmesser.

Ohne hier Zahlenwerte angeben zu können, weil hinreichende Versuchszahlen noch fehlen, gibt uns obige Formel 49 einen guten Anhalt über den Einfluß der verschiedenen Faktoren auf den Widerstand gegen das Durchsaugen der Gase durch die Kalkofenfüllung, deren Höhe H ist. Doppelte Schichthöhe H verursacht doppelten Widerstand.

Doppelte Gasgeschwindigkeit ebenfalls doppelte Widerstände. Will ich noch einmal soviel Gase absaugen, die Verbrennung verdoppeln, dann muß der Ofenzug verdoppelt werden, die Gaspumpe oder der Schornstein eine doppelt so große Saughöhe zu unterhalten gestatten.

Nach anderen Formeln, die sich auf die Widerstände in Rohrleitungen beziehen, glaubt man häufig damit rechnen zu müssen, daß der Druckverlust φ mit dem Quadrat der Gasgeschwindigkeit wächst, daß er also z. B. bei doppelter Geschwindigkeit nicht doppelt, sondern (mit v^2), also viermal größer ist. Nach meinen Messungen ergibt die Formel (49) genügend zuverlässige Werte. Als ich durch einen Ofen die doppelte Gasmenge saugte, stieg der Druck nur um das 2,3fache.

Nach der Formel (49) ist aber der Steindurchmesser von allergrößtem Einfluß; er tritt mit einem Quadrat in die Erscheinung. Ist die Druckhöhe φ bei einem bestimmten Ofen etwa 30 mm Wassersäule, wenn er mit Steinen von 200 mm Durchmesser gefüllt ist, dann würde die erforderliche Druckhöhe unter sonst gleichen Verhältnissen bei Steinen von 100 mm:

$$30 \cdot \frac{200^2}{100^2} = 30 \cdot 4 = 120 \text{ mm}$$

Wassersäule betragen, bei 50 mm Durchmesser dann gar:

$$30 \cdot \frac{200^2}{50^2} = 30 \cdot 16 = 480 \text{ mm}.$$

Je kleinere Steine man einfüllen will, um so mehr muß man darauf bedacht sein, daß man die damit verbundenen größeren Widerstände auch durch die Gaspumpe überwinden kann. Sonst ist das Brennen dieser kleinen, fast als Schotter zu betrachtenden Steine nicht möglich, trotzdem sich gerade diese schnell durchbrennen ließen, also eine wesentliche Steigerung der Brennleistung ermöglichten. Um dies erreichen zu können, muß man obiges beachten und auch daran denken, daß mit der gewünschten Mehrleistung eine Vermehrung der abzusaugenden Gasmenge eintritt, und damit wächst v, das seinerseits eine proportionelle Erhöhung des Widerstandes verursacht.

Dieser der Gasbewegung sich entgegenstellende Widerstand muß durch besondere Kräfte überwunden werden. Bei den alten niedrigen Schachtkalköfen, z. B. nach den Fig. 35a—b, genügte der natürliche Zug, den die heißen leichteren Gase im Ofen durch ihren Auftrieb ausübten. Man kam ohne Schornstein aus, wenn man für genügende Hohlräume, die die Gasbewegung gestatten, sorgte, indem man große Steine unter sorgfältiger Schichtung einpackte,

Die Nachteile großer Steine habe ich schon im Abschnitt 8 erwähnt. Die sorgfältige Schichtung fordert viel Handarbeit und ist bei großer Kalkerzeugung unanwendbar.

Bei größeren Schachtöfen mußte man deshalb zu besonderen Hilfsmitteln greifen. Zum Schornstein, wo die Abgase nicht weiter benutzt werden, zur Kohlensäurepumpe dort, wo die Gase weiter Verwendung finden, wie z. B. in Zuckerfabriken, Sodafabriken. Der Schachtofen erzeugt, wie gesagt, schon durch seine Höhe einen gewissen natürlichen Zug, der aber allein nicht genügt. Seine Zugwirkung kann man leicht berechnen aus dem Gewicht der in ihm befindlichen Gassäule und dem Gewichtsunterschied zwischen dieser und der äußeren, kälteren atmosphärischen Luftsäule. Den dadurch entstehenden Druckunterschied, den Saugzug, mißt man an einer Wassersäule. 1 Atm. ist gleich 10 m oder 10 000 mm Wassersäule. 1 Atm. ist aber auch gleich dem Druck von 1 kg auf 1 qcm oder gleich 10 000 kg auf 1 qm. Demnach entspricht 1 mm Wassersäule 1 kg/qm.

Ich brauche also nur das Gewicht einer Luftsäule von 1 qm Querschnitt zu berechnen und entspricht dann jedes Kilogramm dem Druck von 1 kg/qm oder 1 mm Wassersäule. Der Zug wird nun durch den Gewichtsunterschied der inneren und äußeren Gassäule, den entsprechenden Druckunterschied, erzeugt. Ist das Gewicht der inneren Gassäule G_2, das der äußeren der atmosphärischen Luft G_3, γ_2 und γ_3, die entsprechenden spez. Gewichte, p_2 und p_3 die Drücke in kg/qm bzw. mm Wassersäule, dann ist

$$G_3 - G_2 = H \cdot \gamma_3 - H \cdot \gamma_2 . \tag{50}$$

Diese sind gleich den Druckunterschieden $p_3 - p_2$, so daß

$$H \cdot \gamma_3 - H \cdot \gamma_2 = p_3 - p_2 .$$

Der meßbare Zug, der sich als Druck bemerkbar macht, wenn die obere Öffnung abgedeckt, ist

$$\varphi = p_3 - p_2 ,$$

so ist

$$\varphi = H \cdot \gamma_3 - H \cdot \gamma_2$$
$$= H (\gamma_3 - \gamma_2) .$$

Mit diesem Überdruck φ werden die Gase oben aus dem Ofen herausgedrängt, indem die unten zuströmende kalte Luft für Druckausgleich sorgen will.

Das Gewicht eines Kubikmeters Luft ist

bei — 10° 1,34 kg, wenn halb mit Wasserdampf gesättigt,
bei + 0° 1,29 kg,
bei + 30° 1,15 kg.

Je wärmer die Außenluft, je leichter, je geringer ihr Druck, der die Zugwirkung begünstigt. Um auf alle Fälle eine bestimmte Zugwirkung zu erzielen, muß man also mit der höchstmöglichen Außentemperatur rechnen.

Das Gewicht der inneren Gassäule muß man berechnen unter Berücksichtigung dessen, daß in der Kühlzone nur Luft, in der Verbrennungszone und Vorwärmezone sowohl Luft, Verbrennungsgase und Kohlensäure sich befinden und die verschiedenen Temperaturen beachten. Dies ergibt bei einem Ofen nach Fig. 23:

Vorwärmezone:

$$\frac{724 + 1030}{2} = 875^\circ \text{ mittlere Temperatur,}$$

$$\text{da 1 cbm Abgas bei } 20^\circ \; \gamma_3 = \frac{141,40}{98,85} = 1,43 \text{ kg wiegt,}$$

$$\text{somit bei } 875^\circ \; 1,43 \cdot \frac{273 + 20}{273 + 875} = 0,365 \text{ kg/cbm,}$$

bei einer Höhe der Vorwärmezone von 1,5 m: 1,5 · 0,365 = 0,55 kg

Brennzone: Mittlere Gastemperatur etwa 1100°, Anfangsluft 1,2, Endgase 1,43 kg/cbm,

$$\text{mittleres spez. Gew. } \frac{1,2 + 1,43}{2} = 1,31 \text{ kg/cbm } 20^\circ,$$

$$\text{bei } 1100^\circ \; 1,31 \cdot \frac{273 + 20}{273 + 1100} = 0,3 \text{ kg/cbm}$$

5,5 m Brennzone · 0,3 = 1,65 kg

Kühlzone:

$$\text{Mittlere Gastemperatur } \frac{20 + 400}{2} = 210^\circ$$

$$1,2 \cdot \frac{273 + 20}{273 + 210} = 0,69 \text{ kg/cbm}$$

4,0 m · 0,69 = 2,76 kg

4,96 kg = G_2

Das Gewicht der äußeren Luftsäule ist:

$$G_3 = (1,5 + 5,5 + 4) \cdot 1,2 = 13,2 \text{ kg}.$$

Der Überdruck $\varphi = G_3 - G_2 = 13,2 - 4,96 = 8,24$ kg oder 8,24 mm Wassersäule. Dieser eigene Überdruck genügt aber nicht, um die Gase mit der notwendigen Geschwindigkeit durch den Ofen zu drücken. Bei dem Ofen von 11 m Schachthöhe beträgt die notwendige Druck- bzw. Saugwirkung 35 mm, bei Steinen von 150 mm Durchmesser; die natürliche von 8,24 mm genügt nicht, man muß die fehlende Saugwirkung von 35 — 8 = 27 mm durch andere Mittel erzeugen. Dort, wo man die Gase weiter verwendet, also für die Gasförderung sowieso Kohlensäurepumpen benötigt, wird man diese nötige Saughöhe ohne jede Schwierigkeit erzeugen können. Dort aber, wo man die Abgase nicht weiter benutzen kann, wird man durch einen Schornstein den nötigen Zug erzeugen wollen. Es ist nun zu prüfen, wie hoch der Schornstein sein müßte, zwecks Erzeugung der Zughöhe. Auch hier geht man wieder von dem Gewichtsunterschied der inneren und äußeren Luftsäule aus.

Treten die Gase z. B. mit $t_3 = 600°$ ein, dann wiegt 1 cbm

$$\gamma_2 = 1{,}43 \cdot \frac{273 + 20}{273 + 600} = 0{,}434 \text{ kg}.$$

Bei z. B. 30° wiegt die äußere Luft $\gamma_3 = 1{,}117$ kg. Da nun

$$\varphi = h_1 \cdot (1{,}117 - 0{,}434) = h_1 \cdot 0{,}684,$$

so wird die Schornsteinhöhe h_1 für die Zughöhe von 27 mm:

$$h_1 = \frac{27}{0{,}684} = 40 \text{ m}.$$

Im Diagramm 54 habe ich die errechneten Werte für die Abgastemperatur $t_3 = 400$ und 800° eingetragen bei einer Außentemperatur von 30°. Hiernach

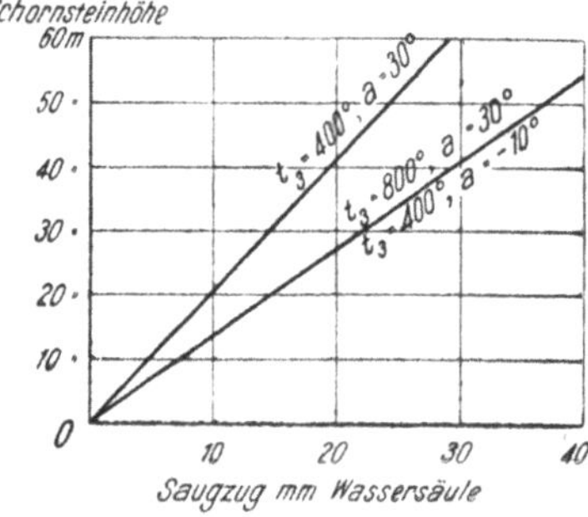

Fig. 54. Einfluß der Schornsteinhöhe auf den Saugzug bei verschiedenen Temperaturen.

muß der Schornstein bei $t_3 = 800°$ eine Höhe von 39 m erhalten, um eine Zugwirkung von 27 mm zu erzeugen. Ich habe diese auch für eine Außentemperatur von $a = -10°$ berechnet, und es ergibt sich, daß die Kurven von $a = +30°$ mit $t_3 = 800°$ sich für $a = -10$ mit $t_3 = 400°$ decken.

Immerhin sieht man, daß recht hohe Schornsteine nötig sind, wie dies z. B. ein Kalk- und Zementbrennofen von *F. L. Schmidth & Co.*, Kopenhagen, nach Fig. 55 zeigt, um eine genügende Zugwirkung zu erzielen. Da dieser Schornstein auf den Kalkofen aufgesetzt werden muß, so ergibt sich eine recht beträchtliche Gesamtbauhöhe. Eine so bedeutende, daß man diese meistens verringert und dann der Betrieb dauernd unter zu geringem Zug leidet. Dann versucht man durch Mittel und Mittelchen der verschiedensten Art die Schwierigkeiten zu überwinden. So will z. B. das D. R. P. 227 487, um Schotter, kleinstückigen Kalk brennen zu können, nach dem Kalkziehen erst durch eine mittlere

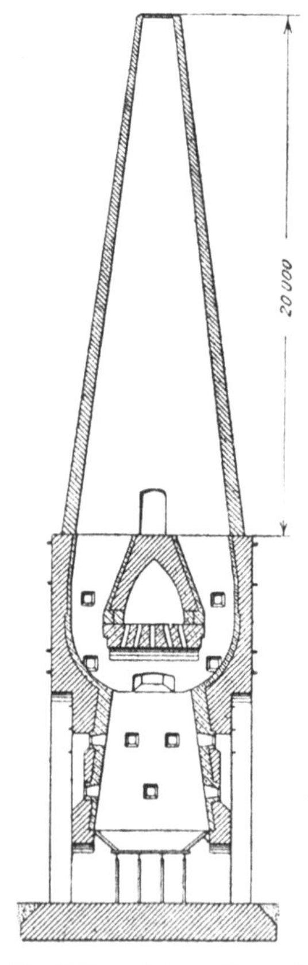

Fig. 55. Kalk- und Zementbrennofen mit Schornstein.

Öffnung grobstückige Steine einfüllen und dann durch äußere Öffnungen feinstückige. Es entsteht dann in der Mitte eine Säule grobstückigen Kalkes, während ringsum Schotter lagert, so daß die Gase innen leichter Durchgang finden und nicht nur außen an den Wandungen in die Höhe steigen. Die Bedienung wird umständlich, die Verwendung ungleicher Kalksteine erschwert das gleichmäßige Durchbrennen.

Alle diese Hilfsmittel, die den Zug wohl mehr oder weniger verbessern, bringen auch die vorgenannten verschiedenen Nachteile. Kann man keinen hohen Schornstein bauen, dann muß man für künstlichen Saugzug wirken, sei es durch Kohlensäurepumpen, sei es durch Ventilatoren. Hat man hier nur den Zug zu erzeugen, so dürften Ventilatoren am nützlichsten sein; gewöhnliche, leichte, sog. Mitteldruckventilatoren genügen, um die hier in Frage kommende Saughöhe von 30 bis 50 mm zu überwinden. Bei einer Brennmenge von z. B. 50 000 kg Kalksteinen am Tage sind bei einer Gasabzugstemperatur von 500° etwa $\frac{50\,000 \cdot 320}{100} = 160\,000$ cbm abzusaugen oder in der Minute 110 cbm. Ein hierfür nötiger Ventilator hat bei 30 mm Wassersäule einen Kraftverbrauch von etwa 1,5 PS und bei 60 mm auch nur etwa 3 PS. Ist elektrischer Strom zur Verfügung, was heute fast immer der Fall, dann scheint die Anwendung eines Ventilators gegenüber dem teuren, aber doch nicht genügend ziehenden Schornstein am vorteilhaftesten. Auch die Brennkosten werden dabei nur wenig vermehrt. 3 PS $= \sim$ 3 KW am Motor je 10 Pfg. $= 0{,}30$ Mk./St. $= 7{,}20$ Mk./Tag, $\frac{7{,}20}{50\,000} \cdot 100 = 0{,}014$ Mk. $= 1{,}4$ Pfg. für 100 kg Kalksteine.

Diesen Kraftkosten und den Anschaffungskosten für das Gebläse steht eine Leistungserhöhung des Kalkofens um 20 bis 30 Proz. gegenüber. Die Ausgaben für den künstlichen Zug stellen also eine sehr wirtschaftliche Anlage und Betriebsverbesserung dar. Der Betrieb ist auch erleichtert, weil man den Zug besser einstellen kann, schwächer und stärker, je nach Bedarf, was beim natürlichen Zug sehr begrenzt ist durch die Schornsteinhöhe, der seinerseits wieder in der Leistung sehr abhängig vom Wetter ist.

Die Welle dieses Ventilators wird man mit Wasserkühlung ausstatten und am Ende einer längeren Gasleitung absaugen lassen, um eine zu starke Erhitzung der Welle und des Flügelrades zu vermeiden.

Die Fig. 56 zeigt einen Schachtofen mit künstlichem Zug von *The Improved Equipment Compagny* (Bulletin 104, January 1911), der mit dem Doherty-Eldred-System beheizt wird. Der äußere Mantel und der eigentliche Brennraum sind vollkommen zylindrisch. Diese Form und die Anordnung der beiden Außenfeuer entspricht dem alten Rüdersdorfer Ofen nach Fig. 35c. Eigenartig ist die Zuführung der Frischluft durch einen besonderen Ventilator *a* unter den Rost nach Art der Druckgasfeuerungen. Um eine lange Flamme mit nicht zu hoher Eintrittstemperatur zu erzielen, wird dieser Luft vor dem Eintritt in die Feuer noch Abgas zugeführt, das der Ventilator *b* der Abgasleitung *d* unten entnimmt. Diese Gasmischung wird bei *e* unter den Rost gedrückt. Das Gebläse *c* dient zur Erzeugung des künstlichen Zuges, indem es oben am Schacht die Gase absaugt und durch einen senkrechten Blechschornstein ausbläst. Die Feuerung erfolgt bei diesem

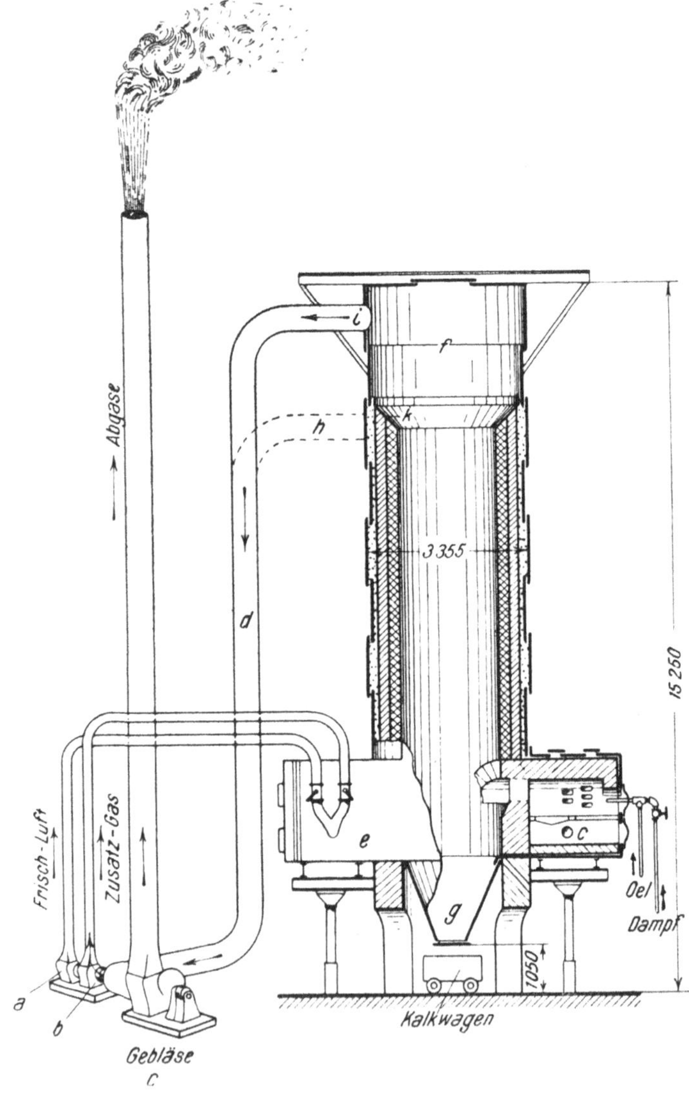

Fig. 56. Schachtofen mit künstlichem Zug.

Ofen entweder durch Verbrennung der Kohle auf dem Rost oder deren Vergasung in besonderen, frei stehenden Gaserzeugern. Auch Naturgas und Öl (Petroleum, Rückstände) werden zur Verfeuerung benutzt. Die Fig. 56 zeigt am rechten Feuerherd solche Ölfeuerung, bestehend aus einer Ölleitung, durch die das Brennöl mittels Dampf angesaugt und in den Herd

Fig. 57. Schachtofengruppe mit künstlichem Zug.

fein verstäubt eingespritzt wird gegen ein Schamottegitter, welches die Verbrennung unterstützt. Als eigenartig, aber als nicht zweckmäßig sei auch der über dem Brennschacht vorgesehene Sammelraum *f* erwähnt. Der Eisenmantel ist über die feuerfeste Auskleidung hin verlängert, so daß oben größerer

Raum entsteht zur Aufnahme der Kalksteine, die des Nachts im Ofen gebrannt werden. Der Kühlraum g, konisch nach unten verengt, ist nicht ausgemauert, sondern nur als geschlossener Eisentrichter ausgebildet. Zusatzluft wird unten nicht zugeführt, deshalb muß dieser Trichter unbekleidet bleiben, um den Kalk gut zu kühlen. Wärmeverluste sind die Folge. Die Standardgröße brennt täglich in 24 Stunden 9000 bis 13 500 kg Kalk und an guten Steinkohlen sind bei guter Bedienung 11 bis 14 Proz. aufzuwenden, bezogen auf hochprozentige Kalksteine. Die Fig. 57 zeigt 10 Doherty-Eldred-Kalköfen. In der Metallurgical and Chemical Engineering 1914, S. 247, findet man verschiedene Abbildungen solcher 6 Öfen, während ihres Baues für die Niagara Works of the America Cyanamid Compagny.

In bezug auf den Ofenzug ist folgendes zu beachten, wenn man z. B. die Leistung irgendeines vorhandenen Kalkofens um 50 Proz. erhöhen will, wenn bisher Steine von 200 mm Durchmesser gebrannt wurden. Um die Leistung um 50 Proz. zu erhöhen, muß die Gesamtaufenthaltszeit der Steine auf $\frac{100}{100+50} = 0{,}66$ der bisherigen vermindert werden. Betrug sie bei Steinen von 200 mm 52 Stunden nach Fig. 7 (Gesamtaufenthaltszeit), bei einer Brenntemperatur von 1030°, so dürfte sie bei der vermehrten Leistung nur noch $52 \cdot 0{,}66 = 35$ betragen. Dies verlangt nach Fig. 7 Steine von nur 150 mm Durchmesser. Da die 50 proz. größere Leistung auch 1,5 fache Gasmenge abzusaugen erfordert, so wird auch die Gasgeschwindigkeit im Ofenquerschnitt auf 1,5 erhöht. Das Verhältnis des bisherigen notwendigen Ofenzuges φ zum nun nötigen φ_1 ist dann

$$\frac{\varphi_1}{\varphi} = \frac{1{,}5 \cdot v \cdot H \cdot 40\,000\,\beta \cdot}{\beta \cdot 150^2 \quad v \cdot H} = \frac{1{,}5 \cdot 40\,000}{22\,500} = 2{,}6\,.$$

Genügte ein bisheriger Saugzug für den betreffenden Ofen mit 25 mm, dann müßte er jetzt von der Gaspumpe auf $25 \cdot 2{,}6 = 65$ mm erhöht werden, und sie müßte bei diesem höheren Unterdruck noch ein um über 1,5 mal größeres Ansaugevolumen besitzen.

Durch den Schornstein werden die Gase oben aus dem Schachtofen abgesogen, und man saugt auch dort im allgemeinen die Gase mit den Pumpen ab, falls diese angewendet werden. Aber man versuchte auch beim Schachtofen durch sog. Unterwind die Gasbewegung zu erzeugen. Schon *Solvay* schlug dies 1889 nach dem D. R. P. 43 901 (S. 231) vor, in Verbindung mit seinem Rost. Diese Art verlangt gasdichten Abschluß des Ofenunterteiles, der kaum zu erreichen ist, denn der gebrannte, teils staubige Kalk soll hier abgeführt werden. Die durch Undichtigkeiten austretende Preßluft wird nach außen Staub mitreißen und recht lästig fallen. Dies will scheinbar *Pasques* in Villers Le Gambon, Belgien, mit seinem D. R. P. 186 855 vermeiden, indem er den Ofenrost offen läßt, aber die Verbrennungsluft durch ein ringförmiges, an seiner oberen Seite mit Löchern versehenes Rohr gegen die vom Rost getragene Ofenfüllung bläst. Wenn er die Widerstände im Ofen überwinden und einen lebhaften Zug erzielen will, dann muß die Luft mit sehr großer Geschwindigkeit gegen den Rost blasen. Dabei wird viel Luft zurückprallen und auch für starke Staubbelästigung sorgen.

Deshalb wird die beste Art der Gasabsaugung immer die von oben sein.

Immer wird man auch beim künstlichen Zug einen Reserveschornstein vorsehen, der ein Abziehen der Gase gestattet, wenn aus irgendeinem Grunde die Kohlensäurepumpe abgestellt wird. Da dann aber auch meistens die Leistung des Ofens zurückgehen kann, so genügt ein Blechschornstein, der die Gase so hoch ableitet, daß der Arbeiter auf der Gichtbühne durch diese nicht belästigt wird. Dieser Schornstein wird am besten durch eine gemeinsame Ventilklappe, die man noch mit Lehm verschmieren kann, verschlossen.

Der freie Raum zwischen den Kalk- und Koksstücken wird von den Gasen ausgefüllt und ergibt die Größe dieser Räume die Gesamtaufenthaltszeit der Gase im Ofen, ihre Berührungszeit mit dem Koks, um diesen zu verbrennen, die Berührungszeit mit den Kalksteinen, um diese durchzubrennen. Nach bekannter Formel ist die Summe des freien Zwischenraums, wenn der Raum mit Kugeln angefüllt ist:

$$Z = 0{,}27 \cdot E \cdot H = 0{,}27 \cdot \frac{D^2 \pi}{4} \cdot H\,. \tag{51}$$

Die Zwischenräume sind danach unabhängig vom Kugeldurchmesser, unabhängig von der Steingröße. Ob sie groß oder klein sind, immer steht der gleiche Zwischenraum für die Gase zur Verfügung. Die Berührungszeit der Gase ist also unabhängig von der Größe der Koks- und Steinstücke, sondern nur abhängig von der Geschwindigkeit, mit der die Gase abgesogen und die Füllung abgezogen wird.

41. Die Abgasleitung.

Die Größe der Gasleitung vom Ofen bis zum Waschkühler wird man einerseits so bemessen, daß die Gasgeschwindigkeit nicht zu groß wird, wegen der damit steigenden Widerstände, andererseits aber auch so, daß die Gasgeschwindigkeit nicht zu klein wird, damit die Flugasche sich nicht in den Rohren ablagern kann, sondern bis zum Wäscher mitgerissen wird. Die Reibungswiderstände, die sich der Gasbewegung entgegenstellen und durch die Saugwirkung der Pumpe überwunden werden müssen, wachsen in Rohrleitungen mit dem Quadrat der Geschwindigkeit. So beträgt der Druckverlust zwischen Anfang und Ende einer Luftleitung nach *Riedler* und *Gutermuth* (Z. d. V. d. Ing. 1891, S. 188):

$$Z = \frac{533}{10^{10}} \jmath \frac{l}{d} \cdot v^2\,, \tag{52}$$

wenn $\jmath$ das mittlere Gewicht eines Kubikmeters Luft in der Leitung in Kilogrammen,

l die Länge der Leitung in Meter,
d der lichte Durchmesser der Leitung in Meter,
v die mittlere Luftgeschwindigkeit in Meter.

Beide stellten z. B. bei einer Geschwindigkeit $v = 6{,}5$ m, $d = 0{,}300$ m und einer Leitungslänge $l = 16\,500$ m einen mittleren Druckverlust von 0,005 kg/qcm für je 100 m Länge fest; also 50 mm Wassersäule-Druckverlust für je 100 m Leitung. Bei der doppelten Gasgeschwindigkeit wäre er aber $2^2 = 4$ mal größer, das sind 200 mm. Große Gasgeschwindigkeit, kleine Rohrleitungen bedingen große Widerstände.

Bei zu geringer Gasgeschwindigkeit findet aber, wie gesagt, Flugascheablagerung in den Rohren statt. Erfahrungsgemäß erfolgt dies bei 2 m Gasgeschwindigkeit schon ganz beträchtlich, weshalb man sich den 2 m nicht zu sehr nähern darf. Auch sind die vorgenannten Druckverluste von 50 bis 200 mm in einer 100 m langen Leitung bei Geschwindigkeiten von 6,5 bis 13 m nicht groß im Verhältnis zu den großen Druckverlusten, die die bisher verwendeten und in dem nächsten Kapitel zu beschreibenden Waschkühler verursachen. Man wählt lieber die Geschwindigkeit etwas größer, um die den Dauerbetrieb störenden Staubablagerungen zu verhindern.

Zweckmäßig erscheinen Gasgeschwindigkeiten von 5 bis 15 m in den Rohrleitungen.

Wir werden im nächsten Abschnitt sehen, daß die Vorkühlung der Gase in der Gasleitung, vor dem Eintritt in den Waschkühler, wegen Verringerung der Kühlwassermenge erwünscht ist. Man sollte aus diesem Grunde den Waschkühler nicht unmittelbar neben dem Gasabzugsstutzen aufstellen, sondern in einiger Entfernung und tief. Dann wirkt die frei liegende Gasleitung vorkühlend, und der Waschkühler hat weniger zu kühlen und in der Hauptsache die Gase nur zu waschen, vom Staub zu befreien. Man sollte aber den Waschkühler möglichst nicht so weit entfernt aufstellen, daß dadurch wagerechte Leitungen notwendig werden, die sich leicht verstopfen. Bei wagerechter Führung sinkt der Staub auch in strömenden Gasen nach einer Parabel, wie ein Wurfgeschoß, langsam nach unten. Er lagert sich auf der Bodenfläche ab, wenn dort eine zu geringe Gasgeschwindigkeit herrscht, wie im Fuchs der Dampfkessel. Dies kann auch schon geschehen bei unzweckmäßiger Bemessung der Ringrohrleitungen, in die oben die verschiedenen Gasabsaugstutzen einmünden. So sah ich eine Gasringleitung von 300 mm Durchmesser an einem Kalkofen von nur 17 cbm Inhalt, ähnlich Fig. 35g, mit einer Gesamthöhe von 11 m, die, wie nebenstehende Fig. 58 zeigt, fast vollständig mit Flugstaub angefüllt war. Bei dieser geringen Gasgeschwindigkeit lagert sich die Flugasche ab und verengt den Querschnitt immer mehr, so lange, bis eine so große Gasgeschwindigkeit in dem verbleibenden engen Querschnitt herrscht, die eine weitere Ablagerung erschwert. Wird dann aber zeitweise die Gasgeschwindigkeit durch langsameren Lauf der Kohlensäurepumpe weiter vermindert, so wird eine weitere Ablagerung und endliche Verstopfung ein-

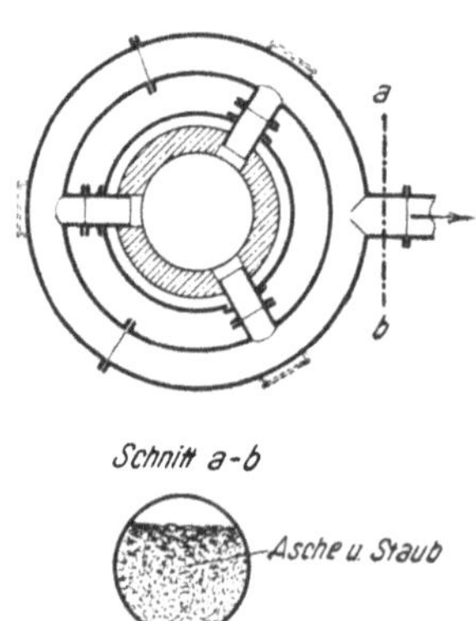

Fig. 58. Unzweckmäßige Gasringleitung.

treten. Da zeigt sich dann noch ein weiterer Nachteil der kreisförmigen Ringleitung, die in diesem Falle vorhanden war. Sie gestattet kein gerades Durchstoßen, keine vollständige Reinigung und ist in der Herstellung teuer. Deshalb sollte man solche kreisförmigen Ringleitungen vermeiden und solche wählen, die sich durch entsprechend angebrachte Reinigungsklappen genau besichtigen und reinigen lassen.

Durch Bühnen und Stege müssen diese Reinigungsklappen und die Stockerlöcher gut zugänglich gemacht sein, damit die Reinigung ohne Gefahr für die Arbeiter, und deshalb auch regelmäßig, ausgeführt werden kann.

Die Gase sollen gleichmäßig aus dem Ofen abgesogen werden. Zwei gegenüberliegende, tangential einmündende Abzüge dürften in jedem Falle genügen, einen gleichmäßigen Gasstrom zu erzeugen und eine einfache Anordnung der Gasleitungen zu ermöglichen. Man muß an diese beiden Stutzen ein Gabelrohr anschließen, mit dauerndem Gefälle nach dem Waschkühler hin, Staubablagerungen vermeidend.

Die Lebensdauer der Gasabzugsleitungen ist gering, meistens müssen die am Ofen befindlichen Anschlußteile nach etwa fünf Jahren, je nach der Anstrengung des Ofens, ausgewechselt werden. CO_2 und auch CO reduzieren bzw. oxydieren das Eisen bei 300 bis 400° (wie im Hochofen). Es bildet sich Eisenoxyd und Eisenoxydul. Durch diese Oxydationsvorgänge und durch die Sauerstoffaufnahme des Siliciums und Phosphors entsteht eine bedeutende Raumvermehrung und so eine Spannung in den Masseteilchen des Eisens. Das Gefüge lockert sich, das Eisen bläht auf und bekommt Risse. Die Gase können weiter in die entstandenen Hohlräume eindringen und ihre zerstörende Oxydationswirkung auf das noch gut gebliebene Eisen um so rascher vollenden. Dünnwandige Rohre sind deshalb bald zerstört, weshalb man hier nur dickwandige Gußrohre mit Vorteil anwendet. Deshalb dürfte auch der obere schmiedeeiserne Sammelrumpf des amerikanischen Ofens nach Fig. 56 nur kurze Lebensdauer besitzen.

42. Das Kühlen der Kalkofengase.

Überall dort, wo nicht das Kalkbrennen nur seiner selbst willen, nur wegen der Erzeugung von Ätzkalk geschieht, sondern auch die entstehenden Kalkofengase Verwendung finden sollen, dort muß man diese auch hierfür noch zurichten, in solchen Zustand bringen, daß sowohl ihre Weiterbewegung als auch Weiterverwendung leicht möglich ist. Nun verlassen aber die Gase den Ofen mit hoher Temperatur und sind staubhaltig. In diesem Abschnitt will ich auf den Einfluß dieser Gastemperatur und ihre Erniedrigung eingehen, im nächsten auf den Staubgehalt.

Bei der Beurteilung des Brennstoffverbrauches hatte ich schon festgestellt, daß die abziehenden 97,9 kg Verbrennungsgase + 44 kg Kalksteinkohlensäure noch 20 779 WE aus dem Kalkofen entführen, bei einer Brenntemperatur von 856°. Und auf Seite 30 (Vorwärmezone) habe ich daraus die Temperatur der abziehenden Gase zu 525° berechnet. Diese Abgastemperatur wird nun in Wirklichkeit noch erniedrigt durch die äußeren Abkühlungsverluste in der Vorwärmezone. Diese Temperaturerniedrigung wäre noch zu bestimmen, und es geschieht leicht unter der schon früher erfolgten Berechnung der Abkühlungsverluste in der Brennzone (S. 79), nach welcher unter den dem betreffenden Beispiel zugrunde gelegten Zahlen durch je 1 qm innerer Oberfläche bei einem Temperaturunterschied von 1° stündlich 0,98 WE oder rund 1 WE verlorengehen.

In die Vorwärmezone treten die Gase mit 856° und verlassen diese mit einer unter obigen 525° liegenden Temperatur, so daß der mittlere Temperaturunterschied zwischen der Innentemperatur der Vorwärmezone und der Außentemperatur etwa 680° beträgt. Ferner berechnete ich bei meinem damaligen Beispiel die innere Wärme abgebende Mantelfläche zu 0,118 qm oder zu rund 0,12 qm für 100 kg Kalksteine, so daß stündlich $680 \cdot 1,0 \cdot 0,12 = 82$ WE verlorengehen, oder bei einer Vorwärmezeit von z. B. 7 Stunden $82 \cdot 7 = 594$ WE. Das sind von den 20 779 WE kaum 3 Proz., so daß auch hierdurch die Temperatur der Gase nur in diesem geringen Maße vermindert wird.

Wesentlich stärker kühlen sich die Gase in der ungeschützten Kohlensäureleitung vom Ofen bis zum Wäscher ab. Nehme ich an, daß die Gasabzugsleitung eine lichte Weite von 250 mm besitzt bei einer Länge von etwa 15 m, dann hat sie eine äußere Abkühlungsoberfläche von etwa 13 qm. Werden in dem betreffenden Ofen stündlich 1000 kg Kalksteine gebrannt, dann ziehen durch die Leitung $141,9 \cdot \frac{1000}{100} = 1419$ kg Gase, die bei ihrem Eintritt in die Gasleitung noch etwa $\frac{1000}{100} \cdot 20\,000 = 200\,000$ WE enthalten.

Die Wärmeübergangszahl von den Kalkofengasen durch die gußeiserne Leitung nach der Außenluft kann man hier zu etwa 20 WE/qm/St./1° Unterschied annehmen, so daß bei einer Anfangstemperatur der Gase von etwa 525° stündlich durch die Gasleitung $400 \cdot 20 \cdot 13 \backsim 100\,000$ WE entweichen, oder von den durchziehenden 200 000 WE gehen 50 Proz. nach außen. Die Gastemperatur wird sich dadurch vor dem Eintritt in den Wäscher einschließlich Abkühlungsverluste in der Vorwärmezone auf etwa 250° abgekühlt haben. Mit dieser Temperatur kann man die Gase nicht den Kolben-Kohlensäurepumpen zuführen, auch dann nicht, wenn die Gase durch Luftüberschuß, durch kaltes Wetter, Sturm und Regen weiter abgekühlt werden, denn diese tiefere Abkühlung ist bei ungleichmäßigem Betrieb nur vom Wetter abhängig, also unzuverlässig. Man kühlt deshalb die Gase weiter ab, meistens durch Mischen mit Wasser, um gleichzeitig die mitgerissenen Staubteilchen auszuwaschen.

Man kühlt die Gase auch deshalb, weil sich dann das Volumen derselben vermindert. Die Raumbeanspruchung wächst bekanntlich im Verhältnis der absoluten Temperaturen. Ich hatte Seite 30 (Vorwärme-Abkühlungszeit) berechnet, daß im idealen Ofen etwa 141,4 kg Abgase für je 100 kg Kalksteine entstehen und daß diese (S. 146) bei 20° einen Raum von $74,81 + 24,04 = 98,85$ cbm einnehmen. Bei 525° C nehmen diese aber einen

$\frac{273+525}{273+20} = \frac{698}{293} = 2{,}7$ mal größeren Raum ein. Wollte man diese heißen Gase unmittelbar durch die Kohlensäurepumpe (hier diese im weitesten Sinne aufgefaßt, gleichgültig ob Kolbenpumpe, Kreiselpumpe oder Injektor) entnehmen, dann müßte ihr Saugvolumen 2,7 mal oder die Pumpe selbst müßte 2,7mal größer sein. Wenn man auch nach den Versuchen von *S. von Ehrenstein*, Breslau (Centralb. 1907/08, S. 174) unbedenklich die heißen Gase mit 500° und mehr ohne Schaden direkt z. B. in die Zuckersäfte leiten kann, um den Kalk auszufällen, so wird man schon deshalb die Gase möglichst abkühlen, um mit kleiner Kohlensäurepumpe auszukommen.

Hat man eine reichlich bemessene Kohlensäurepumpe zur Verfügung, dann kann man die heißeren Gase mit ihrem größeren Volumen noch fördern und führt damit dem Saft diese Wärme zu. Schieberluftpumpen wird man dabei so heiße Gase zuführen können, daß die durch die Zusammendrückung sich erhitzenden Gase die Pumpe mit höchstens 200° verlassen. Sie werden diese Temperatur vertragen wie mit Dampf von 200° betriebene Dampfmaschinen. Natürlich ist für gute, sorgfältige Schmierung und Verwendung eines Öles mit hohem Flammpunkt zu sorgen.

Bei Ventilluftpumpen ist die Temperaturgrenze vom Ventilmaterial abhängig. Solchen mit Gummiklappen wird man nicht mehr als 70 bis 80° zumuten, solchen mit Metallventilen 200° und mehr, je nach Art der Ausführung und des Schmieröles.

Es wäre noch zu prüfen, welcher Gewinn an Wärmekosten z. B. in einer Zuckerfabrik entsteht, wenn ich die heißen Gase in den Saft leite.

Von den in den Gasen zur Verfügung stehenden 20 779 WE geht noch ein Teil auf dem Wege zur Sättigung (Saturation) verloren, auch kann der schon an und für sich 80 bis 100° warme Saft nicht vollständig die Wärme aus den Gasen aufnehmen. Es wäre reichlich geschätzt, wenn ich im günstigsten Falle annehme, daß die Gase $^1/_2$ dieser Wärme, also 10 000 WE, an die Säfte für deren Erwärmung nutzbar abgeben. Dies würde einem Kohlenaufwand von $\frac{10\,000}{7000} = \infty\, 2{,}00$ kg entsprechen, im ungünstigsten Falle, wenn mit Frischdampf der Saft an dieser Stelle erwärmt würde.

Nehme ich an, in der Zuckerfabrik würden 3000 t kohlensaurer Kalk gebrannt, dann ist dies eine Ersparnis von $\frac{3000 \cdot 1000}{100} \cdot 2 = 60\,000$ kg Kohle oder $\frac{60\,000}{100} \cdot 1{,}3 = 780$ Mk. Eine Pumpe, die diese heißen Gase fördert, also 2,7mal größer ist, dürfte bei 20 Proz. für Abschreibung, Verzinsung usw. nur $780 \cdot 100 / 20 = 3900$ Mk. mehr kosten, sonst frißt sie den Gewinn an Brennmaterial wieder auf. Ganz besonders dann, wenn für die Erwärmung des Saturationssaftes Saftdampf Verwendung findet, dann vermindert sich der berechnete Gewinn um 780 Mk. noch ganz bedeutend. Es scheint also wenig Vorteil zu bringen, mit heißen Gasen zu arbeiten.

Nachdem wir gesehen haben, daß die heißen Gase nicht viel nützen, so muß jetzt geprüft werden, wie weit die Abkühlung getrieben werden soll, denn auch hierüber herrscht wenig Klarheit. Einige sagen, man sollte die Gase bis auf die Kühlwassertemperatur abkühlen, andere sagen, es genügt eine Temperatur von 60 bis 80°.

Ich will hier auf die verschiedenen Verhältnisse näher eingehen.

Die Abgase werden sich beim Durchgang durch das Kühlwasser mit Wasserdampf anreichern, je nach der Durchgangszeit, bis zur Sättigung, wenn die zur Verdampfung notwendige Wärme zur Verfügung steht. Wieder vom idealen Kalkofen ausgehend, von dem die Abgase unmittelbar ohne Temperaturverlust in den Kühler eintreten, also die höchstmögliche Eintrittstemperatur berücksichtigend. Dann enthalten die den Ofen verlassenden 141,9 kg Abgase noch 20 779 WE oder 1 kg der Abgase würde bei seiner Abkühlung bis auf 0° $W = \frac{20\,779}{141,9} = 146$ WE abgeben.

Nehme ich die spez. Wärme der Abgase bei den Temperaturen von 0 bis 100° zu 0,23 an, dann werden bei der Abkühlung auf $a°$ nur $146 - a \cdot 0,23$ WE abgegeben. In der nachstehenden Tabelle XII habe ich nun die verschiedenen Wärmemengen angegeben, die das Gas bei Abkühlung bis auf Temperaturen zwischen 0 und 90° abgeben kann bzw. die zwecks Abkühlung des Gases abgeführt werden müßten. Weiter habe ich dort das Volumen der trockenen Abgase angegeben unter Berücksichtigung der früheren Rechnung, daß 141,9 kg Abgas 98,85 cbm bei 20° besitzen, also 1 kg hierbei ein Volumen von $V = \frac{98,85}{141,9} = 0,69$ kg besitzt. Bei den anderen Temperaturen verändert sich diese Raumbeanspruchung mit den absoluten Temperaturen, so daß dann $V_1 = V \cdot \frac{273 + a}{273 + 20}$ wird.

Diese Gase nehmen den Wasserdampf bei ihrem Durchgang durch das Kühlwasser auf und übt dann dieser Wasserdampf in dem Abgase eine bestimmte Spannung aus; seine Dampfspannung p_1, die der betreffenden Temperatur entspricht, die ich ebenfalls angegeben habe; gleichzeitig darunter das Gewicht b, das 1 cbm dieses Wasserdampfes besitzt. Sind die Abgase ganz mit Wasserdampf gesättigt, dann besitzt der Wasserdampf einen der Gastemperatur entsprechenden Druck, verdrängt und durchdringt diese entsprechend. Bei 50° besitzt z. B. der Wasserdampf eine Spannung von 0,121 Atm., so daß für die Abgase nur noch der Teildruck von $p_2 = 1,00 - p_1 = 1,00 - 0,121 = 0,879$ Atm. verbleibt. Der ursprüngliche, von 1 kg eingenommene Gasraum V wird dadurch vergrößert auf

$$V_2 = V_1 \cdot \frac{1,00}{p_2}, \text{ also z. B. ist bei } 50° \; V_2 = 0,76 \cdot \frac{1,00}{0,879} = 0,86 \text{ cbm}.$$

Da in je 1 cbm Gas je η kg Wasserdampf aufgenommen werden können, so können die V_2 cbm Abgas aufnehmen:

$$G = V_2 \cdot \eta$$

oder z. B. bei 50° $G = 0,86 \cdot 0,0822 = 0,072$ kg Wasserdampf.

Tabelle XII.

Die von 1 kg Abgase abgebbare Wärmemenge, die Wasserdampfspannung, das Abgasgewicht, die notwendige Kühlwassermenge in Abhängigkeit von der Temperatur, mit der die Gase den Kühler verlassen.

Austrittstemperatur t_4 der Gase aus dem Kühler °	0	10	20	30	40	50	60	70	80	90
Von 1 kg Abgase werden abgegeben W = . WE	146	143,7	141,4	139,1	136,8	134,5	132,2	129,9	127,2	125,3
Wasserdampfspannung p_1 . . . . Atm.	0,006	0,012	0,022	0,041	0,072	0,121	0,195	0,306	0,466	0,691
1 cbm Wasserdampf wiegt y . . . . kg	0,0047	0,0091	0,0169	0,0298	0,0504	0,0822	0,129	0,198	0,293	0,424
Verbleibende Teilspannung für die Abgase $p_2 = 1{,}00 - p_1$ . . . . Atm.	0,994	0,988	0,978	0,959	0,928	0,879	0,805	0,694	0,534	0,309
1 kg trockene Abgase nimmt einen Raum ein von V_1 . . . . cbm	0,64	0,67	$\frac{98{,}85}{191{,}9} = 0{,}69$	0,71	$0{,}69 \cdot \frac{273 + 40}{273 + 20} = 0{,}74$	0,76	0,78	0,80	0,83	0,85
1 kg mit Wasserdampf gesättigter Abgase nimmt einen Raum ein von $V_2 = V \cdot \frac{1{,}00}{p_2} =$. cbm	0,64	0,68	0,7	0,74	0,8	0,86	0,97	1,15	1,56	2,75
1 cbm Abgase kann aufnehmen kg Wasserdampf $G = V_2 \cdot \eta =$ . . . . kg	0,003	0,0062	0,013	0,022	0,04	0,072	0,126	0,228	0,457	1,166
Um diesen Wasserdampf zu erzeugen, müssen dem Kühlwasser entnommen werden $W_1 = 580 \cdot G =$ . . . . WE	1,74	3,6	7,5	12,8	23,2	42	73	132	265	676
Durch das ablaufende Kühlwasser sind noch abzuführen $W_2 = W - W_1 =$ . . . . . . WE	144	140	134	126	114	93	59	—	—	—

Um diesen Wasserdampf zu erzeugen, um das Kühlwasser in Dampf umzuwandeln, sind für je 1 kg Wasser ungefähr 580 WE erforderlich oder für die aufnehmbare Wassermenge G sind notwendig:

$$W_1 = 580 \cdot G,$$

somit z. B. bei 50°

$$W_1 = 580 \cdot 0{,}072 = 42 \text{ WE}.$$

Diese Wärmemenge wird den Abgasen selbst entzogen. Aber man sieht aus der Tabelle XII, daß bei 70° schon 132 WE notwendig sind für die ganze aufnehmbare Dampfmenge, während die Gase nur 129,9 WE abgeben können. Sie besitzen nicht mehr die für die vollständige Sättigung mit Wasserdampf nötige Wärme, so daß sich von hier an die Gase nicht mehr ganz mit Wasserdampf sättigen können. Sie besitzen noch das Vermögen, infolge der ungenügenden Sättigung Wasserdampf aufzunehmen, dadurch sich abkühlend, aber es fehlt die notwendige Wärme, woraus hervorgeht, daß die Kalkofengase nie einen Wasserkühler (Wäscher) mit einer höheren Temperatur als etwa 70° verlassen können, so lange noch ein Tropfen Wasser vorhanden ist. Selbstverständlich vorausgesetzt, daß er innig mit dem durchziehenden Gase in Berührung kommt. In Wirklichkeit wird sogar die Temperatur noch niedriger liegen, je nach der Wärmemenge, die die Abgase schon vor ihrem Eintritt in den Kühler auf ihrem Wege vom Kalkofen verloren haben.

In dieser Beziehung ist demnach die Kühlung außerordentlich einfach, jede Gefahr, daß zu heiße Gase zur Gaspumpe treten, ist sicher vermieden, wenn man im Kühler für einen genügenden Wasservorrat sorgt und für die Ergänzung des verdampfenden Wassers. Auch ist die hierbei für die Kühlung aufzuwendende Wassermenge sehr gering. Nach vorstehender Tabelle sind nur höchstens 0,228 kg Wasser zu verdampfen und zu verbrauchen für 1 kg Abgas. Für die 141,9 kg Abgase, die für je 100 kg Kalksteine abzuleiten sind, wären höchstens $0{,}228 \cdot 141{,}9 = 32{,}4$ kg Kühlwasser aufzuwenden. So ist die Sache sehr einfach, aber es müssen doch noch die Verhältnisse geprüft werden, die bei weiterer Gasabkühlung eintreten, denn die Abgase von 70° haben noch eine beträchtliche Raumbeanspruchung. Während 1 kg Abgas bei 20° nach der Tabelle XII 0,7 cbm einnimmt, nimmt es bei 70° 1,15 cbm ein. Das heißt, daß die Gaspumpe und deren Saugleitungen ein $\frac{1{,}15}{0{,}7} = 1{,}64$ mal größeres Volumen fördern oder 64 Proz. größer sein müssen. Hat man eine große Kohlensäure-Gaspumpe zur Verfügung, so wird man diese Arbeitsweise als die bequemere einhalten. Dies scheint auch der Grund zu sein, warum man so wenig die Gaskühler bzw. -wäscher verbesserte; bei diesen einfachen Umständen erzielte man befriedigende Ergebnisse auch mit einfachen Einrichtungen.

Weiter kommt dazu, daß die Gase, die mit solchen Temperaturen den Kühler verlassen, die wesentlich über der Außentemperatur liegen, sich in der Saugleitung auf dem Wege bis zur Pumpe noch weiter abkühlen. Die

Gase werden dadurch mit Wasserdampf übersättigt, denn es kann der anfänglich aufgenommene Wasserdampf nicht mehr als Dampf erhalten bleiben. Das Wasser taut aus den Gasen, schlägt sich an den Rohrwänden als Tau nieder, nimmt dabei noch Staub mit und gelangt als schmieriger Schlamm in die Pumpe. Bei Kolbenpumpen wird der Zylinder und Kolben durch Verschleiß leiden; bei Gebläsepumpen wirkt der Schlamm wie ein Sandstrahl zerstörend auf die Schaufel. Dies läßt sich durch Abkühlung der Gase bis auf die Raumtemperatur vermeiden. Dadurch wird auch die notwendige Pumpenleistung, wie schon vorberechnet, kleiner.

Allerdings wird dadurch, daß man die Gase sich mit Wasserdampf sättigen läßt, mit zunehmender Abgangstemperatur die dadurch schon verbrauchte Wärme größer, wie aus Tabelle XII ersichtlich. Man hat dann wenig Wasser für die weitere Abkühlung aufzuwenden.

Das ablaufende Wasser wird sich mit Kohlensäure sättigen und Verluste an Kohlensäure veranlassen. Das Wasser kann aber um so mehr CO_2 aufnehmen, je kälter es bleibt, weshalb man häufig hört, man solle das Wasser möglichst warm am Kühler ablaufen lassen, um diese Verluste gering zu halten. Ganz würden sie verschwinden, wenn man im Idealofen z. B. die Gase mit etwa 70° austreten ließe. Dann würde nach Tabelle XII schon alle freie Gaswärme durch das verdunstende Wasser für seine Verdampfung verbraucht, und wenn man dann für 1 kg Gas gerade 0,228 kg Wasser in den Kühler einführt, würde dies auch vollständig verdampfen. Warmwasser würde dann nicht ablaufen und damit verbundene Kohlensäureverluste würden vermieden. Aber auch die Waschwirkung wird vermindert, weil kein Wasser abfließt, das den Staub abführen könnte.

Es wäre nun zu prüfen, wie die Verluste an Kohlensäure sind, wenn die Gase weiter gekühlt werden und Kühlwasser den Kühler verläßt.

Will ich die Gase auf 20° abkühlen, dann sind nach der Tabelle XII durch das ablaufende Kühlwasser noch 134 WE abzuleiten. Würde das Wasser mit 10° zu- und 20° ablaufen, dann sind $\frac{134}{20 - 10} = 13{,}4$ kg Kühlwasser noch nötig. Bei 20° kann 1 l Wasser 0,9 l reine Kohlensäure lösen, und sinkt die Löslichkeit durch die anderen Gase im ungefähren Verhältnis ihrer Anwesenheit. In den Abgasen sind höchstens 40 Vol.-Proz. CO_2 vorhanden, durch die sich mitlösende Luft würde also vielleicht nur $0{,}9 \cdot 0{,}4 = 0{,}36$ l CO_2 gelöst. In den 13,4 kg Kühlwasser sind somit $13{,}4 \cdot 0{,}36 = \infty\, 5$ l löslich, wenn sich das Wasser im Wäscher mit Gas vollständig sättigt. 1 kg Abgas des Idealofens nimmt einen Raum von $\frac{98{,}85}{141{,}9} = \infty\, 0{,}7$ cbm oder 700 l ein und enthält 40,2 Vol.-Proz. CO_2, also etwa 280 l. Die wohl nur im ungünstigsten Falle aufzuwendende Menge Kühlwasser von 13,4 l kann nur $\frac{5}{280} \cdot 100 = \infty\, 2$ Proz. Kohlensäure aufnehmen. Dies ist schon an sich sehr wenig, und dürfte auch kaum voll verlorengehen, weil im Wäscher die zur vollständigen Abnahme notwendige Zeit fehlt und infolge des in ihm herrschenden

Unterdruckes die Löslichkeit auch vermindert wird. Mit der Anwendung von Kühlwasser braucht man also wegen der Verluste an Kohlensäure nicht zu ängstlich zu sein, denn wenn diese wieder verwendet wird, so geschieht es meistens zum Ausfällen des gebrannten Kalkes in den damit behandelten Zuckerlösungen, Laugen, und dann ist ja die Brennstoff-Kohlensäure noch als Überfluß zur Verfügung.

Die Löslichkeit der Kohlensäure im Wasser nimmt mit der Temperaturzunahme ab. Je wärmer das Kühlwasser abläuft, um so weniger CO_2 wird gelöst und um so weniger geht mit dem ablaufenden Kühlwasser verloren. Andererseits ist aber wegen der damit verbundenen Raumverminderung der Gase, deren weitestgehende Abkühlung erwünscht. Heißer Austritt des Kühlwassers, kalter Austritt der Gase bedingt Gegenstrom im Kühler. Diesen Gegenstrom suchte man bei vielen Kühlern einzuhalten, doch nur wenige besitzen ihn. Was bei Gegenstrom-Mischkondensatoren leicht und vollständig zu erreichen ist, wird hier deshalb vor allem schwierig, weil hier für 1 kg Gas kaum der zehnte Teil, ja bei 70° nur der hundertste Teil der Kühlwassermenge aufzuwenden ist. Dementsprechend ist die Wasserverteilung schwerer, ganz besonders auch deshalb, weil hier nur ein Gas abzukühlen ist, das bedeutend größere Kühl- bzw. Berührungsflächen mit dem Wasser erfordert für den Wärmeübertrag. Dagegen dort bei den Kondensatoren hat man es zum allergrößten Teil mit Wasserdampf zu tun, der hundertmal schneller seine Wärme abgibt als auch die ihm beigemengten wenigen Prozente unkondensierbarer Gase. Man hat sich auch bisher hierüber nur wenig Kopfschmerzen gemacht, doch dürfte auch eine Vertiefung und Verbesserung nur nützlich sein. Die wohl zu Anfang eingeführte Form hat sich fast unverändert erhalten.

Wollte man in einem Gegenstromkühler, die meistens als Kataraktkühler ausgeführt werden, kühlen, dann müßte man infolge der bekannten schlechten Wärmeabgabe bei der Abkühlung der Gase die Kühler vielmal größer ausführen als einen Mischkondensator, der durch Verdichtung des Dampfes die gleiche Wärmemenge abführt. Da man hieran nicht dachte, so war mit den Kataraktkühlern keine große Kühlung zu erzielen, trotz Anwendung großer Kühlwassermengen.

Die im Wasserkühler aufgenommene Wasserdampfmenge wirkt dadurch nachteilig, daß die Gase, z. B. beim Saturieren in Zuckerfabriken, beim Durchgang durch den Saft sich nicht mehr in dem Maße mit Wasserdampf aus dem Saft sättigen können. Die Aufnahme von Wasser aus dem Saft ist ein Gewinn, eine Ersparnis an Brennstoff, weil dadurch schon ein Teil des Wassers aus dem Saft verdampft. Gewinn aber natürlich nur dann, wenn das Gas mit höherer Temperatur in den Saft eintritt, also diese Wärme für die Verdampfung nutzbringend abgibt.

Abkühlung bei möglichst geringem Wasserverbrauch erscheint nützlich. Sie erfolgt dort, wo lange Saugleitungen bis zur Pumpe schon vorhanden sind. Sie könnte noch vermehrt werden durch Rippen, durch Vergrößerung der Rohroberfläche. Aber man will doch bisher durch die Verwendung von Wasser das Gas nicht nur kühlen, sondern auch von Staub möglichst befreien. Es ist deshalb noch zu prüfen, ob ohne Wasser oder möglichste Verminderung das Gas genügend staubfrei zu bekommen ist, so staubfrei, daß es ohne Schaden durch die Pumpe geleitet werden kann.

43. Das Waschen und Reinigen der Kohlensäure.

Die Abgase reißen Staub aus der Begichtung, Koksgrus und teilweise auch Koksasche infolge ihrer Strömungsgeschwindigkeit mit. Die Fig. 53 zeigt, daß in der Brenn- und Vorwärmezone Gasgeschwindigkeiten von mindestens 3,15 bis 4,8 m herrschen, die erfahrungsgemäß mehr als reichlich genügen, um auch ziemlich große Staubteilchen mitzureißen. Wenig Asche wird im Ofen zurückbleiben, in die Kühlzone fallen können, wenn Koks verwendet wird, der nicht schlackt, sondern zur losen Asche verbrennt.

Der Staub entsteht weniger durch Abreiben der Stein- und Koksstücke aneinander, denn ihre gegenseitige Bewegung ist, wie ich dies schon bei der Schichtenbildung angab, nur sehr geringfügig, besonders bei gutgeformten Öfen. Größer ist das Abreiben an der Auskleidung beim Niedergang von Einfluß. In der Hauptsache entsteht er durch das Trocknen des auf dem Kalkstein befindlichen Schlammes und des auf dem Koks befindlichen Feingrus. Diese in der Vorwärmezone trocknenden Teile werden pulverförmig, lösen sich und werden von den Gasen mitgerissen.

Sollen die Gase nutzbar gemacht werden z. B. zum Sättigen, Saturieren der geschiedenen Zuckersäfte, für die Sättigung in der Ammoniak-Sodafabrik u. dgl., so wird man die Unreinigkeiten vorher entfernen, um die Säfte und Laugen nicht unnötig zu verunreinigen. Daß Staub in den Koksofengasen vorhanden ist, zeigt sich beim Öffnen der oberen Schaufenster, Stockerlöcher, wenn die CO_2-Pumpe zu wenig saugt; dann pustet das Gas einem den Staub in die Augen. In so großen Mengen, wie er in den Hochofengasen gefunden wird, kann er aber wohl kaum vorhanden sein. Wieviel Staub in den Kalkofengasen vorhanden ist und wieviel Staub in den bisherigen Kalkofenwäschern entfernt wird, weiß man nicht genau, denn Versuche sind hierüber noch nicht bekanntgeworden. Ich möchte aber auf eine einfache Einrichtung zur Staubbestimmung hinweisen, die *Leo Martins* anführt (Stahl u. Eisen 1905, S. 309) nach nebenstehender Fig. 59, die ohne Beschreibung verständlich ist. *H. Fisch* vervollkommnete diese Vorrichtung durch Anbringung einer Spiritus-Abbrennrinne *a*, um Filter und Auffangvorrichtung auf etwa 100° zu erwärmen (Feuerungstechnik 1915, S. 8, 1. Okt.). Man mißt die durchgesogene Gasmenge (etwa 200 l mittels Gasometer) und wiegt den auf dem Papierfilter zurückgehaltenen Staub. Vielleicht werden solche Bestimmungen auch an Kalköfen noch ausgeführt. *Stach* beschreibt eine Einrichtung zur

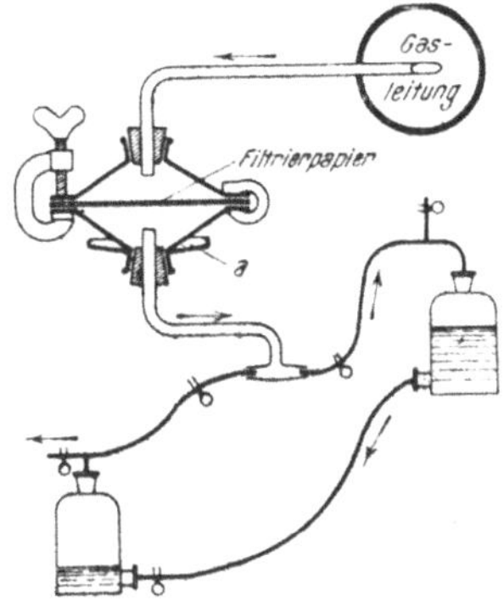

Fig. 59. Einrichtung zur Staubbestimmung.

ununterbrochenen Aufzeichnung des Staubgehaltes (Z. d. V. d. Ing. 1915, S. 897). Dieser als Kapnograph bezeichnete Staubmesser der *Hydro-Apparate-Bauanstalt, Düsseldorf,* besteht aus einer von einem Uhrwerk gedrehten Papiertrommel, auf die das durch eine elektrische Glühlampe vorgetrocknete Gas durch eine feine Düse aufgeblasen wird. Die aufgeblasene Staubdichte wird durch eine abgestimmte Vergleichstafel zahlenmäßig festgestellt.

Während und unmittelbar nach der Begichtung wird natürlich bei der Verwendung von weichem, bröckligem Kalkstein und stark zerriebenem Koks die Staubbildung und so der Staubgehalt der abziehenden Gase am größten sein. Die im allgemeinen zum Absaugen der Gase dienenden Vorrichtungen (Kohlensäurepumpen) dürfen auch nicht mit so staubigen Gasen in Berührung kommen, wenn nicht deren bewegliche Teile unter schnellem Verschleiß leiden sollen. Man schaltet deshalb Vorrichtungen ein, die die Gase nicht nur kühlen, sondern auch reinigen, waschen. Dies sind die sog. Kohlensäurewäscher, Laveure, Schrubber. In Zuckerfabriken wollte man früher durch diese auch die in den Gasen befindliche schweflige Säure auswaschen, weil man sie für schädlich hielt, doch wird diese jetzt sowieso zum Bleichen (Saturieren) verwendet, so daß deren Entfernung aus den Kalkofengasen unnötig ist, wie andere etwa in den Gasen vorhandene Stoffe. Man sollte von vornherein gute Stoffe (Kalksteine, Koks) für die Ofenbegichtung nehmen, um brauchbare reine Gase zu erzielen.

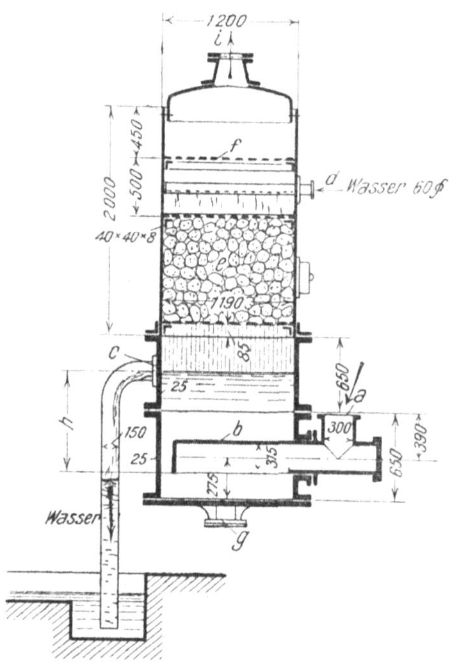

Fig. 60. Eiserner Gaswäscher mit Koksfüllung.

Die Kohlensäurewäscher werden meistens mit Koksfüllung nach Fig. 60 in Eisen, nach Fig. 61 in Steinen gemauert oder als Kolonnenwäscher nach Fig. 62 verwendet.

Beim Wäscher Fig. 60 treten die Gase unten bei *a* ein, die das Schlitzrohr *b* verteilt. Bis zum Überlauf *c* ist der Wäscher mit Wasser gefüllt und muß das Gas den Widerstand der Wassersäulenhöhe *h* überwinden. Das Kühlwasser tritt bei *d* ein und rieselt über die zwischen 2 Sieben festgelagerte Koksschicht *e* hindurch in den Unterteil. Man sieht, daß hier schon ein Teil des Wassers durch *c* ablaufen kann, ohne noch zum Waschen im Unterteil genügend herangezogen zu sein. Es herrscht kein vollständiger Gegenstrom, größerer Wasserbedarf ist die Folge. Das Sieb *f* über dem Wassereinspritzrohr dient zum Abfangen von Wassertropfen, damit diese nicht in die Kohlensäurepumpe gelangen und dort zu Wasserschlägen Veranlassung geben. Der am Boden befindliche Ablaßhahn *g* dient zum Entleeren des Wäschers nach der Stillsetzung. Bei einem solchen Wäscher konnte ich am Gasaustrittsstutzen des Kalkofens (von 26 cbm Inhalt und 11,5 m Höhe) eine Druckschwankung zwischen + 2 und — 3,5 cm Wassersäule mittels Wassermanometers feststellen, dagegen am Austrittsstutzen *i* einen Saugwiderstand von 70 bis 88 cm (stark schwankend). Da die Eintauchtiefe *h* etwa 870 mm betrug, so entsteht fast der ganze Widerstand durch die Wassersäule, sich durch die Gas-Wassermischung infolge des geringen spezifischen Gemisches zeitweilig etwas ver-

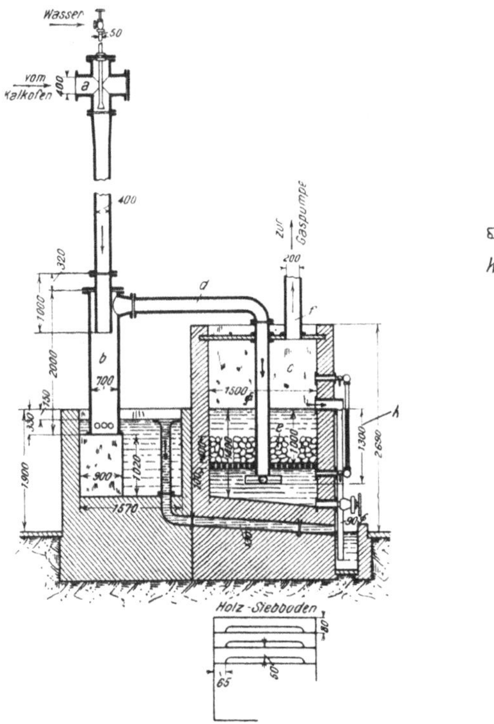

Fig. 61. Gemauerter Gaswäscher.

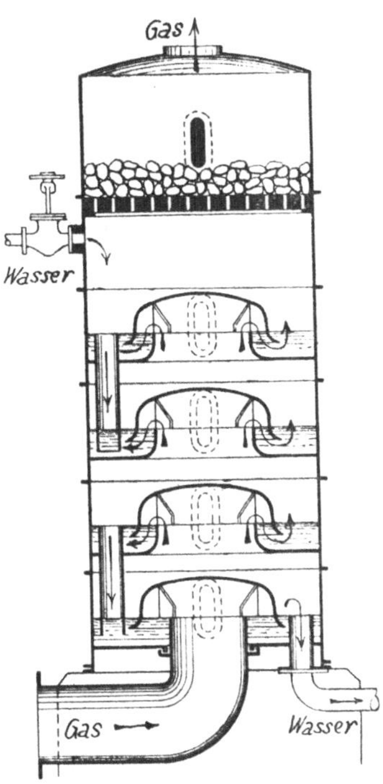

Fig. 62. Kolonnengaswäscher.

mindernd. Man darf auch nicht vergessen, daß der Wasserspiegel nicht stillsteht. Es wird brodeln und spritzen bis gegen das Kokssieb. Und gerade dieses Spritzen zeigt aus Erfahrungen an anderen Staubfängern, daß es für die innige Staubrückhaltung am meisten nützlich ist und dann schon wenige Zentimeter (2 bis 3 cm) Eintauchtiefe genügen. Wozu also die große unnütze Eintauchtiefe?

Der Wäscher nach Fig. 61, zuerst von der Halleschen Maschinenfabrik und Eisengießerei gebaut, besitzt eine Voreinspritzung *a* unter Benutzung der Kohlensäureleitung. Das hier eingespritzte Wasser wird in der Glocke *b* vom Gas getrennt, das vorgekühlt in den eigentlichen Wäscher *c* tritt durch das Verteilungsrohr *d*. Auch hier muß das Gas die Wassersäule *h* überwinden, doch gleichzeitig die Koksschicht *e*, die vom Wasser bedeckt ist. Der Koks lagert auf einem Holzrost, und da der Koks ein geringes spez. Gewicht besitzt, so liegt er nur locker und wird durch die durchtretenden Gase auf- und abgewirbelt. Fortwährend veränderte Lagerung ist die Folge. Gelegentlich kann die Koksfüllung so verlagert werden, daß plötzlich dem Gasdurchtritt großer Widerstand entgegengesetzt wird, der Saugwiderstand wächst, bei gleichem Lauf der Pumpe wird weniger Kohlensäure gefördert, vom Ofen abgesaugt und eine Störung ist die Folge, ohne daß man sich sofort über die Ursache klar wird. Bei diesem Wäscher schwankte oben bei *a* das Gas zwischen 10 cm Wassersäule Unterdruck und 2 cm Überdruck, während am Austrittsstutzen *f* ein Unterdruck zwischen 70 bis 100 cm herrschte. Der Wäscher selbst verursachte also einen Widerstand von 70 bis 90 cm. Da das Rohr *d* 1300 mm oder 130 cm ins Wasser eintaucht, müßte sich eigentlich schon ein hydraulischer Widerstand von 130 cm bemerkbar machen; dies geschieht nicht, weil das durch *a* einfallende Wasser saugend wirkt, also den Widerstand, den die Gaspumpe zu überwinden hat, vermindert, und weil durch das das Wasser durchdringende Gas ein spezifisch leichteres Gemisch entsteht. Immerhin ist der verbleibende Widerstand von 70 bis 90 cm Wassersäule noch recht hoch, der die Arbeit der Gaspumpe wesentlich erschwert. (Diese Gaspumpe hatte einen Kolbendurchmesser von 830 mm mit 600 mm Hub und hatte bei 60 Umdrehungen in der Minute eine Ansaugleistung von etwa 30 cbm/Minute.)

Die Voreinspritzung *a* Fig. 61 hat man früher gern vorgesehen in der Hoffnung auf weitestgehendes Waschen und Kühlen durch die Kühlglocke *b*. Das Waschen wird gut sein, aber die Kühlung allein wäre ungenügend, denn Gas und Wasser bewegen sich schnell fallend im Gleichstrom. In bezug auf die Kühlung ist dann diese Wassermenge der Voreinspritzung unnütz, unnütz den Wasserbedarf vermehrend. Der Voreinspritzer könnte nur als Notbehelf gelten, wenn der vorhandene Wäscher zu klein und ungenügend arbeitet.

Die eisernen Wäscher haben gegenüber den gemauerten den Vorteil größerer Dichtigkeit, es kann nicht Luft unbeobachtet eindringen; sie lassen sich leichter dauernd dichthalten. Aber die eisernen werden an die Gaseintrittsstellen und überall dort, wo die Gase mit dem Wasser in Berührung kommen, stark angegriffen. Diese Teile sollten aus säurebeständigem Gußeisen leicht auswechselbar eingerichtet sein. Dann kann man auch bei diesen Teilen auf zehnjährige Betriebszeit rechnen. Die Kohlensäureeintauchrohre selbst werden als der meistens einerseits von heißem Kohlensäuregas, andererseits vom Wasser bespülte Teil sich noch schneller abnutzen. Schmiedeeisen sollte man an allen Stellen des Wäschers unbedingt vermeiden, weil dies erfahrungsgemäß durch kohlensäurehaltige Wässer viel schneller zerstört wird als Gußeisen. Es wird moorig locker und verliert jede Widerstandskraft. Daß Schmiedeeisen eine geringere Lebensdauer als wie Gußeisen als Baustoff für die Wäscher besitzt, zeigt, daß an einem solchen, wie auf der Fig. 60 dargestellt, die obere schmiedeeiserne Zarge nach 6 Betriebsjahren vollständig durchfressen war und durch eine gußeiserne ersetzt werden mußte.

Die Wäscher wurden früher auch häufig aus Holz angefertigt nach Fig. 63.

Das Holz ist wohl vollständig widerstandsfähig gegen die kohlensäurehaltigen Gase, leidet aber naturgemäß leicht durch zu heiße Gase, die gelegentlich eintreten können. Im Sommer, während der Betriebspause, trocknen die Holzdauben aus, der Wäscher wird undicht, wenn er nicht sogar ganz zusammenfällt. Holzwäscher sind deshalb betriebsunsicher und somit unbrauchbar. Auch die Holzsiebböden der Wäscher nach Fig. 61 sind deshalb nicht sehr zuverlässig; sie können sich durch Aufquellen, Aufschwimmen leicht verwerfen und die geregelte Arbeit des Wäschers aufheben.

Ein solcher Holzwäscher nach den in Fig. 63 angegebenen Maßen war um 1880 in einer Zuckerfabrik hinter einen Kalkofen von 20 cbm Inhalt geschaltet. Sein Waschen und Kühlen war unbefriedigend, so daß man zwei solcher Wäscher hintereinander schaltete. Die dann erzielte bessere Kühlung mußte mit einem Druckverlust von etwa 1,5 bis 2 m Wassersäule in der Saugleitung erkauft werden.

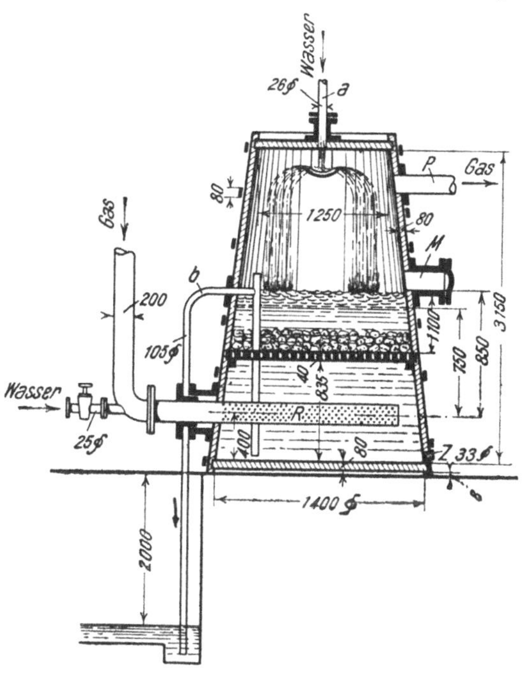

Fig. 63. Hölzerner Gaswäscher.

Die Koksfüllung der Wäscher nach Fig. 60 und 61 hat den Zweck, für eine gleichmäßige Verteilung und Mischung des herabrieselnden Wassers mit den aufsteigenden Gasen zu sorgen. Die Porosität selbst hat hierbei wenig Nutzen, da sich die Poren doch mit Wasser vollsaugen, was darin verbleiben wird, und die äußeren werden bald durch Flugasche verschlammen. Koks verdient hier nur seines geringen spez. Gewichtes wegen den Vorzug, weil die Siebträgerböden weniger belastet werden als z. B. durch eine Kalksteinfüllung. Der Koks muß für die Füllung sorgfältig ausgesucht werden, er soll hart und gut verkokt sein, ohne Teergehalt. Gaskoks wird durch die Kohlensäuregase zu stark angegriffen; er ist auch zu weich und wird durch das mit dem Gasdurchtritt verbundene Aufwirbeln schnell zerrieben und zerbröckelt. Die ausgesuchten Koksstücke, unten solche von etwa 100 mm Durchmesser, nach oben solche bis auf 50 mm sinkend, dürfen nicht etwa ohne weiteres von oben in den Wäscher eingeworfen werden, sondern müssen sorgfältig schichtweise eingelegt werden, so daß möglichst überall im ganzen Querschnitt die gleichen freien Gasdurchtrittsquerschnitte vorhanden sind. Nur dann kann man darauf rechnen, daß das Wasser überall gleichmäßig herabrieselt, die

Gase diesem gleichmäßig entgegenströmen und gut mischen. So ausgewählter und eingelegter Koks kann mehrere Jahre ohne Erneuerung verwendet werden, man sollte aber durch Wassermanometer auch die Tätigkeit des Wäschers daraufhin beobachten, ob der Widerstand nicht zu stark zunimmt, was auf starke Verschlammung und Verkrustung der Koksfüllung schließen läßt.

Die Kolonnenwäscher nach Fig. 62 besitzen größere Eisenmengen; die Teller und Hauben sind schwer zugänglich, die auch mehr zerrostet werden und zu Störungen Veranlassung geben können. Die Kolonnenwäscher sind sehr empfindlich gegen schwankende Luftleere, wie sie durch eine große langsam laufende Gaspumpe erzeugt wird. Sie verlangen deshalb einen verhältnismäßig großen durchlaufenden Wasserstrom, um ein Durchschlagen des Gases zu vermeiden. Sonst tritt feinstverteilter Kalkstaub und Flugasche in großen Gasblasen eingehüllt durch den stoßweise arbeitenden Wäscher, ohne abgefangen zu werden. Große Wassermengen verursachen aber Kohlensäureverluste. Plötzliche Änderungen stören den Ablauf, verursachen ein Anfüllen und einen Übertritt des Wassers bis zur Pumpe. Man hat diese deshalb auch mit einer oberen Koksschicht ausgestattet. Solche Kolonnenwäscher nach Fig. 62 wendet *Solvay* schon im Jahre 1877 an. Sie leiden unter Schlammablagerungen, wegen der vielen wagerechten Stellungen und durch starke Inkrustationen.

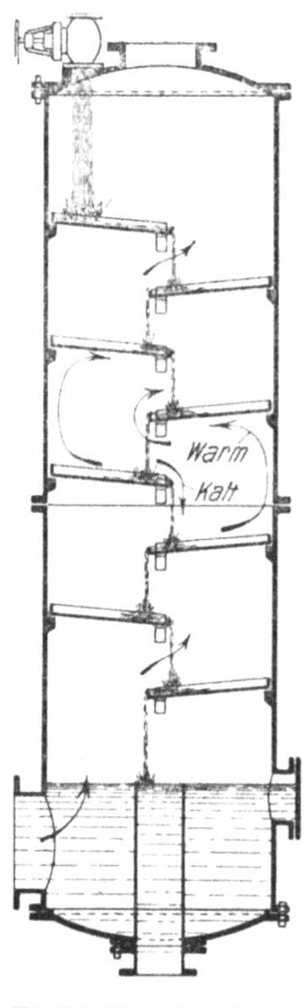

Fig. 64. Kaskadenwäscher.

Von den Wäschern Fig. 64 der Sangerhäuser Actien-Maschinenfabrik und Eisengießerei, die an und für sich einfach sind, die zuerst *Neumann*-Braunschweig als sog. Kaskadenlaveure einführte, waren bis zum Jahre 1894 etwa 42 Stück im Gebrauch. Nach Art der Gegenstrom-Mischkondensatoren ist die gleichmäßige Wasserverteilung schwierig, weil hier verhältnismäßig wenig Wasser angewendet wird in bezug auf die durch- und oben austretende Gasmenge. Während man beim Kondensator auf 1 cbm oben abgesaugtes Gas etwa 100 kg Wasser anwendet, sollte man beim Wäscher nur etwa 20 kg anwenden, die sich auf den breiten Überläufern nicht mehr gleichmäßig verteilen. Zwecks guter Kühl- und Waschwirkung wäre deshalb Wasserverschwendung notwendig.

Bei diesem Wäscher, bei den anderen stehenden nicht in so starkem Maße, wird sich außerdem das Niedersinken der abgekühlten und Aufsteigen der heißen Gase als störende Gasströme bemerkbar machen. Die schon abgekühlten Gase sinken infolge ihres großen Volumgewichtes nach unten, während die heißen Gase, schnell nach oben steigend, den Wäscher ungenügend gekühlt verlassen.

Der Wäscher von *Breitfeld Danek* nach Fig. 65, wie er 1908 auf der Prager Ausstellung zu sehen war, erscheint ganz abwegig. In diesem sollen zwei durch Düsen mit großer Geschwindigkeit gegeneinander platzende Wasserstrahlen für Waschung und Kühlung sorgen. Die Anwendung von Düsen in Wäschern ist lange bekannt und scheint die Anordnung von *Körting* nach D. R. P. 179 626 vom Jahre 1905 zweckmäßiger, denn die Düsen sind wagerecht und tangential an den zylindrischen Wänden angebracht, wodurch eine geregeltere Strömung zu erwarten ist. Wohl dürfte er geringen Druckwiderstand dem Gasdurchgang entgegensetzen, aber die Wasserdüsen verlangen viel unnützes Wasser für die notwendige kräftige Strahlbildung, auch ist die Gasbewegung vollkommen ungeregelt, ebenso der Wasserweg, der keinen Gegenstrom, sondern stark gestörten Mischstrom zeigt.

Ich will hier noch auf die Verhältnisse bei den Hochofenbetrieben hinweisen. Die Hochofengase müssen jezt besonders sorgfältig vom Staub ge-

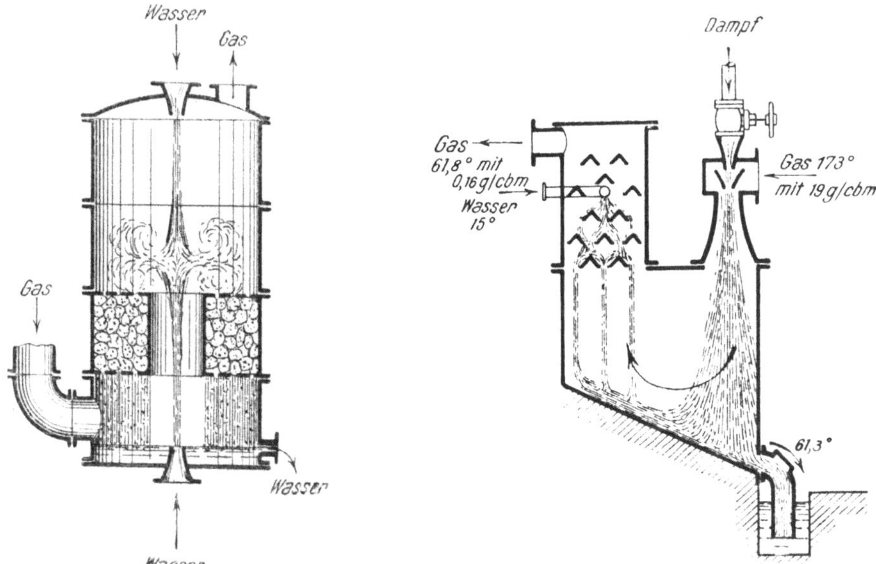

Fig. 65. Wasserstrahlgaswäscher.

Fig. 66. *Körting*scher Injektorengaswäscher.

reinigt werden, seit ihrer ausgedehnten Verwendung zum Betrieb der Großkraftmaschinen. Neben dem Staub wirkt auch hier der Wassergehalt sehr schädlich, weil nasser Staub überall leichter anklebt, trocknet und betriebsschädliche Krusten bildet. Deshalb verlangt man bei den Großgasmaschinen eine Abkühlung der Gase auf 20 bis 30° und einen Staubgehalt von höchstens 0,02 g in 1 cbm Gas (manche gestatten nur 0,002 g). Dabei enthalten die Gase vor ihrem Eintritt etwa 20 g Staub in 1 cbm. Meistens verwendet man Zentrifugalwäscher mit eintauchenden Scheiben u. dgl.

Wedding beschreibt auch in seiner Eisenhüttenkunde die Verwendung der *Körting*schen Injektoren nach dem D. R. P. 179 626 zum Kühlen und Waschen der Hochofengase nach Fig. 66. Sie fanden früher auch einige Anwendung beim Kalkofenbetrieb der Zuckerfabriken, weil sie billig, im Betrieb einfach und mit dem Waschen und Kühlen gleichzeitig die Gase zur Fällung (Saturation) drückten. Sie benötigten aber viel Treibdampf, besonders als die Safthöhe in den Saturateuren immer höher wurde und dadurch die Pressung der Gase stieg. Nach *Wedding* waren bei einem Körting-Gebläsewäscher von 15 cbm Gasleistung bei einem Gegendruck von 40 mm Wassersäule, für 1 cbm Gas 4 l Kühlwasser und außerdem 1 kg Dampf erforderlich. Dabei war die Kühlung auf 61,8° nicht vollkommen, denn die 4 l Kühlwasser konnten gegenüber der großen in 1 kg Treibdampf zugeführten Wärmemenge wenig wirken. Am Eintritt enthielt das Gas 19 g Staub in 1 cbm, am Austritt immer noch 0,16 g/cbm, so daß eine weitere Reinigung im Sägespänefilter nötig war, wo der Staubgehalt auf 0,005 g erniedrigt wurde.

Die Wäscher nach Fig. 59 bis 63 setzen den durchströmenden Gasen einen bedeutenden Widerstand entgegen, der einem Druckverlust von 0,70 bis 2,00 m Wassersäule oder 0,07 bis 0,2 Atm. entspricht, denn man findet auch häufig zwei solcher Wäscher hintereinander geschaltet. Der Hauptwiderstand wird durch die hohe Wassersäule verursacht, durch die das Gas hindurchgesaugt werden muß, die im allgemeinen 800 bis 1300 mm hoch ist. Durch den großen Saugwiderstand, der hinter dem Wäscher an seinem Absaugstutzen einen Unterdruck, eine Luftverdünnung von 5 cm bis 15 cm Hg verursacht, werden die von der Pumpe anzusaugenden Gase entsprechend ausgedehnt, ihr Volumen vermehrt. Der Wasserdampf, der entsprechend der Temperatur im Gas vorhanden ist, wird einen größeren Teildruck ausüben und ebenfalls eine bedeutende Verdünnung der Gase bewirken. Eine größere Pumpe ist für das Absaugen dieser im Wäscher verdünnten Gase notwendig. Die größere Verdünnung entspricht einem höheren Kompressionsgrad, einer der stärkeren Gaszusammenpressung in der Pumpe entsprechenden Gaserwärmung. Um diese Endtemperatur nicht zu hoch werden zu lassen, muß man bei solchen Wäschern auf weitgehende Gasabkühlung vor dem Eintritt in die Pumpe achten.

Die Wäscher mit hohen Druckverlusten sind also in mehr als einer Beziehung nachteilig. Erfahrungsgemäß kann man aber, wie schon gesagt, Gase und Dämpfe vollkommen genügend von Flugasche und Staub befreien, wenn man sie möglichst verteilt, unter Vermeidung großer Blasen, durch wenige Millimeter hohe Wassersäulen drückt. Man sollte deshalb versuchen, solche mit geringem Druckverlust zu verwenden.

Man sollte die Wäscher so bauen, daß das Abgaszuführungsrohr nur einige Zentimeter (2 bis 7) in das Wasser eintaucht, und so ausgebildet ist, daß das Gas das Wasser stark verspritzt und im Wäscher durcheinander wirbelt. Das Durchdringen einzelner großer, Staub einhüllender Gasblasen und schlechtes Waschen ist unmöglich, namentlich wenn dies Eintauchen sich einige Male wiederholt. Durch das Verspritzen und Emporschleudern des Wassers wird für feinste Verteilung, innige Berührung und beste Gaskühlung gesorgt. Über dem Gaseintritt muß ein freier Steigraum zur Verfügung sein, um dies Durchwirbeln auch frei und ungehindert zu gestatten. Am Ausgang müßte ein vergrößerter Steigraum mit Prellblechen angebracht sein, der das tropfenförmige Wasser abscheidet und zurückhält, damit das Gas vom Wasser befreit zur Pumpe gelangt.

Immer soll man aber darauf bedacht sein, das Gaszuführungsrohr leicht auswechselbar zu gestalten, weil dies am schnellsten zerstört, am häufigsten ausgewechselt werden muß.

Bei den senkrecht stehenden Wäschern fehlt der geregelte Weg für das Gas. Im Steigraum wird das frisch eingetretene Gas sich sofort mit dem vorhandenen mischen, nicht dieses vor sich herdrängend, herausdrückend, sondern eine Mischung wird zum Austrittsstutzen gelangen. Die heißen Gase wollen schneller dorthin steigen, die schon gekühlten sinken nach unten, eine ungleiche Kühlung veranlassend. *Kubierschky* will mit seiner Ausführungsform geregelte Gaswege erzielen und dadurch die Kühl- und Waschwirkung erhöhen. So tadellos, wie dies aus der Anpreisung dieser Gaswäscher für alle möglichen Zwecke zu schließen wäre, sind diese meiner Ansicht nach nicht. Die Fig. 67 (Journal f. Gasbeleucht. u. Wasserversorg. 1911, 3/6, Chemische Apparatur 1916, S. 174) zeigt einen *Kubierschky*schen Gaswäscher, der in mehrere Kammern eingeteilt ist, durch Siebböden oder dgl., die den Durchtritt der Gase verhindern, aber den Durchlauf gestatten sollen. Dies mit Sicherheit unter schwankenden Betriebsverhältnissen zu erreichen, dürfte schwer fallen. Siebböden und auch jede ähnliche Form werden sich bald durch Wasserstein, Algen u. dgl. einerseits, durch Flugasche andererseits bald verstopfen. Ferner erfolgt die Kühlung auch nur im gebrochenen Gegenstrom, denn in jeder Kammer, z. B. von *c* bis *d*, von *e* bis *f*, bewegen sich die Gase im Gleichstrom mit dem Kühlwasser. Ein weiterer Nachteil ist der, daß die an den Wänden niedersinkenden Gase, z. B. von *g* bis *d*, die außen hochsteigenden, also kälteren Gase wieder erwärmen. So berühren heiße Gase und stark vorgekühlte die Trennungswand bei *g*. Fehler, die man früher an alten Gegenstrom-Mischkondensatoren fand und jetzt für überwunden hielt. Vorteile vermeintlicher besserer Gasbewegung werden durch andere Übelstände erkauft.

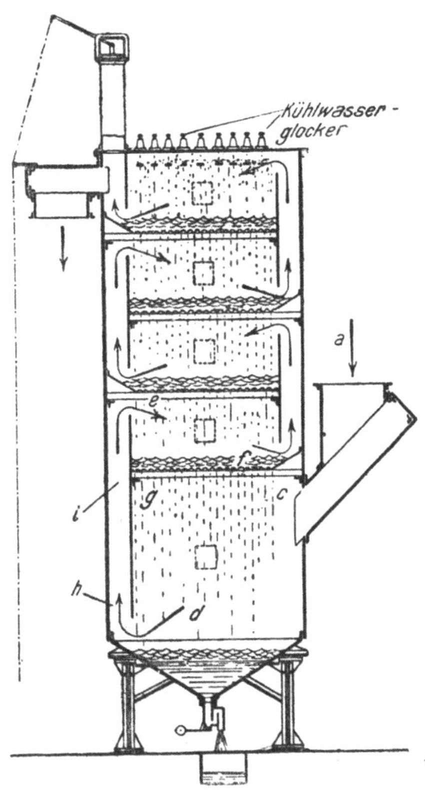

Fig 67. *Kubierschky*'s Gaswäscher.

Im wagerechten Wäscher würden alle die zu stellenden Anforderungen erfüllt. Durch mehrere Scheidewände wird das Gas zum Durchtritt durch das Wasser gezwungen, mit geringem Druckverlust. Das kälteste, unten befindliche Gas tritt zuerst zur nächsten Kammer. Das Kühl-Waschwasser bewegt sich im Gegenstrom zu den Gasen, weitestgehende Gasabkühlung bewirkend, während warmes, also wenig Kohlensäure aufnehmendes Wasser den Wäscher verläßt. Bei einer Abkühlung des Gases auf 30° wären nach Tabelle XII noch 126 WE abzuführen, wozu bei einer Wassererwärmung von 10 auf 70° $\frac{126}{70-10} = 2{,}1$ kg nur noch nötig sind für die Abgase von 100 kg Kalksteinen.

Die Abführung des Waschwassers geschieht am einfachsten durch eine senkrecht nach unten an den Wasserüberlauf anschließendes barometrisches Fallrohr „*c*" (Fig. 60). Dies Rohr taucht ständig unten in Wasser und bekommt zweckmäßig eine Steighöhe von nicht unter 2 m. Dann wird im Rohr, entsprechend des im Wäscher herrschenden Unterdruckes, das Wasser in einer gewissen barometrischen Höhe stehen, so selbsttätig den Wasserablauf bewirkend unter Verhinderung von Lufteintritt. Deshalb muß man aber den Wäscher auch immer mindestens 2 m über dem Wasserspiegel des Ablaufkanals aufstellen. Der Wasserablauf muß gut beobachtbar angeordnet sein.

Alle Wäscher mit Eintauchrohren arbeiten mehr oder weniger stoßweise, was sich bis zum Ofen an den Stockerlöchern bemerkbar macht. Dies scheint mir recht vorteilhaft für die Mischung der Gase im Kalkofen, wodurch eine bessere Verbrennung erfolgt, weil alle Teilchen durcheinander gewirbelt werden und es nicht einzelnen Gasströmen möglich ist, auf kürzerem Wege zum Gasabzug zu strömen. Pilgerschrittartig, vor- und rückwärts pendelnd, ziehen die Gase gleichmäßig vorwärts. Die Stöße dürfen aber nicht so groß sein, daß sie schädlich auf die Gaspumpe wirken.

Alle diese vorgenannten Wäscher genügen in den genannten Grenzen und haben nur den Zweck, die Gase so weit zu kühlen und vom Staub zu befreien, daß sie nicht schädlich auf die Gaspumpe wirken können. Sie können aber nicht die Gase von allen Unreinigkeiten befreien. So sind durch das Waecer nicht die unverbrannten Rückstände, z. B. teeriger Art, zu entfernen; sie dringen als Nebel durch viele Vorlagen, ohne abgefangen zu werden. Bekanntlich ist es deshalb z. B. noch nicht möglich, die Abgase von Automobilen und Rohölmotoren geruchlos zu machen. Wollte man nur gewaschene Kalkofengase z. B. zur Gewinnung flüssiger Kohlensäure verwenden, dann wäre sie für Getränke u. dgl. unbrauchbar, wegen des verbleibenden rauchigen, unangenehmen Beigeschmacks. Zu solchen Zwecken muß man die gekühlten und gewaschenen Gase über Rieseltürme mit kalter kohlensaurer Natronlauge leiten. Die herabrieselnde Lauge nimmt die Kohlensäure aus den Kalkofengasen auf, während die Luft und der Stickstoff entweichen. Die sich unten im Rieselturm ansammelnde, mit Kohlensäure gesättigte Lauge wird in Kochern erwärmt, zwecks Wiederaustreibung der CO_2 und wieder zum Turm zurückgeführt. Erst diese Kohlensäure ist dann so rein, daß sie verflüssigt werden kann. *Fassbender* (D. R. P. 36 702) will Kalkofengase in einem Kolonnenapparat einer Löseflüssigkeit entgegenführen und aus dieser wieder durch Unterdruck abscheiden. Siehe auch die D. R. P. 62 268, 76 130, 77 377,

80 765, 90 327, 90 802, 91 502, 107 983, 107 504, 91 169, 101 390, sowie *Wentzky* (Zeitschr. f. angew. Chem. 1898, S. 1193) und *Schmatolla* (Zeitschr. f. angew. Chem. 1900, S. 1284).

Im Gegensatz zu den vorbeschriebenen nassen Gasreinigern könnte man auch trockene wählen. Die Gase würden dann durch Leitungen mit größerer Kühlwirkung abgekühlt und nun in Staubkammern und Staubfiltern vom Flugstaub befreit. Soll hier eine gleichgünstige Staubbefreiung erlangt werden, dann wird die Anlage umfangreicher und teurer als die Wäscher. Bei solchen trockenen Gasreinigern darf aber die Abkühlung der Gase nicht so weit getrieben werden, daß der immer darin vorhandene Wasserdampf zur Kondensation kommt, an die Filterflächen taut und diese verschmiert und verschlammt. Dieser Wasserdampf stammt einerseits aus der Luftfeuchtigkeit der in den Kalkofen eintretenden Verbrennungsluft und dem aus den eingefüllten Kalksteinen und dem Koks in der Vorwärmezone herausgedampften Wasser.

Erwähnen möchte ich, daß man auch beim Hochofenbetrieb die trockene Kühlung und Reinigung der Gase versuchte, die auch für den Kalkofenbetrieb dann nützlich wäre, wenn man die Gase heiß weiter verwenden will. So verwendete Dr. *Karl Möller* (Z. d. V. d. Ing. 1884, S. 263) D. R. P. 17 085, gepreßte Schlackenwolle, die in gelochte Blechrahmen fest eingepreßt wurde. 1 qm läßt etwa 3 cbm Gas in der Minute durch, bei einem Druckunterschied von 50 bis 100 mm Wassersäule. Der Staub dringt nur wenig ein und soll nur außen anhaften. Er wird von Zeit zu Zeit durch Druckluft mit 4 Atm. abgeblasen. Diese Reinigung macht die Sache umständlich.

Friedrich Schott-Heidelberg hat sich durch die D. R. P. 291 070 und 294 045 Verfahren zur Gewinnung der in den Abgasen von Brennöfen für Portlandzement enthaltenen als Düngemittel verwendbaren Salze schützen lassen, welche auch an Kalköfen verwendbar sein sollen. Sie sind dadurch gekennzeichnet, daß die Abgase zunächst in bekannter Weise von den groben Bestandteilen befreit, dann gekühlt und zuletzt in weiten Staubkammern mit im oberen Teil hängenden Filterschläuchen und oberem Abzug geleitet werden. Die in der Brennzone verdampfenden Salze (Kali- und Ammonsalze) sollen durch die Abkühlung unter 100° abgeschieden werden, unterstützt durch das eintretende Tauen der im Gase vorhandenen Feuchtigkeit. Im Portland-Zementwerk Heidelberg ist das D. R. P. 291 070 an einem Drehofen durchgeführt, wobei täglich 4 bis 5000 kg eines Staubes gewonnen werden, der 20 bis 21 lösliches, an Kieselsäure gebundenes Kali enthält; ca. 7 g davon in Wasser, der Rest in verdünntester Säure löslich. Der Staub wurde in der eigenen Landwirtschaft mit überraschend günstigem Erfolg verwendet. Es wurden Kartoffelerträge von über 10 000 kg auf den Morgen und Dickrüben von 13 kg Gewicht erzielt.

44. Die Größe der Kohlensäurepumpe.

In der Tabelle IX habe ich schon die verschiedenen Gasmengen angegeben, die im Idealofen bei den verschiedenen Kohlenstoffanwendungen entstehen.

Diese von der Kohlensäurepumpe abzusaugende Gasmenge wird in ihrem Volumen noch vermehrt durch den Sauerstoff bzw. Luftüberschuß, die über 20° liegende Temperatur in der Saugleitung vor der Pumpe, den dort herrschenden Unterdruck und durch den im Waschkühler aufgenommenen Wasserdampf.

In der Fig. 68 habe ich zeichnerisch erst die aus der Tabelle XII sich ergebende Abgasmenge eingezeichnet, bezogen auf 760 mm Barometerstand und 20° C. Ferner habe ich darüber die Vermehrung des Gasraumes eingezeichnet, der durch einen Sauerstoffüberschuß von 1, 2 und 3 Proz. entsteht, unter Berücksichtigung der Angaben im Kapitel 38, bei der Berechnung des Verbrennungssauerstoffes. Demnach ergibt sich aus Fig. 68 z. B. bei einem Kohlenstoffaufwand von 9 kg und einem Sauerstoffüberschuß von 2 Proz. eine Vermehrung der Gase von etwa 12 cbm; um diese müßte die Ansaugleistung der Kohlensäurepumpe vergrößert werden.

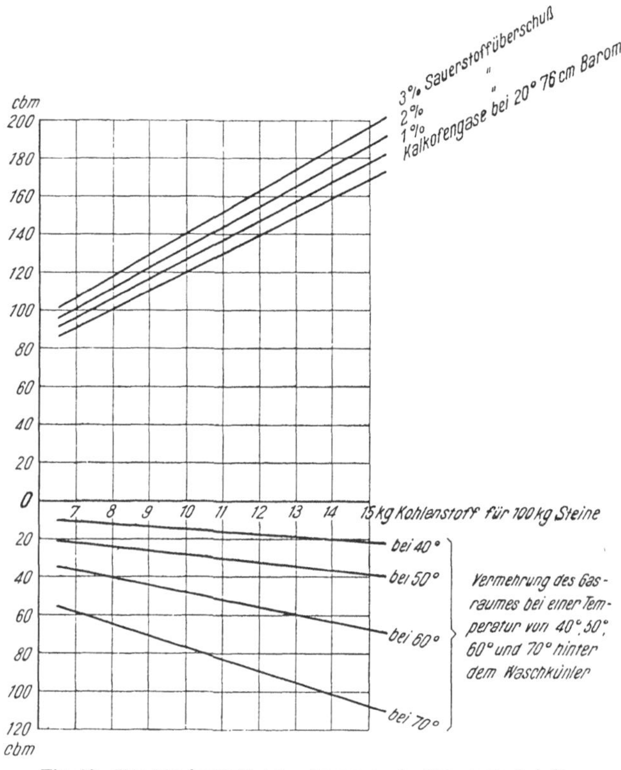

Fig. 68. Für 100 kg Kalkstein abzusaugende Gasmenge, bei den verschiedenen Brennstoffmengen und den verschiedenen Temperaturen hinter dem Waschkühler.

Weiter habe ich die Raumvermehrung der Gase berechnet, die durch die über 20° liegende Temperatur verursacht wird. Sie ist umgerechnet nach den Angaben der Tabelle XII. Während danach 1 kg mit Wasserdampf gesättigtes Kalkofengas bei 20° einen Raum von 0,7 cbm einnimmt, beansprucht es bei 70° etwa 1,15 cbm. Danach nimmt die Raumbeanspruchung um $\frac{1,15}{0,70} = 1,64$ mal zu. Das Ansaugvolumen der Kohlensäurepumpe müßte bei 70° um 64 Proz. größer sein. Dies sind bei 9 kg Kohlenstoff etwa 70,5 cbm; eine ganz beachtenswerte Vergrößerung der Kohlensäurepumpe. Diese Ergebnisse habe ich in Fig. 68 nach unten eingetragen. Ich habe in Fig. 68 auch die Angaben bei 40, 50 und 60° eingetragen.

Weiter wird die Raumbeanspruchung der abzusaugenden Gase durch den Druck verändert, unter dem sie in der Saugleitung stehen. Je geringer der Druck, je größer ihr Raum, je mehr dehnen sie sich aus, je größer muß die Kohlensäurepumpe sein. Stehen die Gase in der Saugleitung unter 1 Atm. absolut (gegenüber der äußeren Atmosphäre weder Über- noch Unterdruck), dann verbleibt z. B. bei 60° nach Fig. 69 für das Gas ein Teildruck von 0,805 Atm., weil der Wasserdampf einen solchen von 0,195 Atm. ausübt. In der Fig. 69 habe ich noch die Wasserdampfdrucke zeichnerisch dargestellt in ihrer Abhängigkeit von der Temperatur, den Überblick erleichternd. Sinkt nun der Gesamtdruck in der Saugleitung, so bleibt bei gleicher Temperatur auch der Wasserdampfdruck immer unverändert, die Druckverminderung geht also allein auf Kosten des Gasdruckes.

Verursachen die Gesamtwiderstände einen Druckverlust von 2 m Wassersäule, so zeigt die Fig. 69 deutlich, daß dadurch nur der Teildruck des Gases verringert wird. Bei 60° Abgastemperatur würde er nur noch etwa 0,6 Atm. gegenüber den 0,8 Atm. nach Tabelle XII betragen, so daß die Raumbeanspruchung des Gases um $\frac{0,8}{0,6} = 1,33$ zunimmt. Dies weist seinerseits wieder dringend darauf hin, die Waschkühler mit geringem Druckverlust zu bauen.

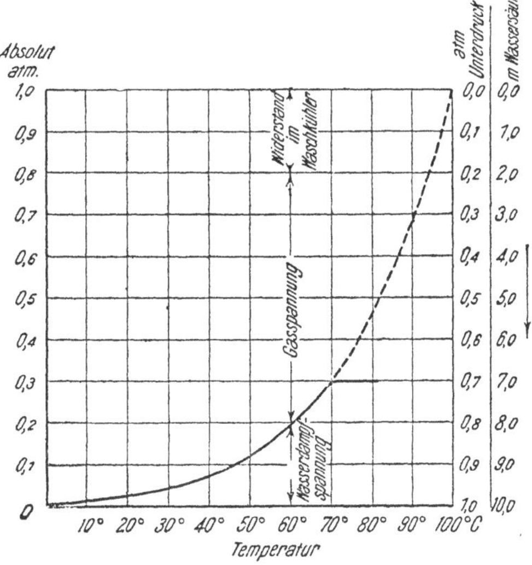

Fig. 69. Einfluß der Wasserdampfspannung auf den Gasdruck.

Durch Verengungen in der Saugleitung, die ich z. B. in der Fig. 58 erwähnte, steigen die Widerstände ganz bedeutend an. So fand ich z. B. in einer Saugleitung laut Diagramm an der Kohlensäurepumpe einen Unterdruck von 0,36 Atm., gleich 0,64 Atm. absolut. Tritt dann das Gas mit 70° aus dem Waschkühler, dann sinkt der zur Verfügung bleibende Teildruck der Ofengase auf 0,64 — 0,3 = 0,34 Atm. Das Gasvolumen vermehrt sich um das $\frac{0,8}{0,34} = 2,3$fache und dementsprechend die notwendige Ansaugleistung der Luftpumpe.

Die Raumbeanspruchung nimmt infolge des starken Ansteigens der Wasserdampf-Druckkurve mit der Temperatur außerordentlich zu. Da aber nach der Berechnung im Abschnitt 42 die Temperatur nur auf höchstens 70° steigen kann, so kann die höchste Teilspannung des Wasserdampfes auch nur 0,3 Atm. absolut steigen. Diese Grenze kennzeichnet der Knick auf der Dampfspannungskurve nach Fig. 69.

Herrscht am Eintritt des Gases in die Pumpe eine Temperatur von 60° und ein Sauerstoffüberschuß von 2 Proz., dann hat die Kohlensäurepumpe für je 100 kg Kalkstein nach Fig. 68 bei einem Kohlenstoffaufwand von 9 kg (etwa 10 kg Koks) etwa 122 + 44 = 166 cbm abzusaugen, wenn in der Saugleitung kein Unterdruck herrscht. Herrscht aber ein Unterdruck von 0,85 Atm. = etwa 1,5 Wassersäule, dann sinkt nach Fig. 69 der Gasteildruck von 0,8 Atm. auf 0,8 — 0,15 = 0,65 Atm. Dann muß die Ansaugleistung der Pumpe auf $166 \cdot \frac{0,8}{0,65} = 166 \cdot 1,23 = 204$ cbm ansteigen. Werden demgegenüber die Gase in einem Gegenstrom-Waschkühler auf 40° abgekühlt, und hat dieser Kühler mit Leitung nur 0,5 m Wassersäule Widerstand, dann hätte die Pumpe zu saugen, nach Fig. 68 u. 69, nur $(122 + 13) \cdot \frac{0,93}{0,93 - 0,05} = 135 \cdot \frac{0,93}{0,88} = 142$ cbm. Sollen in dem Kalkofen 36 000 kg Kalksteine im Tage gebrannt werden, also in der Minute 25 kg, so müßte die Kohlensäurepumpe im ersteren Falle eine minutliche Ansaugleistung von $204 \cdot \frac{25}{100} = 51$ cbm besitzen, im letzteren Falle bei gutem Wäscher und guter Gasleitung nur $142 \cdot \frac{25}{100} = 35,5$ cbm. Würde man die Pumpe für diese Ansaugleistung von etwa 35 cbm vorsehen, dann wird sie im allgemeinen genügen, denn man kann bei gutem Betrieb damit rechnen, daß man mit weniger als 9 kg Kohlenstoffzusatz auskommt, also weniger Verbrennungsgase entstehen. Man muß sich diesem geringeren Verbrauch an abzusaugender Gasmenge als auch einem größeren anpassen können. Genau wie es bei jedem Feuer, jedem Dampfkessel notwendig ist, die Menge der Verbrennungsluft sorgfältig einstellen zu können. Dort geschieht dies bei der an und für sich gleichmäßigen Saugwirkung des Schornsteins, durch mehr oder weniger Abdrosseln der Saugwirkung mittels der Essenschieber und der Frischluftzuführungsklappen. Auch hier beim Kalkofen könnte die Einstellung, Regulierung der Gasmenge durch einen Drosselschieber in der Saugleitung erfolgen, indem man den Saugwiderstand künstlich erhöht, niedrigen Unterdruck erzeugt, die Gase dehnen sich aus und die Pumpe saugt wohl dasselbe Gasvolumen ab, da dies aber dünner ist, weniger Gasgewicht. Wegen der Einfachheit wird diese Art bei den Turbogebläsen, die meistens durch einen Elektromotor oder eine Dampfturbine unmittelbar angetrieben werden, erfolgen. Immer ist dieser künstliche Saugwiderstand wie beim natürlichen mit Kraftverbrauch verbunden. Bei Kohlensäurepumpen mit gekuppelter Dampfmaschine wird man diese deshalb mit einem solchen Regler versehen, der in leichter Weise die Einstellung der Umdrehungszahl gestattet. Für kleinere Dampfpumpen haben sich die *Zabel*schen Leistungsregulierapparate bewährt, die durch Dampfdrosselung wirken, für größere die verschiedenen sog. Leistungsregulatoren, die auf die Steuerung des Dampfzylinders wirken.

Bei zu großer Pumpe durch einen Hahn o. dgl. Luft in die Saugleitung eintreten zu lassen, ist, abgesehen von dem damit verbundenen höheren Kraftverbrauch, weil ein größeres Gasgewicht zu fördern ist, nachteilig durch zu große Verdünnung der Gase für die Sättigung. Man jagt dann auch unnötige Gasmengen durch die Säfte. Man verschleiert die Analyse der Gase, die meistens durch Gasentnahme aus der Druckleitung erfolgt, weil man nicht genau weiß, ob der in den Gasen festgestellte Sauerstoffüberschuß durch den Ofen gegangen ist oder nicht. Es können sich dann in den Gasen 10 und noch mehr Prozent O befinden und trotzdem auch CO.

Wir haben gesehen, wie nachteilig die Druckwiderstände in der Saugleitung vom Ofen bis zur Kohlensäurepumpe den Betrieb dieser nachteilig beeinflussen und daß diese Widerstände deshalb möglichst zu vermindern sind. An der im Betrieb befindlichen Anlage muß man dann aber auch dafür sorgen, daß diese Widerstände nicht unzulässig wachsen, sei es durch Verengung mittels Flugasche, Verstopfungen im Waschkühler u. dgl. Dies läßt sich leicht durch Einschaltung von sog. Wassermanometern an den verschiedenen Stellen überwachen. Vom Ofen bis zum Waschkühler wird pendelnd ein geringer Über- und Unterdruck von einigen Millimetern Wassersäule herrschen. Mittelst U-förmig gebogenen Glasrohres, das man zwecks Verstärkung der Anzeige schräg legt, kann man dies genau messen. Hinter dem Wäscher verwendet man ein einfaches Glasrohr von 1 bis 2 m Länge, je nach dem Saugwiderstand, das in eine kleine Glasflasche eintaucht und oben mittels Hahn und Schlauch an die Meßstelle angeschlossen ist.

In die Meßstelle, wohl meistens die Gasrohrleitung, sollte man das Manometer bis zur Mitte einschieben und das Rohrende senkrecht abschneiden. Ob man dabei den Rohranschluß bis in die Rohrmitte führt oder nur mit der Rohrwand abschneiden läßt, immer wird man nur den Druck, der gerade an dieser Stelle herrscht, messen, aber nicht den mittleren, der sich über dem ganzen Rohrquerschnitt ergeben würde. Der Druck wird infolge der Gasströmung an den verschiedenen Stellen des Rohrquerschnittes verschieden sein. Für die Praxis sind diese geringen Unterschiede aber ohne Bedeutung, es genügt, den Druck immer an der gleichen Stelle zu messen, die nicht direkt durch die Gasströmung wesentlich beeinflußt wird.

Man muß sorgfältig darauf achten, daß der Gasstrom nicht gegen die Meßöffnung gerichtet ist, sonst wird durch den Gasstoß Überdruck angezeigt; der Gasstrom darf aber auch nicht saugend auf die Meßöffnung wirken.

Die Länge der hochgesaugten Wassersäule zeigt unmittelbar die Saughöhe, den Saugwiderstand, den die Pumpe überwinden muß. Schon *Hodek* empfahl (Böhmische Zuck.-Ztg. 1874, Bd. 3, S. 244) für den Kalkofenbetrieb solche Wassermanometer; trotzdem haben sie sich auch heute noch nicht genügend eingebürgert. Wochenlang arbeitet der Ofen gut, plötzlich tritt eine Störung ein und man hat keine Ahnung, woran es liegt. Hat man aber regelmäßig die Saugwiderstände täglich aufgeschrieben, so wird man durch plötzliche Änderungen auf Störungen aufmerksam, deren Ursachen man leichter ergründen und abhelfen kann.

Bei den Kolbenluftpumpen und auch bei manchen Wäschern werden die Gase stoßweise abgesogen und dadurch ein starkes Pendeln der Wassersäule verursacht, was ein genaues Ablesen erschwert. Dann soll man in den Anschlußschlauch eine Art Windkessel, eine Glasflasche mit zwei Stutzen, einschalten und den Gashahn etwas drosseln, bis das Pendeln der Wassersäule auf ein zulässiges Maß vermindert ist.

45. Die Erhöhung des Gasdruckes für die Weiterförderung.

Um die angesaugten Gase weiterfördern und in die für ihre Weiterverwendung nötigen Vorrichtungen schaffen zu können, müssen sie unter einen solchen Druck gesetzt werden, der imstande ist, die bei dieser Weiterleitung und Verwendung auftretenden Widerstände zu überwinden. Deren Größe ist je nach dem Verwendungszweck sehr verschieden, und würde es zu weit führen, auf alle möglichen Verwendungsarten einzugehen.

Um die Gase unter höheren Druck zu setzen, müssen sie zusammengepreßt, verdichtet, komprimiert werden.

Bei der Verdichtung der Gase wird die hierfür aufgewandte Arbeit in Wärme umgesetzt, was sich durch die Erwärmung der verdichteten Gase bemerkbar macht. Hiermit hängt eine Ausdehnung der Gase zusammen, die aufzuwendende Verdichtungsarbeit wird größer und die Wandungen der Pumpe erhitzen sich. Bei Kompressoren und Luftpumpen, die mit großen Kompressionsgraden $E = \frac{p_2}{p_1}$ arbeiten, sucht man diese Nachteile durch Kühlung der Pumpenwandungen zu vermeiden. Hier bei der Kohlensäurepumpe haben wir nur Kompressionsgrade von höchstens 2,5, wobei die Erwärmung der Gase von 40° auf etwa 135° betragen würde, wenn keine Wärme nach außen abgeleitet würde, durch Leitung und Strahlung verlorenginge, also sog. adiabatische Kompression vorhanden wäre. Um sich auch für Ausnahmefälle ein Bild, von der bei der adiabatischen Kompression eintretenden Gaserwärmung, machen zu können, gebe ich nachstehend die Tabelle XIII.

Tabelle XIII.

1	$E = \frac{p_2}{p_1}$ . . . . {Kompressionsgrad}	1,1	1,2	1,3	1,4	1,5	1,6	1,7	1,8	1,9	2,0	2,5	3,0	4,[illegible]
2	$\frac{T_2}{T_1}$	1,028	1,054	1,079	1,103	1,125	1,147	1,167	1,186	1,205	1,223	1,305	1,376	1,4[illegible]
3	Endtemperatur t_2 des Gases, wenn die Anfangstemperatur $A_1 = 40°$, also $T_1 = 273 + 40 = 313°$ beträgt . . . . °C	49	56	65	72	79	84	92	98	103	109	135	157	19[illegible]

In dieser Tabelle ist in der ersten Spalte der Kompressionsgrad $E = \frac{p_2}{p_1}$, das Verhältnis des Enddruckes zum Anfangsdruck, angegeben, beide müssen in absoluten Atmosphären eingesetzt werden. In der Spalte 2 ist das dabei vorhandene Verhältnis der absoluten End- und Anfangstemperaturen $\frac{T_2}{T_1}$ eingetragen. Daraus läßt sich leicht die bei einem bekannten Kompressionsgrad eintretende Endtemperatur berechnen. Beträgt z. B. die Saugspannung 1 m Wassersäule = 0,9 Atm. absolut, der Druck hinter der Pumpe 2,6 m Wassersäule = 1,23 Atm. absolut und die Gastemperatur am Eintritt in der

Pumpe 15°, dann ist $\frac{p_2}{p_1} = \frac{1,26}{0,9} = 1,40$. Nach Tabelle XIII ist dann $\frac{T_2}{T_1} = 1,103$ und daraus die absolute Endtemperatur $T_2 = 1,103 \cdot T = 1,103 \cdot (273 + 15) = 318$, entsprechend einer Temperatur von $t_2 = 318 - 273 = 45°$. Hinter dem guten Wäscher kann man rechnen, daß die Gase nicht wärmer als mit 40° in die Pumpe eintreten, dann würde unter gleichen Verhältnissen eine Endtemperatur von 72° eintreten, wie aus Spalte 3 ersichtlich.

In Wirklichkeit wird aber die Gastemperatur infolge äußerer Wärmeverluste obige Höhe nicht erreichen können, sie bleibt niedriger, es erfolgt nur sog. polytropische Kompression, ein Mittelding zwischen der adiabatischen und der bei unveränderter Temperatur erfolgenden isothermischen Kompression. An einer liegenden Flachschieber-Kohlensäurepumpe von 830 mm Zylinderdurchmesser, 600 mm Hub, unmittelbar mit dahinter liegendem Dampfzylinder von 400 mm Durchmesser gekuppelt, die im Jahre 1903 gebaut wurde, stellte ich im Jahre 1913 folgende Zahlen fest.

Umdrehungen in der Minute	Temperatur der Gase, gemessen am		Berechnete Austritts-temperatur
	Eintrittsrohr *a*	Austritt *b*	
52	42°	71°	74°
60	44°	87°	86°

Der Unterdruck in der Saugleitung betrug 0,7 bis 1,0 m Wassersäule, etwa 0,92 Atm. absolut, der Überdruck 2,8 Wassersäule = 1,28 Atm. absolut. Der Kompressionsgrad ist $E = \frac{1,28}{0,93} = 1,4$. Daraus bei adiabatischer Kompression nach Tabelle XIII eine Gastemperatur von etwa $a + 32 = 42 + 32 = 74$ zu erwarten wäre. Sie betrug aber nur 71°, was auf wesentlichen äußeren Wärmeabfluß bei der langsam laufenden Pumpe mit ihren großen Abmessungen hindeutet. Man sieht aber noch, daß mit zunehmender Umlaufzahl, mit zunehmender Leistung die Gaserhitzung zunimmt, die für adiabatische Kompression berechnete übersteigt, was ohne weiteres klar ist, denn bei der zunehmenden Leistung bleibt die Wärmeabgabe der Pumpenwandungen unverändert, die in Wärme umgesetzte Reibungsarbeit nimmt zu, eine höhere Gaserhitzung muß eintreten. Aber auch die Temperatur von 87° ist noch verhältnismäßig niedrig, von geringem Nachteil, so daß man von der Anwendung von Wasserkühlmänteln bei den Kohlensäurepumpen im allgemeinen absehen kann. Bei schnellaufenden Pumpen muß die Erfahrung lehren, ob die Anwendung eines Wasserkühlmantels oder wenigstens durch Rippen vergrößerte Kühlwirkung nötig ist. Für manche Arbeitsweisen kommen höhere Drücke in Frage, und will ich noch die Zahlen geben, die an einer Kohlensäurepumpe mit Stahlplattenventilen (Fig. 70) (*Franz Beyer & Co.*, Erfurt) gemessen wurden. Dieser Ventilkompressor hatte einen Zylinder von 340 mm Durchmesser und 400 mm Hub und machte 154 Umdrehungen, wobei sein Hubraum 670 cbm stündlich betrug. Der Zylinder und Zylinderdeckel besaßen Wasserkühlmantel. Der Unterdruck in der Saugleitung betrug 1 m Wassersäule = 0,9 Atm. absolut und der Druck in der Druckleitung 2 Atm., also 3 Atm. absolut, nach dem Diagramm Fig. 71 c. Die Luft trat mit 19° in den Kompressor ein und mit 93° aus; das Zylinderkühlwasser mit 14° ein bzw. 93° aus. Bei adiabatischer Verdichtung müßte sich aber eine wesentlich höhere Temperatur ergeben, denn es ist $E = \frac{3,0}{0,9} = 3,33$ und so nach Tabelle XIII $\frac{T_2}{T_1} = 1,41$ und somit die Austrittstemperatur $t_2 = 1,41\,(273 + 19) - 273 = 139°$. Der Wasserkühlmantel ist demnach recht wirkungsvoll, doch wäre die Temperatur von 139° nicht als gefährlich zu betrachten, so daß man unter den vorliegenden Verhältnissen auch ohne den Kühlmantel auskommen könnte.

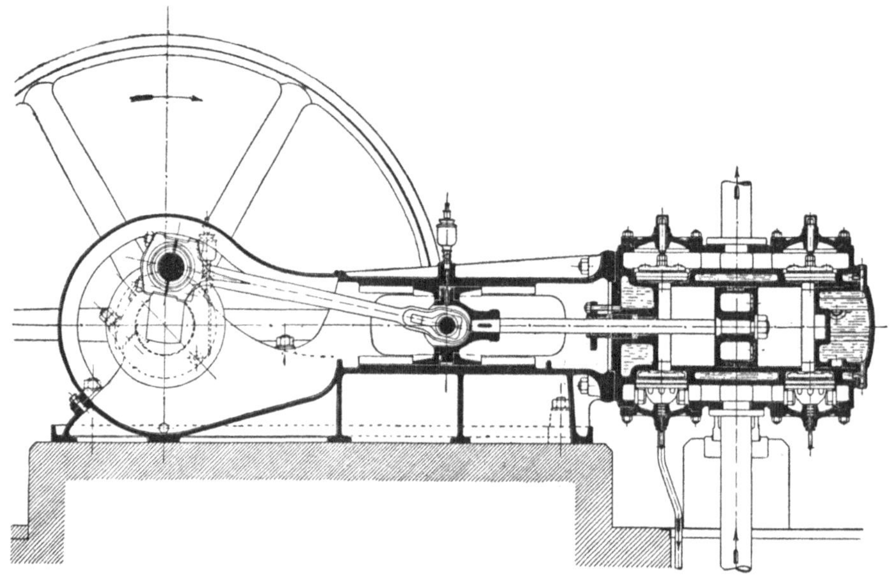

Fig. 70. Kohlensäurepumpe mit Stahlplattenventilen.

Häufig wird davon abgeraten, der Kohlensäurepumpe zu heiße oder ganz trockene Gase zuzuführen, weil dann eine zu starke Schmierung notwendig wäre; deshalb meint man, es wäre besser, das Gas feucht zu halten, ja man empfiehlt die ständige Zuführung von etwas Wasser in den Zylinder, um den Staub auszuspülen. Dann hat man wohl kein Öl für die Schmierung notwendig, aber es entstehen die schon früher (S. 181) angegebenen Nachteile. Man will mit kleinen Mittelchen die schlechte Wirkung des Wäschers verbessern; hier in der Pumpe, also am falschen Platze, zu spät das Versäumte nachholen. Dazu war doch aber nur der Wäscher vorgesehen, um den Staub von der Pumpe fernzuhalten. Durch die nassen Gase, die Wassereinspritzung bildet sich mit dem Staub Schlamm, der schmirgelnd für starken Verschleiß sorgt. Das Wasser sättigt sich mit Kohlensäure, was dann das Eisen der Pumpe stark angreift, denn bekanntlich ist kohlensäurehaltiges Wasser sehr schädlich für Eisen, die Rostbildung wird außerordentlich beschleunigt und vermehrt. Es bereitet bei gewöhnlichen Kompressoren doch gar keine Schwierigkeiten, trockene, warme Luft aus der Atmosphäre anzusaugen und beliebig zu verdichten, deshalb sollte man auch hier für trockene, staubfreie Ofengase sorgen, denn trocken und staubfrei soll die Luft für jeden Kompressor sein. Auch bei den rotierenden, wo vorhandener Staub, wie in einem Sandstrahlgebläse, stark zerstörend auf die Schaufeln und Düsen einwirkt. Nasse staubhaltige Gase geben auch hier wie bei den Kolbenpumpen zur betriebsstörenden Krustenbildung Veranlassung. Der Schlamm bleibt am Gehäuse hängen, trocknet infolge der Kompressionswärme aus, brennt fest und kann ein Festsetzen des Laufrades, ja dessen vollständige Zerstörung, aber mindestens dessen schnellen Verschleiß bei erhöhtem Kraftverbrauch bewirken.

46. Die Kohlensäurepumpen.

Wenn es sich nicht allein darum handelt, die Widerstände, die sich der Bewegung der Kohlensäuregase entgegensetzen durch die Ofenfüllung, sondern auch die in den Röhren und den Kühlwäschern zu überwinden und die Gase weiterzudrücken, dann verwendet man die Kohlensäurepumpe. Meistens werden die Gase in die mit Flüssigkeit angefüllten Fäller, Saturateure, gedrückt und müssen zur Durchdringung dieser Flüssigkeitssäule entsprechend verdichtet, unter Druck gesetzt werden.

Verwendung kann hierfür jede Fördereinrichtung finden, die sich überhaupt zur Förderung von Gasen eignet und die es gestattet, die vorgenannten Saug- und Druckwiderstände zu überwinden. Besondere Anforderungen sind nicht zu stellen, mit Ausnahme der Einstellbarkeit der Förderleistung, um die Gasabsaugung, den Zutritt der Verbrennungsluft dem Ofengang anpassen zu können.

Das früher mehrfach verwendete *Körting*sche Dampfstrahlgebläse Fig. 66 kommt wegen seines großen Dampfverbrauches nicht mehr in Frage, trotzdem es außerordentlich einfach, billig und betriebssicher ist.

Die weitestgehende Anwendung haben die Kolben-Luftpumpen mit Klappen, Ventilen oder Schiebern gefunden und in neuerer Zeit auch die rotierenden Gebläse.

Die Luftpumpen mit Ventilklappen aus Gummi sind sehr unempfindlich, leiden selten durch Unfälle und sind daher einfach in der Bedienung und Wartung. Aber die großen Ventile besitzen große schädliche Räume und vermindern den räumlichen Wirkungsgrad ganz beträchtlich. Die Gummiklappen leiden sehr durch die Gase, werden bald hart und brüchig. Deshalb wird diese Pumpenart für Kalkofengase nicht mehr gebaut.

Kohlensäurepumpen mit Ventilen aus Bronze oder Stahlplatten besitzen die vorgenannten Nachteile der Klappenpumpen nicht und zeigt Fig. 70 eine solche Ventilluftpumpe. Die schädlichen Räume können viel kleiner gehalten werden, wodurch der räumliche Wirkungsgrad bedeutend wächst.

Kohlensäurepumpen mit Schiebern haben die weitestgehende Anwendung gefunden, werden aber in neuerer Zeit durch die einfacheren mit Ventilen verdrängt. Über dem Schieber, auf der Druckseite, bringt man Rückschlagventile an, um den zu frühen Rücktritt der Luft durch den vorzeitig geöffneten Schieberkanal zu verhindern. Dann wird an Kraft gespart. Bei der Ventilpumpe wirken schon die Druckventile selbst in diesem Sinne kraftsparend.

Die Fig. 71 a bis c zeigt verschiedene Diagramme, die von einer Ventilluftpumpe nach Fig. 70 genommen wurden, von 340 mm Durchmesser, 400 Hub und 153 Umdrehungen/Minute.

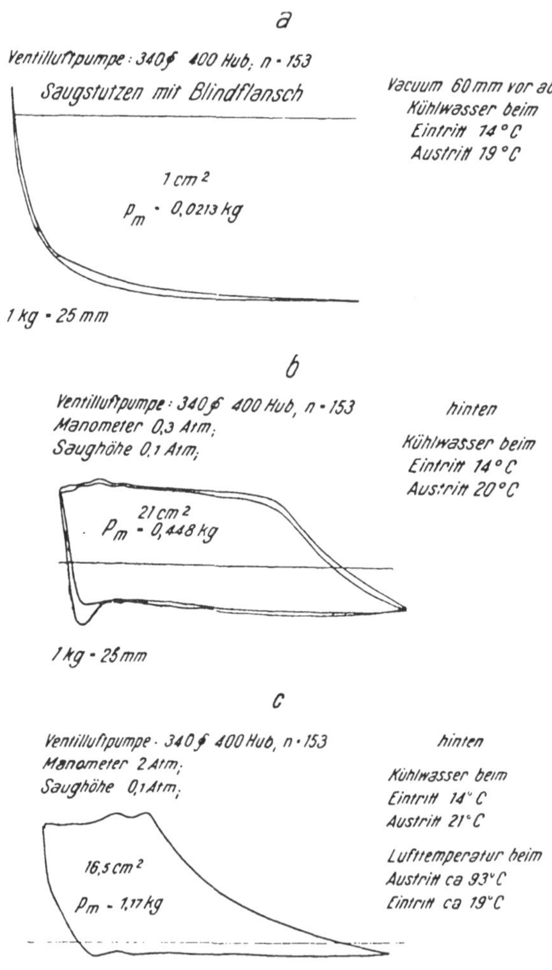

Fig. 71 a bis c.

a zeigt das Diagramm bei geschlossenem Saugstutzen, wobei eine Luftleere von 60 mm Hg absolut erreicht wurde. Diese Art von Diagrammen zeigt die gute Ausführung der Pumpe, die geringen schädlichen Räume, die gut arbeitenden Ventile, weil nur dann eine solche hohe Luftleere erzielbar ist.

b ist ein Diagramm, wenn die Luft aus einem Raum von 0,1 Atm. Unterdruck abgesaugt und mit einem Überdruck von 0,3 Atm. weitergedrückt wird. Mit einem Überdruck, wie er z. B. in Zuckerfabriken für die Verwendung der Kalkofengase zum Wiederausfällen des Kalkes aus dem Zuckersaft üblich ist.

c ist genommen bei einer Saughöhe von 0,1 Atm. und einer Gaspressung von 2 Atm. Überdruck, also 3 Atm. absolut. Es ist das eine Druckhöhe, wie sie wohl nur selten bei Kalkofengasen Anwendung findet. Bei einer Kühlwassertemperatur von 14° am Ein- und 21° beim Austritt wurde die schon erwähnte Gastemperatur von nur noch 93° festgestellt, als das Gas mit 19° eintrat.

Unnütz ist aber bei den Kohlensäureschieberpumpen der sog. Druckausgleich, der darin besteht, daß kurz vor dem Hubende die im schädlichen Raum verdichtete Luft auf die andere Zylinderseite überströmt und so ein früheres, ja bei größerem Druckunterschied überhaupt nur noch ein Ansaugen ermöglicht. Wichtig deshalb bei Luftpumpen, bei denen die Druckunterschiede, der sog. Kompressionsgrad, groß sind, denn bei einem Kompressionsgrad von $E = \frac{\text{Enddruck}}{\text{Anfangsdruck}} = \frac{p_2}{p_1}$, etwa 15 bis 20 und mehr, wird der volumetrische Wirkungsgrad fast Null. Bei den Kohlensäurepumpen kommen aber nur höchstens $E = \frac{2{,}0}{2{,}8} = 2{,}5$, gewöhnlich aber nur $E = \frac{1{,}2}{0{,}9} = 1{,}33$ und weniger vor. Bei $E = 2$ z. B. nimmt der volumetrische Wirkungsgrad durch den Druckausgleich nur um 4 Proz. zu, dagegen aber auch gleichzeitig der Kraftverbrauch. Ein Vorteil ist durch ihn also hier nicht zu erwarten. Er wurde trotzdem früher häufig angewandt, weil man die Verhältnisse verkannte.

Rotierende, sog. Turbogebläse wurden meines Wissens für Kalköfen zuerst in der Zuckerfabrik *Albert Bouchon*, Nassandres-Frankreich, angewandt. Diese Zuckerfabrik ist wie keine andere durch Einzelantriebe mittels Elektromotoren oder Dampfturbinen ausgezeichnet. Fast alle hin- und hergehenden Maschinen sind verschwunden, alles dreht sich. Dort wurde im Jahre 1906 ein *Rateau*sches Turbogebläse für eine minutliche Leistung von 30 cbm aufgestellt, das durch Dampfturbine angetrieben wurde und betrug die Gaspressung 1,4 Atm. absolut. *Marek*, Breslau, bringt eine Beschreibung und einige Abbildungen über *Rateau*sche Kohlensäuregebläse (Die Deutsche Zuckerindustrie 1910, S. 725).

Als Vorzug gegenüber Kolbengebläsen nennt man:

Unmittelbaren Antrieb von einer schnellaufenden Dampfturbine oder einem Elektromotor ohne Arbeit verbrauchende Zwischenglieder.

Geringen Raumbedarf.

Verminderung der beweglichen Teile, und somit Vereinfachung der Wartung und Bedienung.

Geringen Ölverbrauch, weil nur zwei Ringschmierlagen mit Öl zu versehen sind.

Dagegen kann ich es nicht als Vorteil ansehen, daß bei den Turbogebläsen der Gasstrom vollständig gleichmäßig erfolgt, ohne pendelnde Druckschwankungen. Im Gegenteil scheint das stoßweiße Arbeiten der Kolbenpumpen auf die gute Durchmischung, auf den gleichmäßig verteilten Durchzug der Gase sehr nützlich zu sein. Der Wirkungsgrad ist stets geringer als bei Kolbengebläsen. Während der Wirkungsgrad der Turbogebläse etwa zwischen 50 bis 65 Proz. liegt, haben die Kolbengebläse Wirkungsgrade über 80 Proz. Sehr empfindlich sind die Turbogebläse auch gegen Druckschwankungen, die im Kalkofenbetrieb immer vorkommen. Mit zunehmendem Druck sinkt die Förderleistung wesentlich, und wird der Druck überschritten, für den das Turbogebläse gebaut ist, dann hört jede Förderleistung auf, das Schaufelrad wühlt im Gase, ohne es fortzudrücken. Demgegenüber wird beim Kolbengebläse die einmal angesaugte Luft mit Sicherheit weitergedrückt, weil ein Rückfließen durch die Ventile oder Schieber verhindert ist. Sie sind deshalb gegen Druckschwankungen unempfindlich und sorgen für dauernd gleichmäßigen Gasabzug vom Ofen. Im Hochofenbetrieb haben sich aus diesen Gründen Turbogebläse nicht einführen können. Dort wo die Kalkofengase weiter verwendet werden, z. B. in den Sättigern der Zuckerfabriken, muß man auch mit Druckschwankungen rechnen und deshalb, falls man Turbogebläse anwenden will, die Druckgrenze nicht zu niedrig legen.

Im Abschnitt 44 hatte ich schon gezeigt, wie die abzusaugende Gasmenge zu regeln ist. Hier, wo die Gase noch anderweitige Verwendung finden sollen, hat man den Gasabzug einmal nach dem Bedürfnis des Kalkofens, das andere Mal nach dem der Sättiger, der Verbrauchsstelle, einzustellen. Dabei ist vor allen Dingen auf den Kalkofen, als dem empfindlicheren Teil, wie bei jedem Feuer, Rücksicht zu nehmen. Auf alle Fälle muß man die Leistung der Kohlengebläse unabhängig von den Sättigern, von dem Druck in der Gasdruckleitung machen. Ob hier der Druck hoch oder niedrig ist, immer soll die einmal in bezug auf die gute Leistung des Kalkofens eingestellte Absaugleistung unverändert bleiben. Dies ist bei Kolbengebläsen unbedingt der Fall. Dabei ist die automatische Regelung, die auf Ausschaltung der Saugventile wirkt, bei Kohlensäurepumpen nicht brauchbar, wegen der veränderlichen Saugleistung. Bei Turbogebläsen schwankt aber die Förderleistung fortwährend mit dem Druck. Wird wenig saturiert, wenig Gas entnommen, dann steigt der Druck, die Ansaugleistung sinkt. Wird umgekehrt viel saturiert, dann sinkt der Druck in der Kohlensäureleitung und die Förderleistung des Gebläses wächst. Fortwährende Schwankungen in der Gasförderung, Störungen am Kalkofen sind die Folge. Einmal wird zu wenig Luft angesogen, der Koks verbrennt unvollkommen, die Gase enthalten Kohlenoxyd, während im nächsten Augenblick ein starker Luftüberschuß vorhanden ist.

Weiter darf nicht vergessen werden, daß die Turbogebläse, genau so wie die Dampfturbinen, gegen feste und flüssige Stoffe, die sich in den Gasen bzw. dem Treibdampf befinden, außerordentlich empfindlich sind. Staub, Wasser, Nebel wirkt auf den sich mit rasender Geschwindigkeit drehenden Schaufeln wie ein Sandstrahlgebläse, diese schnell abschleifend. Deshalb ist bei solchen auf sehr sorgfältige Reinigung der Gase Bedacht zu nehmen. Großer Schaden ist schon in Elektrizitätswerken durch schlecht überhitzten, ungenügend entwässerten Dampf, durch die Verwendung nicht genügend gereinigten Speisewassers angerichtet worden. Die Kalkofengase müßten nicht nur mehrfach gewaschen werden, um allen Staub zu entfernen, sondern müssen auch weitgehendst abgekühlt und entwässert werden. Mit den üblichen Wäschern (Laveuren) ist hier nichts zu erreichen.

Daß das Turbogebläse unmittelbar durch Elektromotor oder Dampfturbine angetrieben werden kann, ist kaum als besonderer Vorteil zu rühmen, weil dies bei den schnellaufenden Kolbenkompressoren durch Elektromotor, bei langsamlaufenden durch Dampfmaschine ebenfalls ohne weiteres unter Ausschaltung kraftverbrauchender Zwischenglieder möglich ist.

Ehe zur Anschaffung eines Turbogebläses geschritten wird, sollte eingehend das Für und Wider studiert werden. Zur Zeit sind, wie beim Hochofenbetrieb so auch beim Kalkofen, die Kolbenpumpen die zweckmäßigsten.

In die Druckleitung hinter der Kohlensäurepumpe wird man ein Sicherheitsventil einbauen, durch das bei Überschreitung des Höchstdruckes das überschüssige Gas ins Freie strömt. Natürlich so, daß Belästigungen vermieden werden.

G. Der Rohstoff und das Erzeugnis.

47. Die Kalksteine.

Die Kalksteine sind mehr oder weniger mit anderen mineralischen oder organischen Stoffen verunreinigter kohlensaurer Kalk. In seiner reinsten Krystallform tritt er als Kalkspat auf, der eine Härte 3 besitzt, ein spez. Gewicht von 2,7 und der von anderen Mineralien deutlich durch seine vollkommene Spaltbarkeit nach dem Rhomboeder erkennbar ist. Kalkspat kommt als Massengestein nicht vor, meistens nur in Spalten und Gängen und findet deshalb zum Kalkbrennen keine Verwendung. (Wohl aber ist reiner, klarer Kalkspat, der Islandspat, außerordentlich wertvoll wegen seiner optischen Erscheinung der Doppelbrechung, die z. B. seine Verwendung in den Polarisationsapparaten begründet.) Der Kalkstein tritt ferner in körnig-krystalliner Form oder als dichter, aus feinsten Teilen kohlensaurem Kalk bestehend auf.

Der krystalline Kalkstein, der Marmor, ist aus Kalkspatkörnern aufgebaut, einen erstarrten Krystallbrei darstellend. Während die rein weißen oder eigenartig gefärbten krystallinen Kalksteine für Kunst- und Bauwerke ein kostbares Material darstellen, sind die unansehnlich gefärbten, weniger politurfähigen krystallinen Kalksteinarten als das beste Material für den Kalkbrenner zu betrachten. Sie besitzen keine Spaltbarkeit nach einer bestimmten Richtung, sondern zerbrechen im Gegensatz zum Kalkspat uneben, in unregelmäßiger Form.

Äußerst feinkörniger dichter Kalkstein führt Versteinerungen von Tieren und Pflanzen; sie haben sich zweifellos durch deren frühere Tätigkeit in den Meeren gebildet, durch Verschiebungen, Verwerfungen sind diese Ablagerungen dann später emporgehoben. Häufig sind sie stark mit Kieselsäure durchsetzt, als sog. kieseliger Kalkstein, der durch den Kieselsäuregehalt eine größere Härte besitzt. Die Kieselsäure wirkt schädlich dadurch, daß sie das Totbrennen (S. 214) des Kalkes fördert. *Herzfeld* (Festschrift S. 473) berichtet über die Ursachen des Totbrennens an Hand eigener Versuche und einer Literaturübersicht, die bis auf das Jahr 1823 zurückgeht. Er kommt zu folgendem Ergebnis: 51,72 bzw. 34,88 Proz. SiO_2 im Kalk verursachen bei einer Brenntemperatur von 1300° in kurzer Zeit unter allen Umständen ein Totbrennen des Kalkes. Werden festzusammengepreßte Gemische 1300° ausgesetzt, so genügen schon 6,27 Proz. Kieselsäure, um das Ablöschen des Kalkes zu verhindern, weil die Massen verglasen, zusammensintern und das Eindringen des Wassers unmöglich machen. Mit Ton, kohlensaurer Magnesia (Dolomit, das Hauptgestein der Dolomiten,) Bitumen, Schwefelkies u. dgl. sind die

<table>
<tr><td rowspan="3">Keuper</td><td>Oberer Keuper (Rhät)</td><td colspan="2">(Nur erbohrt.) Wahrscheinlich die dunkelgrauen Glimmertone mit Sandstein und Schwefelkies in Bohrloch V (135 bis 175 m)</td></tr>
<tr><td>Mittlerer (Gips) Keuper</td><td colspan="2">(Nur erbohrt.) Rote, graue, grüne weiche Tonmergel mit Gips- und Steinmergeleinlagerungen. In Tiefbohrung III, 178,5 bis 247 m, in Tiefbohrung V, 175 bis 300 m.</td></tr>
<tr><td>Unterer (Kohlen-) Keuper (Lettenkohle)</td><td colspan="2">(Nur erbohrt.) Blaugrüne Schieferletten und Sandsteine (Tiefbohrung III, V, VII).</td></tr>
<tr><td rowspan="7">Muschelkalk</td><td rowspan="3">Oberer Muschelkalk (46,81 m)</td><td>Schichten mit Ceratites nodosus (33 m)</td><td>Dichte graue, an Muschelschalen reiche Kalke in Bänken und dünnen Lagen oder Knollen mit blaugrünen Tonmergeln oder Tonen. Fossilreich.</td></tr>
<tr><td>Der glaukonitische Kalk (5,65 m)</td><td>Dickbankige Kalke mit weißer bis gelber Grundmasse u. grünem Glaukonit, oolithisch.</td></tr>
<tr><td>Schichten mit Myophoria vulgaris (8,16 m)</td><td>Ebene oder wulstige, mit Letten wechselnde Kalke, an der Basis Rollstücke mit Austern. Netzleistenbank.</td></tr>
<tr><td>Mittlerer Muschelkalk (etwa 56,5 m)</td><td colspan="2">Feste gelbliche Dolomite und graue und gelbliche dolomitische Mergel und mergelige Tone.</td></tr>
<tr><td rowspan="3">Unterer Muschelkalk (etwa 157 m)</td><td>Schichten mit Myophoria orbicularis (etwa 8 m)</td><td>Gelbe dichte mergelige und graue splitterige, ebenschichtige Kalksteine („tauber Kalkstein“ der Arbeiter).</td></tr>
<tr><td>Schaumkalk (72 m)</td><td>Eben- und dickbankige, feinkrystalline, poröse helle Kalksteine (ursprünglich oolithisch = Konglomerat von Muschel-, Foraminiferen-, Crinoidengliedertrümmern, durch Auslaugung porös = schaumig). Schrägschichtung, Stylolithen, fossilreich („gelber Kalkstein“ der Arbeiter).</td></tr>
<tr><td>Wellenkalk (etwa 77 m)</td><td>Dunkelblauer bis gelbgrauer dichter, welliger Kalkstein, fossilarm mit eingeschalteten Fossilbänken („blauer Kalkstein“ der Arbeiter). Zuunterst gelbliche und bräunliche Mergel mit Kalksteinzonen (Übergang zum Röt).</td></tr>
<tr><td rowspan="2">Bundsandstein</td><td>Röt (etwa 140 m)</td><td colspan="2">Violette, grünliche, graue und blaue Mergel und Schieferletten mit Einlagerungen von kalkigen und dolomitischen Mergeln, Kalkbänken, Gips und Anhydrit.</td></tr>
<tr><td>Mittlerer und unt. Bundsandstein (etwa 450 m)</td><td colspan="2">(Nur erbohrt.) Wechsellagerung von bunten Schieferletten mit Kalksandsteinen und Rogensteinen.</td></tr>
<tr><td>Zechstein</td><td colspan="3">(Nur erbohrt.) Rote und blaue Letten mit Einlagerungen von Gips und Anhydrit. Darunter Steinsalz und Kalisalze.</td></tr>
</table>

Schichten des oberen Muschelkalkes haben früher in geringerem Umfange zu Bausteinen oder zur Betonbereitung gedient. Da die Aufschlüsse jetzt verschüttet sind, so werden sie in Zukunft keine Verwendung mehr finden.

Die Schichten dieser Abteilung sind durchweg stark dolomitisch. Ihre obersten, magnesiaärmeren, härteren Kalksteine wurden früher zur Zementbereitung benutzt, eignen sich aber für die neueren Zementarten nicht mehr. *Zimmermann* rät, sie zur Verbesserung der sandigen Felder zu verwenden.

Diese Schichten, die sog. „tauben Lagen", sind wegen ihres Tongehaltes zum Brennen ungeeignet. Da sie auch etwas dolomitisch sind, taugen sie auch zur Zementfabrikation nicht und sind nur als „Zwitter" verwendbar.

Der Schaumkalk ist seit alters zu Werksteinen, Bausteinen und zum Kalkbrennen benutzt worden. Man unterscheidet: Werkstücke; Extrabausteine; gewöhnliche Bausteine; Brennsteine: 25 Kubikzoll bis 1/4 Kubikfuß, 1 bis 8 cbdcm Inhalt; Kothen: 8 bis 25 Kubikzoll (0,25 bis 1 cbdcm Inhalt) zum Kalkbrennen verwendet. Zwittersteine: nicht unter 1 cbdcm. Wegen geringen Tongehaltes zum Brennen nicht wohl tauglich; hauptsächlich zu Fundamentierungsarbeiten verwendet. Geröll: 4 bis 8 Kubikzoll (nicht unter 0,5 cbdcm) Inhalt, zum Brennen (minderwertig) oder zu Beton usw. verwendet. Kalksteingrus: weniger als 4 Kubikzoll, mit tonigen und erdigen Beimengungen. Wurde früher auf die Halde befördert. — Die heutige Verwendung des Kalkes hat sich nun etwas verschoben insofern, als möglichst alle Gesteinsarten besser ausgenutzt werden. So werden die tonigen Lagen, die früher nur zur Fundamentierung usw. zu brauchen waren, zur Zementfabrikation benutzt.

Früher fand der Wellenkalk keine rechte Verwendung. Zu Bausteinen eignete er sich nicht, weil er dem Erfrieren zu sehr ausgesetzt war, nur die Lagen mit splittrigem Bruch wurden dazu gelegentlich verwendet. Zum Brennen erhielt er eine zu große Menge von Ton. Er brauchte wegen seiner Dichtigkeit mehr Brennmaterial als der Schaumkalk, zerfiel nach dem Brennen in kleine Stücke und behielt eine gelbliche Farbe. Heute gewinnt man ihn in großen Mengen zur Zementfabrikation.

Dienen zur Ziegelbereitung und zur Kachelfabrikation.

Kalksteine durchsetzt und dementsprechend mehr oder weniger zum Kalkbrennen, zur Erzeugung von Ätzkalk brauchbar. Gestein mit größerem Magnesiumcarbonatgehalt nennt man dolomitisch und wird aus ihm Zement gebrannt.

Ihre Zerteilbarkeit ist je nach der Art ihrer Entstehung und Lagerung außerordentlich verschieden. In demselben Bruch zeigen sich große Unterschiede und zeigen dies besonders die Rüdersdorfer Kalksteinbrüche, die schon im 13. Jahrhundert benutzt wurden und im Laufe der Zeit immer mehr in Anspruch genommen wurden wegen der Nähe Berlins, das natürlich besonders für Bauten einen außerordentlichen Bedarf an Kalk hat. Ob nicht gerade diese Nähe der Kalkbrüche auch mitbestimmend auf das große Wachsen Berlins ist, möge hier nicht weiter berührt werden. Durch die jahrhundertelange Benutzung der Rüdersdorfer Kalkbrüche wurden die naheliegenden Lagen immer mehr abgebaut und man mußte immer weiter und tiefer gehen (jetzt schon etwa 25 m unter dem Meeresspiegel), wodurch immer neue Lagen freigelegt wurden.

Die Gliederung der bei Rüdersdorf aufgeschlossenen oder erbohrten Triasschichten ist die in der nachstehenden Zusammenstellung angegebene (nach *Hans Menzel*, Geologisches Wanderbuch für die Umgebung von Berlin, 1912). Anschließend an obige Zusammenstellung habe ich dort gleich die technischen Verwendungsarten der Rüdersdorfer Triasschichten eingeschrieben.

Bezieht man von solchem ausgedehnten Kalkbruch Kalksteine, so muß man sich sorgfältig vergewissern, welche Lage man bekommt und daß man bei Nachbestellungen dieselbe bekommt. Ist diese in der Zwischenzeit aufgebraucht, dann sollte man erst prüfen, ob die neuen Lagen für den Zweck, zu dem sich die alten Lagen ganz vorzüglich eigneten, sich auch eignen oder ob sie Eigenschaften besitzen, die sie für den gleichen Zweck als ungeeignet erscheinen lassen. Die großen Unterschiede zeigen deutlich die Kalksteinanalysen, die *Kosmann* (Die Verbreitung der nutzbaren Kalksteine im nördlichen Deutschland, 1913) von dem Rüdersdorfer mitteilt:

	$CaCO_3$	$MgCO_3$	Al_3O_3 und Fe_2O_3	SiO_2	in Säuren unlöslicher Rückstand	Wasser und flüchtige Bestandteile
Wellenkalk	86,3	3,05	3,15	5,818	—	—
Schaumkalk	94,6	—	1,75	1,02	—	—
Mergliger Kalkstein .	86,53	3,19	—	—	8,25	—
Mittlerer Muschelkalk	36,02	29,23	3,44	—	29,27	2,49
Oberer Muschelkalk .	78,82	8,38	0,55	—	8,03	2,64

J. Hirschfeld (Die Prüfung der natürlichen Bausteine auf ihre Wetterbeständigkeit, 1908, S. 479) führt 81 Kalksteinanalysen an, aus denen sich folgende Grenzwerte ergeben:

$CaCO_3$	11,71 bis 99,75 Proz.	Quarzsand + Kieselsäure	0,0 bis 77,17 Proz.
$MgCO_3$	0,0 „ 46,20 „	Organische Substanz	0,0 „ 3,1 „
$FeCO_3$	0,6 „ 4,80 „	FeS_2	0,0 „ 0,81 „
Fe_2O_3	0,0 „ 5,42 „	$CaSO_4 + 2$ ag	0,0 „ 2,68 „
Ton	0,0 „ 19,27 „		

Dort finden sich auch schöne Abbildungen über Strukturtypen, mikrophotographische Abbildungen von Kalksteindünnschliffen u. dgl., deren Studium dem, der sich weiter unterrichten will, empfohlen werden kann.

Neben dem Quarz ist der Kalkspat, der Kalkstein, das am häufigsten vorkommende, am weitesten verbreitete Mineral. Der dichte Kalkstein bildet große, mächtige Gebirge und findet sich fast überall.

Die Erbsensteine, Rogensteine, poröse Kalksteine, Kalktuff, Tropfstein, der Süßwasserkalk, die Kreide und die feinschiefrigen Solnhofener lithographischen Steine kommen für unsere Zwecke nicht in Frage. Kreide z. B. kann man wegen ihrer dichten Lagerung nicht im ununterbrochen arbeitenden Schachtofen brennen. Sie wird meistens geformt, indem man 5 Proz. gebrannten Kalk untermischt, dann an der Luft lagert, bis die Formlinge eine Härte besitzen, die ihre Einfüllung gestattet.

Im Kapitel über die Gesamtaufenthaltszeit der Kalksteine im Kalkofen (S. 41) habe ich diese Zeit in bezug auf den Steindurchmesser, die Größe der Kalksteine berechnet. Für eine bestimmte Ofengröße muß man danach zwecks Erzielung einer bestimmten Brennleistung auch eine bestimmte Steingröße wählen. Genau nach dem danach berechneten Durchmesser wird man natürlich in Wirklichkeit die Steine nicht angeliefert bekommen können, denn dies würde ja strenggenommen genau behauene Kugeln bedingen. Man wird sich mit der Steinform begnügen, die dem verlangten Durchmesser sich am meisten nähert. Häufig kann man die Steine schon ziemlich genau in der vorgeschriebenen Form angeliefert bekommen, und ist es Sache des einzelnen, nachzurechnen, ob er die Steine in dieser Form bezieht und den durch die Auswahl bedingten Mehrpreis zahlt, oder die Steine grob gebrochen bezieht. Im letzteren Falle müssen die Steine vor dem Einfüllen in den Ofen entsprechend zerkleinert werden. In Zuckerfabriken wird man die Kalksteine schon im Frühjahr heranschaffen, wenn Eisenbahn und Schiffahrt nicht zu stark belastet sind. Dann kann man auch während der Sommerszeit aushilfsweise Leute beim Zerschlagen der Steine verwenden. Dies will aber auch verstanden sein, es muß sachgemäß gehandhabt werden, sonst entstehen viele kleine unbrauchbare Brocken, Schotter, Grus, die den Zug im Ofen erschweren würden und deshalb nicht verwendet werden. Um diese Verluste, die dafür aufgewendeten Transportkosten für Heranschaffen und Wiederfortschaffen und die für die Zerkleinerung aufgewendeten Arbeitslöhne erhöhen sich die Kosten für die Rohkalksteine gegenüber fertig vorgebrochenen.

Kommt man aber zu dem Ergebnis, daß bei den vorliegenden Verhältnissen, die bei jeder Fabrik andere sein werden, die Zerkleinerung in der Fabrik vor dem Ofen das Nützlichste ist, dann soll man bei der Auswahl der Steine auch auf die physikalische Form des verwendeten Kalksteines Rücksicht nehmen, die das Zerschlagen der Steine begünstigt. Urkalke, Marmor, von gleichmäßigem Gefüge zeigen keine Spaltbarkeit nach bestimmter Richtung, sie haben kein „Lager", sind deshalb schwer in gleichmäßige Stücke zu zerschlagen. Mit viel Verlust an Schotter ist zu rechnen. Günstiger gestalten sich in dieser Beziehung die Kalksteine mit ausgeprägter Schichtenbildung, die dadurch gute Spaltbarkeit besitzen und sich leicht brechen und schlagen lassen. Aber die Schichtenbildung hängt meistens auch mit einer Zwischenlagerung von anderen Stoffen ab, diese Steine sind unreiner. Außerdem ist nicht außer acht zu lassen, daß Steine, die sich leicht zerschlagen und spalten lassen, natürlich auch im Kalkofenbetrieb den an sie herantretenden mechanischen Beanspruchungen weniger widerstehen werden. Sie werden mehr zerbröckelt, zerplatzen, sich abblättern und den Ofengang ungünstig beeinflussen.

Bei der Wahl des Kalksteines kommt also die Rücksicht auf leichtes Zerschlagen in zweiter Linie, erst dann in Frage, wenn alle anderen Eigenschaften zu seinen Gunsten ausgefallen sind.

Bei der Verwendung der Kalksteine in der chemischen Industrie ist vor allen Dingen seine chemische Reinheit von ausschlaggebender Bedeutung. Für die Zuckerindustrie ist der aus ihm erzeugbare Ätzkalk maßgebend, also sein größter Gehalt an kohlensaurem Kalk. Alles, aber auch alles andere muß als Verunreinigung gelten, ist unnützer, mehr oder weniger schädlicher Ballast. Alle in ihm enthaltenen Stoffe, die noch im aus ihm gewonnenen Ätzkalk verbleiben, werden den zu reinigenden Säften unmittelbar zugeführt und ist deren nachträgliche Entfernung oft unmöglich. An einen guten Kalkstein für Zuckerfabriken stellen *Frühling* und *Schulz* (Anleitung zur Untersuchung der für die Zuckerindustrie in Betracht kommenden Stoffe) folgende Anforderungen: Ein guter Kalkstein sollte neben möglichst wenig Magnesia nicht über 0,4proz. Gips enthalten, nach dem Brennen und Löschen sollten nicht über 0,15 bis 0,2 Proz. freies Ätzkali löslich geworden sein. Die übrigen Nebenbestandteile sind mehr lästig als schädlich, so die Kieselsäure, welche sich durch krustenförmige Ausscheidungen in den Verdampfern unangenehm bemerklich machen kann, und der Ton, welcher als ein wertloser Stoff die Menge des Scheideschlammes vermehrt. Die Gesamtmenge der neben dem kohlensauren Kalk vorhandenen Bestandteile sollte 10 Proz. nicht übersteigen.

In Sodafabriken rechnet man dagegen z. B. das Magnesiumcarbonat nicht als Verunreinigung, weil es im Sodaprozeß genau so wirksam ist, wie der Kalk. Es bildet aber beim Löschen einen feinen, schlammigen Brei, der leicht infolge seiner Feinheit zur Verstopfung der Filtertücher Veranlassung geben soll.

Zur Erzeugung von Chlorkalk muß nach *Lunge* (Sodaindustrie, Bd. 3, 1909, S. 505) der Kalkstein besonders rein sein, wenn er Bleichzwecken dienen soll. Er soll frei von in Säuren unlöslichen Bestandteilen sein (Ton, Sand). Tonhaltiger Chlorkalk klärt sich beim Auflösen sehr schwer ab, und wird deshalb von Bleichern und Papierfabrikanten verworfen. Weil er auch vollkommen weiß sein soll, so soll er so gut wie gar kein Eisen und Mangan enthalten. Magnesia ist deshalb nachteilig, weil es den Kalk leichter zerfließlich macht. Verunreinigung durch Asche beim Brennen ist möglichst zu vermeiden. Der Kalk soll gut durchgebrannt sein und nicht mehr als 2 Proz. Kohlensäure enthalten.

Alle Kalksteine lösen sich in Salzsäure unter lebhaftem Aufbrausen, wobei

Kohlensäure frei wird. Die stärkere Salzsäure verdrängt die schwächere Kohlensäure aus ihrer Verbindung mit dem Kalk. Diese Eigenschaft gibt uns ein einfaches Mittel in die Hand, um feststellen zu können, ob die Kalksteine gut durchgebrannt sind und vollständig alle Kohlensäure ausgetrieben ist.

Überall dort, wo der mit dem Kalk zu behandelnde Saft durch Heizkörper oder Verdampfer geführt werden muß, ist der Gips ein unangenehmer Gast. Er bildet harte, schwer entfernbare Krusten, die die Wärme schlecht leiten und die Leistung der Apparate heruntersetzen. Das Gleiche ist der Fall bei der Verwendung gipshaltigen Kalkes zum Reinigen von Kesselspeisewasser. Man bringt dann durch ihn Gips hinein, den man doch entfernen will. Deshalb ist der Gipsgehalt der Steine genau so nachteilig wie der Schwefelgehalt des Brennstoffes, der im Ofen zur Bildung von Gips Veranlassung gibt.

Manche Kalksteine sind mit Erdölen, Bitumen, organischen Stoffen verunreinigt. Diese sind brennbar, vermindern aber nicht durch ihre Anwesenheit den Brennstoffverbrauch, was häufig angenommen wird. Wie die flüchtigen Stoffe aus der Steinkohle schon in der Vorwärmezone entweichen, nicht nur ohne zu verbrennen, sondern auch noch vom eigentlichen Brennstoff Wärme für seine Verdampfung verbrauchend (S. 45), so ist dies mit den Bitumen. Sie verunreinigen die Gase, erschweren durch Schlackenbildung die Wärmeleitung, dadurch das schnelle Durchbrennen und sind nur als schädlicher Bestandteil der Steine zu betrachten.

Die Verunreinigungen üben auf den Brennstoffverbrauch im allgemeinen keinen großen Einfluß aus, solange ihr Gehalt nicht allzu groß. Sie werden auf die Brenntemperatur erhitzt und geben in der Kühlzone die hierfür verbrauchte Wärme fast vollständig an die Luft durch Vorwärmung ab, nur die Aufenthaltszeit in diesen Zonen verlängernd. Je größer die Unreinigkeiten, um so weniger kohlensauren Kalk enthält der Stein, um so weniger Wärme ist zum Brennen des $CaCO_3$ aufzuwenden, mit entsprechend weniger Brennstoff ist der Kalkstein zu brennen. Deshalb habe ich meine Berechnungen über den Brennstoffverbrauch auf reinen kohlensauren Kalk bezogen, und ist bei der Beurteilung des Brennstoffaufwandes immer in Betracht zu ziehen, wieviel kohlensauren Kalk der Kalkstein enthielt. Niedrigprozentige Kalksteine und dolomitische Steine gebrauchen eben weniger Brennstoff als reine Kalksteine. Wohl verstanden nur in bezug auf 100 kg Kalksteine. In bezug auf 100 kg kohlensauren Kalk oder auf Ätzkalk, um dessen Gewinnung doch das Brennen nur geschieht, wird der Brennstoffverbrauch mit den Unreinigkeiten wachsen.

Es würde zu weit führen, alle Einzelheiten erschöpfend zu behandeln, da die Zusammensetzung der natürlichen Kalksteine, sogar in einem Bruch, und die Anforderungen an den gebrannten Kalk zu verschiedenartig sind. Vorstehende Zeilen können nur einen Anhalt geben zur Vorbeurteilung noch nicht benutzter Kalksteine und zur Nachbeurteilung der Vorgänge im Betriebe. Immerhin wird durch die chemische und physikalische Vorprüfung eine scharfe Auslese unter den zur Verfügung stehenden Steinen gehalten. Zu guter Letzt wird man immer erst durch Versuche zu einem darüber abschließenden Ergebnis kommen können, ob sich der Kalkstein gut brennen läßt und ob der erzeugte Ätzkalk in dem betreffenden Betriebe günstige Eigenschaften besitzt.

48. Der gebrannte Kalk.

Nachdem der Kalkstein durch das Brennen seine Kohlensäure verloren hat, bleibt der Ätzkalk, wenn chemisch rein, dann CaO zurück. Von welchem Einfluß dabei die Verunreinigungen des Kalksteines sind, des Brennstoffes und des Brennvorganges, habe ich schon in den verschiedenen Abschnitten eingehend behandelt. Da man das Brennen, den ganzen Arbeitsgang, um ihn vornimmt, so muß auch alles darauf gerichtet sein, den gebrannten Kalk nicht nur billig zu erzeugen, sondern auch so zu erhalten, daß man den Anforderungen, die an seine Verwendung gestellt werden, auch gerecht wird. Je nach der Verwendungsart, je nach dem Zwecke, dem er dienen soll, sind auch die Anforderungen verschieden. Dies macht sich schon in seiner äußeren Form bemerkbar, wie er für die verschiedenen Zwecke bevorzugt wird. Mit diesen verschiedenartigen Formen hängen auch seine verschiedenen Benennungen innig zusammen. In der Tonindustrie-Zeitung 1907, S. 1886, findet man eine schöne Zusammenstellung über die verschiedenen Bezeichnungen, mit denen der gebrannte Kalk belegt wird, aus der ich folgendes entnehme:

Stückkalk, nichts anderes als gebrannter Kalk in Stücken, gegenüber Staubkalk.

Weißkalk, ein weißgebrannter Kalk.

Graukalk, wegen seiner Naturfarbe im Gegensatz zum Weißkalk.

Ätzkalk ist reines Calciumoxyd. Wenn man also im Handel einen Kalk Ätzkalk nennen hört, so kann es sich eigentlich nur um ein Erzeugnis aus ganz reinem Kalkstein oder Marmor handeln.

Luftkalk ist ein solcher Kalk, der als Luftmörtel verwendbar, der nur an der Luft erhärtet.

Wasserkalk, steht im Gegensatz zum Luftkalk, weil er unter Wasser härtet. Auch hydraulischer Kalk genannt.

Sackkalk hat Mehlform.

Der Kalk in Stücken wird fast immer dem in bröckliger oder Staubform vorgezogen, was zum Teil mit seiner leichteren Hantierbarkeit, dann aber auch mit der Möglichkeit seiner leichteren Beurteilung schon durch den Augenschein zusammenhängt. Beim Stückkalk können erfahrene Praktiker sehr leicht den schlecht gebrannten Kalk von gutem unterscheiden, den reinen vom unreinen, ungleichmäßigen. Dies ist beim Staubkalk fast unmöglich, erst eine chemische Prüfung verschafft Aufklärung. Nur damit kann man auch wohl nur erklären, was für schlechtgebrannter Kalk oft in den Handel gebracht wird. Sehr lesenswert ist darin der Bericht über die Sammelausstellung der Großh. Badischen Landwirtschaftskammer (Jahrb. d. Deutsch. Landwirtschafts-Gesellschaft, Bd. 28, 1913). Danach wird der Düngekalk fast immer gemahlen geliefert, weil dadurch das Ausstreuen mit den Maschinen erleichtert wird. Aber für seinen Wert ist in der Hauptsache sein Gehalt an Ätzkalk maßgebend und der ist häufig sehr gering. Es fällt dort vor allen Dingen bei einigen Sorten der hohe Gehalt an kohlensaurem Kalk auf, was ohne Zweifel auf schlechtes Brennen der Kalksteine hinweist. Allerdings rechnet auch *Schreib* in seiner „Sodafabrikation" damit, daß im gebrannten Kalk noch 2 bis 3 Proz. $CaCO_3$ ungebrannt vorhanden sind.

Die chemische Zusammensetzung eines durchgebrannten Kalkes kann man wohl aus der Analyse der Kalksteine berechnen, doch sind diese Ergebnisse nicht zuverlässig, weil einige Beimengungen des Kalksteines mit der Kohlensäure mehr oder weniger verdampfen, einige aus dem Brennstoff aufgenommen werden. Ohne diesen, bei reinem Marmor, chemisch reinem kohlensauren Kalk würde man aus 100 kg $CaCO_3$ bekommen 56 kg CaO und·44 kg Kohlensäure. Wie für die Untersuchung des Kalksteines selbst, so geben auch *Frühling* und *Schulz* genaue Anweisung über die Untersuchung des gebrannten Kalkes in ihrem Buch, sowie *G. Lunge* in seinem Taschenbuch für Sodafabrikation.

Den Ätzkalkgehalt kann man auch im Calorimeter bestimmen, indem man die beim Abblöschen des Kalkes bei der Bildung von Kalkhydrat freiwerdende Wärmemenge mißt. Bei der Bildung von 1 g Kalkhydrat $Ca(OH)_2$ werden 151 WE frei und berechnet sich daraus die hochmögliche Ablöschtemperatur zu etwa 470°.

Es sei an dieser Stelle auch auf das *Stiepel*sche Calorimeter zur annähernden Bestimmung des freien Ätzkalkes verwiesen, das *Seyffart* („Kesselhaus und Kalkofen-Kontrolle") beschreibt und auch gleichzeitig Unterschiede angibt, die er bei der Anwendung der verschiedenen Bestimmungen feststellte.

Gut gebrannter Kalk soll sich, nachdem er mit Wasser übergossen wurde, schnell und vollständig ablöschen, indem er in gleichmäßiges feines Pulver zerfällt, ohne daß harte Stücke zurückbleiben. Lösen sich diese Stücke unter Aufbrausen beim Übergießen mit Salzsäure, so war es kohlensaurer Kalk und der Stein war unvollkommen durchgebrannt. Da der Kalkstein beim Brennen bis 44 Proz. seines Gewichtes verliert, dagegen, wie schon erwähnt, nicht in gleichem Maße seine Größe vermindert (nur um 10 bis 20 Proz. nimmt seine äußere Raumbeanspruchung ab) so erscheint ein Kalksteinstück nach dem Brennen leichter als vorher.

Ein durchgeschlagenes Stück soll wenig aber durchaus gleichmäßig gefärbt sein. Nicht vollkommen durchgebrannte Stücke besitzen in der Mitte teilweise noch die Farbe des ursprünglichen Kalksteines.

Blaugebrannte Steine findet man selten, sie entstehen durch die Bildung von Ultramarin, durch die Vereinigung von Ton mit Schwefelnatrium.

Zu stark gebrannter Kalk löscht sich sehr langsam und ist totgebrannt. Dabei sind die schon bei der Besprechung der Kalksteine genannten Verunreinigungen von großem Einfluß, indem zum Teil ein Zusammensintern der Oberfläche erfolgt, die den Eintritt des Ablöschwassers erschwert. Bei den in den Kalköfen herrschenden Temperaturen ist es von den im Kalkstein häufiger vorkommenden Verunreinigungen fast ausschließlich die Kieselsäure, die die Güte des gebrannten Erzeugnisses beeinflußt. Tonerde, Eisen, Mangan allein treten mit Kalk bei 1300° in keine merkliche Reaktion; sie beanspruchen vielmehr nur Kieselsäure, welche somit alsdann dem Kalke nicht mehr zur Verfügung steht. Die Struktur der Kalksteine vermag die Wirkung der Beimengungen in weiten Grenzen zu ändern. Grobe Quarzadern werden beim Brennen von Kalkstein weit weniger nachteilig wirken, als die gleiche Menge Kieselsäure, gut im Kalkstein verteilt. (*Herzfeld.*)

Reiner, kieselsäurefreier Kalk schmilzt erst bei 3000°, sintert aber bei Temperaturen über 1600° porzellanartig zusammen und wird damit gegen Luft und Wasser ziemlich widerstandsfähig, d. h. er löscht sich nicht. Solcher totgebrannter Kalk, der sich sehr langsam teilweise oder auch gar nicht ablöscht, hinterläßt Stücke, die nicht mit Salzsäure aufbrausen, im Gegensatz zum nicht genügend gebrannten, also noch kohlensauren Kalk enthaltenden Kalk. Totgebrannter Kalk erschwert die Arbeit in Filterpressen, weil er sich hier noch weiter langsam ablöscht, feinschlammiges Kalkhydrat bildend, das die Tücherporen verkrustet und die Schlammkuchen undurchlässig macht. Er ist an seiner Außenseite meist schwärzlich, mit gesinterter, verglaster, zerrissener Oberfläche, innen häufig rötlich und im Verhältnis zu seinem Umfang sehr schwer, gegenüber gut gebrannten Steinen.

Die Bestimmung des spez. Gewichtes erfolgt durch Wiegen mittels der Senkwage in indifferenten Flüssigkeiten, die keine Veränderung des Kalkes verursachen, also z. B. Petroleum. Dieses muß aber wasserfrei sein, sonst verursacht das Wasser doch ein Zerfallen. Das spez. Gewicht, also das der Masse selbst, beträgt etwa 3,08 (ist also dichter als der kohlensaure Kalk mit einem spez. Gewicht von 2,7).

Das Raumgewicht, das Gewicht eines Kubikmeters Ätzkalkes, ist ziemlichen Schwankungen unterworfen, in namentlicher Abhängigkeit vom ursprünglichen Kalkstein, von der Stückgröße und ist im Gegensatz zum spez. Gewicht geringer als das des kohlensauren Kalkes. Dies ergibt sich ganz selbstverständlich aus dem größeren Gewichtsverlust durch Kohlensäure als der Raumabnahme durch die geringere Schwindung. Verliert z. B. der betreffende Kalkstein mit einem Kubikmetergewicht von 1450 kg beim Brennen 42 Proz. CO_2 und beträgt seine Schwindung 10 Proz., dann würde das Raumgewicht des entstehenden Ätzkalkes, falls er nicht sehr zerbröckelt wird, betragen:

$$\frac{1650\,(100 - 42)}{0{,}90} = 1060\,\text{kg}\,.$$

Burchatz (Luftkalke und Luftkalkmörtel) stellte folgende Raumgewichte für einige Kalksorten fest, nachdem sie auf Walnußgröße zerkleinert waren:

Schlesische Kalke	858	bis	1230	kg/cbm
Westfälische „	748	„	1070	„
Harzer „	825	„	1190	„
Rheinische „	713	„	953	„
Hannoversche „	733	„	946	„

Die Form des gebrannten Kalkes wird in der Hauptsache von der ursprünglichen des Kalksteines beeinflußt, von den mechanischen Beanspruchungen im Ofen und von seiner Zusammensetzung. Bei chemisch reinem Kalk, Marmor, stellt der zurückbleibende Ätzkalk das Skelett dar, welches verblieb, nachdem die 44 Teile Kohlensäure entwichen waren. Er besitzt deshalb nur geringe Festigkeit, und rechnet man durchschnittlich mit der Gewinnung von 10 bis 15 Proz. kleinstückigem Kalk und 5 Proz. Kalkasche. Dadurch, daß nun im Ätzkalk die sozusagen einzelnen CaO-Moleküle freistehen, überall Zwischenräume vorhanden sind, von der entwichenen Kohlensäure, so stellt er einen außerordentlich porösen Körper mit feinverteilter, großer Oberfläche dar. Diese große Oberfläche besitzt eine außerordentliche Anziehungskraft auf die sie berührenden Luftmoleküle, nachdem die CaO-Moleküle ihrer Nachbarn, der CO_2-Moleküle, beraubt sind, auf die sie bisher ihre ganze molekulare Anziehungskraft ausüben konnten. Diese wurde beim Glühen durch die Dampfspannung ausgeglichen, sogar überwunden. Jetzt beim kalten Ätzkalk tritt sie wieder voll zur Erscheinung. Es ist dies meine Erklärung über die Hygroskopizität des Ätzkalkes und anderer Körper, weil ich eine andere befriedigende Hypothese noch nicht hörte. Große Mengen werden verdichtet und der in dieser Luft vorhandene Wasserdampf durch diesen Druck verdichtet. Er verflüssigt sich zu Wasser und löscht den Kalk allmählich ab. Dann nimmt dies Kalkhydrat aus der Luft Kohlensäure auf und geht wieder in den für unsere Zwecke wirkungs- und wertlosen kohlensauren Kalk über. Wasser, feuchte Luft sind für diese schädliche Umwandlung notwendig. *Wolters*-Braunschweig (Dingl. Journ. 1870, Bd. 196, S. 346) stellte schon fest, daß weder trockener Kalk (CaO) noch trockenes Kalkhydrat trockene Kohlensäure aufnehmen. Beim Durchleiten von CO_2 eine Stunde lang, erfolgte wohl eine Gewichtszunahme, die aber 1 Proz. nicht überstieg, also äußerst gering war. Nur tropfbar flüssiges Wasser, nicht dampfförmiges, ist geeignet, die Verbindung der CO_2 mit CaO oder Kalkhydrat zu vermitteln. Die große Oberfläche mit der damit zusammenhängenden Hygroskopizität verlangt darum eine luftdichte Lagerung des Ätzkalkes, wenn er längere Zeit in gutem Zustand erhalten bleiben soll.

Diese Lagerräume müssen (nach *Heusinger v. Waldegg*, Die Kalkbrennerei) einen gedielten Fußboden haben, die Wände und Decken dürfen keine Sprünge enthalten und der einzige Zugang (die Tür) muß vollkommen dicht schließen und mit Nut und Federn aus Doppelbrettern zusammengefügt sein. Bei feuchtem Wetter und Gewitterluft muß man es möglichst vermeiden, die Türen der Magazine zu öffnen, indem diese Luft auf das Zerfallen des Kalkes am meisten Einfluß hat.

Vicat beschreibt ein anderes Verfahren zur Aufbewahrung des Kalkes, besonders des hydraulischen. Auf einer Tenne, die frei von Wasserzutritt und Feuchtigkeit ist, breitet man zuerst eine Lage zerfallenen Kalk von 15 bis 20 cm Dicke aus. Auf diese Lage schichtet man den lebendigen Kalk auf, indem man ihn mit einem hölzernen Klotz zusammenrammt, um die Zwischenräume möglichst zu vermindern. Diesen Haufen schließt man flach abgeböscht und überschüttet ihn mit einer letzten Lage eines Kalkes, der eben in Staubkalk zerfallen will. Dieser Staubkalk füllt die Zwischenräume des lebendigen Steinkalkes aus und umhüllt ihn so gut, daß er gegen die Einwirkung der atmosphärischen Luft und aller Feuchtigkeit verwahrt ist. Man hat auf diese Weise etwa 60 cbm lebendigen Kalk während eines anhaltend nassen Winters aufbewahrt und nach fünf Monaten erhitzte er sich und zerging noch ebenso gut wie frisch gebrannter Kalk. Je größer der aufzubewahrende Vorrat ist, desto mehr bewährt sich dieses Verfahren.

Bei solcher Lagerung in Holzschuppen od. dgl. ist sorgfältig darauf zu achten, daß kein Regenwasser eindringt und so größere Mengen Kalk gleichzeitig zum Ablöschen kommen, die solche Wärmemengen entwickeln, die nicht schnell genug abgeleitet werden können. Denn wie schon gesagt, kann die Temperatur bis auf 470° steigen. Sehr häufig sind dadurch gefährliche Brände entstanden. Besser ist es deshalb, jede Berührung des lagernden Ätzkalkes mit Holz zu vermeiden. Besonders zeigen auch die Versuche von *O. Wawrzinick* (Mitt. a. d. Kgl. Sächs. Mech.-Techn. Versuchanst. Dresden 1914) die Feuergefährlichkeit des löschenden Kalkes. Die Selbstentzündung von Holz erfolgt durch ihn dann, wenn die Löschtemperatur über 270 bis 300° liegt und wenn weiter genügend Luft vorhanden ist, damit sich die Holztemperatur weiter bis zur Entzündung steigern kann. Gemauerte Wände sind deshalb auf alle Fälle sicherer. Deshalb sind auch beim Transport in hölzernen Wagen geeignete Maßnahmen zur Vermeidung des Ablöschens und damit der Brandgefahr zu treffen. Von einigen westfälischen Kalkbrennereien wird der Ätzkalk in eisernen Fässern versandt, doch dürfte der verhältnismäßig wenig wertvolle Ätzkalk nur in seltenen Fällen die damit verbundenen hohen Verpackungskosten vertragen.

H. Die Bedienung des Kalkofens.

49. Die Beschickung.

Selten wird es jetzt bei den hohen, schlanken Kalköfen möglich sein, die Kalksteine unmittelbar auf die Gicht zu fahren. Man wird fast immer zum Heben der Steine und des Kokses gezwungen sein. Die Gicht, die obere Füllöffnung des Ofens, ist geschlossen, um den notwendigen künstlichen Zug anwenden und um bei Bedarf die Gase für ihre Verwendung weiterleiten zu können. Diese Verschlüsse müssen deshalb gut dichten, aber auch eine schnelle Einfüllung und gute Verteilung der Kalksteine und des Kokses über den oberen Ofenquerschnitt gestatten.

50. Der Gichtverschluß.

In welcher Weise die obere Gichtöffnung auf die Verteilung und Schichtenbildung der einzufüllenden Gicht, Koks und Kalkstein, von Einfluß ist, zeigt am besten *Wedding* (Eisenhüttenkunde III, 1906, S. 696) an Hochöfen. Ich habe dabei gefunden, daß diese gleichen Formen im Kalkofenmodell, also auch am großen Ofen, erhalten werden. Die Fig. 72 ist ohne längere Erklärung verständlich. Die punktierten Linien geben die Fallinien der Gicht vom Fülltrichter aus an. *a* und *c* kommt wegen der, wie schon früher bewiesen, ungeeigneten stark konischen Kegelform für uns nicht in Betracht. *b* zeigt eine große Einfüllöffnung gleich der Gichtweite, die große, schwere Glocken verlangt und deshalb auch nicht nützlich erscheint. Dagegen zeigen *d* f und *e g* die auch bei Kalköfen übliche Form. *e* und *g* sind an und für sich gleich, nur daß bei *e* die Gicht hoch gehalten wird und die einfallenden Steine sich an der Wand ablagern und nur durch ihre beim Fall frei werdende Energie über den Böschungswinkel nach der Mitte rollen. Liegt die Gichtoberfläche tiefer, wie bei *g*, dann fliegen die Steine erst gegen die Ofenwand, prallen zurück zur Mitte, dort zur Hügelbildung Veranlassung gebend. Je nachdem man also den Ofen voller oder leerer hält, je nachdem werden die oberen Schichten bei dieser Einfüllungsart Mulden, Ebenen oder Hügel bilden. Ein günstiger Ausgleich bei guter Beobachtung scheint hier schon möglich, was als ein Vorzug des inneren Verteilungskegels gelten muß. Schon deshalb, weil beim Niedergang im zylindrischen oder kegelförmigen Ofen sich schon an und für sich Hügel bilden (siehe Fig. 37), die eine unzweckmäßige Begichtung noch erhöht, wie z. B. „*d*". Trotzdem hat der Trichter *e g*, der *Parry*sche Trichter vom Jahre 1852, bei Kalköfen keine Verwendung gefunden. Am meisten findet man den Sammeltrichter mit der Verschlußglocke nach *f*. Dieser Trichter hat ohne Zweifel gegenüber dem früher geübten Einwerfen der Steine durch die Einfüllöffnung den Vorteil der schnelleren Begichtung. Während bei dieser z. B. 5 Mann kräftig während 20 Minuten arbeiten müssen, um 5 bis 6 cbm Steine und Koks einzufüllen, benötigt man zum Heben und Senken der Gichtglocke, also für 1 Füllung von z. B. 1,5 cbm 30 Sekunden, für obige 5 bis 6 cbm demnach insgesamt nur 2 Minuten. Nur während dieser kurzen Zeit ist die Gicht offen, nur diese kurze Zeit wird die Zusammensetzung der Gase durch Luftzutritt gestört. Sowohl in dieser als auch in bezug auf die Ersparnis an Arbeitskraft ist die Gichtglocke mit Trichter ein großer Fortschritt, trotzdem aber hat sie noch nicht überall Anwendung gefunden, trotz-

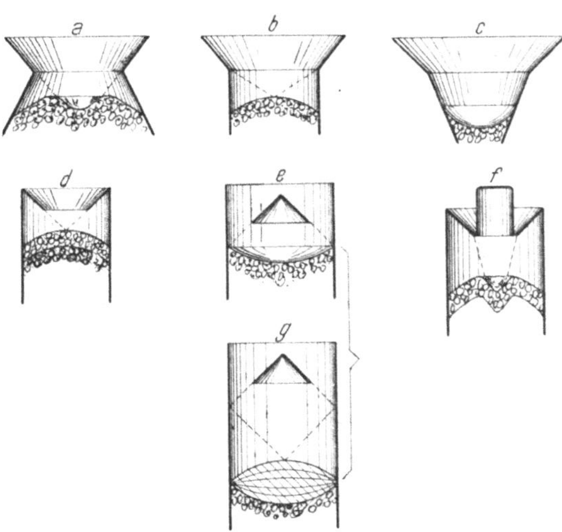

Fig. 72. Einfluß der Gichtöffnung auf die Schichtbildung.

dem fast jeder alte Kalkofen mit dem Gichttrichter ausgestattet werden könnte. Nur die Glocke selbst müßte durch den *Parry*schen Kegel ersetzt werden, um eine bessere Schichtbildung zu erzielen.

Daß es falsch ist, wegen der schwierigen Doppeldichtung den Gasabzug durch die Glocke zu führen, sei an dieser Stelle nur erwähnt. Auch, daß es nützlich wäre, die Glocke nicht zylindrisch, sondern nach oben hin stärker konisch zu gestalten, damit die Glocke leichter gehoben werden könnte, wenn man diese schon anwenden will.

Bei Hochöfen wird dem Parrykegel als Fehler angerechnet, daß er den unmittelbaren Einblick in die Gicht verhindert; dies ist hier wie dort kein Fehler, denn auch bei der Glocke kann man nichts in der dunklen Gichtöffnung des Ofens erkennen.

Um besseren Gasabschluß der verhältnismäßig rohen Dichtung zwischen Glocke oder Kegel und Trichter zu erhalten, wird es immer nützlich sein, auf die geschlossene Dichtstelle einige Schaufeln Kalksteinstaub oder Grus aufzuwerfen. Doppelte Gichtverschlüsse anzuwenden, wie dies bei Hochöfen üblich, um die Zusammensetzung der brennbaren Hochofengase möglichst wenig während der Begichtung zu ändern, erscheint für Kalköfen unnötig. Verwendet man Trichter, so geht, wie schon angeführt, die Füllung schnell vor sich, und die während dieser kurzen Zeit eintretende Verdünnung der Gase übt auf ihre spätere Verwendung in der Fällung (Saturation) z. B. keinen Nachteil aus. Dort, wo man aber diese Verdünnung doch aus irgendwelchen Gründen vermeiden möchte, wäre z. B. ein Doppelgichtverschluß nach dem D. R. P. 120 599 von *J. Pohlig*, Köln, und ähnliche wohl anwendbar auch für Kalköfen. Das innere Rohr dürfte für Kalköfen unnötig sein; man verwendet es bei außerordentlich weiten Hochöfen zwecks besserer Gichtverteilung und Erreichung ihrer Auflockerung in der Mitte. Dies soll dann einen gleichmäßigen Durchtritt der Gase durch die Schichten veranlassen.

Solche Doppelverschlüsse sind für Hochöfen auch deshalb nötig, weil die Verbrennungsluft durch die Düsen mittelst Druckgebläse in den Ofen unten eingeführt und durch diesen Überdruck die entstehenden Verbrennungsgase oben durch die Gichtleitung weiter gedrückt werden. Im Hochofen stehen deshalb die Gase an allen Stellen unter einem Überdruck, der sofort dort die heißen, giftigen Gase hinausdrückt, wo der Ofen geöffnet wird. Dies verhindert der Doppelverschluß, indem sich zwischen zwei Verschlüssen ein Sammelraum für die Beschickung befindet und dieser Raum abwechselnd nur mit der äußeren Atmosphäre oder dem Ofeninnern verbunden wird. In neuerer Zeit hat sich die Firma *Polysius*, Dessau, einen Doppelverschluß durch das D. R. P. Nr. 291 216 vom 8. 5. 15 schützen lassen.

Im Abschnitt 41, Seite 175 (Gasleitung) begründete ich näher den zerstörenden Einfluß der heißen Gase auf das Eisen. Deshalb muß man sehr darauf bedacht sein, die Einfülltrichter und Verschlüsse vor der Berührung mit den heißen Gasen zu schützen durch entsprechende Form und Schutz durch die Aufmauerung der Auskleidung bis zum Einfülltrichter. Dies ist bei dem amerikanischen Ofen nach Fig. 56 nicht beachtet, indem oben ein großer von

Auskleidung freier Raum *f* gebildet wird, der jedenfalls bald zerstört ist. Dieser freie Raum soll am Tage mit Kalksteinen angefüllt werden, damit des Nachts die Begichtung mit Kalksteinen nicht notwendig. Bei Öfen an Steinbrüchen mag dies ja einige Vorteile haben, aber ein gleichmäßiger Betrieb ist unmöglich. Anfangs werden die Steine nicht genügend vorgewärmt, später sind die Steine schon genügend heiß und können die Gase nicht kühlen. Dies könnte man verbessern, wenn man die Abgase nicht über dem Sammelraum bei *i*, sondern unter dem Einlauftrichter in der üblichen Weise bei *h* absaugt. Aber für Öfen mit Mischfeuerung ist ein solcher Sammelraum unanwendbar, weil am Konus *k* eine starke Störung in der Schichtenbildung eintreten wird, wie wir dies z. B. an der Fig. 42 gesehen haben.

51. Das Heben der Kalksteine und des Kokses auf die Gichtbühne.

Kalksteine und Koks müssen auf die Gichtbühne gehoben werden. Dort, wo man den Ofen unmittelbar neben dem Steinbruch aufstellen kann, wo er nur zum Zwecke der Erzeugung gebrannten Kalkes dient, dort wird man ihn möglichst so tief stellen, daß die Steine unmittelbar von der Bruchstelle auf die Gicht gefahren werden können. Solche günstigen Lagen sind Ausnahmen.

Für Zuckerfabriken muß man die Öfen möglichst nahe an die Fabrikgebäudeseite bringen, an die die Abfuhr des gebrannten Kalkes und der Kohlensäure vom Ofen leicht nach der weiteren Verwendungsstelle möglich ist. Man muß ihn dabei aber auf einen solchen Platz stellen, daß unmittelbar neben ihm der Kalksteinvorrat für eine Betriebszeit (Kampagne) gelagert werden kann, und dieser Platz wieder muß eine leichte Zufuhr der Steine von Anschlußgleisen oder guten Fahrstraßen gestatten. Dann sind unnütze Zwischenbewegungen der Steine, die Zeit und Arbeit kosten, vermieden. Man kann im Frühjahr, wenn der Eisenbahnverkehr und die Fuhrwerke schwach belastet sind, die Anfuhr bewirken, denn im Herbst sind diese schon überlastet mit der Rübenzufuhr.

Man muß fast immer damit rechnen, daß die Begichtung von der Ofensohle auf die Gicht gehoben werden muß.

In erster Zeit verwendete man einfache Handwinden mit Rolle und Seil, an das kräftige Rohrkörbe angehängt und nun durch zwei Mann aufgewunden wurden. Die Anzahl der Kalkstein- und der Kokskörbe gestattete eine gleichmäßige Zusammensetzung beider in dem einmal für richtig gehaltenen Verhältnis, was bei manchen späteren Einrichtungen, sehr zum Nachteil des wirtschaftlichen Ofenbetriebes, nicht der Fall ist. Diese Handwinden wurden dann durch kleine Dampfwinden, Aufzüge und Becherwerke ersetzt.

Aufzüge der verschiedensten Art finden Anwendung und sind fast immer so eingerichtet, daß die Transportwagen, mit denen die Steine, der Koks vom Lagerplatz zum Ofenhaus gefahren werden, auf den Aufzugkorb gefahren werden. Sie werden in die Höhe gezogen und werden von Arbeitern bis zur

Füllöffnung des Ofens gefahren. Der Aufzug hat also den Vorteil, daß das Gut ohne Verladen vom Lagerplatz im Wagen bis zur Gicht geschafft wird. Bei der Größe der Wagen von 0,25 bis 1 cbm Inhalt ergibt sich eine Betriebszeit des Fahrstuhles von ungefähr 5 bis 10 Proz, Während 95 bis 90 Proz. der Ofenarbeitszeit steht er unbenutzt. Aus dieser kurzen Betriebszeit ergibt sich, daß nur der Aufzug wirtschaftlich arbeitet, der während seiner Betriebspausen keine Kraft erfordert. Diese Anforderung erfüllen nur hydraulisch oder elektrisch angetriebene. Auf die Vor- und Nachteile der verschiedenen Antriebsarten sei noch kurz hingewiesen.

Fig. 72a. Schachtofen mit freistehendem Aufzug.

1. Triebwerkaufzug. Das Triebwerk (die Transmission) läuft ständig leer, gebraucht dauernd viel Kraft (besonders hier bei dem staubigen Betriebe mit schlechter Wartung) im Verhältnis zu der geringen nutzbaren Kraftabgabe. Der Wirkungsgrad ist deshalb gering. Der Antrieb des Vorgeleges erfolgt meistens durch Drahtseil von einem Vorgelege der Hauptbetriebsmaschine. Meistens ist aber diese Hauptdampfmaschine Sonntags und z. B. in Zuckerfabriken vor Beginn der eigentlichen Rübenverarbeitung nicht im Betriebe Deshalb ist noch eine besondere kleine Dampfmaschine vorzusehen für diese Zeit. Die Fig. 72a zeigt einen freistehenden Aufzug der Firma *Wilhelm Stöhr*, Offenbach a. M., dessen Schneckenradwinde sich unten im Gebäude befindet und von einer Vorgelegewelle angetrieben wird.

Die Triebwerksaufzüge dürfen nur für geringe Hubgeschwindigkeit (nicht über 0,25 m) gebaut werden, sonst ist die Einstellung an den Endstellen zu schwierig und ungleichmäßig. Bei zu großer Geschwindigkeit kann die lebende Masse nicht sicher in der bestimmten Gleiskopfhöhe zum Stillstand gebracht werden, die Riemenvorgelege müssen mit großer, plötzlicher Gewalt umgeschaltet werden und die durch verschiedene Belastung eintretenden elastischen Veränderungen der Seillängen machen sich unangenehm bemerkbar. Entweder steht der Korb zu hoch oder zu tief, selten an der richtigen Stelle, so daß schweres Ein- und Ausfahren der Wagen die Folge ist. Sie leiden auch unter starker Abnutzung, weil eine gute Einkleidung gegen den starken Staub nicht möglich ist.

2. Dampfmaschinen-Aufzüge. Deren dauernder Betrieb ist wenig wirtschaftlich. Infolge der meistens langen Zuleitungen wird viel Dampf niedergeschlagen, auch während der Ruhezeit. Der Abdampf wird auch nicht immer wegen der erforderlichen langen Leitungen dem Abdampfsammler zugeführt werden können, pufft also nutzlos aus. Seine Verwendung zum Anwärmen des Löschwassers zur Erzeugung von Kalkmilch, wie dies manchmal geschieht, ist ohne Nutzwirkung, denn beim Löschen wird schon die Milch selbst durch die freiwerdende Wärme bis zum Sieden erhitzt. Die vorher im Löschwasser zurückgehaltene Abdampfwärme entweicht jetzt nachträglich mit den Brüden aus den Kalklöschtrommeln. Nichts ist also dadurch erzielt, nur die Vermehrung des Anlagekapitals durch den Löschwasserwärmer, mit dem selbsttäuschenden Gefühle, durch Vermeidung des Abdampfauspuffes auch wirtschaftlich die Wärme gewonnen zu haben. Dort, wo man mit dieser kleinen, also von vornherein weniger wirtschaftlich arbeitenden Dampfmaschine auch gleichzeitig die Kalklöschstation antreibt, wird die wirtschaftliche Ausnutzung auch nicht besser, sondern nur schlechter. Will man eine besondere Dampfmaschine aus irgendwelchen Gründen für den Betrieb des Kalkaufzuges verwenden, dann sollte man diese nach Art der Dampfhaspel (auf Schiffen üblich) einrichten, unter Vermeidung jedes zwischengeschalteten Triebwerkes, mit dem dauernden Kraftverbrauch. Nach Art der Fördermaschinen, zum Vor- und Rückwärtsgang, und so, daß sie eben nur während des Hebens und Senkens der Last läuft.

3. Hydraulische Aufzüge. Hier kommen wohl nur solche in Frage, bei denen Fahrkorbgewicht mittels Wasserkasten ausgeglichen wird. Solche mit Treibzylindern sind wegen des Staubes hier ungeeignet. Die ersteren werden fast immer mit 2 Fahrkörben ausgeführt, unter denen Wasserkasten befestigt sind, und stammt diese Form von *Bromorsky*, *Schulz* und *Sohr*, Prag. Wie aus der Skizze Fig. 73 ersichtlich, befindet sich unter jeder Fahrschale ein Wassergefäß. Der Wagen *a* ist leer, *b* ist voll. Durch den Hahn *c* läßt man Wasser in den Behälter *d* unter *a*, so lange bis diese Füllung etwas schwerer ist als die Kalksteinladung des Wagens *b*. Dies Übergewicht veranlaßt ein Senken des Fahrkorbes I und hebt den Fahrkorb II. Die Regulierung der Senk- resp. Hubgeschwindigkeit wird durch eine Handbremse in bekannter Weise bewirkt. Unten sitzt das Auslaßventil des Wasserkastens auf dem Anschlag *e* auf und das Wasser läuft wieder aus *d*. Durch Füllung des Wasserkästens *f* mittels

des Hahnes g kann das Spiel von neuem beginnen. Die Fördergeschwindigkeit kann mit 0,6 bis 1,4 m in der Sekunde angenommen werden. Den Wasserkästen d und f gibt man den doppelten Inhalt als dem vollen Wagengewicht entspricht, um den Aufzug auch einseitig betreiben zu können unter genügender Überwindung der Widerstände. Eine genaue Berechnung findet sich in *Ledeburs* Handbuch der Hüttenkunde.

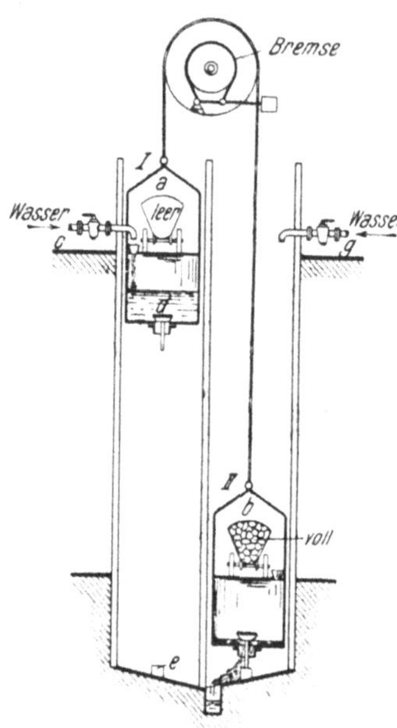

Fig. 73. Doppelaufzug mit Wasserkästen.

Wenn das Wasser einer vorhandenen Wasserleitung entnommen werden kann, eine besondere Pumpanlage nicht aufzustellen ist, dann arbeitet solcher Aufzug sehr wirtschaftlich, da Wasser, also Kraft, nur während des tatsächlichen Betriebes und nur soviel als jeweils zum Heben der Lasten notwendig ist, verbraucht wird. Als Übelstand wird empfunden das schwere Dichthalten der Wasserkastenventile; deshalb sind hier solche mit Gummidichtung und Doppelverschluß nützlich. Hier austretendes Wasser wird bei der großen Fallhöhe unten stark verspritzt, so daß es bis zum gebrannten Kalk gelangen kann. Es muß auch eine zuverlässig arbeitende Zentrifugalbremse vorgesehen werden, damit die Senkgeschwindigkeit, die sich bis zur freien Fallgeschwindigkeit einstellen würde, nicht das zulässige Maß überschreitet. Ohne diese ist man zu sehr vom Bedienungsmann abhängig. Denn gibt er nicht genügend acht, sinkt der mit Wasser belastete Korb immer schneller, schließlich so schnell, daß er unten durch zu starkes Aufsetzen zertrümmert. Die Zuleitungen muß man natürlich vor Frost schützen.

4. Elektrische Aufzüge lassen sich mit Vorteil zum Betrieb der Kalkaufzüge verwenden, wenn man sorgfältig darauf Bedacht nimmt, daß alle Triebwerksteile einschließlich Motor vor dem gefährlichen Kalkstaub geschützt werden. Bei der Wahl der Motorart ist darauf Bedacht zu nehmen, daß die beim Anlassen auftretenden Stromstöße auf die Zentrale nicht schädlich wirken. *Wintermeyer* beschreibt in der „Fördertechnik“ 1917, S. 1, die elektrischen Antriebe von Hochofen-Schrägaufzügen der A. E. G., Siemens-Schuckertwerke und der Otis-Elevator Co. Berlin.

Bei allen Aufzügen, die mit stark wechselnden Lasten laufen, wie hier beim Heben der schweren Kalksteinwagen im Gegensatz zu den leichten Tokswagen, macht sich infolge der Elastizität des Seiles eine ungleiche Endstellung des Fahrstuhles bemerkbar. Bei geringer Belastung kommt der Stuhl etwas über, bei großer Belastung unter der Schienenebene zum Stillstand, so daß das Herausfahren der Wagen sehr erschwert ist. Bei den Förderkörben der Bergwerke, wo sich infolge der großen Seillängen dieser Übelstand ganz besonders bemerkbar macht, erzwingt man die richtige Endstellung durch sog. Aufsatzvorrichtungen. Es sind die Tragklauen, die unter den Fahrkorb geschoben werden und so seine genaue Endlage feststellen. Um dabei das stoßweise Aufsetzen und sonstige Störungen zu vermeiden, sind die verschiedensten Sondereinrichtungen vorgeschlagen, auf die einzugehen hier nicht der Platz ist.

Alle Aufzüge haben den unangenehmen Nachteil, unter ständiger behördlicher Aufsicht zu stehen und werden derartige sogenannte Sicherheitseinrichtungen gefordert, die den Aufzugsbetrieb so umständlich machen, daß in vielen Beziehungen das Gegenteil von Sicherheit erlangt wird. Es ist wegen der selbsttätigen Ein- und Ausrückvorrichtungen, gemäß den verschiedensten Unfall- und sonstigen Vorschriften, fast unmöglich, dauernd in jeder Weise befriedigende Triebwerksaufzüge zu bauen, die von den meistens ungelernten, robusten Kalkofenarbeitern dauernd gut bedient werden können. Deshalb sucht man nach Möglichkeit die Fahrkorbaufzüge, wo es nur immer angeht, zu vermeiden.

Die Fig. 57 (Ofenzug) zeigt eine Ofenanlage, bei der die Kalksteinwagen auf einer schwachgeneigten schiefen Ebene mittels Drahtseiles vom Steinbruch bis auf die Gichtbühne gezogen werden.

Fig. 74. Schachtofen mit Becherwerk.

Becherwerke findet man noch dann und wann. Nebenstehende Fig. 74 zeigt ein Becherwerk zum Heben der Steine und des Kokses von *Schönert* in Wurzen. Die Becher müssen eine nach vorn gut offene Form besitzen, um die Steine leicht einwerfen zu können, und erhalten meist noch eine Holzbodeneinlage als Schutz gegen zu schnelle Zerstörung. Das ganze Becherwerk muß gut eingekleidet werden und unten eine Spundwand angebracht sein, um den Arbeiter vor abfallenden Steinen zu schützen. Vor dem Becherwerk auf den Fußboden gelegte Eisenplatten erleichtern das Aufschaufeln. Die über den Bechern an besonderen Kettengliedern angebrachten Fangbleche sollen einerseits das leichte Einschaufeln ermöglichen, andererseits bei Entleerung die auf ihr gleitenden Steine richtig ableiten in den Wagen. Infolge der ununterbrochenen Arbeit besitzen Becherwerke eine große Leistungsfähigkeit. Je höher aber die Kalköfen werden, um so weniger gut ist es anwendbar, weil auch seine Anlagekosten mit der Höhe gleichmäßig zunehmen.

Die Becherwerke leiden durch starken Verschleiß und erfordern etwas mehr Handarbeit als die Aufzüge, weil die Steine erst mittels Wagen vom Steinhaufen zum Becherwerk gefahren, dort entladen und eingeschaufelt werden müssen. Überhaupt ist ein Becherwerk nicht besonders gut zum Heben dieser unregelmäßigen Steinstücke und des ganz anders gearteten Kokses geeignet. Es ist nicht möglich, z. B. mittels eines großen Sammeltrichters die Füllung der Becher zu bewirken, wie dies bei anderen Gütern der Fall ist. Man muß jeden einzelnen der mit gewisser Geschwindigkeit sich bewegenden Becher vollschaufeln; eine umständliche, schwierige Arbeit.

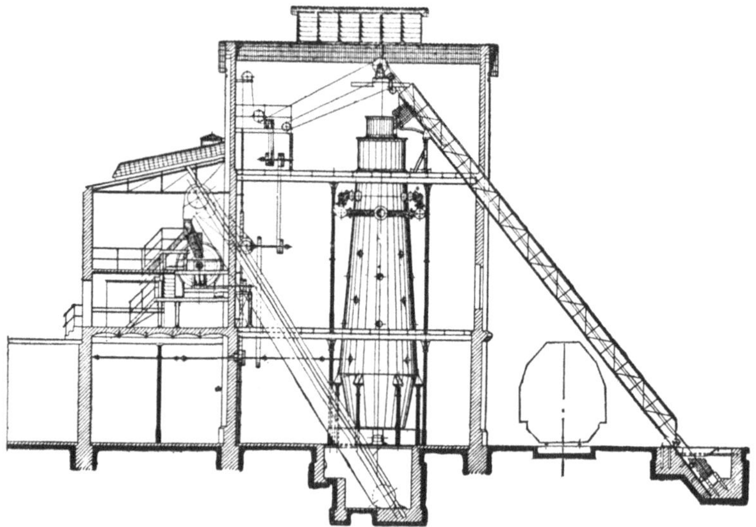

Fig. 75. Schrägaufzug mit Kübeln.

Transportbänder u. dgl., die als ununterbrochene Aufgaberegler wirken sollen, bringen keine Vereinfachung und sind hier nicht sehr zuverlässig. Die Messung von Kalkstein und Koks zwecks gleichmäßiger Zugabe ist erschwert, wegen des Fehlens eines größeren Meßraumes, wie er beim Aufzug im Wagen oder Fördereimer zur Verfügung steht.

Schrägaufzüge. Bei den senkrechten Aufzügen und Becherwerken kann das Fördergut nicht unmittelbar in die Gichtöffnung gelangen, sondern es muß noch wagerecht mehrere Meter gefördert werden. Diesen Übelstand vermeiden die Schrägaufzüge, mit einem Gichteimer, Kübel oder Wagen, wie er bei Hochöfen fast allgemein Anwendung findet. *V. Wendland* (Z. d. V. f. d. R. Z. 26, S. 771) empfiehlt schon im Jahre 1876 die an Kalköfen eingerichtete schiefe Ebene mit Anwendung einer losen Rolle und Winde zur leichteren Begichtung der Kalköfen durch nur einen Mann. Seit dem Jahre 1912 wendet die *Maschinenfabrik Kulmiz, Saarau,* diese Schrägaufzüge bei Kalköfen wieder an, wie ihn die vorstehende Fig. 75 zeigt. Der Kübel hängt an einem Seil, das ihn auf schrägliegenden Gitterträgern nach oben zieht. Unten, in seiner Endstellung, steht er unter einem Fülltrichter und wird abwechselnd mit Koks oder Steinen

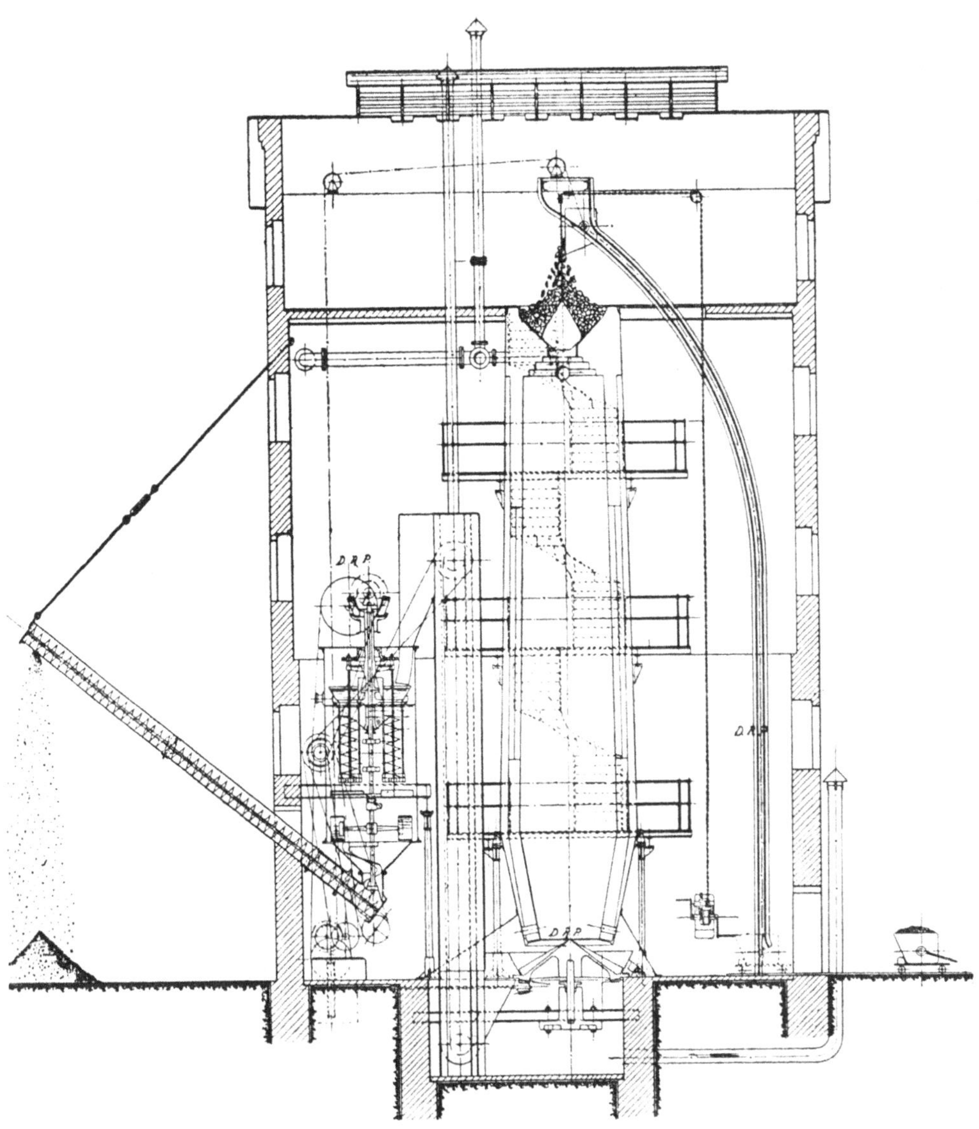

Fig. 76. Schachtkalkofen mit Kübelaufzug und selbsttätiger Kalkabzugseinrichtung.

gefüllt. Oben sind Führungsschienen der Gitterträger nach einer bestimmten Kurve geformt, so daß der Kübel sich unmittelbar in den Fülltrichter des Ofens entleert, wobei der Inhalt aus größerer Höhe herabstürzt. Hier erfolgt aber die Entleerung seitlich, die gleichmäßige Verteilung der Gicht auf den Fülltrichter erschwerend. Bei den Hochöfen sucht man diesem Übelstand dadurch zu begegnen, daß der Kübel beim Niedergang immer den Fülltrichter um einen bestimmten Winkel dreht, aber einfacher wird dadurch natürlich der ganze Betrieb nicht. Günstiger wirken in dieser Beziehung solche Schrägaufzüge, deren zylindrischer Kübel sich unmittelbar auf die Gichtöffnung aufsetzt und gleichzeitig während seiner Entleerung für den Gasabschluß der Gicht sorgt. *Osann* (Lehrbuch der Eisenhüttenkunde 1915) gibt mehrere andere Ausführungsformen und Berechnung der Schrägaufzüge.

Fig. 77. Füllen der Kübel mit Kalksteinen.

So beschreibt *Groek* in der Z. d. V. d. Ing. 1914, S. 1637, einen solchen Schrägaufzug mit losen Kübeln. Dort dienen sie gleichzeitig zum Heranschaffen des Kokses vom Koksofen bzw. Lagerplatz, indem sie auf niedrige Plattformwagen gesetzt und bis zum Schrägaufzug gefahren werden. Auch dies ließe sich sehr nützlich beim Kalkofenbetrieb anwenden, indem diese Kübel am Lagerplatz gefüllt, mittels kleiner Wagen an den Schrägaufzug gefahren, an den Aufzughaken gehängt, auf die Gicht gehoben und nun unmittelbar in den Ofen entleert werden. Jedes Umladen ist dann vermieden, wie bei der bisherigen Verwendung der Kippwagen, die mittels Fahrstuhles gehoben wurden.

H. Eberhardt, Wolfenbüttel, hat Aufzüge mit Kübeln für Kalköfen angewendet, nur hat er noch den oberen Fülltrichter mit der mehr oder weniger seitlich wirkenden oberen Kübelentleerung und der herabstürzenden Füllung.

Die Fig. 76 zeigt den Kalkofen. Der Aufzug ist an seinem unteren Ende senkrecht geführt, nicht schräg, was ganz nützlich erscheint, weil Raum erspart wird. Oben liegen die Leitschienen nach der Ofenmitte zu. Die Fig. 77 zeigt das Einladen der Kalksteine in den Kübel, der auf einem vierrädrigen Wagen steht. Mittels Geleise wird er zum Aufzug gefahren und der Kübel mittels Seilhaken an das herunterhängende Windenseil gehängt. Nebenbei bemerkt,

Fig. 78. Heben des Kübels durch den Aufzug vom Wagen.

zeigt die Abbildung, daß der betreffende Ofen mit außerordentlich verschieden großen Kalksteinstücken beschickt wird. Kleinste Schotterstücke mit $^1/_2$ m großen Bruchstücken erschweren den gleichmäßigen Betrieb, besonders bei mechanisch betätigten Öfen. Durch die Winde wird der Kübel in die Höhe gezogen, während der Wagen unten zurückbleibt, wie die Fig. 78 zeigt. Oben wird der Kübel durch die gebogenen Führungsschienen auf die Ofenmitte geleitet, kippt selbst um und entleert sich in den Fülltrichter. Dies zeigt die Fig. 79. Der Kübel geht nun, durch selbsttätiges Umschalten der Aufzugwinde, zurück, richtet sich in seiner alten Lage auf und setzt sich auf den unten zurückgebliebenen Wagen. Nach der Lösung des Kübelhakens wird der Wagen herausgefahren und durch einen anderen gefüllten ersetzt. Koks wird in den gleichen Kübeln gefördert, und ist bei dieser Begichtungsart das Wiegen der einzelnen Kübel und somit die Erreichung einer gleichartigen vorschriftsmäßigen Begichtung sicher zu erzielen.

Der Verschlußkegel soll nach Füllung des Trichters ebenfalls von unten geöffnet werden, so daß sich der Trichter nach dem Ofen entleert. Es wird aber schwierig sein, den Kegel, auch wenn er sehr schwer gehalten wird, immer zum guten luftdichten Abschluß zu bringen, ohne daß der Arbeiter oben

Fig. 79. Entleeren des Kübels in den Fülltrichter des Kalkofens.

etwas nachhilft. Es dürfte, wie gesagt, nützlich sein, einen Schritt weiter zu gehen und Kübel zu verwenden, die sich unmittelbar auf die Trichteröffnung aufsetzen.

52. Das Abziehen des gebrannten Kalkes.

An der unteren Austrittsöffnung des Schachtkalkofens lagert sich der gebrannte Kalk als ein die Öffnung verschließender Berg nach seinem Böschungswinkel ab. Schaufle ich von der Bergsohle Kalk fort, so rutscht immer frischer Kalk aus dem Ofeninnern nach, bis wieder der Böschungswinkel hergestellt ist. Nehme ich hierbei ringsherum gleichmäßig Kalk fort, so wird auch ringsherum im Ofeninnern die Füllung nachsinken. Stellt man dabei die Ofensohle über den eigentlichen Fußboden, wie dies Fig. 3 zeigt, dann kann man in leichter Weise den Kalk unmittelbar in den Transportwagen schaufeln.

In der Mitte bleibt aber ständig ein Kegel stehen, der nicht zu entfernen ist und ein seitliches Abgleiten der nachrutschenden Füllung verursacht. Der gleichmäßige parallele Lauf der Schichten wird gestört, wie dies schon aus den Fig. 37, 38 und 41 deutlich erkennbar ist. Dieser Kegel aus gebranntem Kalk, Kalkstaub und Koksasche verhindert oder erschwert den Luftzutritt, weshalb man schon sehr bald daran dachte, diesem Übelstand abzuhelfen, man versuchte dies durch Anwendung von Rosten, wie diese bei jeder Feuerung üblich sind, und die das Durchrieseln der Asche gestatten. Man nahm dabei nur Rücksicht auf das Entfernen, das Trennen der Asche vom Kalk, ohne daran zu denken, in welcher Weise diese Roste die Schichtenbewegung beeinflussen.

Der schon bei der Besprechung der Ofenformen auf Seite 124 erwähnte Schachtofen von *Perret* besaß einen Drehrost. Dieser Drehrost wird aber nicht leicht auf seiner wagerechten Achse drehbar gewesen sein, weil die nach oben gehende Rosthälfte die auf ihm ruhende Gicht heben muß und wohl deshalb auch keine weite Verbreitung hat. Man hat vielleicht deshalb den Rost nach Fig. 35f, Seite 124, mit seinen einzelnen wagerecht beweglichen Roststäben gebaut, dessen Nachteile ich schon dort erwähnte.

Berkefeld baute einen besonderen Rost (D. R. G. M. 15 631) mit einer mittleren hohlen Tragsäule, auf der die einzelnen Roststäbe nicht mehr parallel, sondern radial gelagert wurden. Hohl wurde diese Tragsäule deshalb ausgeführt, um auch in der Ofenmitte die Luft zuführen zu können. Die gitterförmigen Schlitze und die ganze Säule wurden aber bald mit Asche verstopft, so daß ihre Wirkung in bezug auf günstigere Luftzuführung bald aufgehoben wurde. Diesen Übelstand vermeidet eine von mir im Jahre 1906 entworfene Rostsäule (D. R. G. M. 287 357), welche die Maschinenfabrik von *C. Kulmiz*, Saarau, ausführt. Bei dieser Rosttragsäule nach Fig. 80 sind die Ringschlitze dachförmig abgedeckt, die Kalksteine lagern sich auf diesen Abdeckungen nach ihrem Böschungswinkel ohne die Schlitze zu verstopfen und ohne in die Hohlsäule hineinfallen zu können. Bei diesen Rosten stehen die Stäbe, wie gesagt, radial, nach der Mitte zu werden die Zwischenräume zwischen den Stäben immer enger. Am äußeren Umfang darf der Abstand nur so groß sein, daß ein freiwilliges Durchfallen der Steine vermieden wird. Dann ist der Abstand aber an der Tragsäule für den Durchgang der Steine viel zu enge. Die Steine können nur am äußeren Umfange abgezogen werden, was das gleichmäßige Abziehen des Kalkes über dem Querschnitt unmöglich macht. Die mittlere Tragsäule und

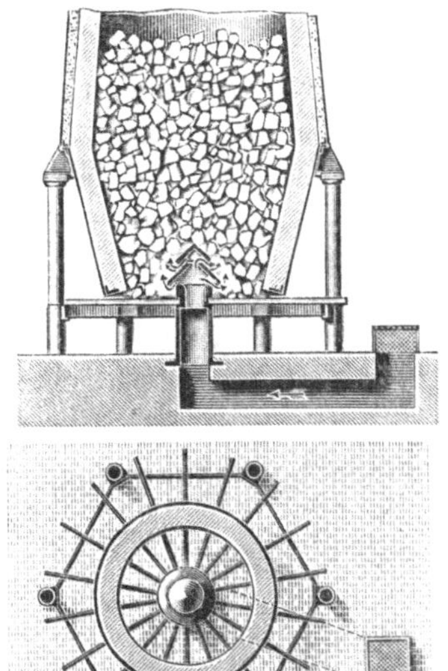

Fig. 80. Kalkofenrost mit hohler Tragsäule für die Luftzuführung.

die radialen Stäbe erzeugen über sich den gleichen Stützkegel wie er in Fig. 37 „*a*" sichtlich ist, nur daß er jetzt weit nach dem Ofeninnern vorgeschoben ist.

Im D. R. P. 55 709, 12. 12. 1889, versucht *Kawalewski*, Aarau (Schweiz), diesen Übelstand zu überwinden durch einen tief gelegenen Mittelrost und zwei oder mehrere höher gelegene Seitenroste. Das Ziehen beginnt mit dem Zusammensinken einzelner Roststäbe des Mittelrostes, wodurch eine größere Öffnung in demselben hergestellt wird, durch welche das in der Mitte befindliche Brenngut herabfällt. Hierdurch wird erreicht, daß sich in der Mitte des Ofensatzes Hohlräume bilden, welche das Nachstürzen des an den Wandungen befindlichen unterstützen. Das weitere Ziehen erfolgt durch das Zusammenrücken der Seitenroste. Das gleichmäßige Ziehen wird hierbei aber recht schwer sein, trotz der späteren Verbesserung durch das D. R. P. 182 895 von *W. Siepen*-Horrem.

Die radiale Stellung der Roststäbe ist also durchaus unzweckmäßig und scheint die auch sonst bei Feuerungen übliche parallele nützlicher, was auch die nachstehenden Versuche zeigen. Unter dem Schacht des Modellofens nach Fig. 81 legte ich Roststäbe mit 4 mm Durchmesser mit 8 mm Zwischenraum parallel nebeneinander. Durch Kerben in den Auflageträgern, den Rostbalken, wurden die Roststäbe in ihrem gleichmäßigen Abstande festgehalten. Dadurch, daß man nacheinander einen Stab nach dem andern um den zwischen drei Stäben vorhandenen Raum hin und her bewegte, also die Rostspalte vergrößerte, konnte man für ein ganz gleichmäßiges Durchfallen des Kalkes auf dem ganzen Ofenquerschnitt sorgen. Über dem Rost bilden sich auch wieder die Hügel, wie wir dies schon in der Fig. 37 recht gut sahen. Dies bestätigt auch wieder, daß diese Hügelbildung allein von der Ofenform abhängt und nicht etwa von dem Böschungskegel „*a*". Aber doch ist insofern ein wesentlicher Unterschied, als in Fig. 37 dieser Böschungskegel ständig liegenbleibt. Durch Asche und Kalkstaub wird er bald fest und für Gas undurchlässig. Nur noch am äußeren Rande, wo die Gicht noch in Bewegung bleibt, kann das Gas eintreten, am stark verengten Querschnitt unter großer Drosselung. Ungleichmäßige Luftzufuhr, unvollkommene Verbrennung mit schlechten Gasen ist die Folge. Dagegen ist beim Parallelrost nach Fig. 81 noch der innere Hügel in Bewegung, sich stets erneuernd, deshalb stets luftdurchlässig bleibend. Auf dem ganzen vollen Ofenquerschnitt kann die Luft frei und ungehindert eintreten, so daß für beste Verteilung und Verbrennung gesorgt ist.

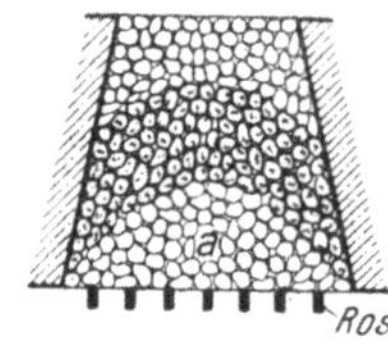

Fig. 81. Einfluß des Rostes auf die Schichtbildung.

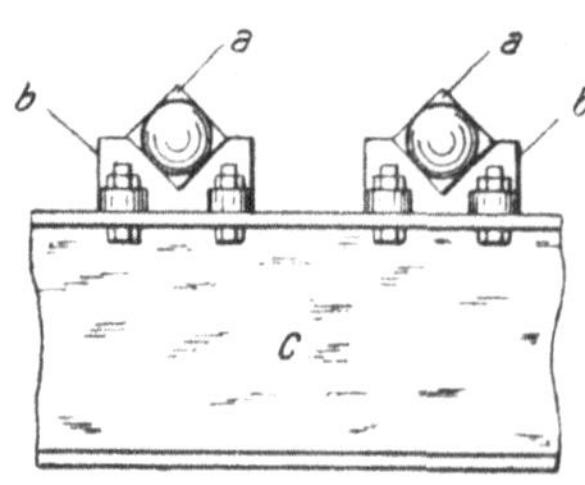

Fig. 82. Rechteckige Roststäbe.

Die Bedienung dieser Roststäbe will *Morgat* (Ware, Beet-sugar manufacture and refining, S. 321) dadurch erleichtern, daß er die Enden der viereckigen Stäbe zylindrisch abdreht, so daß bei ihrer Drehung die Rostspalten weiter und enger werden, wie dies die Fig. 82 zeigt. *a* sind die an den Enden abgedrehten Roststäbe, die in gußeisernen Lagerböckchen *b* unterstützt sind. Die Lager sind auf Querträgern *c* aufgeschraubt.

Alle derartigen Roststäbe werden zeitweise bedient, meistens alle 2 bis 4 Stunden wird Kalk gezogen. Dann sinkt die Ofenfüllung dadurch plötzlich um einen Meter und mehr unter großer Staubentwicklung. Die heißen Zonen der Füllung bewegen sich von den bisher neben ihnen gelegenen, gleich heißen Zonen der feuerfesten Auskleidung fort. Diese kommt so plötzlich mit kälteren Steinen, weniger angebranntem Koks in Berührung und verursacht mindestens am Umfang ein schnelleres Kalkbrennen, zu schnelles Verbrennen des Kokses. Ein ungleichmäßiger Brand mit größerem Koksverbrauch ist die Folge. In der Zwischenzeit, wo kein Kalk gezogen wird, liegt die Füllung fast still, sie rutscht nur wenig zusammen wegen verbrennenden, verschwindenden Kokses und des durch die Kohlensäureverdampfung etwas sich zusammenziehenden, schwindenden Kalksteines. Sie liegt fest an, die Ofenauskleidung brennt dann sehr leicht fest. Festhängen der Gicht wäre die, eine unangenehme Betriebsstörung verursachende Folge. Deshalb ist es ohne Zweifel nützlich, wenn man die Füllung immer in dauernder Bewegung erhält, indem man ununterbrochen den gebrannten Kalk abzieht, so daß sich die Feuerzone und andere Zonen immer an fast der gleichen Stelle befinden. Denn die Zerstörung der feuerfesten Auskleidung erfolgt viel weniger durch die dauernde gleichmäßige Einwirkung der hohen Temperatur als durch den für alle derartigen Stoffe so nachteiligen plötzlichen Temperaturwechsel, der mit dem periodischen Ziehen größerer Mengen Kalkes verbunden ist. Deshalb ist z. B. die Ansicht falsch, daß man durch diesen damit verbundenen Zonenwechsel das Mauerwerk schont. Von Hand durch Arbeiter ist dies gleichmäßige, ununterbrochene Kalkabziehen natürlich nicht zu erreichen und man muß mechanische Hilfsmittel anwenden.

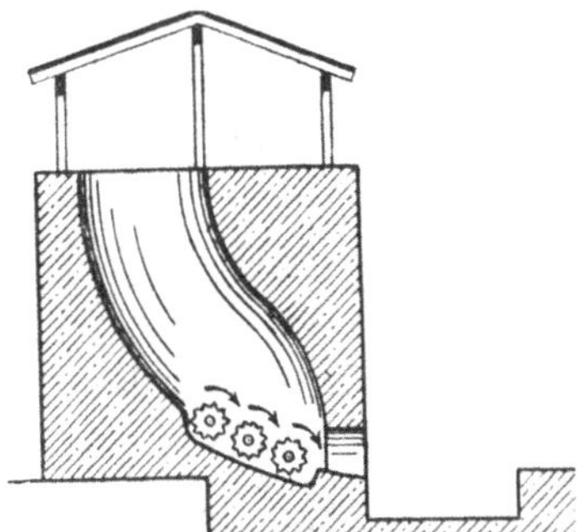
Fig. 83. Mechanische Kalkofenentleerung.

Zuerst scheint die mechanische Entleerung *Pierre Montagne*, Paris, bei Schachtkalköfen angewendet zu haben; er nahm das D. R. P. 16759, Kl. 80, vom 31. 5. 1881, darin bestehend, daß er an dem Schacht bogenförmig seitlich abbog und in der unteren Sohle dann Rollenroste, gezahnte Walzen u. dgl. einbaute, die durch Mechanismen angetrieben wurden und so den Kalk zur seitlichen Öffnung herausschoben, wo er allein infolge des Böschungswinkels nicht herausfällt, nach Fig. 83. Für unsere heutigen senkrechten Schachtöfen wäre diese Anordnung der Rollenroste auch noch anwendbar.

Darauf erhielt *Ernest Solvay*, Brüssel, im Jahre 1887 das D. R. P. 43901. Nach der Patentschrift ist *Solvays* Ofen, nach Fig. 84:

1. Ein Kalkofen mit mechanischer Ausziehvorrichtung, dadurch gekennzeichnet, daß ein von unten in den senkrecht abfallenden Brennschacht hin-

einragender Konus *M* die kontinuierlich nachsinkende Beschickung seitwärts drängt, wo der gare Kalk von den Rippen oder Leisten *N* einer unterhalb des Schachtes rotierenden Plattform auf eine äußere mitrotierende Scheibe *P* geschoben wird, von welcher ein Abstreicher *L* den Kalk in den Absturz befördert.

2. Eine Modifikation, gemäß der Konus *M* und Plattform *P* als rotierende Kegelschnecke ausgebildet sind.

3. Benutzung der geschlossenen Abzugsvorrichtung für Druckluftzuführung, um Grus zu brennen, wenn natürlicher Zug nicht genügt.

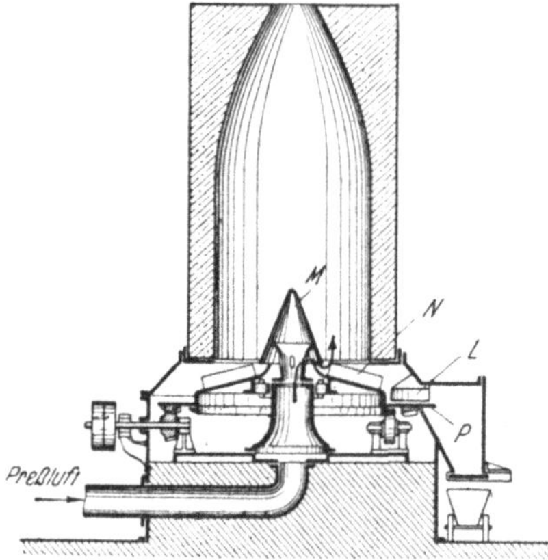

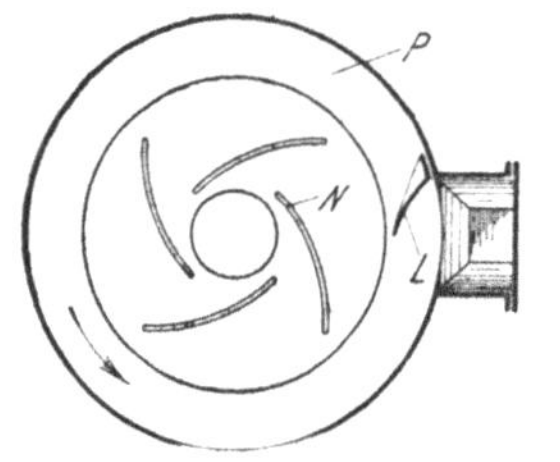

Fig. 84. Mechanische Kalkofenentleerung von *Solvay*.

Dies Patent zeigt schon die mittlere Rostsäule *M* mit den früher erwähnten Nachteilen. Die Plattform wirkt unangenehm als Mahlscheibe und erfordert viel Kraft, so daß sie nicht weitergehende Anwendung gefunden hat. Gegenüber der Form *Montagne* hat sie den Vorzug, auf dem ganzen Umfang gleichmäßig den Kalk abzuziehen.

Eine ähnliche Abzugsvorrichtung baut *H. Eberhardt*, Wolfenbüttel (D. R. P. 289 567), die schon in der Fig. 76 dargestellt ist. Sie besteht ebenfalls aus einem mit Rippen besetzten Kegel, der, auf einer Welle mit Spurzapfen gelagert, durch ein konisches Rädervorgelege angetrieben wird. Zur Begrenzung des Böschungskegels des Kalkes dient ein zylindrischer Blechmantel, wodurch mit den Kegelrippen einzelne Zellen gebildet werden, die ihren Inhalt an der Durchbrechung des Mantels abrutschen lassen. Die Fig. 85 läßt dies gut erkennen. Der Mantelschlitz kann verkleinert oder vergrößert werden, zwecks veränderter Leistung. Wegen der Einfachheit hat diese Abzugsvorrichtung eine große Betriebssicherheit und kann auch dann, wenn durch irgendeinen Grund der Ofenbetrieb in Unordnung gerät, auch durch längere Zeit glühend gezogene Kalksteine nicht leiden, was bei solchen mit Rechen wohl zu befürchten ist. Der Kegel macht in 25 bis 30 Minuten eine Umdrehung und benötigt hierbei nur 0,5 bis 1,0 PS. Nachteilig ist, daß man die Koksasche nicht vom Kalk trennen kann. Dies würde auch hier wohl nur nachteilig sein, denn durch die Mahlwirkung des Rippenkegels dürfte viel Kalkpulver entstehen, was dann mit der Asche verlorenginge. Die am Schlitz entleerte Zelle wird bei der Weiterdrehung sich sofort durch den von oben nachrutschenden Kalk anfüllen. Dieser Kalk wird unter der daraufliegenden Kalkfüllung hindurchgerieben und fällt nach einer Umdrehung am Schlitz heraus. Im allgemeinen wird also nur der Kalk aus dem Ofen einseitig am Schlitz abgezogen, wenn auch teilweise der Kalkkegel sich mitdrehen wird und abgleitet. Es treten ähnliche Verhältnisse wie bei der nachstehenden Abzugseinrichtung mit Kettenrost ein. Ein gleichmäßiger Kalkabzug über den ganzen Umfang und somit gleichmäßige Bewegung der Gicht im Ofen ist nicht zu erwarten. Verstärkt wird dies noch durch die große Verengung des Unterkonus, wie es

Fig. 85. Kalkofenunterkonus mit *Eberhardts* selbsttätiger Abzugsvorrichtung.

die Fig. 83 deutlich zeigt, durch die früher z. B. nach Fig. 42 geschilderten Störungen der Schichtenlage.

Auf der Fig. 76 ist auch eine ununterbrochen arbeitende Kalklöschvorrichtung sichtbar, D. R. P. 268 442 und 286 824. Der abgezogene Kalk wird durch ein Becherwerk gehoben und in ein zylindrisches Gefäß geworfen. Die Löschflüssigkeit, in diesem Falle Zuckersaft, durchströmt den mit eigenartigen Rührwerken ausgestatteten Behälter, indem er den Kalk löscht und sich zwecks Scheidung der Unreinigkeiten damit anreichert. Das nicht ablöschbare Kalkgrieß wird durch eine schräghansteigende Schnecke hinausgefördert.

Auch die Abzugsvorrichtung von *C. Behrends* (Fig. 86) hat den Nachteil, nur nach einer Seite den Kalk abzuziehen. Allerdings ist sein Patentanspruch so allgemein gehalten, daß er auch jede andere Abzugsvorrichtung anwenden kann. Und gerade dies ist das Merkwürdigste an *Behrends* Patent. Dieses D. R. P. 103 994 stammt aus dem Jahre 1898, ist also 17 Jahre jünger als das *Montagnes* und trotzdem lautet der einzige Patentanspruch *Behrends* so einfach und allumfassend: „Kalkofen, dadurch gekennzeichnet, daß unterhalb der Ofenöffnung (*b*) ein Transportelement (*a*) angeordnet ist, zum Zwecke, den Kalk in kontinuierlicher Weise zu entfernen, um Betriebsstörungen, wie Festbrennen des Kalkes usw. zu vermeiden.“ — Etwas durch die früheren Patente Bekanntes wird hier nochmals weitestgehend ohne jede Einschränkung patentiert. Die Erteilung erfolgte, wie ich aus den Patentakten ersehen konnte, ohne Prüfung von vorhandenen Patenten oder Literaturstellen. — Wie wunderbar arbeitet doch manchesmal das Patentamt! *Behrends* hat viele Öfen mit solchen Abzugsvorrichtungen ausgestattet. Ich will aber hier noch auf den ungünstigen Einfluß des seitlichen Abzuges eingehen.

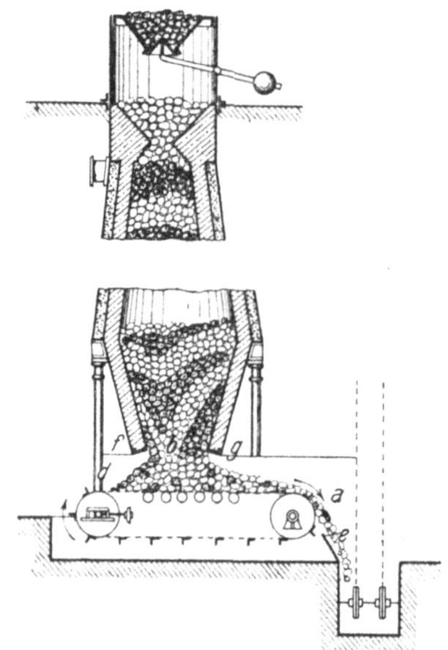

Fig. 86. Kalkofen mit Kettenrost.

Behrends hat immer bei seinen Kalköfen den auf der Fig. 86 dargestellten Kettenrost angewendet, der meistens schmaler als die untere Ofenöffnung *b* ausgeführt wurde und deshalb seitliche, schräge Bleche zwecks Zusammenführung des Kalkes erhielt. Diese wirken wie die konische Verengung des Schachtes ungünstig auf den Kalkabzug. Die Mitnehmer *c* nehmen nun nicht etwa gleichmäßig den Kalk von dem auf dem Kettenrost lagernden Kalkquerschnitt, sondern sie füllen sich nur an der Eintrittsstelle *d* mit Kalk und schieben diesen vor sich her unter dem auf dem Rost liegenden Haufen durch zum Becherwerk *e*. Dadurch rutscht der Kalk auf der Seite *f* schnell nach, während er auf der anderen Ofenseite *g* hängenbleibt, zu der dargestellten Schichtenbildung Veranlassung gebend, die auf ungleichmäßigen Kalkabzug hinweist.

Eine Abzugsvorrichtung, die wie der Parallelrost einen gleichmäßigen Kalkabzug auf dem ganzen Ofenquerschnitt gestattet, ohne den Luftzutritt zu erschweren, ohne eine Verengung des unteren Ofenquerschnittes zu verlangen, ist als wünschenswert zu erachten.

Will man gelöschten Kalk herstellen, dann wird man die Löschtrommel möglichst nahe an den Ofen rücken, um geringe Zwischentransporte nötig zu haben. Dann könnte man schließlich vom Ofen den Kalk unmittelbar in die Trommel fallen lassen. Verschließt man dann den Ofen unten, dann treten die beim Ablöschen sich bildenden Wasserdämpfe in den Ofen und erfüllen den Zweck, den *Westphal* durch besonderes Einblasen von Dampf erzielen will, zwecks Rückgewinnung der Hydrationswärme, wie ich dies schon eingehend auf Seite 24 beschrieb. Man würde dadurch an Transport viel ersparen und auch Brennstoff durch die teilweise Rückgewinnung der Hydrationswärme. Man vermeidet auch die starke Belästigung der Arbeiter durch den Kalkhydratstaub, der sich bei *Westphal*s Anordnung so unangenehm bemerkbar machte. Dann müßte man aber die Kühlzone des Schachtes fortfallen lassen und an deren Stelle schon die Löschtrommel in entsprechender Form treten lassen. Anderenfalls würde der im Kühlschacht sich löschende Kalk zusammensinken und der ganze Ofeninhalt nachfallen. Einfach wird die Sache aber nicht sein.

53. Der Kalkofenbetrieb.

Während die Inbetriebsetzung der Kalköfen mit Generator oder Gasfeuerung keine großen Schwierigkeiten bereitet in bezug auf den eigentlichen Kalkofen, weil man nach der Füllung des Schachtes mit Kalksteinen einfach die Feuerung anzündet, und erst dann mit dem Ziehen des Kalkes beginnt, wenn die Steine genügend lange in Glut erhalten wurden, so muß man bei dem Misch-Schachtofen besondere Vorsichtsmaßregeln beachten. *C. Kulmiz*, Saarau, gibt hierfür folgende Vorschriften:

,,Vor der Inbetriebsetzung eines neuen Kalkofens ist zu untersuchen, ob der Ofen genügend trocken ist. Ist dies der Fall, so muß an der Kalkabzugsöffnung des Ofens 4 bis 6 Tage ein schwaches Feuer unterhalten werden. Hierbei müssen die Stockerlöcher, sowie der Fülltrichter offengehalten werden, damit die Luft frei austreten kann. Nun werden zuerst unten im Ofen im Kreise etwa 1 m lange Holzscheite aufgestellt und dann von oben Holzspäne und zuletzt Hackspäne etwa 0,5 m hoch aufgegeben. Damit die Holzscheite nicht auseinanderfallen können, werden sie mit einem starken Draht umschlungen. Auch dürfen die Scheite nicht dicht stehen, sondern sollen 1 cm Zwischenraum haben, damit die Luft durchziehen kann. Auf die Späne wird dann Kleinholz gegeben, bis zur Füllung des Abkühlungskonus. Hierauf kommen 250 bis 300 kg Koks, dann eine Mischung von 400 kg Kalkstein und 65 kg Koks, dann 400 kg Kalkstein mit 55 kg Koks und so fort, je 400 kg Kalksteine mit 45 kg, 40 kg und 35 kg Koks. Von nun an wird der Ofen bis oben hin normal beschickt und bestimmt sich die Mischung von Kalkstein und Koks nach deren Qualität. Gewöhnlich nimmt man auf 400 kg Kalkstein 35 bis 45 kg Koks. Kalksteine und Koks sollen nicht zu groß sein; man verwendet am zweckmäßigsten Kalksteine in Kindskopfgröße und gebrochenen Koks nicht über Faustgröße hinaus. Nachdem der Ofen so gefüllt ist, werden die Stockerlöcher und der Einfüllkonus geschlossen, dagegen der Schornstein geöffnet und die Hobelspäne angezündet. Hierbei darf die Kohlensäurepumpe noch nicht arbeiten. Sinkt die obere Krone, so muß oben neu aufgegeben werden. Nach 24stündigem Brennen wird die Kohlensäurepumpe angestellt, nach ungefähr 36 Stunden kann der erste gare Kalk abgezogen werden. Der Kalkofen soll daher höchstens 2 Tage vor der Fabrikinbetriebsetzung angezündet werden.“

Bei Beachtung dieser Vorschrift habe ich aber festgestellt, daß man besser tut, wenn die Kohlensäurepumpe sofort beim Anzünden in Betrieb gesetzt wird. Im kalten Ofen herrscht kein genügender aufsteigender Zug, die schnellbrennenden Späne und das Holz erzeugen eine solche Menge Rauchgase, die nicht durch den Ofen abziehen können und deshalb unten austreten und die ganze Umgebung verqualmen. Für Kalköfen ohne Gaspumpe hat sich die in den *Stettiner Kalksteinwerken* in Klemmen (Tonind.-Ztg. 1907, 31. Jahrg., S. 796) benützte Art bewährt. Man setzt dort beim Beschicken ein Holzrohr mit ein, welches mit Petroleum getränkt und mit Holzwolle gefüllt wird. Zündet man dieses oben an, so wandert die Flamme von selbst nach unten und bringt den Ofen gleichmäßig in Brand.

Beim Beginn der Steineinfüllung fallen die Steine die ganze Höhe herunter, also mit bedeutender Wucht, fliegen seitlich und können das Futter beschädigen. Deshalb sei man hier vorsichtig und verwende anfangs kleinere Steine, die beim Aufschlagen nicht so große Massenkräfte freigeben. *Lee H. Roberts* empfiehlt deshalb im amerikanischen Patent 13154 vom Jahre 1901 über den Schachtmantel verteilte, verschließbare Öffnungen, Luken, durch die die Steine ohne große Wurfhöhe eingefüllt werden können. Für Öfen, die nicht dauernd im Betriebe sind, sondern häufig kaltgelegt werden müssen, sind diese Luken nützlich. Wenn man die unteren dann noch wie beim Rüdersdorfer Schachtofen als Feuerraum ausbildet, mit Roststäben und Aschenfall versieht, dann kann man auch jederzeit den gefüllten, kaltgestellten Ofen durch diese Außenfeuer wieder anheizen.

Ist der Ofen im Gange, dann muß man nun für gleichmäßigen Weiterbetrieb sorgen. Der Kalk soll dort, wo es von Hand geschieht, möglichst sorgfältig gezogen und oben immer wieder die Gicht nachgefüllt werden, möglichst alle 2 bis 3 Stunden. Dann bleibt die Füllung in ständigem Fluß, was, wie schon an verschiedenen Stellen erläutert, für den guten wirtschaftlichen Betrieb nützlich ist. Hier sei daran erinnert, daß bei der Ofenform im Abschnitt 33 beim Niedergang ein Entmischen zwischen Koks und Kalkstein nicht eintrat, beide liegen fest nebeneinander. Es ist ein Irrtum, zu glauben, daß die spezifisch leichteren Koksstücke zurückbleiben und die schwereren Steinstücke vorgleiten, wie man diese Ansicht häufig hört. In der Füllung selbst, wo sich die Stücke gegenseitig umschließen, gegenseitig in den Zwischenräumen lagern, ist dies nicht möglich. Wohl aber, wie im Abschnitt 36 angegeben, beim Einfüllen, wenn die Koksstücke noch locker obenauf liegen. Mildern kann man diesen Übelstand dadurch etwas, daß man den Koks gut untergemischt gleichzeitig mit den Steinen einfüllt. Dann wird man die Entmischung bei der Gichtung erschweren und gleichmäßigeren Ofengang erzielen. Es ist falsch, erst die ganze, für eine Begichtung notwendige Steinmenge und dann darauf den ganzen Koks. Wichtig ist es auch darauf zu achten, daß immer Kalkstein und Koks im richtigen Gewichtsverhältnis zueinander eingefüllt werden, so wie es sich bei dem betreffenden Ofen am besten herausgestellt hat. Am besten ist es, jede Füllung an Steinen und Koks zu wiegen. Das Wiegen ist aber bei vielen Anlagen schwierig. Dann soll man die Gewichte der Wageninhalte bestimmen und anweisen, daß so und soviel gleichmäßig mit Kalksteinen gefüllte Wagen für eine Begichtung anzuwenden sind. Häufige Kontrolle schützt vor Störungen und unnötigem Koksverbrauch.

Man sorge für eine gleichmäßige Höhenlage und Länge der Brennzone. Durch die Schaufenster soll man die Glut des Ofens beobachten, um gargebrannten Kalk zu erzielen. Wird der Kalk einige Stunden in Weißglut erhalten, dann wird er auch durchgebrannt. Man kennt bei seinem Ofen aus seinem Inhalt und der täglichen Kalkerzeugung den Gesamtaufenthalt der Steine im Ofen. Aus den Fig. 7 und 8 ersieht man dann das Verhältnis der Brennzeit zur Aufenthaltszeit und daraus die Ofenhöhe, die als Brennzone unter Weißglut zu halten ist. Bezeichnet man diese an den Fenstern, so hat man stets eine leichte Kontrolle über den richtigen Stand des Feuers. Sind diese mit durchsichtigen Glimmerplatten versehen, dann kann man auch aus einiger Entfernung leicht diese Kontrolle ausüben.

Auch am Setzen des Ofeninhaltes kann man auf das gleichmäßige Durchbrennen schließen. Durch den Verlust der CO_2 und das Verbrennen des Kokses vermindert sich das Volumen der Füllung. Wenn die Glut zu hoch steigt, so ist entweder mehr Kalk abzuziehen und sind mehr Steine nachzufüllen oder Gasabzug zu vermindern und die Korngröße des Kokses zu vergrößern. Was am nützlichsten ist, muß von Fall zu Fall entschieden werden. Die Wirkung der verschiedenen Maßnahmen ist aus den vorstehenden Abschnitten klar zu erkennen. Benötigt man z. B. eine bestimmte Menge Gas und Kalk, und füllt zu kleine Koksstückchen ein, dann verbrennen diese zu schnell, entwickeln zu lebhaftes Feuer und die Glut steigt unaufhaltsam höher und höher. In diesem Falle muß man größere Koksstücke beimischen, immer mehr in solcher Menge, bis das Feuer an der gewünschten Stelle zu halten ist. Werden aber einige Koksstücke unverbrannt gezogen, so waren sie eben zu groß, sie konnten in der Kalkbrennzeit nicht verbrennen.

Bei allen Änderungen in der Betriebsweise, bedenke man wohl, daß sie erst nach längerer Zeit den Ofengang beeinflussen. Erst nach Stunden macht sich ihr Einfluß bemerkbar. Mit größter Ruhe muß man deshalb Änderungen vornehmen, mit noch größerer Ruhe ihre Wirkung abwarten. Anderenfalls kommt der Ofen aus seinem gleichmäßigen Betrieb und unangenehme Störungen sind die Folge.

Falsch ist die gelegentlich in manchen Zuckerfabriken geübte Maßnahme, zwecks Arbeitersparnis den Ofen nur am Tage zu füllen aber nicht des Nachts, während das Ziehen, dem Kalkverbrauch entsprechend, Tag und Nacht geschieht. Dann wird der Ofen sehr leer, das Feuer steigt bis an die Grenze der Steinfüllung, ungleichmäßige Vorwärmung der Verbrennungsluft unten und der Steine oben, ja dort schließlich gar nicht, weil nachts keine frischen aufgegeben, ist die Folge. Durch schnelle Zerstörung des Ofenfutters und größeren Koksverbrauch wird die Ersparnis an Arbeitern bei diesem ungleichmäßigen Betrieb erkauft. Wer Arbeitskräfte sparen will, soll nicht durch solch gekünstelten Betrieb dies zu erreichen suchen, sondern durch Anschaffung selbsttätiger Füll- und Entleerungsvorrichtungen. Andererseits können aber Kalkwerke zu verminderter Kalkerzeugung gezwungen werden, weil zeitweise der volle Absatz für die Kalkmenge, die der Ofen beim Einwurf großer Steine und Koks noch erzeugt, fehlt. Dann wird der Ofen nur am Tage betrieben. Nachts werden alle Öffnungen dicht geschlossen und verschmiert, die Gaspumpe, der Gasabzug abgestellt. Bei einem Ofen mit dicker Schamotte- und Isolierschicht glühen Koks und Steine ruhig weiter, weil dann die Wärmeverluste so gering sind, daß der Ofeninhalt nicht stark abgekühlt wird. Man kann dadurch die Ofenleistung auf etwa die Hälfte vermindern. Ein Hochofen wurde auf diese Weise für 14 Monate stillgesetzt, wobei der Inhalt um 14 Gichten gesunken und nach 36 Stunden wieder in vollem Gange war. Aber wie bei jedem unregelmäßigen Ofenbetrieb entsteht ein höherer Koksverbrauch, der etwa 10 bis 20 Proz. beträgt. Bei solchem erhält man natürlich auch Gase von sehr schwankender Zusammensetzung, in denen Kohlenoxyd überwiegt, was nachteilig für die Weiterverwendung ist. Wichtig ist deshalb die Beobachtung und Prüfung der abziehenden Gase. Doch nicht nur deshalb, sondern weil man aus der Zusammensetzung der Gase auf gute oder schlechte Verbrennung schließen kann. Wie die Prüfung der Kalkofengase erfolgen soll, hat *Seyffart* in seinem Buche „Kesselhaus- und Kalkofen-Kontrolle" (*Schallehn & Wollbrück*) eingehend beschrieben und brauche ich dies hier nicht zu wiederholen. Auch *Frühling* und *Schulz*, „Anleitung zur Untersuchung", *G. Lunges* „Handbuch der Sodafabrikation" seien hierfür empfohlen.

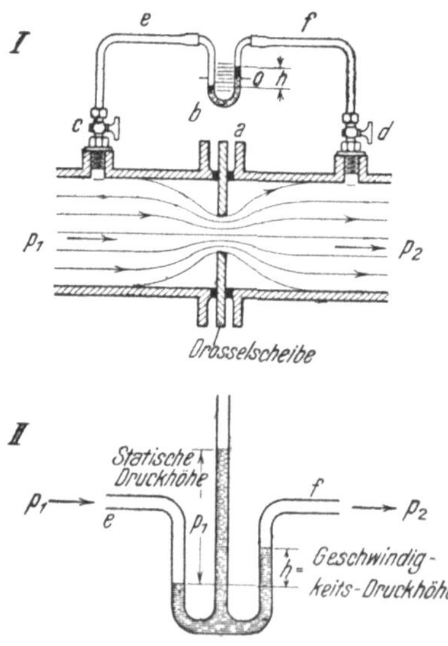

Fig. 87. Drosselscheibe und Wassermanometer.

Für einen gleichmäßigen Betrieb, gute gleichmäßige Verbrennung und Zusammensetzung der Gase ist es notwendig, dafür zu sorgen, daß die richtige Gasmenge vom Ofen abgesogen wird. Zu dem Zwecke muß man die auf Seite 197 erwähnten Wassermanometer beobachten und Störungen in den Widerständen, die sich durch veränderte Druckverluste bemerkbar machen, in geeigneter Weise beheben. Auch ein geregelter Gasstrom ist aufrechtzuerhalten. Bei Kolbenpumpen läßt der Gang der Pumpe einen unmittelbaren Schluß auf das Verhältnis der abgesaugten Gasmenge zu, aber nicht bei Gebläsen und Ventilatoren. Deren Ansaugleistung wird außerordentlich von den Saugwiderständen und der Umdrehungszahl beeinflußt. Immer ist deshalb der Einbau einer Meßvorrichtung nützlich, die die Menge der abgesaugten Gase leicht bestimmen läßt. Am einfachsten ist die Drosselscheibe *a*, die in die

Leitung an geeigneter Stelle, wo möglichst eine gleichmäßige Gasströmung herrscht, eingebaut wird nach Fig. 87 I. In einer Entfernung von 200 bis 300 mm werden Hähne mit etwa 5 mm Bohrung eingeschraubt und mit einem U-förmigen Wassermanometer *b* verbunden. Durch die Drosselscheibe wird ein Druckabfall *h* erzeugt, es entsteht auf der Einströmseite ein solcher Überdruck, der notwendig ist, um unter Überwindung des durch die Drosselscheibe verursachten Widerstandes die Gasmenge durchzudrücken. Die in einer Sekunde durch eine solche Drosselscheibe gedrückte Gasmenge ist:

$$V_1 = M_1 \cdot F \cdot \sqrt{\frac{2 \cdot g \cdot h}{\gamma_3}} \text{ cbm} . \tag{53}$$

Darin ist M_1 eine Erfahrungszahl, die bei jeder Scheibenöffnung einen bestimmten Wert hat und durch Meßversuche festgestellt werden kann. Für die Betriebsbeobachtung ist es aber nicht notwendig, diesen Wert zu kennen.

F ist der Querschnitt der Scheibenöffnung in qm,
g die Erdbeschleunigung = 9,81 m/sek.,
h der Druckabfall in mm Wassersäule,
γ_3 das Gewicht 1 cbm Gases in kg.

In der Formel (53) sind M_1, F, γ_3 und $\sqrt{2g}$ unveränderlich, also die Gasmenge nur noch abhängig von $\sqrt{h}$. Wenn z. B. der unter gewöhnlichen Verhältnissen $h = 20$ mm betragende Druckverlust auf 30 mm steigt, dann ist das Verhältnis der durchfließenden Gasmenge:

$$\frac{\sqrt{30}}{\sqrt{20}} = \frac{5,48}{4,47} = 1,22 .$$

Es fließen jetzt 22 Proz. mehr Gas hindurch. Wählt man die Öffnung der Gasscheibe so (durch einige Proben leicht bestimmbar), daß bei gewöhnlicher Gasströmung *h* etwa 20 mm ist, so kann man nach Tabelle XIV leicht das Verhältnis der durchströmenden Gasmengen bestimmen und daraus den Ofengang kontrollieren.

Tabelle XIV.

$h =$	0	5	10	15	20	25	30	35	40	mm Wassersäule
$\sqrt{h}$	0	2,24	3,16	3,87	4,47	5,00	5,48	5,92	6,32	

Stach (Z. d. V. d. Ing. 1915, S. 894) beschreibt verschiedene Meßeinrichtungen, die zum Aufschreiben der Gasgeschwindigkeit dienen. Dr. *Mugdan*, Nürnberg, machte mich auf eine schöne Verbindung des Meßrohres für den statischen und für den Geschwindigkeitsdruck aufmerksam nach Fig. 87 II, indem auf den Bogen des U-Rohres noch ein senkrechtes Glasrohr aufgeschmolzen wird. Es wird dann gleichzeitig die statische Druckhöhe p_1 und der aus der Geschwindigkeit des Gases sich ergebende Druckverlust *h* angezeigt.

Auf die Leistungsverminderung der Kohlensäurepumpe während des Betriebes sind einerseits Mängel am Ofen, den Rohrleitungen und dem

Wäscher von Einfluß, andererseits Mängel an der Pumpe selbst. Erstere habe ich an den verschiedenen Stellen erwähnt, letztere ergeben sich aus der Art der Pumpe und auch ihr Einfluß ohne längere Erörterung von selbst.

Bei Kolbenpumpen wird die Ansaug-, die Förderleistung vermindert durch undichte Ventile, ausgelaufene Kolben und Kolbenringe, Zylinder oder Schieber, festgebrannte Kolbenringe durch Verwendung ungeeigneten Öles; durch undichte Entwässerungsventile, schlechte Kolbenfedern, harte abgenutzte Packungen der Kolben- und Schieberstangen. Manche Fabriken sind gezwungen, die Entwässerungshähne ständig etwas offen zu halten, weil Wasserschlamm aus dem mangelhaften Waschkühler mitgerissen wird und nicht aus dem Zylinder entweichen kann, wenn der Schieber oder die Druckventile oben liegen. Hier sollte für eine Verbesserung des Waschkühlers gesorgt werden.

Ferner muß man sich auch davon überzeugen, ob der Kalk gut durchgebrannt und nicht zu früh gezogen wird. Erfahrene Kalkbrenner erkennen dies schon am Gewicht, denn das gebrannte Kalkstück ist leichter als der ungebrannte Stein, am hellen guten Kalk und am Aussehen der Bruchstelle. Gut durchgebrannte Steine besitzen im Durchbruch einen guten gleichmäßig hellen Querschnitt. Ungare, nicht durchgebrannte Kerne machen sich durch eine dunklere Farbe erkennbar; sie besitzen in der Mitte noch teilweise die Farbe des ursprünglichen Kalksteines. Alle diese Mittel der Erfahrung geben keinen unbedingten Verlaß. Hier muß die Chemie wieder eingreifen, wie ich dies eingehend beschrieben habe.

In der chemischen Industrie verlangt man den Kalk gut durchgebrannt. Ungebrannte Stücke müssen unnütz durch den Betrieb geschleppt werden und erzeugen durch ihre Entfernung Verluste an anhaftendem Gut. In Zuckerfabriken mit Trockenscheidung wäre die gleichmäßige Kalkzugabe nicht möglich, weil der nutzlose, ungare Kalk mit gewogen wird.

Im übrigen ergibt sich die Art der Einflüsse aus den verschiedenen Einzelabhandlungen. Es dürfte nicht schwer sein, nach eingehendem Studium danach leicht die richtigen Mittel und Wege für einen störungsfreien und wirtschaftlichen Betrieb zu finden.

An dieser Stelle möchte ich noch auf die günstigen Heilungsergebnisse hinweisen, die in verschiedenen Kalkbrennereien an Schwindsüchtigen beobachtet wurden. Diese vertragen die staubigen Arbeiten oft besser als kerngesunde Leute, sogar ist eine Heilung der Lungenkranken nachweisbar. (*K. Bernhard* und *G. Hall*, Tonindustrie-Zeitung 1916, S. 676 und 703). Nach *A. Herbert* (Zeitschr. f. Gewerbehygiene 1910, S. 51) sollen die Bazillen in den Lungengeweben einer Verkalkung unterliegen. Dabei ist die Tuberkulose eine Krankheit, die nur solche Körper ergreift, die durch unrichtige Ernährung an Salzen, besonders an Kalksalzen verarmt sind. Der Kalkstaub wird im Speichel aufgelöst und dem Körper zugeführt. Demnach erscheint die Verwendung lungenkranker Arbeiter am Kalkofen nur nützlich

---

Literatur.

Bischoff, Carl, Die indirekte, aber höchste Nutzung der Brennmaterialien. Quedlinburg 1856.
— Gesammelte Analysen der in der Tonindustrie benutzten Materialien und der daraus hergestellten Fabrikate. Leipzig 1901.
— Die feuerfesten Tone. Leipzig 1904.
Centralblatt für die Zuckerindustrie. Magdeburg.
Chemiker-Zeitung. Cöthen.
Cramer, Einwirkung von Asche und Schlacke auf feuerfeste Auskleidungen. Tonindustrie-Zeitung 1885, 1894, 1901.
Deutsche Reichspatente.
Deutsche Zuckerindustrie (D. Z.) Berlin.
Dinglers Polyt. Journal.
Feichtinger, Chemische Technologie der Mörtelmaterialien. 1885.
Fischer, Ferdinand, Kraftgas. Leipzig 1911.
— Taschenbuch für Feuerungstechniker. Leipzig 1913.
Frühling und *Schulz,* Anleitung zur Untersuchung.
Gary, Feuerfeste Auskleidung. Mitteil. v. d. Königl. Mat.-Prüf. 1910, 1. Heft.
— Feuerfeste Auskleidung. Forschungsarbeiten 1912, Heft 116.
Hecht, Schamottesteine. Tonindustrie-Zeitung 1900.
Hempel, Walther, Gasanalytische Methoden. Braunschweig.
Herzfeld, Festschrift zur Eröffnung des Instituts für Zuckerindustrie. 1904.
Jochum, Paul, Der Drehrohrofen als modernster Brennapparat. Braunschweig 1911.
Kerl, Bruno, Handbuch der gesamten Tonwarenindustrie. Braunschweig 1879.
— Repertorium der technischen Literatur. Bd. 1, S. 664.
Kosmann, Bernhard, Die Verbreitung der nutzbaren Kalksteine im nördlichen Deutschland. Berlin 1913.
Kremann, Robert, Anwendung physikalisch-chemischer Theorien. Halle 1911.
Lippmann, E. v., Festschrift des Vereins der deutschen Zuckerindustrie. Leipzig 1900.
Luhmann, E., Die Kohlensäure. Hartleben, Leipzig.
Lunge, G., Sodaindustrie, Bd. 3. 1909.
— Taschenbuch für Sodafabrikation. Berlin.
Muspratts Handbuch der technischen Chemie.
Pott, Paul, Inaug.-Dissertation Freiburg i. Br. 1905.
Quitmeyer, Darmstädter Geschichte der Naturwissenschaften.
Rauter, Gustav, Die Industrie der künstlichen Bausteine und des Mörtels. Göschens Verlag 1904.
Rieke, R., Schmelzbarkeit von Kalk, Tonerde, Kieselsäure-Mischungen. Sprechsaal (Colmy) 1907.
Rohland, Der Portlandzement vom physik.-chemischen Standpunkte. Leipzig 1903.
Schmatolla, Ernst, Der Gashochofen. Berlin 1905.
— Welche Vorzüge bietet die Generator-Gasfeuerung? Berlin 1905.

Schoch, Karl, Die moderne Aufbereitung der Mörtelmaterialien. Berlin 1913.
Schott, Otto, Kalksilikate und Kalkaluminate in ihren Beziehungen zum Portlandzement. Dissertation Heidelberg.
Schreib, H., Fabrikation der Soda. 1905.
Segers gesammelte Schriften. Berlin 1896.
Seyffart, Kesselhaus und Kalkofen-Kontrolle. Magdeburg.
Simmersbach, Oskar, Grundlagen der Kokschemie. Berlin 1914.
Stammer, K., Zuckerfabrikation.
— Jahres-Berichte über die Untersuchungen und Fortschritte auf dem Gesamtgebiete der Zuckerfabrikation 1861—1911. Braunschweig.
Steinindustrie, Handbuch der, Bd. 1: Die nutzbaren Steinvorkommen Deutschlands; Bd. 2: Die Technik der Steingewinnung und Verarbeitung.
Steinmann, Ferd., Kompendium für Gasfeuerungen. Freiberg i. S. 1868.
Tonindustrie-Zeitung. Berlin.
Waldegg, Heusinger v., Die Kalkbrennerei und Cementfabrikation.
Warl, Beet-sugar manufacture and refining. New York 1907.
Zeitschrift für angewandte Chemie. Leipzig.
Zeitschrift des Vereins der deutschen Zuckerindustrie (Z. d. V. d. d. Z.). Berlin.
Zwick, Jahrbuch des Baugewerbes. 1871.
Zwick, H., Kalk und Luftmörtel. Hartleben, Leipzig.

Sach- und Namenregister.

Abbrand 57. 58.
Abbrennzeit 62.
Abdampf 221.
Abgase 75. 146. 147. 149. 152. 154. 155. 160. 161. 166. 178. 179. 180. 193.
Abgasrohrleitung 173. 174. 175. 176.
Abgastemperatur 30. 33. 161. 168. 169. 175. 195.
Abgaswärme 23. 84.
Abgaswärmeverlust 72.
Abkühlung 37. 117. 161.
Abkühlungsfläche 127.
Abkühlungsverluste 78. 141. 176.
Abkühlungszone 64 131.
Ablöschen 122. 205. 213. 235.
Ablöschtemperatur 213. 216.
Ablöschwasser 213.
Abnutzbarkeit 116. 141.
Abnutzung 99. 115. 116. 142.
Abreibung 94. 141. 183.
Abschleifen 142.
Abschmelzen 122.
Abziehen 228. 231. 234.
Abzug der Kohlensäure 15.
Abzugsrost 3.
Ados 147.
Ägypter 1.
Alkalie 111.
Allgemeines 1.
Althoff 46.
Aluminiumoxyd 99. 100.
Ammonsalze 193.
Analyse 116. 147, 148. 150. 151. 156, 157. 162. 213. 238.
Anfeuchten des Kokses 65.
Angriffsfläche 94.
Anheizen 112. 117.
Anorthit 100.
Anzünden 236.
Argon 151.
Argonit 151.
Asche 48. 53. 54. 65. 115. 119. 210. 229.
Ascheschmelzpunkt 53.
Assyrier 1.
Ätzkali 210.
Ätzkalk 1. 5. 7. 8. 14. 16. 18. 70. 93. 127. 136. 175. 208. 210. 211. 212. 213. 214. 215. 228.
Aubertôt 3.
Aufbewahrung 215.
Aufenthaltszeit 28. 91. 131.
Aufgaberegler 224.
Aufmauern 112. 117.
Aufzug 219. 220.
Aulard 125.
Ausbrennen 114. 133.
Ausdehnung 112. 116.
Ausfüllvorrichtung 125.
Ausklebemasse 113.
Auskleidung 73. 92. 94. 100. 101. 103. 106. 117. 133. 171.
Auskleidungstemperatur 106.
Ausstrahlung 86.
Außenluft 166.
Austrocknen 118.

Bariumkarbonat 13.
Barnel 2.
Basisch 109.
Bauer 103.
Becherwerke 223.
Bedienung 216.
Bedienungsbühne 122. 175.
Behrends 234.
Belgischer Kalkofen 4. 16. 19. 125. 126.
Beobachtungslöcher 156.
Berendes 1.
Bergkrystall 113.
Berkefeld 229.
Bernhard 240.
Berührungszeit 173.
Beschaffenheit 115.
Beschickung 142. 183. 216.
Beton 113. 122.
Betrieb 82. 213. 216. 220. 231. 235. 236. 237.
Betriebskontrolle 151. 237. 238.
Bewegungsenergie 18.
Bewegungsstörung 130. 231.
Beyer 199.
Bischof 109.
Bittererde 109.
Bitumen 205. 211.
Blair-Farnworths 9.
Blasen 115.
Bleichert 130.
Boeke 14.
Bolley 125.
Böschung 143.
Böschungswinkel 129. 132. 133. 228.
Bouchon 203.
Braunkohle 3. 4. 17. 45. 154.
Breitfeld 188.
Brennbeschleunigung 89.
Brennen 8. 9. 12. 14.
Brenndauer 34. 36. 56. 72. 73.
Brennraum 5.
Brennstoff 124. 153.
Brennstoffverbrauch 5. 65. 68. 70. 71. 73. 76. 77. 83. 84. 123. 126. 135. 145. 147. 163. 175. 211.
Brennstoffwahl 44.

16*

Brenntemperatur 11. 35. 41. 42. 71. 72. 76. 89. 90. 129. 175. 205.
Brennzone 28. 64. 70. 74. 133. 136. 160. 162. 167. 237.
Bromorsky 221.
Bruch 115.
Bruchbelastung 109.
Bruchfestigkeit 108. 115.
Bruchsteine 135.
Brückenbildung 130.
Brunner 13.
Buhle 130.
Bühne 175.
Buntsandstein 206.
Burchatz 214.

Calcinieren 85.
Calcit 151.
Calciumkarbonat 10. 13. 15. 20.
Calciumoxyd 7. 12. 20. 99. 212.
Calciumsulfhydrat 158.
Calorimeter 213.
Cato 1.
Chanze 158. 159.
Chatelier 11. 13. 35. 105.
Chemisches 7. 213.
Chemische Einwirkung 93. 215.
Chlorcalcium 151.
Chlorkalk 210.
Christobalit 100.
Claassen 84. 90. 91. 131.
Constam 53.
Cramer 109. 115.
Cronvens 22.
Crummersdorf 109.
Cruse 4.

Dampfdruckkurve 12. 13.
Dampferzeuger 24. 85.
Dampfkessel 84. 152. 155.
Dampfmaschinenaufzüge 221.
Dampfspannung 10. 12. 14.
Dampfturbine 196.
Dewey 51.
Diagramme 202.
Dichtigkeit 104. 108. 156. 218.
Dietzsch 5. 46. 126.
Diffusion 60. 61.
Diffusionsgeschwindigkeit 13. 60.
Dinassteine 99. 109. 111.
Dioskorides 1.
Dissoziation 13.
Dösendrup 114.
Doherty 172.
Dolomit 127. 151. 205. 211.
Doppelkegel 130. 131.
Doppelverschluß 218.
Drehung 133.
Drehrohrofen 6. 7. 193.
Drehrost 229.
Drosselschreibe 239.
Druck 76. 198.
Druckausgleich 202. 203.
Druckbelastung 95.
Druckfestigkeit 54. 95. 116.
Druckgasfeuerung 169.
Druckhöhe 164. 167.
Druckluft 232.
Druckschwankungen 203.
Druckverlust 165. 173. 174. 189. 190. 195. 238. 239.
Dubios 9.
Düngemittel 193. 212.
Dünnschliff 209.
Durchbrennen 143. 211. 213. 240.
Durchmesser 143.
Durchmischung 144.

Eberhardt 226. 232. 233.
Ehrenstein 177.
Ehrhardt 125.
Einlegekörper 156.
Einmauerung 104.
Eisen 118. 208. 210. 214. 218.
Eisenbahn 209.
Eisenmantel 83. 121.
Eisenoxyd 93. 109. 127. 158. 175. 208.
Eisenoxydul 175.
Eisenretorten 22.
Elektrischer Aufzug 222.
Elektrischer Ofen 105.
Elektrisches Thermometer 96.
Elektromotor 196.
Entleerung 125. 130. 141. 225. 231. 238.
Entmischung 236.
Entzündungstemperatur 16. 159. 160. 216.
Erbsensteine 209.
Erbskoks 65.
Erdöl 211.
Erhitzung 92.
Ersatzarbeit 117.
Erweichen 97. 98. 115.
Farbenanstrich 122.
Faßbender 192.
Fässer 216.
Favre 66.
Feldbrandofen 143.
Fenster 237.
Festbrennen 132.
Festsetzen 130.
Feuchtigkeit 25. 215.
Feuerbeständigkeit 107. 113.
Feuerfestigkeit 103. 107. 108. 115.
Feuergefährlichkeit 216.
Feuer steigend 64.
Feuerstein 100.
Feuer tiefhalten 34.
Feuerung 44. 152. 159.
Filter 7. 183. 210. 214.
Fisch 183.
Fischer 22. 48.
Flickstelle 114.
Flugasche 5. 173. 188.
Flugstaub 174.
Flußmittel 104.
Form 117. 123. 133. 215. 217.
Formlinge 209.
Forstreuter 126.
Freistehender Ofen 82.
Frischluft 61.
Frühling 156. 210. 213. 238.
Fugen 104. 106. 117.
Fülltrichter 217. 220. 225. 228. 235.
Füllung 101. 141. 142. 217. 236. 237. 238.
Fusulinkalk 151.
Futter 95. 132. 141. 145. 237.
Futterstärke 117.

Garbrenntemperatur 115.
Gasabschluß 218.
Gasanalyse 147. 148. 150. 156. 157. 238.
Gasbewegung 133. 134. 144. 145. 238.
Gasblasen 188.
Gasdichtigkeit 108.
Gasdruckerhöhung 198.
Gase 19. 87. 134. 145. 146. 152.
Gasfeuerung 3. 4. 90. 92. 235.
Gasgeschwindigkeit 143. 144. 158. 164. 165. 173. 174. 183. 239.
Gasgewicht 146. 163.

Gaskoks 22. 49.
Gaskühlung 175. 190.
Gasmenge 194. 196. 238. 239.
Gasmengereglung 196. 204.
Gasöfen 3. 130.
Gaspumpe 76. 160. 165. 180. 186.
Gasreinigung 183. 193.
Gasretorte 24.
Gasstrom 134. 175. 239.
Gastemperatur 16. 74. 89. 175. 179. 194. 199.
Gay-Lussac 9. 11.
Gebläse 26. 169. 196. 203. 238.
Gebrannter Kalk 212.
Gebrauchswert 115.
Gebrochener Koks 65. 209. 232.
Gegenstromkühler 182. 189.
Gelöschter Kalk 14.
Generatoren 3. 92. 153. 235.
Generatorofen 4. 92. 125.
Gesamtaufenthaltszeit 41. 62. 134. 172. 209.
Gesamtinhalt 101. 136. 138.
Geschwindigkeit 42. 61.
Getränke 192.
Gewichtsverlust 110.
Gewitterluft 215.
Gicht 33. 130. 133. 160. 183. 216. 218. 236.
Gichtbühne 122. 219. 223.
Gichtdruck 95. 141.
Gichteimer 224.
Gichtglocke 64. 156. 216. 217. 218.
Gips 5. 206. 210. 211.
Gipsbildung 53.
Gleichgewicht 12.
Glimmerplatten 122.
Glimmerton 206.
Glühen 8. 9. 64.
Glut 143. 237.
Goesen 100.
Grashof 40.
Graukalk 212.
Greineder 47.
Grobkoks 64. 65.
Grock 226.
Großalmerode 114.
Größe 139.
Grubenfeucht 19.
Grünstadt 98. 114.
Grus 65. 209. 232.
Guldenstein 120.
Gußeisen 186.
Gußeisenmantel 122.
Gutermuth 173.

Haier 152.
Hall 240.
Hängenbleiben 96. 130. 230.
Hannoverscher Kalk 214.
Harry 217. 218.
Härte 54. 55. 94. 109.
Härteskala 94. 205.
Harzer Kalk 214.
Haufen 89. 90. 95.
Hausbrand 40.
Heben 216. 219.
Heinrich 36.
Heizen 112. 117.
Heizwert 51. 65.
Hempel 162.
Heraeus 95. 98.
Herbert 240.
Herzfeld 10. 12. 13. 14. 20. 21. 27, 36. 53. 75. 90. 131. 205. 214.
Heyn 103.
Hilliger 155.
Hinterfüllung 119.
Hintermauerung 120.
Hirschfeld 208.
Hochofen 3. 53. 131. 189. 193. 204. 217. 218. 226.
Hochofenkoks 48.
Höchsttemperatur 86. 161.
Hodek 197.
Hoese 114.
Hoffmann 5.
Höhe 101. 141.
Hohlraum 135. 165.
Holborn 53.
Holzkohle 2.
Holzschuppen 216.
Holzwäscher 186. 187.
Honigmann 85.
Hubgeschwindigkeit 220.
Humboldtilit 100.
Hüttenkoks 48.
Hydrationswärme 235.
Hydraulische Aufzüge 221.
Hygroskopizität 215.

Idealofen 29. 67. 68. 130. 146.
Infusorienerde 119.
Injektor 177.
Inhalt 134. 138. 139. 141.
Innentemperatur 16.
Islandspat 66. 205.
Isolation 120.
Isolierschicht 103. 119.

Jochum 7.
Johannsen 51.

Kährlich 98.
Kali 193.
Kalilauge 150. 151.
Kalk 115.
Kalkabzug 131. 228.
Kalkerde 109.
Kalkhydrat 8. 15. 17. 24. 213. 214. 215. 235.
Kalklöschen 25.
Kalkofenmantel 118.
Kalkschlamm 7.
Kalksilikat 93. 111.
Kalkspat 94. 151. 205.
Kalkstein 7. 19. 129. 137. 184. 205. 206. 209. 210. 213. 215. 216. 219.
Kalksteingröße 135. 137. 140.
Kalksteinform 30.
Kalksteinkugelinhalt 31.
Kalksteinpulver 135.
Kalksteinschotter 135.
Kalkstickstoff 7. 24.
Kalktemperatur 74.
Kapnograph 184.
Karbonate 151.
Kaskadenwäscher 188.
Katalysator 158.
Kataraktkühler 182.
Kawalewski 230.
Keferstein 121.
Kegelform 128. 129. 131.
Kegelschacht 129. 131.
Kemmerich 45.
Kern 115.
Kesselheizgase 2.
Keuper 206.
Khern 47. 126.
Kieselgur 119. 120.
Kieselsäure 93. 99. 100. 104. 109. 127. 193. 205. 208. 213. 214.
Kieselschiefer 109.
Kindler 2.
Kindskopfgröße 140.
Kippwagen 226.
Klaffen 107.
Klebemasse 113.
Klebsand 114.

Kohle 27. 127.
Kohlenoxyd 93. 134. 144. 145. 150. 151. 152. 153. 156. 158. 159. 160. 161. 204. 238.
Kohlensäure 7. 10. 12. 14. 75. 127. 134. 144. 146. 149. 151. 153. 155. 156. 181. 183. 210. 213. 215.
Kohlensäuredruck 10.
Kohlensäuregehalt 4. 13. 126. 127. 146. 147. 149. 150. 151.
Kohlensäureleitung 156. 176.
Kohlensäurepumpe 156. 166. 167. 169. 173. 174. 176. 184. 193. 199. 201. 203. 235. 239.
Kohlensaurer Kalk 126.
Kohlensäurewäscher 184.
Kohlenstoff 65. 66. 70. 73. 146. 161.
Kohlenstoffverbrauch 70.
Kohlenwasserstoff 150.
Koks 2. 6. 16. 17. 22. 26. 27. 46. 47. 48. 64. 73. 82. 83. 84. 87. 89. 93. 95. 127. 129. 136. 140. 146. 147. 148. 157. 158. 183. 184. 186. 187. 216. 219.
Koksabbrand 57. 58.
Koksanfeuchten 65.
Koksasche 53. 54. 65. 183. 229.
Koksbrenndauer 56. 157.
Koksgröße 55. 58. 63. 157. 237.
Koksgrus 65. 183.
Kokshärte 54 55.
Koksoberfläche 58. 157. 164.
Koksofen 47.
Koksverbrauch 70. 125. 126. 142. 143. 146. 147. 149.
Kolbenpumpen 177. 240.
Kolonnenwäscher 184. 188.
Kompression 198.
Kompressionsgrad 198. 203.
Kontrolle 213.
Kopisch 2.
Körting 189. 201.
Kosmann 208.
Kraftverbrauch 169.
Kreide 14. 151. 152. 209.
Kreiselpumpe 177.
Kremann 10. 11. 22.
Kristalline Kalksteine 205.
Krottnaurer 122.
Kübel 224. 225.
Kübelaufzug 225.
Kubierschky 191.
Kubikmetergewicht 109. 120. 135. 136. 151. 166. 179.
Kugel 43.
Kugelform 43.
Kugelgewicht 38.
Kugeloberfläche 31. 58.
Kühlluft 120.
Kühlmantel 200.
Kühlung 120. 121. 175. 180. 182.
Kühlwasser 178. 182.
Kühlwassermenge 179. 182.
Kühlwassertemperatur 178.
Kühlzone 5. 29. 64. 133. 136. 167. 172.
Kulmiz 224. 229. 235.
Kupferchlorür 150. 162.
Kurlbaum 53.

Lagen 208. 209.
Lagerung 215.
Lagerräume 215.
Lamock 127.
Lampadius 3.
Landvet 66.
Laveur 184.
Lebensdauer 112. 116. 175.
Ledebur 222.
Legrand 84. 85.
Lehm 118.
Leistungsfähigkeit 41. 71. 126. 137. 157. 209. 239.
Leistungsregulierapparat 196.
Lettenkohle 206.
Lidoff 151.
Lippmann 2. 3.
Löschen 5. 122. 216. 235.
Löschungswärme 24. 25.
Löschvorrichtung 233.
Löslichkeit 182.
Ludwig 107.
Lürmann 93.
Luft 12. 16. 25. 61. 68. 83. 150. 160. 166. 229.
Luftausnutzung 154. 155.
Luftfeuchtigkeit 77.
Luftgeschwindigkeit 61. 173.
Luftkalk 212.
Luftkühlung 121.
Luftmangel 158. 159.
Luftmenge 154. 157. 158.
Luftsäule 167.
Luftschicht 119. 121.
Luftüberschuß 134. 148. 149. 152. 154. 155. 156. 204.
Lukas 108.
Luken 236.
Lunge 51. 125. 210, 213. 238.

Magerkohle 127.
Magnesia 127. 205. 210.
Magnesitsteine 95. 150.
Magnesiumkarbonat 37. 127. 208.
Mangan 210. 214.
Mantel 78. 81. 83. 118. 121. 122. 141. 142. 171. 236.
Mantelkühlung 120.
Mantellage 132.
Manteltemperatur 16. 81.
Marek 203.
Marmor 2. 9. 15. 94. 151. 205. 209. 213.
Marmorkies 135.
Martin 183.
Martini 90. 91.
Mauerwerk 104. 112. 117.
Maumené 3.
Meade 7.
Mechanische Angriffe 94. 215.
Meerschnecken 1.
Menzel 208.
Meßvorrichtung 238. 239.
Mergel 151. 152. 206. 208.
Michaelis 2.
Mischfeuerung 4.
Mischkondensatoren 182.
Modell 128. 217.
Molekül 18. 215.
Molekulargewicht 7. 11. 25.
Möller 193.
Montagne 3. 231.
Morgat 230.
Mörtel 5. 93. 112. 117.
Moss 94.
Mugdan 239.
Muschelkalk 5. 151. 153. 206. 208.

Nachschwindung 116.
Naßscheidung 25.
Natronkaustifizierung 7.
Natronlauge 192.
Naturgas 170.
Neumann 90. 120. 153. 188.
Nitrose Gase 23.
Normalziegelformat 117.

Norsk-hydro 23.
Nusselt 59. 60. 61. 62.
Nußkoks 65.

Ofenform 123. 217.
Ofenfutter 132. 133. 145. 237.
Ofengröße 139. 141.
Ofenhöhe 101. 141.
Ofenleistung 126. 138. 238.
Ofenmodell 128. 217. 230.
Ofenquerschnitt 144. 164.
Ofenraum 102.
Ofenschacht 102. 121.
Ofenzug 138.
Ölfeuerung 170.
Organische Stoffe 208. 211.
Osann 226.
Ovale Schächte 4.
Oxan 152.
Oxymonocyan 151.

Partialdruck 11.
Pasques 172.
Payen 2.
Péclet 86.
Perlkoks 65.
Perret 3. 124. 229.
Petroleumfeuerung 170.
Pflanzenwuchs 12.
Phasen 19.
Phosphor 150. 175.
Phosphorsäure 151.
Physikalische Vorgänge 8.
Picot 122.
Pohlig 218.
Polysius 218.
Pontet 17.
Porosität 104. 106, 107. 108. 115.
Pott 13. 14. 35.
Preßluft 172.
Prinsep 15. 90.
Probenahme 159. 162.
Prüfung 115. 116.
Pumpe für Gas 76. 149. 156. 160. 166. 169. 190. 235. 238.
Pyrometer 15. 90. 91. 95. 96. 97. 105.

Quarz 99.
Quarzadern 214.
Quarzfels 109.
Quarzit 109.
Quarzschiefermörtel 112.
Quarzschiefersteine 94. 99. 104. 109. 111. 118.
Querschnitt 123. 144. 164.
Quietmeyer 1.

Rakonitz 98.
Rateau 203.
Raum 102.
Raumbeanspruchung 163. 164. 176.
Raumgewicht 110. 151. 214.
Rauminhalt 123. 134. 162. 163.
Raummesser 107.
Raummeter 135.
Reaktionsgeschwindigkeit 14.
Regen 83. 216.
Regulierfähigkeit 6. 196.
Reibung 132. 133. 141.
Reibungswinkel 133.
Reinbold 109.
Reinigung 183.
Reinigungsklappen 175.
Retorten 9. 22. 24. 150.
Rhädt 206.
Rhead 160.
Rheinische Kalke 214.
Richter 105. 107. 108. 113.
Ricke 105.
Riedel 4.
Riedler 173.
Rieseltürme 192.
Ringofen 5. 6. 45. 153. 155.
Ringrohrleitung 174. 175.
Rinsum 103.
Risse 104. 115.
Rißbildung 115.
Roberts 236.
Rogensteine 209.
Rohland 97.
Rohrleitung 165. 173. 174. 176. 180. 194. 204.
Rohstoff 205.
Rose 10. 21.
Rost 3. 59. 125. 129. 170. 172. 229. 230. 231. 234.
Röt 206.
Rotglut 9.
Rotierende Pumpen 203.
Rübeland 127.
Rückwandlung 161.
Rüdersdorf 2. 7. 123. 135. 138. 139. 153. 208.
Ruff 100.
Rumford 45.
Rusager 46.

Saarau 98.
Sackkalk 212.
Sägemehl 27. 28.
Salomon 1.
Salzsäure 210. 211. 213. 214.
Sand 127.
Sandstein 206.
Saturation 55. 150. 156. 159. 177. 183. 190. 204.
Sauerstoff 55. 149. 152. 153. 154. 158. 159. 160. 162.
Sauerstoffdichte 60.
Sauerstoffgefälle 60.
Sauerstoffgehalt 147. 148. 153. 154. 155. 156.
Sauerstoffüberschuß 152. 194.
Saughöhe 165. 167.
Saugzug 168. 169. 172.
Schacht 121. 123.
Schachtofen 123. 125.
Schamotte 79. 82. 94. 99. 100. 102. 104. 111. 115. 118. 155.
Schamotteschicht 82.
Schaulöcher 122. 156. 183. 237.
Schaumkalk 206. 208.
Schichten 112. 129. 183. 217.
Schichtenbildung 128. 129. 132. 209. 230.
Schichthöhe 157. 164. 165.
Schieberluftpumpe 177. 201.
Schiefe Ebene 3.
Schiffahrt 209.
Schlacke 114. 115. 133. 211.
Schlamm 181. 200. 214.
Schleifversuche 116.
Schlesischer Kalk 214.
Schmatolla 193.
Schmelzen 14. 95. 98. 108. 122. 214.
Schmelzkörper 96.
Schmelzpunkt 53. 96. 97. 98. 99. 100. 112. 115.
Schmidt 56. 57. 84. 138. 168.
Schmiedeeisen 186.
Schmieröl 177. 200. 203.
Schneckenradwinde 220.
Schoch 123. 124.
Schönert 223.
Schornstein 142. 156. 165. 166. 168. 169. 170. 172. 173. 196.

Schornsteinform 125.
Schott 193.
Schotterstücke 37. 165. 168. 169. 209.
Schrägaufzug 224. 226.
Schreib 33. 149. 213.
Schrubber 184.
Schulz 156.
Schutzmantel 78.
Schwefel 5. 53. 158. 159.
Schwefelgehalt 52.
Schwefelkies 53. 93. 205. 206.
Schwefelnatrium 213.
Schwefelsäure 150.
Schwefelwasserstoff 158.
Schweflige Säure 151. 184.
Schwindmaß 107.
Schwindsucht 240.
Schwindung 100. 104. 105. 106. 107. 108. 116. 214.
Seger 109. 115. 153.
Segerkegel 96. 97. 99. 102. 108. 111. 113. 115.
Selbstentzündung 216.
Senkwage 214.
Seyffart 213. 238.
Short 49.
Sicherheitseinrichtung 223.
Sicherheitsventil 205.
Siemens 3. 4, 6.
Siepen 230.
Silbermann 66.
Silicium 175. 208.
Simmersbach 54. 62.
Simonius 105.
Sintern 108. 213.
Soda 4. 7. 33. 51. 85. 125. 138. 149. 166. 183. 210. 213.
Sodarückstände 158.
Solnhofener Kalk 209.
Solvay 3. 4. 26. 125. 172. 188. 231.
Sortierter Koks 64.
Spaltbarkeit 205. 210.
Spezifisches Gewicht 50. 110. 214.
Spezifische Wärme 31. 86.
Sprödigkeit 55. 115.
Sprünge 104.
Stach 183. 239.
Stammer 2. 84. 125.
Standardgröße 172.
Stanhope 2.
Staub 174. 181. 183. 184. 189. 193. 229. 240.
Staubkalk 212. 216. 229.
Staubkoks 65.
Stein 153.
Steinbreite 117.
Steinbruch 219.
Steindicke 99.
Steindurchmesser 32. 36. 39. 41. 42. 165. 209.
Steinform 117. 209.
Steingröße 135. 137. 140. 209.
Steinkohle 5. 17. 45. 126. 211.
Steinlauf 42.
Steinmann 3. 4.
Stichflamme 122.
Stickstoff 150. 153.
Stickstoffgehalt 150.
Stickoxyd 18.
Stiepel 213.
Stillstand 6.
Stockern 130.
Stöckerlöcher 122. 130. 175. 235.
Stöhr 220.
Störung 130. 143. 238.
Stötzel 2.
Strontiumkarbonat 13. 27.
Struktur 209. 214.
Stückkalk 212.
Stufenkalkofen 5.
Süßwasserkalk 209.

Teer 47. 49. 192.
Temperatur 67. 74. 81. 86. 89. 95.
Temperaturausgleich 89.
Temperaturgefälle 29. 31. 40.
Temperaturmessung 90.
Temperaturschwankung 115. 231.
Temperaturunterschied 40. 72.
Tau 49.
Thermochemie 11.
Thomsen 11. 66.
Tiegelkalkofen 123.
Ton 104. 205. 206. 208. 210. 212. 213.
Tonerde 93. 99. 100. 104. 109. 127. 208. 214.
Totbrennen 89. 205. 213. 214.
Transportkasten 209.
Transportwagen 219. 224.
Transmission 220.
Trichterform 125. 128. 217.
Trichterofen 1. 123.
Triebwerkaufzug 220.
Trockenscheidung 25.
Trocknen 118.
Tropfstein 209.
Tuff 151. 152. 209.
Turbogebläse 196. 203. 204.

Überdruck 164. 166. 167.
Überhitzter Wasserdampf 26.
Ultramarin 213.
Undichtigkeit 159.
Unfall 223.
Ungar 240.
Unreinigkeiten 32. 37. 183. 211.
Unterdruck 76. 156.
Unterwind 172.
Urkalke 209.

Ventilator 155. 169. 238.
Ventilkompressor 199. 201.
Ventilluftpumpen 177.
Verbrennung 65. 155. 157. 159. 162.
Verbrennungsgase 29.
Verbrennungsluft 25. 83. 121.
Verbrennungstemperatur 71. 86.
Verbrennungszeit 29.
Verdampfung 10. 100.
Verdampfungstemperatur 13. 15. 33. 71.
Verdichtung 198.
Verdunstung 74. 75. 76.
Verdunstungstemperatur 23.
Verschlußkegel 228.
Verunreinigungen 37. 114. 137. 210. 211. 213.
Vicat 215.
Volumenometer 107.
Volumenprozente Kohlensäure 12.
Vorbrennen 108.
Vorfeuerung 124.
Vorwärmezone 5. 28. 74. 133. 136. 167. 176.
Vorwärmung 70. 121.
Vulkanzement 114.

Wachsen 100. 112.
Waldegg 215.
Walkhoff 2.
Wandreibung 133.
Wärmeausdehnung 31. 112.
Wärmeausstrahlung 86.

Wärmeeintrittszahl 36.
Wärmeleitfähigkeit 14. 31. 36. 39. 79. 103. 106. 115. 156.
Wärmeschutz 103.
Wärmetönung 11.
Wärmeübergangszahl 29. 39. 79. 176.
Wärmeverlust 32. 104. 120. 142. 172.
Wärmeverteilung 69.
Wärmezufuhr 14.
Wäscher 156. 173. 174. 176. 180. 183. 185. 204.
Wasser 19.
Wasseraufsaugvermögen 115.
Wasserdampf 9. 10. 19. 20. 21. 22. 24. 25. 26. 77. 151. 178. 180. 193. 195. 215.
Wassergas 22.
Wassergehalt des Kokses 51. 52.
Wasserkastenaufzug 221.
Wasserkalk 212.
Wasserkühlung 121.
Wassermanometer 185. 197. 238. 239.
Wassersäule 165. 166. 167. 185. 190.
Wasserverbrauch 182.
Wedding 189. 190. 217.
Weißkalk 212.
Wellenkalk 206. 208.
Wencelius 162.
Wenland 3. 224.
Wentzky 193.
Westfälischer Kalk 214.
Westmann 26.
Westphal 24. 25. 235.
Wetzel 103.
Wheeler 160.
Widerstand 162. 165. 239.
Widerstandspyrometer 96.
Wielandt 157.
Wiesenkalk 19.
Wind 83.
Winde 219.
Winderhitzer 26.
Wintermeyer 222.
Wirkungsgrad 154. 203.
Wolff 52.
Wolters 17. 215.
Würfelform 43.

Zabel 196.
Zähflüssigkeit 97.
Zechstein 206.
Zentrifugalwäscher 189.
Zerkleinerung 136. 208. 209. 210.
Ziegel 120.
Ziegelformat 117.
Ziegler 24.
Ziehen 168.
Zuckerfabrik 2. 6. 7. 9. 46. 73. 84. 90. 91. 105. 108. 125. 126. 138. 139. 150. 166. 177. 184. 189. 202. 204. 209. 210. 219. 233. 237. 240.
Zug 135. 138. 142. 162. 166. 169. 172. 209.
Zughöhe 167. 168.
Zug, künstlicher 138, 142.
Zwischenräume 163. 173.
Zylinder 130.